Herbert Hörz

Wissenschaft als Prozeß

Akademie der Wissenschaften der DDR
Zentralinstitut für Philosophie

Schriften
zur Philosophie und ihrer Geschichte

45

Herbert Hörz

Wissenschaft als Prozeß

Grundlagen einer dialektischen Theorie der Wissenschaftsentwicklung

Akademie-Verlag Berlin
1988

ISBN 3-05-000600-5
ISSN 0138 - 3418

Erschienen im Akademie-Verlag, Berlin, Leipziger Str. 3–4, DDR - 1086 Berlin

Lizenznummer 202 · 100/6/88
Printed in the German Democratic Republic
Gesamtherstellung: VEB Druckerei „Gottfried Wilhelm Leibniz“,
4450 Gräfenhainichen · 6830
Einbandgestaltung: Willi Bellert
LSV 0125
Bestellnummer: 754 8700 (2178/45)

01950

Inhalt

Vorbereitung 9

Einleitung 11

I. Materialistische Dialektik als Heuristik 15

1. Anforderungen an die Dialektik 16
2. Grundprinzipien der materialistischen Dialektik 25
2.1. Was ist Dialektik? 25
2.2. Prinzip der Unerschöpflichkeit der Materie 30
2.3. Prinzip der Strukturiertheit der Materie 33
2.4. Prinzip der dialektischen Determiniertheit 35
2.5. Prinzip der Entwicklung 38
3. Streit um die Dialektik 43
4. Fazit 52

II. Funktionswandel, Zyklizität und Determinanten der Wissenschaftsentwicklung 55

1. Wissenschaft und ihre Grundfunktionen 58
1.1. Was ist Wissenschaft? 58
1.2. Grundfunktionen der Wissenschaft 63
1.2.1. Wissenschaft als Kulturkraft 64
1.2.2. Wissenschaft als Produktivkraft 71
1.2.3. Wissenschaft als Human- und Sozialkraft 76
1.3. Fazit 81
2. Wissenschaftsentwicklung als Typenwandel 82
2.1. Philosophische Entwicklungstheorie und Wissenschaftsentwicklung 82
2.2. Was ist ein Wissenschaftstyp? 91
2.3. Von der Herausbildung der Wissenschaft zum Wissenschaftstyp des Zunfthandwerks und der autarken Landwirtschaft 94

2.4. Diskussionen um die Wissenschaft in der Gegenwart *102*
2.5. Unterschiede im Wissenschaftstyp der industriellen Revolution und der wissenschaftlich-technischen Revolution *106*
2.6. Fazit *109*
3. Erkenntnisintegration als zyklischer Prozeß *110*
3.1. Dialektik der Zyklizitätserkenntnis *110*
3.2. Zyklizität der Dialektikerkenntnis *120*
3.3. Dialektisches Verständnis der Einheit wissenschaftlicher Erkenntnis *126*
3.4. Neue integrative Tendenzen *131*
3.5. Fazit *136*
4. Determinanten der Wissenschaftsentwicklung *136*
4.1. Determinanten in der Diskussion *136*
4.2. Bedingungen der Wissenschaftsentwicklung *144*
4.3. Anmerkungen zu Lösungsversuchen *149*
4.3.1. Finalisierung der Wissenschaften *149*
4.3.2. Doppelte Determiniertheit der Erkenntnis *153*
4.3.3. Strukturalismus, Empirismus und Soziologismus *155*
4.4. System der Determinanten *158*
4.5. Gesetze der Wissenschaftsentwicklung *162*
4.5.1. Gesetzesaspekte *162*
4.5.2. Gesetze: Formulierungen und Inhalt *169*
4.6. Fazit *178*

III. Wissenschaft und Humanismus *179*

1. Bringt Ökologie ein neues Wissenschaftsverständnis? *180*
1.1. Die Problematisierung der Naturauffassung *180*
1.2. Das Umweltsyndrom und seine materialistisch-dialektische Analyse *195*
1.2.1. Zur Entstehung des Umweltsyndroms *189*
1.2.2. Grundlagen materialistisch-dialektischer Analyse *195*
1.3. Naturbegriff und Ökologie *197*
1.4. Der ökologische Grundwiderspruch *200*
1.5. Zur Entwicklung gegenwärtigen Umweltdenkens *205*
1.6. Problemdimensionen *210*
1.7. Fazit *213*
2. Technologien als Herrschaftsmittel des Menschen? *215*
2.1. Sinn und Wesen der wissenschaftlich-technischen Revolution *215*
2.2. Die Entwicklung der Technologie und die Spezifik der Technikwissenschaften *221*

2.3. Probleme der Technologiebewertung *230*
2.4. Anforderungen an die Technologieentwicklung im Sozialismus *236*
3. Mathematisierung und Humanisierung der Wissenschaften *243*
3.1. Mathematisierung als philosophisches Problem *243*
3.1.1. Was kann Mathematik? *246*
3.1.2. Philosophie und Mathematik *250*
3.1.3. Tendenzen der weiteren Entwicklung *254*
3.2. Historische Kontroversen und ihre Lehren *255*
3.3. Der Mensch als Gegenstand der Wissenschaften *268*
3.3.1. Natur und Persönlichkeitsentwicklung *269*
3.3.2. Materialistisch-dialektische Positionen zu Leben und Sterben *277*

IV. Materialistische Dialektik als Methodologie *286*

1. Zur Erforschung des Methodensystems *286*
1.1. Phantasie, schöpferische Ideen und Erfindungen *287*
1.2. Der dialektische Zusammenhang der Methoden *292*
2. Dialektische Prinzipien der Systemforschung *298*
3. Fallbeispiel: Ökologie *304*

Nachwort: Setzt Freiheit der Wissenschaft Grenzen? *311*

Personenregister 319
Sachregister 323

Vorbemerkung

Der Studie von John Erpenbeck (*Das Ganze denken. Zur Dialektik menschlicher Bewußtseinsstrukturen und -prozesse.* 1986) folgt mit vorliegender Arbeit von Herbert Hörz ein weiteres Ergebnis aus dem Forschungsprogramm „Materialistische Dialektik" des *Zentralinstituts für Philosophie der Akademie der Wissenschaften der DDR.* Der Titel *Wissenschaft als Prozeß* soll darauf verweisen, daß Wissenschaft und Wissenschaftsverständnis nicht ein für allemal gegeben, also nicht unveränderlich sind, sondern sich im Laufe der Geschichte verändert haben und weiter verändern. Dennoch sind in diesem Prozeß – um zurückhaltend zu formulieren – Regularitäten auszumachen, um deren Aufhellung es Herbert Hörz geht. Um diese bloßzulegen, ist er bemüht, die heuristischen Potenzen der materialistischen Dialektik an den von ihm behandelten Gegenständen fruchtbar zu machen. Denn gerade die materialistische Dialektik als umfassende philosophische Theorie des Zusammenhangs und der Entwicklung, als philosophische Theorie der Struktur, Bewegung und Entwicklung von Systemen unterschiedlicher Art mit ihren methodischen und methodologischen Konsequenzen ermöglicht es, zu einem *philosophischen* Verständnis der Determinanten und der Funktionen wissenschaftlicher Tätigkeit unter je konkreten gesellschaftlich-historischen und wissenschaftsimmanenten Voraussetzungen und Situationen zu kommen, um die qualitativ unterschiedlichen Weisen wissenschaftlicher Erklärung und Veränderung der Welt in ihren historischen und systematischen Beziehungen zu begreifen. Der Untertitel *Grundlagen einer dialektischen Theorie der Wissenschaftsentwicklung* will diesen Sachverhalt programmatisch festhalten, zugleich aber auch kenntlich machen, daß hier ein Bewährungsfeld materialistischer Dialektik vorhanden ist, das herausfordert.

In diesem Sinne will die vorliegende Arbeit ein theoretischer Ansatz zur Erklärung der Wissenschaftsentwicklung sein. Sie ordnet die dialektische Einheit von kontinuierlichen Erkenntnisprozessen und wissenschaftlichen Revolutionen, von konkret-historischen außerwissenschaftlichen Anforderungen und innerwissenschaftlichen Problemsituationen, von gesellschaftlichen Bedingungen und persönlichen Leistungen in den zyklischen Typenwandel ein. Dabei lassen es die entwicklungstheoretischen Überlegungen der Arbeit nicht zu, der Illusion von existierenden Idealtypen zu verfallen, wohl aber werden qualitative Bestimmungen wissenschaftlicher Tätigkeit in bestimmten Epochen („Wissenschaftstypen") herausgearbeitet und analysiert.

Der leitende Gedanke der Arbeit ist dergestalt die dialektische Widersprüchlichkeit des Zusammenhangs von materiellem Lebensprozeß und rationaler Wirklichkeitsbewältigung in seinen historischen und gegenwärtigen Aspekten. In diesem Zusammenhang werden der Funktionswandel wissenschaftlicher Tätigkeit untersucht und Entwicklungskriterien für den wissenschaftlichen Fortschritt herausgearbeitet. Unter diesen Gesichtspunkten spielen die Beziehungen der Menschen/des Menschen zur Natur und zur Technik sowie das Verhältnis von Mathematisierung und Humanisierung der Wissenschaften in den Untersuchungen nicht zufällig eine wesentliche Rolle. Dadurch bezieht die Arbeit in der aktuellen weltanschaulichen Auseinandersetzung Position: Humanismus als Ziel, Bewertungskriterium und Anforderungsstrategie wissenschaftlicher Tätigkeit wird gegen antihumane Tendenzen im Verwertungsprozeß von Wissenschaft verteidigt.

Die Grundlagen einer dialektischen Theorie der Wissenschaftsentwicklung als eines auf der materialistischen Dialektik beruhenden Wissenschaftsverständnisses bauen auf einem umfangreichen Erklärungspotential auf. Der Anspruch, nicht nur Etappen wissenschaftlicher Tätigkeit zu charakterisieren und Erkenntnisfortschritte zu erklären, sondern Wissenschaftsentwicklung insgesamt als historischen Prozeß zu erfassen, fordert sicher die Diskussion heraus. Dies aber ist beabsichtigt. Durch sie könnte einer Tendenz wirksam begegnet werden, in der Dialektik als eine Sammlung von „Leerformeln" genommen wird und der Streit um ihre kategorialen Bestimmungen in Wortspielerei ausartet. In vorliegender Untersuchung wird vom Abstrakten, den Erkenntnissen der materialistischen Dialektik, zum Abstrakt-Konkreten, der philosophischen Erklärung der Wissenschaftsentwicklung, übergegangen.

Manfred Buhr

Einleitung

Ein qualitativ neues Verhältnis von Wissenschaft und Technik, aber auch neue Beziehungen zwischen Mensch und Technik, Mensch und Natur bilden sich mit der wissenschaftlich-technischen Revolution heraus. Es kommt zu systemspezifischen Problemlösungen bei der Verwertung wissenschaftlicher Erkenntnisse für unterschiedliche Gesellschaftsordnungen, verbunden mit Kooperationsangeboten und Auseinandersetzungen bei der Behandlung von Menschheitsproblemen. Aber es gibt auch Kontinuität in der Art und Weise Wissenschaft zu betreiben und nach bestimmten Rationalitätskriterien Erkenntnisse zu erlangen und zu verwerten. Eine dialektische Erklärung der Wissenschaft als Prozeß ist deshalb gefordert. Sie kann meines Erachtens philosophische Grundlagen wissenschaftstheoretischer und wissenschaftshistorischer Arbeiten aufhellen und bereitstellen, Einsichten in den historischen Prozeß erweisen sich als Voraussetzung für das Verständnis der neuen Qualität von Wissenschaft und Technik in der Gegenwart.

Hohe Anforderungen gibt es an die Beschleunigung des wissenschaftlich-technischen Fortschritts, um wissenschaftliche Grundlagen und technische Möglichkeiten zur Lösung globaler Probleme und zur besseren Befriedigung materieller und kultureller Bedürfnisse der Menschen zu erhalten. Die polyvalente Nutzungsmöglichkeit wissenschaftlicher Erkenntnisse führt, gesellschaftlich determiniert, zu Produktiv- und Destruktivkräften. Sorgen über die antihumane Verwertung neuer Einsichten und über die gegen die menschliche Freiheit gerichtete Technikentwicklung werden geäußert. Es wird nach dem Sinn des wissenschaftlich-technischen Fortschritts gefragt. Der Sinn von Wissenschaft ist in der Diskussion.

Ausgehend von den Forschungen zur materialistischen Dialektik in der wissenschaftlichen Erkenntnis, wie sie intensiv seit Jahren im Bereich „Philosophische Fragen der Wissenschaftsentwicklung“ des Zentralinstituts für Philosophie der AdW der DDR und dem unter der Leitung von H. Ley und jetzt von K.-F. Wessel an der

Humboldt-Universität bestehenden Forscherkollektiv mit vielen Kooperationspartnern betrieben werden und in entsprechenden Publikationen ihren Niederschlag fanden, haben sich konzeptionelle Grundlagen für das Verständnis der Wissenschaftsentwicklung als dialektischer Prozeß herausgebildet. Sie basieren auf den Grundprinzipien der materialistischen Dialektik in ihrer durch die Wissenschaftsentwicklung präzisierten Form, auf wissenschaftshistorischen Fallstudien, auf der philosophischen Analyse gegenwärtiger Entwicklungstendenzen und drücken Reaktionen auf Anforderungen von Spezialwissenschaftlern an die Philosophie aus. In einer dialektischen Theorie der Wissenschaftsentwicklung sollen deshalb dialektischer Determinismus und philosophische Entwicklungstheorie als Bestandteile der materialistischen Dialektik in ihrer Relevanz für die Wissenschaftsentwicklung geprüft werden. Dabei geht es weniger um die dialektische Interpretation bestimmter spezialwissenschaftlicher Erkenntnisse, sondern um das dialektische Verständnis der Wissenschaftsentwicklung überhaupt. Sowohl der Großzyklus von der Entstehung der Wissenschaft bis zum Wissenschaftstyp der wissenschaftlich-technischen Revolution, als auch das Verhältnis von Wissenschaft und Humanismus in seiner Entwicklung, Deformation und Ausgestaltung sind Gegenstand der Theorie.

Gefordert werden von der Philosophie Überlegungen zur weiteren Entwicklung von Wissenschaft und Technologie, die jedoch keine einfachen Extrapolationen gegenwärtiger Zustände und Trends sein können. Zum Wesen materialistischer Dialektik gehört die Erklärung von Symmetriebrüchen und Tendenzwenden, von qualitativen Umschlägen durch die Entfaltung und Lösung dialektischer Widersprüche in Entwicklungszyklen. Eine dialektische Analyse der Wissenschaftsentwicklung schließt deshalb die Untersuchung zeitlicher Querschnitte im wissenschaftlichen Denken, von Disziplinentwicklung und Theoriendynamik, von Leistungen hervorragender Persönlichkeiten, von Anwendungen der Wissenschaft durch die Gesellschaft und Praxisanforderungen an die Wissenschaft in bestimmten historischen Perioden zwar ein, sie muß aber mehr leisten. Sie hat Wissenschaftsentwicklung als Gesamtprozeß in seinen verschiedenen Dimensionen und in ganzen Entwicklungszyklen zu erklären. Nur so läßt sich die dialektische Grundstruktur der Wissenschaft als Prozeß zeigen, die sonst in der Detailflut ertrinkt. Dabei kann es sich bei einer dialektischen Theorie der Wissenschaftsentwicklung nicht um eine logisch-deduktive Konstruktion handeln, die das Faktenmaterial der Fallstudien nur berücksichtigt, wenn es paßt, sondern es muß eine der objektiven Dialektik angepaßte, für Präzisierungen offene Erklärung sein, die Wissenschaftsgeschichte begreift, um die zukünftige Wissenschaft aus den Erfahrungen der Gegenwart heraus zu gestalten.

Die dazu entwickelten konzeptionellen Überlegungen führen zu wichtigen Ergebnissen. Durch die heuristische Verarbeitung des Prinzips der dialektischen Determiniertheit und des Entwicklungsprinzips, dem Kapitel I und II gewidmet sind, kann der Großzyklus von der Herausbildung der Wissenschaften bis zum Wissenschaftstyp der wissenschaftlich-technischen Revolution erklärt und die Wissenschaftsentwicklung als Typenwandel begriffen werden. Unterschiedliche Überlegungen zum Charakter von Wissenschaftstypen erhalten so eine dialektische Synthese. Als Entwicklungskriterien für den ersten Großzyklus der Wissenschaften, die die höhere Qualität im wissenschaftlichen Fortschritt aufweisen, gelten die sich entwickelnden Grundfunktionen der Wissenschaft als Produktiv-, Kultur- und Human-/Sozialkraft. Kernprozeß der Wissenschaftsentwicklung sind wissenschaftliche Revolutionen, die wesentlich das Determinantensystem bestimmen, in dem es jedoch in Abhängigkeit von den Phasen der Theorienentstehung, der Reife von Theorien und der gesellschaftlichen Be- und Verwertung von Erkenntnissen zum Wechsel der Hauptdeterminanten kommt. Da Determinanten stets aus Bedingungen und Gesetzen mit ihren Wirkungsmechanismen bestehen, wird auch der Versuch gewagt, sie genauer zu formulieren. Es ist dies ein Angebot zu einem Meinungsstreit, der hoffentlich zu präziseren Gesetzeserkenntnissen und Bedingungsanalysen führt.

Eine dialektische Theorie der Wissenschaftsentwicklung, die den Zusammenhang von Wissenschaft und materiellem Lebensprozeß zum Gegenstand hat, wäre unvollständig, wenn die grundlegende Frage nach dem Sinn von Wissenschaft in seinen historischen, gegenwärtigen und zukünftigen Dimensionen nicht untersucht würde. Dem dient die im Kapitel III unter dem Thema „Wissenschaft und Humanismus" dargelegte Beziehung des Menschen zur Natur, Technologie und zu sich selbst als Ausdruck der humanen Rolle der Wissenschaft, die sich nur konfliktreich durchsetzt und den Abschluß des ersten Großzyklus in einer Gesellschaft erreichen läßt, in der wissenschaftlich zu erreichender Effektivitätsgewinn nur noch der Humanitätserweiterung dient. Damit entstehen Grundlagen für einen neuen Großzyklus in der kommunistischen Gesellschaftsformation mit einer neuen Mensch-Natur-Union, für Technologien als humanen Herrschaftsmitteln des Menschen, die dem Freiheitsgewinn der Persönlichkeit dienen.

In vielen Bereichsdiskussionen und Forschungsseminaren, auf Sitzungen der AdW der DDR, auf internationalen und nationalen Konferenzen, besonders auf unseren jährlichen Arbeitstagungen in Kühlungsborn und den Symposien zum Thema „Wissenschaft und Humanismus" in Deutschlandsberg (Österreich) habe ich Ergebnisse meiner Überlegungen vorgetragen, sie nach der Diskussion überprüft, ergänzt und erweitert. Das betrifft auch die Überlegungen zur Dialektik als Methodologie, die in diesem Buch den Charakter von ergänzenden Hinweisen zur methodologischen Funktion der Dialektik haben und gewissermaßen methodenkritisch das dialektische Herangehen an die Wissenschaftsentwicklung reflektieren, wie es sich als Arbeitsweise mir darstellt. Es soll anregen, auch über die dialektische Entwicklung der Dialektik durch Wissenschaften nachzudenken. So greift Kapitel IV noch einmal den Gedanken der Dialektik als Heuristik auf, aber nur als Reflexion über die Dialektik selbst. Der Schluß ist eine mögliche Antwort auf eine oft gestellte Frage.

Hinweise zur Präzisierung gab es zu den von mir publizierten Teilergebnissen, die nun zu einer konzeptionellen Gesamtdarstellung der Wissenschaftsentwicklung als dialektischem Prozeß verarbeitet wurden. Sie gehen, da für dieses Vorhaben von vornherein gedacht, in überarbeiteter Form ein. Eine große Hilfe war mir stets die Diskussion mit meinen Mitarbeitern und Kooperationspartnern, denen ich auch für die Durchsicht des Manuskripts und die kritischen Anmerkungen danke. Das gilt vor allem für K.-F. Wessel und J. Erpenbeck. Auch jetzt, da die theoretischen Positionen zusammenfassend dargelegt werden, hoffe ich auf Hinweise, die der weiteren Ausarbeitung der konzeptionellen Grundlagen einer dialektischen Theorie der Wissenschaftsentwicklung dienen.

I. Materialistische Dialektik als Heuristik

Materialistische Dialektik, umfangreich in ihren Prinzipien und Grundgesetzen in Lehrbüchern dargelegt, dient als heuristischer Ausgangspunkt, um Wissenschaftsentwicklung seit dem Entstehen von Wissenschaft bis zur Gegenwart zu erklären, um aus der Vergangenheit Lehren für die Zukunft zu ziehen und um das Problemverständnis für die humanen Forderungen von Wissenschaftlern und deren Schwierigkeiten bei der Realisierung dieser Ziele zu erleichtern. Daraus entstehen Anforderungen an die Dialektik, wissenschaftstheoretische Fragen auf philosophische Weise zu beantworten und die Grundprinzipien der Dialektik so zu präzisieren, daß sie zu Grundlagen einer dialektischen Theorie der Wissenschaftsentwicklung werden. Dabei ist der umfangreiche Streit um die Dialektik zu beachten, weil er Unklarheiten über die heuristische Bedeutung der Dialektik gezeigt hat.

Heuristik ist schöpferische Suche nach Problemlösungen ohne vorgegebenes Lösungsschema. Das entspricht dem Anliegen materialistischer Dialektik, Bestehendes in seiner Veränderung zu begreifen und Neues zu rechtfertigen. Heuristisch wirksam werden bedeutet deshalb, die Suche nach Erkenntnis zu fördern, Problembewußtsein zu entwickeln und Hinweise zu geben, wie Denkweisen aus solchen Gebieten, in denen sie erfolgreich waren, hypothetisch auf andere unerforschte Gebiete übertragen werden können. In diesem Sinn soll das reichhaltige theoretische, methodische und methodologische Erklärungs- und Initiativpotential der materialistischen Dialektik genutzt werden, um die Erfahrungen mit der Wissenschaft als Prozeß, mit dem Verhältnis von Mensch, Natur, Technik und Wissenschaft in Geschichte und Gegenwart und mit der Dialektik als Methodologie auf den Begriff bringen zu können.

Heuristik bedeutet aber nicht nur, daß Lösungen für Probleme gesucht und gefunden werden, sondern auch, daß die aus allgemeinen Prinzipien abgeleiteten Aussagen wegen ihres hypothetischen Charakters argumentativ untermauert, an Spezialuntersuchungen getestet und mit empirischem Material belegt werden müssen. Dies kann zu notwendigen Ergänzungen des theoretischen Ansatzes, zur Präzisierung allgemeiner Aussagen und zur Korrektur von Positionen führen.

1. Anforderungen an die Dialektik

Eine dialektische Analyse der Wissenschaftsentwicklung ist nur möglich, wenn dialektische Prinzipien heuristisch genutzt werden, um das Material aus Fallstudien theoretisch so zu reflektieren, daß Modelle entstehen, die Wissenschaftsentwicklung in der dialektischen Einheit von Kontinuität und Diskontinuität erklären. Dazu ist es wichtig, den theoretischen Reichtum der materialistischen Dialektik mit wissenschaftstheoretischen und wissenschaftshistorischen Erkenntnissen zu verbinden, um zu einer konzeptionellen Grundlage für die Erklärung der Wissenschaft in ihren Funktionen, Determinanten und Wirkungen im historischen Prozeß zu kommen. Deshalb werden aus der Wissenschaftsentwicklung abgeleitete Anforderungen an die Dialektik bestimmt.

Wissenschaftsentwicklung ist Bestandteil der Gesellschaftsentwicklung, denn Wissenschaft ist stets abhängig vom materiellen Lebensprozeß der Gesellschaft, der Grundlage, Ausgangspunkt und Ziel wissenschaftlicher Erkenntnisse ist und der letztlich das Kriterium der Wahrheit darstellt.[1] Das ist ein materialistischer Grundgedanke, der in seinen dialektischen Konsequenzen weiter untersucht wird. Das betrifft vor allem die Art des Qualitätswandels in der Wissenschaftsentwicklung.

Mit der allgemeinen kulturellen Entwicklung ist ein Funktionswandel der Wissenschaft verbunden, der verstanden werden kann, wenn die Qualitätsumschläge in der Wissenschaft als Typenwandel begriffen werden. *Wissenschaftstypen* sind die Grundqualität wissenschaftlicher Tätigkeit zur Wirklichkeitserkenntnis, Technologieentwicklung und Zielbestimmung gesellschaftlichen und persönlichen Handelns unter konkret-historischen gesellschaftlichen Verhältnissen. Ihre Herausbildung, Reife und ihr Übergang zu neuen und höheren Typen ist kein Automatismus, sondern ein komplizierter Prozeß der zufälligen Verwirklichung von Möglichkeiten unter konkreten Bedingungen des durch die Gesellschaftsentwicklung existierenden materiellen und ideologischen Rahmens, des Wirkens von Persönlich-

[1] Vgl. G. Kröber/H. Laitko, Sozialismus und Wissenschaft, Berlin 1972.

keiten und der innerwissenschaftlichen theoretischen und experimentellen Reife.

Wissenschaftsentwicklung ist dialektisch als Typenwandel nur zu verstehen, wenn auch die dialektische Grundidee von der Zyklizität im historischen Zusammenhang der Typen beachtet wird. Wissenschaft als Prozeß besteht aus Entwicklungszyklen. *Zyklizität* ist die dialektische Negation der Negation einer Ausgangsqualität in der höheren Qualität mit scheinbarer Rückkehr zum Alten und qualitativ besserer und quantitativ umfangreicherer Erfüllung der Funktionen der Ausgangsqualität. Dabei kommt es zu einer Verflechtung von Groß- und Kleinzyklen, von Wissenschafts- und Theorienzyklen. Der erste Großzyklus der Wissenschaftsentwicklung von der „vorwissenschaftlichen Periode" mit der Einheit von praktisch-gegenständlicher Tätigkeit, Erkenntnis und Können über die Trennung von Wissenschaft und Praxis bis zur Herausbildung einer neuen Verbindung von Wissen und Können, von Forschung und Gesellschaft ist gegenwärtig im Wissenschaftstyp der wissenschaftlich-technischen Revolution durch die Herausbildung der Grundfunktionen der Wissenschaft in ihrem inneren Zusammenhang im Abschluß begriffen. Mit der wissenschaftlich-technischen Revolution und der unter sozialistischen und kommunistischen gesellschaftlichen Verhältnissen entstehenden Einheit des Individuums als Produktionskraft und Persönlichkeit kann sich nun ein neuer Zyklus herausbilden, der nicht mehr die Wissenschaft allein betrifft, sondern durch den Zwang zur Technologie die Einheit von wissenschaftlichen Erkenntnissen und technologischer Beherrschung der Wirklichkeit. Er wird deshalb zukünftig Phasen der effektiveren und humaneren Gestaltung der Natur und der Gesellschaft, der Nutzung schöpferischer Potenzen der Persönlichkeit und der möglichen Eroberung neuer Lebensräume umfassen. Der erste uns für Geschichte und Gegenwart interessierende Großzyklus der Wissenschaftsentwicklung ist mit Groß- und Kleinzyklen der Theorienentwicklung und der Disziplinbildung verbunden.

Die komplizierte dialektische Struktur der Wissenschaft als Prozeß, mit Kumulation und Regression, über- und untergeordneten Tendenzen und Zyklen, macht es erforderlich, die *Hierarchie im Determinantensystem* der Wissenschaftsentwicklung zu erfassen, das als wissenschaftlichen Kernprozeß wissenschaftliche Revolutionen, die einen prinzipiellen Qualitätswandel des Theoriengefüges mit sich bringen, enthält. In Abhängigkeit von den Entwicklungsphasen der Theorienbildung wechseln die Hauptdeterminanten. Gesetze der Wissenschaftsentwicklung – ein Versuch, vier wesentliche gesetzmäßige Zusammenhänge zu formulieren, liegt vor – umfassen die Umsetzung gesellschaftlicher Anforderungen an die Wissenschaft in wissenschaftliche Probleme durch die Wissenschaftler. Diese Gesetze haben stets konkrete Existenz- und Wirkungsbedingungen und damit historischen Charakter.

Wissenschaftsentwicklung folgt dem *Zwang zur Dialektik*, d. h. Wissenschaft erzwingt selbst tieferes Eindringen in die Grundprinzipien der materialistischen Dialektik durch die sich erweiternde Erkenntnis, und diese folgt dabei in deren Widersprüchlichkeit, ihren Qualitätsumschlägen und in ihrer Zyklizität den Grundgesetzen der Dialektik. Wissenschaftsentwicklung ist so selbst ein dialektischer Prozeß im doppelten Sinne. Wissenschaft ist als dialektischer Prozeß durch den materiellen Lebensprozeß der Gesellschaft, durch Problemsituationen und durch die Rolle von Persönlichkeiten bedingt und bestimmt. Aber auch die Erkenntnis der objektiven und subjektiven Dialektik und der Dialektik des Erkenntnisprozesses verläuft in Philosophie und Spezialwissenschaften dialektisch, denn die materialistische Dialektik braucht einerseits die Ergebnisse der Spezialwissenschaften, um mit philosophischer Verallgemeinerung die allgemeinen Aussagen zur Dialektik zu präzisieren. Dabei kann undialektisches Herangehen von „Dialektikern“ an die Erkenntnis und ihre Verwertung zu Entstellungen der Dialektik führen. Andererseits vertreten Spezialwissenschaftler dialektische Positionen, ohne darüber bewußt zu reflektieren. Manchmal kommt es, entgegen wissenschaftlichen Einsichten, aus ideologischen und weltanschaulichen Gründen sogar zur Ablehnung der Dialektik als Erkenntnistheorie und Methodologie. Aber der Zwang zur Dialektik setzt sich in der Einheit von fördernden und gegenläufigen Tendenzen als spätere Synthese gegensätzlicher Positionen durch.

Materialistische Dialektik kann ihre heuristische Funktion besser erfüllen, wenn sie sich als *dialektische Erkenntnistheorie und Methodologie* profiliert. Nur so kann philosophisches Wissen, als weltanschauliche Lebens- und Entscheidungshilfe zwar genutzt, aber als erkenntnisfördernde Denkhilfe weniger beachtet, zum Reservoir für schöpferische Ideen werden.[2]

Erkenntnis ermöglicht Technologieentwicklung. Wissen ist Macht durch die damit entstandenen Herrschaftsmittel des Menschen. Das

[2] Vgl. H. Hörz, Marxistische Philosphie und Naturwissenschaften, Berlin 1976; H. Hörz/U. Röseberg (Hrsg.), Materialistische Dialektik in der physikalischen und biologischen Erkenntnis, Berlin 1981; M. Buhr/H. Hörz (Hrsg.), Naturdialektik – Naturwissenschaft. Das Erbe der Engelsschen „Dialektik der Natur“ und seine aktuelle Bedeutung für die Wissenschaftsentwicklung, Berlin 1986.

führt gegenwärtig immer wieder zu der Frage, worin der *Wert der Wissenschaft* für den Menschen bestehe. Sorge über die antihumane Verwertung wissenschaftlicher Erkenntnisse und qualitativ neuer Technologien wird berechtigt geäußert. Eine dialektische Theorie der Wissenschaftsentwicklung hat die Grundfunktion der Wissenschaft zu bestimmen, um damit das relative Ziel zyklischer Entwicklung erfassen zu können.[3] Darüber hinaus sind auch die historischen Dimensionen des Mensch-Natur-Verhältnisses zu beachten, Tendenzwenden im Umweltbewußtsein und Technologieverständnis zu berücksichtigen und die Frage zu beantworten, ob die Freiheit des Menschen der Wissenschaft Grenzen setzt.

Wissenschaft besitzt ihre innere Entwicklungsdialektik, aber sie allein bestimmt nicht, warum welche Erkenntnisse gesellschaftlich verwertet werden. Sie allein erklärt auch nicht, warum sich unter bestimmten Bedingungen konkret-historische Wissenschaftstypen herausbilden, die sich prinzipiell voneinander unterscheiden (Diskontinuität), aber zugleich Ausdruck der durchgängigen Tendenz zur Höherentwicklung durch Wissenserweiterung und bessere Technologien sind (Kontinuität). Deshalb ist der dialektische Zusammenhang von Wissenschafts-, Produktivkraft- und Gesellschaftsentwicklung zu beachten. Es gibt theoretische Versuche, Wissenschaft als dialektischen Prozeß zu erfassen, indem die Einheit von Wissenschafts- und Gesellschaftsentwicklung betont wird. So wurde in der Auseinandersetzung mit Einseitigkeiten des Internalismus und Externalismus das Finalisierungskonzept entwickelt, das aus der Sicht der materialistisch-dialektischen Theorie jedoch bestimmte Mängel aufweist.

Dem Internalismus wird die Nichtbeachtung der gesellschaftlichen Determinanten vorgeworfen, der Externalismus vernachlässigt die inneren Faktoren der Wissenschaftsentwicklung. Mit dem Konzept der Finalisierung der Wissenschaften sollen diese Einseitigkeiten deshalb zurückgewiesen werden.[4] Die Reife einer Disziplin ist danach durch die Formulierung einer allgemeinen Theorie bestimmt, die gesellschaftlich genutzt wird. Die Finalisierung der Wissenschaften soll auf diese gesellschaftliche Verwertung der Theorienentwicklung aufmerksam machen, auf das eigentliche Finalprodukt der Wissenschaft. Sie verlangt deshalb die gesellschaftliche Steue-

[3] Vgl. H. Hörz/K.-F. Wessel, Philosophische Entwicklungstheorie. Weltanschauliche, erkenntnistheoretische und methodologische Probleme der Naturwissenschaften, Berlin 1983.

[4] Vgl. G. Böhme u. a., Starnberger Studien, Bd. 1: Die gesellschaftliche Orientierung des wissenschaftlichen Fortschritts, Frankfurt/M. 1978.

rung wissenschaftlicher Tätigkeit. So wird festgestellt: „Die interne Entwicklung der Wissenschaft erzeugt einen Spielraum für eine gesellschaftliche Steuerung der Wissenschaft auf der Ebene von Grundlagenforschung."[5] Dazu ist festzustellen, daß die Steuerung nicht direkt erfolgt. Gerade die erkenntnisorientierte Forschung liefert neue Beiträge zum Weltfundus der Wissenschaften. Damit kann Steuerung vor allem über Objektplanung erfolgen, die der technologischen Nutzung des Weltfundus der Wissenschaften dient. Überhaupt kann gesellschaftliche Steuerung nur den gesellschaftlichen Rahmen für die Theorienentwicklung geben. Die sich daraus ergebende Varianzbreite für die Entscheidungen des Forschers ist groß. Außerdem darf die Rolle des Zufalls in der Wissenschaftsentwicklung nicht vernachlässigt werden. Die Wissenschaftsgeschichte liefert viele Beispiele dafür, daß Forscher mit Spürsinn zufällige Ereignisse als Grundlage für hervorragende Entdeckungen nahmen. Gesellschaftliche Steuerung bevorzugt bestimmte Richtungen mit dem Ziel der gesellschaftlichen Verwertung von Forschungsergebnissen. Ihre Effektivität kann deshalb erst am Ergebnis gemessen werden.

Von den Vertretern der Finalisierungskonzeption wird selbst darauf hingewiesen, daß die Theorienentwicklung am Leitfaden externer Zwecke „weder die einzige noch auch nur die vorherrschende Form der externen Orientierung von Wissenschaft ist". Es wird festgestellt: „Man braucht mit der Steuerung der Wissenschaft nicht zu warten, bis die Theorien theoretische Reife erlangt haben; häufig kann man nicht solange warten. Der Bedarf an wissenschaftlicher Problemlösung folgt aus den externen gesellschaftlichen Zielen ohne Rücksicht auf die in den Disziplinen definierten wissenschaftlichen Fronten und Möglichkeiten der Theorienentwicklung."[6] Sicher ist es so, daß gesellschaftliche Interessen zu einem Aufschwung wissenschaftlicher Arbeit auf einem bestimmten Gebiet führen können. Aber das hebt die Bedeutung der in den Disziplinen definierten wissenschaftlichen Fronten und der Möglichkeiten der Theorienentwicklung nicht auf. Die Beantwortung der Frage, was gesellschaftlich notwendig und ökonomisch machbar ist, erfordert als Voraussetzung die Feststellung, was wissenschaftlich möglich und technisch realisierbar ist. Durch gesellschaftliche Bedingungen, seien es materielle und moralische Stimuli, gesellschaftliche Forderungen und die Bereitstellung von Mitteln, können nur existierende Möglichkeiten verwirklicht werden.

Ein Beispiel dafür, daß existierende Möglichkeiten, in diesem

[5] Ebenda, S. 224. [6] Ebenda.

Fall zum Glück für die Menschheit, nicht realisiert werden, wenn politische Forderungen nicht erfüllt werden, ist die Arbeit am überkritischen Reaktor im faschistischen Deutschland, die zur Atombombe führen sollte. Die Forderungen der faschistischen Führer an die Atomwissenschaftler, in einem Zeitraum von weniger als einem Jahr einen hochexplosiven Sprengstoff herzustellen, brachte nach der verneinenden Antwort die Rücknahme höchster Prioritäten für dieses Forschungsprogramm. Die Möglichkeiten für die Produktion der Atombombe existierten, das zeigten die Forschungen in den USA, die nach 1942 mit größter Konzentration von Personen und Mitteln auf dieses Projekt durchgeführt wurden. Aber sie wurden nur unter bestimmten Bedingungen realisiert. Dazu gehörte in den USA das Zusammentreffen von antifaschistischen Tendenzen und Weltherrschaftsplänen führender Kreise.

Das Finalisierungskonzept hat ähnliche Schwächen wie andere Ansätze, die das Verhältnis von externen und internen Faktoren der Wissenschaftentwicklung untersuchen. Meist wird nach einer direkten Vermittlung zwischen inneren und äußeren Faktoren gesucht. Der entscheidende Faktor, der Wissenschaft und Gesellschaft miteinander verbindet, nämlich die Wissenschaftlerpersönlichkeit, wird aus der Betrachtung ausgeschlossen. Wissenschaftler setzen Anforderungen in Theorienentwicklung um, nutzen gesellschaftliche Mittel, bewerten wissenschaftliche Erkenntnisse und arbeiten Technologien aus. Dabei kann sich die Widersprüchlichkeit von Interessen auch in Zielkonflikten ausdrücken. Das Sozialprestige von Anhängern und Gegnern eines theoretischen Ansatzes kann über die Annahme oder Ablehnung eines Forschungsprogramms entscheiden. Solche Faktoren sind genauer zu untersuchen.

Aber nicht nur erkannte theoretische Probleme, die mit den Determinanten des wissenschaftlichen Fortschritts verbunden sind, verlangen von einer dialektischen Theorie der Wissenschaftsentwicklung Lösungen. Es sind vor allem drei Tendenzen gegenwärtiger Wissenschaftsentwicklung, die Anlaß zur Sorge bieten und so eine theoretische Herausforderung darstellen.

Erstens: Die Wissenschaft liefert Grundlagen nicht nur für die Entwicklung von Produktivkräften, sondern auch für umfangreiche Destruktivkräfte. Dazu gehören die Massenvernichtungswaffen physikalischer, chemischer und biologischer Art, aber auch die Präzisionswaffen konventioneller Art und die Verbindung aller Waffensysteme mit Laserwaffen bei der Militarisierung des Weltraums durch die USA. Jede Erkenntnis der Naturgesetze bietet die Möglichkeit, gesetzmäßige Varianten zu finden, deren Realisierung dem

Menschen schadet. Umfangreiche Aufrüstung oder die Nutzung des wissenschaftlich-technischen Fortschritts zur qualitativen Verbesserung des Waffenarsenals erweitern die potentielle Bedrohung der Menschheit. Einen Ausweg bietet die Abrüstung im Zusammenhang mit der Politik der friedlichen Koexistenz von Gesellschaftssystemen mit unterschiedlicher Gesellschaftsordnung. Die Wissenschaft muß dazu beitragen, Wege zu finden, um das militärstrategische Gleichgewicht zu erhalten und sein Niveau herabzusetzen. Sie hat auch durch Friedensforschung ihren Beitrag zu leisten, indem sie realisierbare Modelle der Weltentwicklung aufstellt, die durch demokratische Kräfte als Ziele und Handlungsprogramme genutzt werden können.

Zweitens: Die technologische Verwertung wissenschaftlicher Erkenntnisse führte zu jener rücksichtslosen Ausbeutung der Natur, die mit starken ökologischen Schäden der verschiedensten Art verbunden ist. Die traditionellen natürlichen Ressourcen für die Produktion materieller Güter werden immer mehr ausgeschöpft. Möglichkeiten zur Behebung der Energiekrisen, der Rohstoffprobleme und der Umweltverschmutzung werden untersucht. Mögliche gesundheitliche Schäden durch Chemisierung der Natur, durch die verschärfte Ausbeutung der Menschen bei der intensivierten imperialistischen Profitproduktion, auch durch profitable, aber gefährliche Pharmaka und durch lebensbedrohende militärische Tests, die die Hochrüstung der USA und NATO fordert, sind zu berücksichtigen. Im Bewußtsein vieler Menschen wird die Umwelt durch die Wissenschaftsentwicklung immer lebensfeindlicher. Der dem Wohlbefinden dienende Lebensrhythmus wird und scheint gestört. Nicht zuletzt wird auch die psychische Umweltverschmutzung genannt. Sie betrifft die auf Aggressionen orientierte Vermittlung von Informationen durch imperialistische Massenmedien. In Auseinandersetzung mit diesen möglichen und wirklichen Schäden geht es um die bewußte humane Gestaltung einer menschenfreundlichen Umwelt. Dazu bedarf es strategischer Programme zur Lösung globaler Probleme, die von der Wissenschaft auszuarbeiten sind. Sie betreffen das Verhältnis von Wissenschaft und Humanismus, die Verflechtung von Energie, Rohstoffen, Ernährung, Gesundheit und Persönlichkeitsentwicklung.

Drittens: Die Mathematisierung der Wissenschaften schreitet immer mehr voran. Der Mensch-Maschine-Dialog entwickelt sich. Elektronische Datenverarbeitung hilft bei der Entscheidungsfindung und ist so Grundlage von Lebensprogrammierung. Industrieroboter ersetzen menschliche Arbeitskräfte. Dabei zeigen sich die unterschiedlichen sozialökonomischen Wirkungen im Kapitalismus und

Sozialismus. Das führt zu philosophischen Problemen. In der Mathematisierung und Roboterisierung des Lebens wird eine der Humanisierung der Wissenschaften entgegengesetzte Tendenz gesehen. Es wird die Frage gestellt, ob der Mensch dem Computer untergeordnet sei. Mathematisierung und Humanisierung der Wissenschaften scheinen sich so zu widersprechen. Später wird noch genauer darauf einzugehen sein. Mit der intensiven mathematischen Untersuchung der Seinsstrukturen befürchtet man, daß der Sinn des menschlichen Lebens, Bestandteil der Humanisierung der Wissenschaften, vergessen würde und die humane Rolle der Wissenschaft über der wissenschaftlichen Analyse verloren ginge. Zur Dialektisierung der Wissenschaften, d. h. der bewußten Nutzung dialektischer Einsichten zur Anpassung von Wissenschaftsentwicklung an objektive Dialektik in Natur und Gesellschaft, gehört deshalb die gestaltete Einheit von Humanisierung und Mathematisierung der Wissenschaften als einem Ausdruck der Dialektik von Effektivität und Humanität. Damit ist die Philosophie angesprochen, weltanschauliche Fragen nach der Stellung des Menschen in der Welt, nach dem Sinn des Lebens und nach dem Charakter des gesellschaftlichen Fortschritts zu beantworten. Es geht um wissenschaftlich begründete Antworten auf diese Fragen.

Die genannten Tendenzen der Wissenschaftsentwicklung und die angedeuteten Lösungsmöglichkeiten für die dabei auftretenden Probleme führen zu umfangreichen Diskussionen über die Funktionen der Wissenschaften in der Gegenwart. Der Wissenschaftsphilosoph muß die dabei auftretenden Haltungen sorgfältig analysieren, um Standpunkte zu den kontroversen Auffassungen zu beziehen.

Eine wichtige Position, die den zu erörternden Grundlagen einer dialektischen Theorie der Wissenschaftsentwicklung entspricht, ist die, daß der wissenschaftlich-technische Fortschritt eine wesentliche Voraussetzung des gesellschaftlichen Fortschritts ist. Es wäre undialektisch, aus dieser Haltung schon einen naiven Fortschrittsoptimismus abzuleiten, aber die Ablehnung von Wissenschaft und Technik ist nicht nur eine Illusion, sondern auch eine dem menschlichen Wesen, das schöpferisch ist und bewußt seine Existenzbedingungen gestaltet, nicht entsprechende Alternative zu Problemen der Wissenschaftsentwicklung. Wer Wissenschaft überhaupt beseitigen will, stellt die Existenz wesentlicher Menschheitsmerkmale in Frage.

Es gibt kontroverse Standpunkte zum Wert der Wissenschaft. Die Varianz weltanschaulicher Kontroversen umfaßt pessimistische und optimistische Varianten der Wissenschaftsentwicklung. Sie drückt die gesellschaftliche Determination der Wahrheitssuche, Bewertung und

Verwertung der Wissenschaft unter konkreten Verhältnissen und ihre philosophische Reflexion aus. Die Beiträge zur Lösung von Menschheitsproblemen durch humanistische Wissenschaftler verlangen einen wissenschaftlich begründeteten, realen Optimismus, der die mit der Wissenschaftsentwicklung entstandenen Schwierigkeiten berücksichtigt, strategische Programme zu ihrer Überwindung fördert und durchsetzt und sich weltanschaulich von der Wissenschaftsfeindlichkeit und den romantischen Illusionen abgrenzt. Dabei ist zu beachten, daß ökonomische, politische und ideologische Interessen zu Bedürfnissen werden und Wissenschaftsentwicklung beeinflussen, was sich in staatlichen Wissenschaftsprogrammen ausdrückt. Durch die Gestaltung solcher gesellschaftlicher Verhältnisse, in denen die Wissenschaft ihre wahre Rolle spielen kann, durch die demokratische Kontrolle der Wissenschaftsentwicklung und die moralische Verantwortung der Wissenschaftler für die Verwendung ihrer Produkte sind diese Anforderungen so zu kanalisieren, daß sie der humanen Verwertung wissenschaftlicher Erkenntnisse dienen.

Die Funktionen der Wissenschaften, das zeigt die historische Entwicklung, sind auch aus dem humanen Wirken der Wissenschaft auf den gesellschaftlichen Fortschritt abzuleiten. Wissenschaftliche Erkenntnisse sind polyvalent nutzbar. Die gesellschaftlich determinierte Finalisierung der Wissenschaften zeigt sich dabei in den materialisierten Ergebnissen der Wissenschaftsentwicklung. Die Grundfunktionen der Wissenschaft müssen jedoch auch ausweisen, wie man zu diesen Produkten kommt. Insofern sind jene aus der Entwicklung der Wissenschaft als relativ selbständigem System in der gesellschaftlichen Arbeitsteilung in seiner Verflechtung mit anderen gesellschaftlichen Bereichen zu bestimmen. Die Anforderungen an eine dialektische Theorie der Wissenschaftsentwicklung reichen also von der Einsicht in die Grundfunktionen der Wissenschaft, die am ausgebildeten Wissenschaftssystem studiert, Hinweise auf ihre Herausbildung, Deformation und Reife geben, über den Typenwandel der Wissenschaft, die Zyklizität der Erkenntnisprozesse und die Determinanten der Wissenschaftsentwicklung bis zum qualitativ neuen Verhältnis des Menschen zur Natur und zur Technik und zu den dadurch entstandenen Wertproblemen.

Materialistische Dialektik hat sich als philosophische Denkweise, als Theorie, Methode und Methodologie in verschiedener Hinsicht zu bewähren. Dazu ist es erforderlich, den Gegenstand materialistischer Dialektik genauer zu bestimmen und ihre Grundprinzipien zu erläutern, um sie dann in ihrer Relevanz für die dialektische Theorie der Wissenschaftsentwicklung zu überprüfen. Bevor deshalb die Grundprinzipien der materialistischen Dialektik für die Erklärung der Wissenschaftsentwicklung als dialektischen Prozeß heuristisch genutzt werden, müssen sie selbst in ihrer durch die Wissenschaftsentwicklung präzisierten Form dargelegt und dann Positionen zum Streit um die Dialektik bezogen werden.

2. Grundprinzipien der materialistischen Dialektik

2.1. Was ist Dialektik?

Die marxistisch-leninistische Philosophie untersucht allgemeine Beziehungen und Gesetze von wechselwirkenden Objekten im natürlichen und gesellschaftlichen Geschehen, die deren Struktur, Veränderung und Entwicklung bestimmen. Die materialistische Dialektik als philosophische Theorie, die Zusammenhänge, Gegensätze in ihrer Einheit, Qualitätsumschläge und Erkenntniszyklen erklärt, erfaßt die objektive Dialektik der Natur, der Geschichte und des materiellen und geistigen Lebens der Gesellschaft. Sie stützt sich dabei auf die Erkenntnisse aller Wissenschaften. Bei der Analyse dialektischer Beziehungen und bei der Nutzung der Dialektik als Heuristik können durch alleiniges Festhalten am Allgemeinen und durch ungenügende philosophische Durchdringung spezialwissenschaftlicher Erkenntnisse zwei Gefahren entstehen, die die Dialektik in Mißkredit bringen, nämlich die inhaltliche Entleerung der philosophischen Kategorien und die Vernachlässigung der Synthese analysierter Wesensmomente in Erkenntnissen unterschiedlicher Disziplinen.

Die philosophische Deutung wissenschaftlicher Erkenntnisse führt dazu, „die Besonderheiten jedes einzelnen Spezialprozesses unbeachtet" zu lassen, um das philosophisch Gemeinsame zu entdecken.[7] Das kann zu einer Tendenz der inhaltlichen Entleerung philosophischer Kategorien führen, die die Dialektik zum Schema ohne heuristischen Wert werden ließe. Diese Dialektik würde dann der Kritik von Engels an der Hegelschen Schule verfallen. „Die offizielle Hegelsche Schule hatte von der Dialektik des Meisters nur die Manipulation der allereinfachsten Kunstgriffe sich angeeignet, die sie auf alles und jedes, und oft noch mit lächerlichem Ungeschick, anwandte. Die ganze Hinterlassenschaft Hegels beschränkte sich für sie auf eine pure Schablone, mit deren Hülfe jedes Thema zurechtkonstruiert

[7] F. Engels, Herrn Eugen Dührings Umwälzung der Wissenschaft, in: K. Marx/F. Engels, Werke, (im folgenden: MEW), Bd. 20, Berlin 1962, S. 131.

wurde, und auf ein Register von Wörtern und Wendungen, die keinen anderen Zweck mehr hatten, als sich zur rechten Zeit einzustellen, wo Gedanken und positive Erkenntnis fehlten."[8]

Die Dialektik als Schema aufzufassen, widerspricht dem theoretischen Ansatz von K. Marx, nach dem sie „in dem positiven Verständnis des Bestehenden zugleich auch das Verständnis seiner Negation, seines notwendigen Untergangs einschließt, jede gewordne Form im Flusse der Bewegung, also auch nach ihrer vergänglichen Seite auffaßt, sich durch nichts imponieren läßt, ihrem Wesen nach kritisch und revolutionär ist."[9] Sie ist nicht nur Erklärung, sondern auch Handlungsorientierung, nicht nur philosophische Deutung wissenschaftlicher Erkenntnisse, sondern vor allem auch Erkenntniskritik.

Die prinzipielle Erkennbarkeit der Welt zu behaupten, ist nach Engels, „sofern die Menschheit nur lange genug dauert und somit nicht in den Erkenntnisorganen und Erkenntnisgegenständen diesem Erkennen Schranken gesetzt sind ... etwas ziemlich Banales und zudem ziemlich Unfruchtbares. Denn das wertvollste Resultat dürfte dies sein, uns gegen unsere heutige Erkenntnis ziemlich mißtrauisch zu machen."[10] Die materialistische Dialektik als adäquate Denkweise für Wissenschaftsgeschichte und moderne Wissenschaftsentwicklung ist nicht in erster Linie Rechtfertigung bestehenden Wissens, obwohl sie es in das bestehende Weltbild einordnet. Sie ist deshalb Erkenntniskritik, weil sie auf Einseitigkeiten bisheriger Theorien verweist, Ansätze zu ihrer Erweiterung initiiert und neues Wissen mit philosophischen Hypothesen über die allgemeine Bedeutung neuer Denkweisen, wie etwa der statistischen Methode oder der Systemtheorie und über den zukünftigen Beitrag der Wissenschaft zur Philosophie herausfordert. In der Systembetrachtung, die sich, wie behauptet wird, der Kybernetik annähere, wird eine Gefahr für die Dialektik gesehen, da die allgemeinen Systembeziehungen untersucht würden und die Spezifik verlorengehe, was zu einem „Verschwinden der Dialektik hinter allgemeinen Kategorien (führen könne) und eine Verhüllung des ursprünglichen dialektischen Ansatzes sei."[11] Diese Kritik gilt tatsächlich dann, wenn Dia-

[8] F. Engels, Karl Marx, „Zur Kritik der Politischen Ökonomie" (Rezension), in: MEW, Bd. 13, Berlin 1971, S. 472.

[9] K. Marx, Das Kapital. Erster Band, in: MEW, Bd. 23, Berlin 1977, S. 18.

[10] F. Engels, Herrn Eugen Dührings Umwälzung der Wissenschaft, a. a. O., S. 80.

[11] G. Bieling, Der Aufbau der Dialektik in der sowjetischen Diskussion der Gegenwart, München 1977, S. 351 f.; vgl. Rezension dazu, in: Deutsche Literaturzeitung, 9/1979, Sp. 528–532.

lektik durch allgemeine Systembetrachtungen ersetzt wird. Es kann jedoch gezeigt werden, daß systemtheoretische Überlegungen und materialistische Dialektik sich gegenseitig ergänzen können und sich wechselseitig befruchten.[12]

Die notwendige Präzisierung dialektischer Beziehungen und Gesetze mit dem Material bestimmter Wissenschaften ist eine wichtige philosophische Aufgabe, ohne deren Lösung sich Philosophie nicht entwickeln kann. Dafür müssen sich Spezialisten auf diesem Gebiet gründlich mit Forschungsresultaten und Hypothesen, mit Geschichte und Theorie einzelner Wissenschaften und Disziplinen beschäftigen. Bei Übertreibung könnte das aber nur dazu führen, den synthetischen Gesichtspunkt aus dem Auge zu verlieren. Die Beschreibung spezialwissenschaftlicher Sachverhalte ist jedoch nur empirisches Material der dialektischen Analyse. Erst durch die Untersuchung unterschiedlicher Strukturebenen und Entwicklungsstufen und ihres genetischen Zusammenhangs können fundierte Erkenntnisse über ihre Gemeinsamkeiten gefunden werden. Das ist Aufgabe der Synthese, durch die die Dialektik als Wissenschaft erst existiert.[13]

Die materialistische Dialektik ist die „Wissenschaft von den allgemeinen Bewegungs- und Entwicklungsgesetzen der Natur, der Menschengesellschaft und des Denkens."[14] Sie erfaßt in philosophischer Verallgemeinerung die objektiven Zusammenhänge und ihre Transformationen, das Entstehen neuer und die Entwicklung höherer Qualitäten in Natur, Gesellschaft und den materiellen Grundlagen des Bewußtseins, im gesellschaftlichen und individuellen Erkenntnis*prozeß* und in den Begriffen und Theorien als den Erkenntnisresultaten. Ziel philosophischer Verallgemeinerung ist es, wissenschaftlich begründete Antworten auf die weltanschaulichen Grundfragen nach dem Ursprung, der Existenzweise und Entwicklung der Welt, nach der Quelle unseres Wissens, nach der Stellung des Menschen in der Welt, nach dem Sinn des Lebens und nach dem Charakter des gesellschaftlichen Fortschritts zu geben (weltanschauliche Funktion). Neue wissenschaftliche Erkenntnisse dienen nach philosophischer Analyse der wissenschaftlichen Fundierung weltanschau-

[12] Vgl. H. Hörz, Dialektischer Determinismus und allgemeine Systemtheorie, in: Deutsche Zeitschrift für Philosophie (im folgenden: DZfPh), 6/1977, S. 656 ff.

[13] Vgl. H. Hörz/K.-F. Wessel u. a., Philosophie – Naturwissenschaften. Lehrbuch, Berlin 1986.

[14] F. Engels, Herrn Eugen Dührings Umwälzung der Wissenschaft, a. a. O., S. 132.

licher Grundaussagen, die wert-, motiv- und willensbildend das Handeln der Menschen beeinflussen (ideologische Funktion). Für die Wissenschaftsentwicklung spielt dabei die Präzisierung allgemeiner Aussagen der Dialektik durch wissenschaftshistorische Untersuchungen, Einsichten in den realen Forschungsprozeß und neue wissenschaftliche Erkenntnisse eine entscheidende erkenntnisfördernde Rolle, wenn philosophische Hypothesen über den zukünftigen Beitrag der Wissenschaften zur Entwicklung der Philosophie und speziell der materialistischen Dialektik ausgearbeitet werden (heuristische Funktion). Die schöpferische Ausarbeitung der materialistischen Dialektik verlangt die Präzisierung ihrer Grundprinzipien mit neuen wissenschaftlichen Erkenntnissen, was noch zu zeigen sein wird. Um weltanschauliche Kurzschlüsse dabei zu vermeiden, ist der komplizierte philosophische Erkenntnisprozeß zu beachten. Weltanschauliche Prinzipien sind über die Präzisierung allgemeiner philosophischer Aussagen und über philosophische Hypothesen zu heuristischen Hinweisen zu entwickeln und nicht als abarbeitbares methodisches Schema zur Erkenntnisgewinnung zu sehen. Auch die Nutzung spezieller Erkenntnisse zur Beantwortung weltanschaulicher Grundfragen, wie im Energetismus und Kybernetismus, ohne philosophische Verallgemeinerung ist ein weltanschaulicher Kurzschluß, der die dialektische Interpretation neuer Erkenntnisse hemmt.

Dialektik wird zum Schema, wenn sie in der Allgemeinheit verharrt. Sie wird überflüssig, wenn sie die ideologische, weltanschauliche und heuristische Funktion der Philosophie nicht erfüllt. Diese kann sie aber nur erfüllen, wenn die allgemeinen Aussagen der Dialektik präzisiert werden, um weltanschauliche und erkenntnistheoretisch-methodologische Probleme lösen und philosophische Hypothesen ausarbeiten zu können. Dabei ist die theoretische und methodische Reichhaltigkeit dialektischer Beziehungen und Gesetze zu berücksichtigen. Sie reichen von den Formen des objektiven Zusammenhangs bis zu den Grundgesetzen der Dialektik. Während Lenin noch 16 Elemente der Dialektik in seinem Konspekt zu Hegels „Wissenschaft der Logik" hervorhob, hatte Stalin nur vier Grundzüge der Dialektik in seinen Darlegungen „Über den dialektischen und historischen Materialismus" charaktersiert. Es ist weniger die kurze zusammengefaßte Darstellung, die Kritik hervorrief, denn Dialektik muß auch operabel sein, als mehr die Einseitigkeit der Thesen, die das in der Dialektik enthaltene Erklärungspotential zu stark reduzierten. So fehlte auch die Rolle der materialistischen Dialektik für die Wissenschaftsentwicklung. Gegenwärtige umfangreiche Darstellungen zur materialistischen Dialektik mit Lehrbuchcharakter zeigen die Vielfalt dialektischer Beziehungen und ihrer methodischen Nutzung.

Gegenstand der materialistischen Dialektik als Wissenschaft sind die *objektive Dialektik*, d. h. die Struktur, Veränderung und Entwicklung in Natur und Gesellschaft, die *subjektive Dialektik*, d. h. die Struktur, Veränderung und Entwicklung der Begriffe und Theorien und die *Dialektik des Erkenntnisprozesses*, d. h. die Struktur, Veränderung und Entwicklung des Systems der Erkenntnismethoden. Da die Wissenschaften Einsichten in diese Gegenstände vermitteln, muß die materialistische Dialektik in philosophischer Verallgemeinerung über präzisierte philosophische Aussagen und philosophische Hypothesen dieser Erkenntnisse sich als Theorie entwickeln, um methodisch als Denkweise und methodologisch als Methodentheorie und Methodenkritik wirksam werden zu können.[15]

Die *materialistische Dialektik* ist vor allem durch die Einheit von Materialismus und Dialektik charakterisiert. Philosophischer Materialismus verlangt, die Tatsachen in ihrem eigenen und in keinem phantastischen Zusammenhang zu erkennen; also die Formen des objektiven Zusammenhangs und die Entstehung des qualitativ Neuen aufzudecken. Konsequenter Materialismus impliziert dialektische Erkenntnis. Diese begreift die materielle Einheit der Welt nicht als in sich verflochtenes Chaos von Beziehungen, in dem die Erkenntnis eines Strukturelements, sei es ein Festkörper oder ein Organismus, nur möglich wäre, wenn der Kosmos allseitig erkannt sei. In diesem Sinne könnte zwar die These verstanden werden, daß Alles mit Allem zusammenhängt. Die Erkenntnis vom objektiven Zusammenhang der Objekte und Prozesse besagt jedoch, daß es keinen materiellen Bereich gibt, der nicht durch materielle Prozesse mit anderen Bereichen verbunden ist. Damit vereinbar ist auch die Existenz einer endlichen Signal- und Wirkungsgeschwindigkeit.

Die Erkenntnisse des dialektisch-materialistischen Monismus als philosophischer Struktur-, Prozeß- und Entwicklungstheorie können in Grundprinzipien, d. h. auf der Einsicht in die objektive Dialektik basierenden allgemeinen Grundsätzen theoretisch-methodischen Verhaltens, erfaßt werden:

(1) Prinzip der Unerschöpflichkeit der Materie;
(2) Prinzip der Strukturiertheit der Materie;
(3) Prinzip der dialektischen Determiniertheit;
(4) Entwicklungsprinzip.

[15] Vgl. H. Hörz, Marxistische Philosophie und Naturwissenschaften, a. a. O., S. 115 ff.; H. Hörz/K.-F. Wessel u. a., Philosophie und Naturwissenschaften. Lehrbuch, a. a. O.

Diese Prinzipien sind als Widerspiegelung objektiver dialektischer Beziehungen und Gesetze Ausdruck der subjektiven Dialektik und unterliegen der Dialektik des Erkenntnisprozesses. Sie werden durch die Wissenschaftsentwicklung weiter präzisiert, wobei die materialistische Dialektik die Erkenntnisse vormarxistischer Philosophie zur Dialektik und ihrer Kritik in sich aufnimmt. Die in den Prinzipien enthaltenen theoretischen Einsichten der materialistischen Dialektik sind eine Einheit von darstellender Abbildung und schöpferischer Konstruktion. Die Prizipien selbst unterliegen dem Kriterium der Nicht-Ableitbarkeit, d. h. sie haben den Charakter von Axiomen, die sich aus der Erfahrung und ihrer Verallgemeinerung ergeben, aber nicht logisch aus allgemeineren Überlegungen ableitbar und begründbar sind; dem Kriterium der Widerspruchsfreiheit, d. h. es darf keine logischen Widersprüche unter den Prinzipien und mit verallgemeinerten wissenschaftlichen Erkenntnissen geben; dem Kriterium des maximalen Erklärungswerts im Gültigkeitsbereich, d. h. es handelt sich um die allgemeinsten notwendigen und hinreichenden Antworten auf Fragen über die Existenzweise der Welt und ihrer Entwicklung, und letzten Endes dem Wahrheitskriterium der gesellschaftlichen Praxis. Dialektische Beziehungen und Gesetze sind nicht in ihrer zur Wissenschaft und Wirklichkeit beziehungslosen Allgemeinheit, wohl aber präzisiert, beweis- und widerlegbar.

2.2. *Prinzip der Unerschöpflichkeit der Materie*

Bis ins 19. Jahrhundert wurde die Unendlichkeit der Materie wesentlich als Grenzenlosigkeit verstanden. Diese Argumentation benutzte Engels berechtigt gegen Dührings Behauptung, daß die Welt einen Anfang in der Zeit habe und räumlich in Grenzen eingeschlossen sei.[16] Aber Engels verwies auch auf Hegels Kritik der schlechten Unendlichkeit, auf die Erkenntnis der Unendlichkeit einer endlichen Zahl von Objekten in Form der Allgemeinheit, d. h. der objektiven Gesetze. Da die Bewegung Daseinsweise der Materie ist, vollzieht sich ein ewiger Formwandel der Materie. Die objektive Realität ist in ihren Objekten, Prozessen und Beziehungen unerschöpflich.[17]

Die präzisierte philosophische Aussage von der Unendlichkeit als Grenzenlosigkeit erwies sich bereits mit den Arbeiten von

[16] Vgl. F. Engels, Herrn Eugen Dührings Umwälzung der Wissenschaft, a. a. O., S. 45 ff.

[17] Vgl. H. Hörz, Materiestruktur, Berlin 1971, S. 283 ff.

N. J. Lobatschewski, K. F. Gauß, B. Riemann und H. Helmholtz über Nicht-Euklidische Geometrien als problematisch, denn es konnte die Grenzenlosigkeit endlicher Flächen, etwa einer Kugeloberfläche im Zweidimensionalen, gezeigt werden. Aber selbst dialektisch geschulte Denker sahen nicht immer die Bedeutung dieser Arbeiten. Sie hielten an der vor allem von I. Kant begründeten Auffassung fest, daß die Euklidische Geometrie zu den empirisch nicht zu widerlegenden synthetischen Urteilen apriori gehöre. Deshalb kritisierte Helmholtz, der selbst lange Zeit Kantianer war, aus seiner Erkenntnis über den Zusammenhang von Geometrie und Erfahrung diese Position von Kant. Aber der Dialektiker N. G. Tschernyschewski meinte 1878 zur Arbeit vom Helmholtz „Über den Ursprung und die Bedeutung der geometrischen Axiome"[18], daß dort „sinnloses dummes Zeug" enthalten sei, weil die Behauptung aufgestellt wurde, man könne neue Systeme der Geometrie schaffen. Das sei mit dem materialistischen Standpunkt nicht vereinbar, weshalb Tschernyschewski betonte: „Das ist das wilde Hirngespinst eines Ignoranten, der nicht versteht, was er denkt und worüber er denkt."[19] Es zeigte sich mit der Relativitätstheorie, daß die ausgedachten Geometrien, die ja nicht fern der Erfahrung waren, denn Kugel und Sattel sind vorstellbar, aber für sie gilt die Euklidische Geometrie nur eingeschränkt, physikalische Einsichten in die Raumstruktur richtig erfassen. Entscheidend für den philosophischen Materialismus dialektischer Art ist die Einsicht, daß die Widerspiegelung objektiver Sachverhalte in wissenschaftlichen Theorien selbst ein dialektischer Prozeß ist. Er verlief über verschiedene Einsichten in die objektive Raum-Zeit-Struktur bis zur Erkenntnis, daß die Unerschöpflichkeit materieller Objekte und Prozesse sich in potentiell unerschöpflichen Strukturen ausdrückt, zu denen auch unterschiedliche Raum-Zeit-Strukturen, erfaßt in sich verändernden Theorien, gehören.

Die erwiesene physikalische Relevanz Nicht-Euklidischer Geometrien führte zu vielen Diskussionen um die philosophische Erkenntnis von der Unendlichkeit der Materie.[20] Die Position, mit

[18] Vgl. H. v. Helmholtz, Philosophische Vorträge und Aufsätze, hg. von S. Wollgast und H. Hörz, Berlin 1971, S. 187 ff.

[19] N. G. Tschernyschewski, Ausgewählte philosophische Schriften, Moskau 1953, S. 668 f.

[20] Vgl. H.-J. Treder, Relativität und Kosmos, Berlin – Oxford – Braunschweig 1968, S. 60 ff.; vgl. auch die Arbeiten von W. A. Ambarzumjan, D. I. Naan und A. A. Selmanov; H. Hörz/U. Röseberg, Materialistische Dialektik in der physikalischen und biologischen Erkenntnis, a. a. O., S. 204 ff.

der Widerlegung der Identität von Unendlichkeit und Grenzenlosigkeit sei auch die Unendlichkeit der Materie widerlegt, entsprach keineswegs der materialistisch-dialektischen Auffassung, denn eine präzisierte philosophische Aussage, die mit dem Wissen einer bestimmten Zeit gewonnen wurde, erwies sich zwar als nicht haltbar, das galt aber nicht für die allgemeine philosophische Aussage von der Unendlichkeit im Sinne der Unerschöpflichkeit der Materie. Wenn Raum und Zeit Existenzformen der Materie sind und die Materie in ihren Beziehungen unerschöpflich ist, dann ergibt sich daraus auch die potentielle Unerschöpflichkeit objektiv-realer Raum-Zeit-Strukturen, die von der Theorie immer besser in ihrer qualitativen Vielfalt und in ihrer inneren Einheit von Materiearten und Materieformen erkannt werden. Das Prinzip der Unerschöpflichkeit der Materie lautet deshalb: *Da Bewegung Daseinsweise der Materie ist, existiert ein ewiger qualitativer Formwandel der Materie, in dem materielle Objekte und Prozesse entstehen und vergehen und es keine ewig gleichbleibende Materiestruktur gibt.*

Dieses Prinzip bringt vor allem den erkenntniskritischen Charakter materialistischer Dialektik mit der Forderung zum Ausdruck, keine endgültigen Wahrheiten über die Materiestruktur, d. h. die Gesamtheit der Struktur-, Bewegungs- und Entwicklungsformen von Materiearten anzuerkennen.

Mit der Gesellschaftsentwicklung, die ständigen Veränderungen unterliegt und deren Gesetze als Invarianten im Handeln von Menschen schwer zu erkennen sind, wurden Theorien mit Gesellschaftserklärungen und Prognosen oft durch die Praxis korrigiert. Man faßte die ständige Veränderung in Kreislauf- oder Untergangstheorien. Darin drückte sich auch das erkenntniskritische Prinzip aus, denn der objektive Formwandel, in der Gesellschaft offensichtlich, zwang zur Revision von Theorien. Der Gedanke von der unerschöpflichen Veränderung im Mikro- und Makrokosmos drängte sich vielen Philosophen auf. In der antiken Dialektik fand er seinen Ausdruck in der Feststellung, daß alles fließt, weshalb Heraklit meinte, man könne nicht zweimal in denselben Fluß steigen. Dagegen standen die Auffassungen der Pythagoreer, die Veränderung leugneten. Das Prinzip der Unerschöpflichkeit mußte deshalb stets zu Auseinandersetzungen führen, weil es die dialektische Einheit von objekiver Unerschöpflichkeit und endlicher Erkenntnis als Gegensätze umfaßt. So wurde mit der Klassifizierung der Naturerscheinungen eine unveränderliche Natur postuliert. Der Zwang zur Dialektik hob diese einseitige Auffassung dann wieder auf. Schon die mittelalterliche Theologie hatte in Gott zwar ein unabänderliches Schöpfungsprinzip, das jedoch durch Kontingenz mit der veränderlichen Welt verbunden war.[21]

Das Prinzip der Unerschöpflichkeit der Materie hebt die mit dem ewigen qualitativen Formwandel verbundene Vielfalt der Materiearten und -formen hervor und verweist auf die Strukturauflösung in Verbindung mit der Strukturneubildung. Jede Erkenntnis erfaßt so die Dialektik von Unendlichkeit im Sinne von allgemeinen Gesetzen und Endlichkeit im Sinne der Überprüfbarkeit der Gesetzeserkenntnis an endlich vielen Objekten. Das Prinzip der Unerschöpflichkeit wird durch das Prinzip der Strukturiertheit der Materie ergänzt.

2.3. *Prinzip der Strukturiertheit der Materie*

Die unerschöpfliche Welt ist kein absolut ungeordnetes Chaos, was Erkenntnis unmöglich machen würde. Die Welt ist in ihrer Einheit erkennbar. So gibt es nicht wenige Versuche in der Geschichte des Denkens, einheitliche Welttheorien aufzubauen. Dabei kam es zu Einseitigkeiten. Die Welt kann als Entäußerung einer absoluten Idee, als vom Ich geschaffenes Nicht-Ich, als schicksalhafte Entfaltung des Präformierten oder als Gesamtheit elementarer Bausteine mit eindeutiger Vorausbestimmtheit aller Zustände erfaßt werden. Auch naturwissenschaftliche Theorienbildung versuchte, den philosophischen Gedanken von der materiellen Einheit der Welt in Einheitstheorien fruchtbar zu machen. Wird dabei die qualitative Vielfalt der Formen auf eine reduziert, wobei Symmetriebrüche und Qualitätsumschläge und damit das Entstehen neuer und die Entwicklung höherer Qualitäten vernachlässigt werden, wie im mechanischen Determinismus, oder werden die Materiearten, wie im metaphysischen Atomismus, auf qualitativ gleichartige letzte unteilbare Teilchen zurückgeführt, dann entstanden und entstehen theoretische Schwierigkeiten. Die Variabilität der Struktur, die Varianzbreite der Materiearten, auch die Entstehung von Neuem wird nicht erklärt. Das Prinzip der Unerschöpflichkeit basiert auf der Bewegung als Daseinsweise der Materie und hebt so die Veränderung hervor. Das Prinzip der Strukturiertheit dagegen charakterisiert das Stabile im Wandel. Dieses Bleibende im Wechsel ist für das Gesamtgeschehen die Materialität.

[21] Vgl. H. Hörz, Zufall. Eine philosophische Untersuchung, Berlin 1980, S. 33 ff.

Die Einheit der Welt besteht in ihrer Materialität, d. h. in wechselwirkenden Systemen. Die objektive Realität übt direkte oder indirekte Wirkungen auf unsere Sinnesorgane aus, die experimentell analysiert und theoretisch synthetisiert werden. Diese materiellen Wirkungen haben in Abhängigkeit vom Charakter der Systeme ihre Spezifik. So verweisen die Physik auf die verschiedenen Wechselwirkungsarten, die Chemie auf die Reaktionsmechanismen und die Biowissenschaften auf die steuernde Rolle der Information. Selbst ideelle Wirkungen haben materielle Substrate und üben ihre Steuerungs- und Regelungsfunktion über die Bedeutung tragenden materiellen Prozesse aus. Diese Spezifik ist nicht leicht zu erkennen. Manchmal wird die Bemerkung von Engels zu dieser Problematik vergessen, der auf die Grenzen unserer Strukturerkenntnis verweist, wenn er feststellt: „Das Sein ist ja überhaupt eine offene Frage von der Grenze an, wo unser Gesichtskreis aufhört."[22] Die Erkenntnis von der Einheit der Welt in der Materialität ist ein historisches und systematisches Forschungsprogramm zum Nachweis dieser Einheit durch die „lange und langwierige Entwicklung der Philosophie und der Naturwissenschaft"[23] und die Entwicklung allgemeiner Theorien, die genetische und strukturelle Zusammenhänge zwischen vorher getrennten Gebieten aufdecken.

Struktur ist die Gesamtheit der allgemeinen und besonderen, wesentlichen und unwesentlichen, notwendigen und zufälligen Beziehungen der Elemente eines Systems in einem bestimmten Zeitintervall, das durch die Grundqualität des Systems bestimmt ist. Struktur ist sowohl geronnene Entwicklung als prozessierende Struktur. Das Entwicklungsprinzip verlangt, die historische Formierung der Struktur zu untersuchen und die Tendenzen ihrer grundlegenden Veränderung zu beachten. Die materialistische Dialektik wendet sich gegen eine statische Strukturauffassung, hebt aber die Bedeutung von Strukturuntersuchungen hervor. Das gilt auch für die Struktur von Theorien. Das Prinzip der Strukturiertheit der Materie besagt: *Es existieren relativ geschlossene Systeme der objektiven Realität, die koexistieren und wechselwirken, niedriger und höher entwickelt sind und die durch Systemgesetze in ihren wesentlichen Verhaltensweisen bestimmt sind.*

[22] F. Engels, Herrn Eugen Dührings Umwälzung der Wissenschaft, a. a. O., S. 41.

[23] Ebenda. – Interessant sind die Erkenntnisse zur Strukturbildung bei irreversiblen Prozessen. Vgl. W. Ebeling, Strukturbildung bei irreversiblen Prozessen, Leipzig 1976; W. Ebeling/R. Feistel, Physik der Selbstorganisation und Evolution, Berlin 1982.

Dialektischer Determinismus ist die Anerkennung der Bedingtheit (Kausalität) und Bestimmtheit (Grund, Gesetz) der Objekte und Prozesse im Zusammenhang mit anderen Objekten und Prozessen.[24] Er wendet sich gegen die mechanisch-deterministische Auffassung von der Ablaufkausalität, nach der objektives Geschehen 'aus eindeutigen Abhängigkeiten zukünftiger Zustände von gegenwärtigen bestehen soll, was Vorausbestimmtheit und Voraussagbarkeit impliziert. Damit wäre die bei Aristoteles vorhandene Ursachenvielfalt der causa materialis, der causa formalis, der causa finalis und der causa efficiens auf einen Aspekt der letzteren eingeschränkt. Vor allem leugnet der mechanische Determinismus die objektive Existenz des Zufalls und der Freiheit. Der dialektische Determinismus hebt das einseitige Verständnis einer Kausalbeziehung allein als notwendiges Hervorbringen einer bestimmten Wirkung durch eine bestimmte Ursache auf.

Kausalbeziehungen sind direkte und konkrete Vermittlungen des objektiven Zusammenhangs, wobei durch Einwirkungen auf ein System (Ursachen) Zustandsänderungen des Systems (Wirkungen) entstehen. Das allgemeine Kausalprinzip des dialektischen Determinismus fordert, daß alle Wirkungen verursacht sind, aber nicht, daß eine bestimmte Ursache notwendig eine bestimmte Wirkung hervorbringt. Das ist nur in Grenzfällen der Wechselwirkung möglich. Da wir es stets mit Wechselwirkungen, d. h. einem Komplex von Kausalbeziehungen zu tun haben, ist Notwendigkeit oder Zufall einer Kausalrelation erst durch ihren Platz im Komplex der Beziehungen bestimmt. Kausalanalyse ist deshalb nicht einfach das Aufdecken einer Ursache, die notwendig eine Wirkung hervorbrachte, sondern die auf der Bedingungsanalyse beruhende Untersuchung der „Anfangsursachen" für die „Endwirkung" über die aus den Bedingungen für das untersuchte Ereignis sich ergebenden Möglichkeiten und ihre notwendige oder zufällige Realisierung.

Die philosophische Analyse der Quantenmechanik zeigte die objektive Existenz des Zufalls als konstituierendes Element physikalischer Theorienbildung. Biologie und Psychologie hatten dem mechanischen Determinismus stets Bedenken entgegengebracht. Aber das theoretische Problem ist tiefer. Es geht um einen Determinismus,

[24] Vgl. H. Hörz, Der dialektische Determinismus in Natur und Gesellschaft, Berlin 1974; K. Fuchs-Kittowski, Probleme des Determinismus und der Kybernetik in der molekularen Biologie, Jena 1976; U. Röseberg, Determinismus und Physik, Berlin 1975.

der objektiven Zufall und Freiheit mit objektiver Kausalität verbindet.[25]

In Diskussionen mit Strafrechtlern um die theoretischen Grundlagen für den Nachweis der objektiven Kausalität zeigte sich eine allgemeine Problematik dialektischen Kausalverständnisses.[26] Gesucht wird nicht eine Beschreibung aller erfaßbaren Kausalbeziehungen, sondern die Anfangsursache für eine Endwirkung. In den von uns untersuchten konkreten Fällen waren das z. B. die Ursachen für den Tod eines Kranfahrers, der Arbeitsschutzbestimmungen nicht einhielt, oder die schwere Pflichtverletzung eines Motorradfahrers, der ohne Fahrerlaubnis mit Wissen seines Freundes auf dessen Maschine fuhr. Die bissige Bemerkung eines Kollegen bestand darin, daß jeder Teilnehmer am öffentlichen Straßenverkehr ein potentieller Töter sei, da er durch sein (auch unbeabsichtigtes) Handeln Ursachen für die dann eingetretene Wirkung setze. Ursachen werden mit Bedingungen gleichgesetzt und der Kausalablauf als unausweichliche Verursachung der Wirkung angesehen. Es mußte geklärt werden, daß Modifikationen von Kausalverläufen durch selbständiges bewußtes Handeln möglich sind. Vor allem aber erwies sich in jedem Fall eine Analyse des Bedingungskomplexes für erforderlich, denn die Bedingungen bestimmen ein Möglichkeitsfeld, wobei die Endwirkung eine verwirklichte Möglichkeit aus diesem Feld ist. Tod und Verletzung mußten nicht notwendig eintreten. Als Anfangsursache einer Endwirkung kann nur der Faktorenkomplex gelten, der mit Notwendigkeit oder hoher Wahrscheinlichkeit die mögliche Endwirkung verwirklicht.

Verallgemeinert kann man festhalten, daß Komplexe von Kausalbeziehungen, und dies sind alle wissenschaftlich zu analysierenden Objekte und Ereignisse, danach untersucht werden, ob

a) wesentliche Ursachen („Anfangsursachen) vermittelt durch einen Bedingungskomplex, der ein Möglichkeitsfeld enthält, zu wesentlichen Wirkungen („Endwirkungen“) als bedingt zufälliger Verwirklichung von Möglichkeiten führen, oder

b) gesetzmäßige Zusammenhänge existieren, die für alle Ereignisse gleichen Typs der Grund sind, nach dem sich die Möglichkeit notwendig oder in einer stochastischen Verteilung bedingt zufällig verwirklicht.

[25] Vgl. H. Hörz, Zufall. Eine philosophische Untersuchung, a. a. O.

[26] Vgl. W. Griebe/H. Hörz/A. Lutzke, Schöpferische Anwendung der marxistischen Philosophie auf die Kausalität im Strafverfahren, in: Neue Justiz, 23–24/1968; Strafrecht. Allgemeiner Teil. Lehrbuch, Berlin 1976, S. 238 ff.

Kausalität betrifft das konkrete Ereignis, Gesetz den Ereignistyp.

Das führt auch zur Präzisierung des Verständnisses der Notwendigkeit. Unter Notwendigkeit wird oft die Gesamtheit der Bedingungen verstanden, die ein Ereignis eintreten lassen. Gehen wir von der Unerschöpflichkeit der Materie aus, dann sind diese Bedingungen nicht voll zu erfassen. Es existieren Zufälle, d. h. zusammentreffende Ereignisreihen, die sich nicht gegenseitig begründen. Wird Notwendigkeit deshalb definiert als „auf Grund der Gesamtheit der Bedingungen bestimmt", dann ist das entweder Ausdruck des mechanischen Determinismus, wenn die erschöpfende Erkenntnis dieser Bedingungen prinzipiell behauptet wird oder ein Programm zur Differenzierung dieser Bedingungen in notwendige und zufällige, wesentliche und unwesentliche. Dabei ergeben sich zwei Arten der Notwendigkeit, nämlich die *einfache direkte Notwendigkeit,* bei der eine bestimmte Ursache eindeutig eine bestimmte Wirkung hervorbringt, wie etwa die Einnahme von Gift in ausreichender Menge zum Tod eines Menschen geführt hat und die *allgemeine Notwendigkeit,* d. h. die Reproduzierbarkeit wesentlicher Seiten eines Ereignisses in einem bestimmten Bedingungskomplex. Die erste Form der Notwendigkeit ist der Grenzfall einer Kausalbeziehung zwischen Anfangsursache und eindeutig bestimmter Endwirkung, die zweite Form führt zur Erkenntnis der objektiven Gesetze in Theorien, denn das Gesetz ist ein allgemein-notwendiger, d. h. reproduzierbarer und wesentlicher, d. h. den Charakter der Erscheinung bestimmender Zusammenhang.

Der dialektische Determinismus unterscheidet zwischen Kausalität und Gesetz. Kausalanalyse verlangt die Erkenntnis der Bedingtheit von Erscheinungen durch Differenzierung des Bedingungskomplexes und Einsicht in die Anfangsursachen von Endwirkungen. Sie führt zur Formulierung wissenschaftlicher Gesetze als Ausdruck der Bestimmtheit von Erscheinungen in ihren allgemein-notwendigen Seiten. Das Gesetz (Gesetzessystem) besitzt eine innere Struktur, die notwendig und bedingt zufällig sich verwirklichende Möglichkeiten umfaßt.

Das Prinzip der dialektischen Determiniertheit besagt: *Jede Strukturveränderung ist durch die inneren dialektischen Widersprüche in ihrer Entfaltung, Zuspitzung und Lösung und durch die auf das System wirkende Umgebung kausal bedingt und gesetzmäßig bestimmt, wobei wesentliche und unwesentliche Zufälle bei der Verwirklichung von Möglichkeiten aus dem der Struktur entsprechenden Möglichkeitsfeld auftreten.*

2.5. Prinzip der Entwicklung

Das Prinzip der Entwicklung trat in der Geschichte des Denkens in verschiedenen Formen auf. Sie reichen von der Anerkennung von Veränderungen, von qualitativen Umwandlungen bis zur Berücksichtigung von Tendenzen der Höherentwicklung. Wichtig war stets die Antwort auf die Frage nach den Quellen der Entwicklung. Es existieren die intuitiven Einsichten der griechischen Philosophen. Kreislauftheorien wurden aufgestellt. Erkenntnisse des 18. und 19. Jahrhunderts förderten das Entwicklungsdenken. Die Idee Kants von der Evolution des Kosmos und der Darwinismus haben wesentlich die Diskussion zur Entwicklung der Natur beeinflußt. Gesellschaftliche Entwicklung wurde philosophisch reflektiert. Die Notwendigkeit eines einheitlichen Entwicklungskonzepts entstand. Der Darwinismus wurde auch zur Erklärung gesellschaftlicher Veränderungen herangezogen. Marx schrieb am 16. 1. 1861 in einem Brief: „Sehr bedeutend ist Darwins Schrift und paßt mir als naturwissenschaftliche Unterlage des geschichtlichen Klassenkampfes. Die grob englische Manier der Entwicklung muß man natürlich mit in Kauf nehmen."[27]

Es ist sicher interessant, daß Johann Georg Walchs philosophisches Lexikon, das 1775 in vierter Auflage erschien, den Begriff der Entwicklung (Evolution) nicht enthält.[28] Zu Beginn unseres Jahrhunderts stellt dafür F. Mauthner fest: „Wer sein Ohr für die wissenschaftlichen Schlagworte geschärft hat wie für die Worte der Gemeinsprache, der hört den Kampf zwischen Zweck und Zufall auch aus dem allerklärenden Begriffe des Darwinismus heraus: aus dem Worte Entwicklung ... das dann seit noch nicht fünfzig Jahren eine unübersehbare Literatur zur Entwicklung oder Entfaltung gebracht hat."[29] Heute hat sich die philosophische Diskussion um die Entwicklungstheorie durch neue Erkenntnisse über die Evolution des Kosmos, über molekularbiologische Grundlagen biotischer Evolution, über die Theorie dissipativer Strukturen, über die Anthropogenese, über die Geoevolution, über die Gesellschafts- und Persönlichkeitsentwicklung erweitert. Es wird die Aufgabe gelöst, die Lenin stellte: „Die Fortführung des Werkes von Hegel und Marx

[27] MEW, Bd. 30, S. 578.

[28] Vgl. J.-G. Walch, Philosophisches Lexikon, Leipzig 1775.

[29] F. Mauthner, Wörterbuch der Philosophie, München – Leipzig 1914, Bd. I, S. 283.

muß in der dialektischen Bearbeitung der Geschichte des menschlichen Denkens, der Wissenschaft und der Technik bestehen."[30]

Dabei hat sich der Entwicklungsgedanke selbst entwickelt. Die materialistische Dialektik setzt sich mit Kreislauftheorien, die die Entstehung des Neuen leugnen, ebenso auseinander, wie mit der Identifizierung von Entwicklung mit quantitativen oder kumulativem Wachstum ohne Berücksichtigung der Qualitätsänderungen. Das dialektisch-materialistische Entwicklungsprinzip umfaßt mehr als nur qualitative Veränderungen, d. h. die Existenz anderer Qualitäten der gleichen Grundqualität und das Entstehen neuer Grundqualitäten. Entwicklung ist der genetische Zusammenhang zwischen Ausgangs- und höherer Endqualität in einem Entwicklungszyklus, wobei sich die Tendenz zur Höherentwicklung durch Regressionen, Stagnationen und durch die Ausbildung der Elemente einer Entwicklungsphase durchsetzt. Prozeßdenken wird erst dann zum Entwicklungsdenken, wenn in Entwicklungszyklen die höheren Qualitäten mit Hilfe von Entwicklungskriterien bestimmt, die objektiven dialektischen Widersprüche in ihrer Entfaltung, Lösung und Neusetzung als Quelle der Entwicklung analysiert und die Richtung der Entwicklung in dialektischen Negationen der Negationen als Einheit von scheinbarer Rückkehr zum Alten und qualitativ umfangreicherer und qualitativ besserer Erfüllung der Funktionen der Ausgangs- durch die Endqualität erkannt werden. Die philosophischen Diskussionen um das Verhältnis von Gesetz und Widerspruch zeigen immer deutlicher, daß durch das tiefere Eindringen in die Gesetzesstruktur Gesetze sich als Tendenzen zur Lösung objektiver dialektischer Widersprüche erweisen. Das Möglichkeitsfeld im Gesetz enthält einander widersprechende Entwicklungstendenzen, wobei sich die Grundtendenz durchsetzt.

Lenin sprach davon, daß das Prinzip der Einheit der Welt mit dem Entwicklungsprinzip verbunden werden muß.[31] Es geht um die Erklärung, wie höhere Qualitäten aus niederen entstehen (Genesezusammenhänge) und welche Wechselwirkungen sich zwischen ihnen in bestimmten Phasen herausbilden (Strukturzusammenhänge). Diese Verbindung des Determiniertheits- und Entwicklungsprinzips erfolgt in der materialistischen Dialektik vor allem durch Arbeiten zur statistischen Gesetzeskonzeption und zur Struktur von Entwicklungsgesetzen.

[30] W. I. Lenin, Philosophische Hefte, in: Werke (im folgenden: LW), Bd. 38, Berlin 1964, S. 137.

[31] Vgl. ebenda, S. 242.

Die Durchsetzung dialektischen Denkens ist in der Wissenschaftsentwicklung heute eng mit der statistischen Denkweise verbunden. Es geht um die Kritik eines Geschichts- oder Entwicklungsautomatismus, der notwendig aus Niederem Höheres hervorbringt. Die philosophische Analyse wissenschaftlicher Erkenntnisse in der Quantentheorie, der Biologie, der mathematischen Statistik und anderer Wissenschaften führt zu einer statistischen Gesetzeskonzeption, die die Existenz von notwendigen Entwicklungstendenzen ebenso berücksichtigt, wie die bedingt zufällige Verwirklichung von Möglichkeiten mit bestimmten Wahrscheinlichkeiten. Damit wird an die Gedanken von Marx über das Tendenzgesetz angeknüpft, wenn er über die zufällige Abweichung der Preise vom Wert spricht, das Gesetz als Einheit widersprechender Seiten faßt und die Zufälle als Erscheinungsformen des Gesetzes begreift.[32]

Das statistische Gesetz (oder Gesetzessystem) ist ein allgemeinnotwendiger und wesentlicher Zusammenhang zwischen den Elementen eines Systems, der eine Möglichkeit für das Systemverhalten bestimmt, die notwendig verwirklicht wird (dynamischer Aspekt), wobei die Elemente aus einem Möglichkeitsfeld bedingt zufällig Möglichkeiten entsprechend der Wahrscheinlichkeitsverteilung verwirklichen (stochastischer Aspekt) und der Übergang eines Elements von einem Zustand in den anderen mit einer bestimmten Übergangswahrscheinlichkeit erfolgt (probabilistischer Aspekt). Wahrscheinlichkeit wird hier als Maß für die Verwirklichung der Möglichkeit genommen. Das Möglichkeitsfeld erfaßt koexistierende entgegengesetzte Tendenzen, die mögliche Lösungen dialektischer Widersprüche charakterisieren. Die grundlegende Lösungstendenz ist der dynamische Aspekt des Gesetzes.

Viele Diskussionen zur Terminologie zwingen zur Bemerkung, daß der seit Planck in vielen Arbeiten übliche Sprachgebrauch, zwischen dynamischen und statistischen Gesetzen zu unterscheiden, genutzt wird, um die innere Dialektik der objektiven Gesetzesstruktur zu zeigen. Es geht nicht mehr um Dynamik und Statistik im Sinn der Physik, sondern um philosophische Bestimmungen und um die Kritik einseitiger Auffassungen zur Gesetzesstruktur. Das dynamische Gesetz erfaßt die notwendige Verwirklichung einer Möglichkeit. Das statistische Gesetz ist eine Einheit von notwendigem System- und zufälligem Elementverhalten. Beide existieren nicht getrennt, denn das statistische Gesetz umfaßt das dynamische. Auch sind statistische Gesetze nicht mit stochastischen Verteilungen zu

[32] Vgl. MEW, Bd. 25, S. 171, 251, 836.

identifizieren. Die Diskussion der philosophischen Konzeption statistischer Gesetze ist wesentlicher Bestandteil der Dialektikforschung, weil erst mit der Aufdeckung der inneren Struktur der Gesetze und Gesetzessysteme theoretisch plausibel gegen vereinfachte Auffassungen vom Geschichtsautomatismus polemisiert werden kann.

Diese innere Struktur von Gesetzen und Gesetzessystemen, die Grenzfälle, wie das dynamische Gesetz und die stochastische Verteilung ebenso umfaßt wie quantitativ und qualitativ bestimmte sowie potentielle statistische Gesetze, erlaubt es, bei Änderungen stochastischer Verteilungen von Modifizierungen 1. Art des Gesetzes und bei Änderungen des Möglichkeitsfelds, aber Beibehaltung des dynamischen Aspekts, von Modifizierungen 2. Art des Gesetzes zu sprechen. Damit wird der Gedanke von der Historizität der Gesetze nicht nur dadurch faßbar, daß unter neuen Bedingungen neue Gesetze existieren, sondern auch durch Änderungen der Gesetzesstruktur. Das ist weniger ein Problem für die Natur-, wohl aber für die Gesellschaftswissenschaften, die es mit sich relativ schnell ändernden Bedingungen zu tun haben. Es ändern sich dann nicht die Gesetze in ihrem Wesen, wohl aber die Wirkungsmechanismen der Gesetze. Die Gesetzeserkenntnis sollte deshalb einerseits auf die Hervorhebung der Gesetze in ihrer Reinheit orientiert werden, wobei Tendenzen nicht schon Gesetze sind. Andererseits ist die innere Struktur, d. h. das Möglichkeitsfeld und die stochastische Verteilung der bedingt zufälligen Verwirklichung genauer zu bestimmen. In diesem Sinne sind viele Gesetze mehr allgemeine Formulierungen als Ergebnisse theoretischer Verallgemeinerungen empirischer Erfahrungen. In diesem Sinne sind auch die Angebote zur Gesetzesformulierung für Gesetze der Wissenschaftsentwicklung weniger in deren allgemeinen Aussagen als vielmehr in ihren Wirkungsmechanismen, in ihrer inneren Struktur interessant. Es wurde dabei versucht, den hier genannten Anforderungen zu entsprechen. Ob es gelungen ist, wird die Diskussion zeigen, die eine Präzisierung der Gesetzesformulierung bringen kann.

Besondere Schwierigkeiten entstehen bei der Formulierung von Entwicklungsgesetzen, denn sie umfassen wesentliche Verhaltensweisen von Systemen in Entwicklungszyklen von der Ausgangsqualität über *neue* Qualitäten bis zur *höheren* Endqualität. Das führt zu einer komplizierten Gesetzesstruktur, in der Qualitätsänderungen in zeitlicher Abhängigkeit als dialektische Negation der Negation erfaßt werden. Entwicklungsgesetze umfassen dabei Struktur- und Bewegungsgesetze. In diesem Sinne ist die gesetzmäßige zyklische Entwicklung der Wissenschaft im charakterisierten Großzyklus ein

Entwicklungsgesetz, das durch andere Gesetze, die betrachtet werden, ergänzt wird.

Wenn wir berücksichtigen, daß im Möglichkeitsfeld des Gesetzes mit geringer Wahrscheinlichkeit zur Verwirklichung auch die dem dynamischen Aspekt entgegengesetzte Tendenz enthalten ist, dann machen wir erst ernst mit der Behauptung, daß die Tendenz zur Höherentwicklung gesetzmäßig mit Tendenzen der Stagnation und Regression verbunden ist. Das hat viele weltanschauliche Konsequenzen. Gilt das auch für die Gesellschafts- und Persönlichkeitsentwicklung, dann sind Einschätzungen nicht nur als Beschreibung des status quo zu geben, sondern der Platz einer Entwicklungsphase im Entwicklungszyklus mit Vorgeschichte und Entwicklungstendenz ist zu bestimmen. Für die Einschätzung der Persönlichkeitsentwicklung ist zu beachten, daß nicht Stagnations- oder gar Regressionsphasen zur Beschreibung der Leistungsmöglichkeiten genommen werden. Leichter ist es sicher, eine Beschreibung des Zustands A und später des Zustands B zu geben, als aus der Analyse von A Prognosen über die Transformation in B zu wagen. Hier muß mit Möglichkeiten und Wahrscheinlichkeiten gearbeitet werden, denn eine absolut sichere Voraussage von Ereignissen und damit risikofreie Planung gibt es nicht. Die Einsicht in die Dialektik des Lebens, vermittelt durch praktische Erfahrungen, beweist es. Die Theorie bestimmt das Risiko von seiner objektiven Grundlage her als Differenz zwischen der Wahrscheinlichkeit einer im Gesetz enthaltenen Möglichkeit, die sich bedingt zufällig verwirklicht, und der Gewißheit ($R = 1 - p$). Hinzu kommt die Einschätzung der Existenz- und Wirkungsbedingungen des Gesetzes, die differenziert nach existierenden und zu schaffenden Bedingungen untersucht werden. Fehleinschätzungen des Risikos beeinflussen stark weltanschauliche Haltungen. Die Überschätzung fördernder und die Unterschätzung hemmender Bedingungen ergibt ein kleineres Risiko, weckt dafür illusionären Optimismus, der beim Zusammenbruch der Illusionen in Pessimismus umschlägt. Die Unterschätzung fördernder Bedingungen und möglicher Reserven führt zu scheinbar größerem Risiko und oft zum Pessimismus.[33]

Das Entwicklungsprinzip lautet: *Strukturveränderungen als Qualitätsumschläge enthalten im Möglichkeitsfeld die Tendenz zur Höherentwicklung, die sich durch Stagnation und Regression und die Ausbildung aller Elemente einer Entwicklungsphase durchsetzt.* *Ob-*

[33] Vgl. H. Hörz/D. Seidel, Wissenschaft – Schöpfertum – Verantwortung, Berlin 1979.

jektive dialektische Widersprüche sind Quelle der Entwicklung, und in Entwicklungszyklen ist die Richtung der Entwicklung durch relative Ziele in der dialektischen Negation der Negation bestimmt.

Diese Grundprinzipien der materialistischen Dialektik, aus der Wissenschaftsentwicklung als Präzisierung und Fundierung der intuitiven Einsichten antiker Dialektiker abgehoben, sind heuristischer Ausgangspunkt einer jeden dialektischen Theorie, die auf dem dialektischen Materialismus basiert. Bisherige Untersuchungen zur Geschichte der Wissenschaften und zu philosophischen Aspekten spezialwissenschaftlicher Erkenntnisse zeigen, daß unterschiedliche Wissenschaften zu verschiedenen Zeiten wesentliche Beiträge zum Verständnis dieser Prinzipien leisten. Man kann so, beachtet man die Zyklizität wissenschaftlicher Erkenntnis, auf die noch einzugehen sein wird, tatsächlich von einem objektiven Zwang zur Dialektik in der Wissenschaftsentwicklung sprechen. Er setzt sich als Tendenz gegen Stagnation und Regression im dialektischen Denken durch, überwindet gegensätzliche Einseitigkeiten, die sich als Antinomien in der Theorienentwicklung zeigen,[34] durch ihre Synthese und läßt dialektische Widersprüche zwischen der spontanen und bewußten Nutzung der Dialektik als philosophisch adäquater Denkweise spezialwissenschaftlicher Erkenntnis, aber auch zwischen bewußter Wissenschaftsdialektik in Teilaspekten und weltanschaulich motivierter Ablehnung der materialistischen Dialektik entstehen. Der objektive Zwang zur Dialektik setzt sich so durch gesellschaftliche Hemmnisse, erkenntnistheoretische Fehlschlüsse, subjektives Unvermögen und ideologische Gegnerschaft in einem komplizierten Prozeß durch, in dem auch einseitige Haltungen von „Dialektikern" überwunden werden und die Dialektik der Dialektikentwicklung eine Rolle spielt.

3. Streit um die Dialektik

Die Stellungnahmen von Wissenschaftlern zur materialistischen Dialektik in ihrer Bedeutung für die Wissenschaftsentwicklung reichen von der Anerkennung und praktischen Nutzung über die Feststellung, daß dialektische Interpretationen zwar möglich, aber nicht notwendig seien, bis zur direkten Ablehnung der Dialektik als wissenschaftsfeindlich. Aber es gilt, wie J. D. Bernal in einem Vortrag zum dialektischen Materialismus, der 1934 veröffentlicht wurde,

[34] Vgl. U. Röseberg, Szenarium einer Revolution, Berlin 1984.

feststellte, daß auch die schlimmsten Feinde des dialektischen Materialismus sich mit ihm beschäftigen müssen, da er der mächtigste Faktor im Denken und Handeln der Gegenwart sei. Er ersetze nicht die experimentelle Methode und logische Prüfung von Gesetzen und Theorien, gebe aber eine Methode, um große Gruppen von Spezialwissenschaften zu koordinieren und Wege zu neuen Experimenten und Entdeckungen zu zeigen. Dabei nennt Bernal als Hauptaufgabe der materialistischen Dialektik die Erklärung für die Entstehung des qualitativ Neuen.[35] Vielleicht kommen manche Kritiken an Arbeiten zur materialistischen Dialektik gerade daher, daß diese Aufgabe, die Entstehung des Neuen zu erklären und es zu fördern, also heuristisch wirksam zu werden, nicht immer im Vordergrund stand. Dabei ist die Gesellschaftsdialektik wegen der jähen Wenden in der Gesellschaftsentwicklung oft weniger umstritten als die Naturdialektik, wenn auch nicht unbedingt besser verstanden.

Hervorragende Naturwissenschaftler wie A. Joffe, P. Langevin, F. Joliot-Curie, W. Fock, N. Wawilow, W. Engelhardt, A. Oparin u. a. haben die Bedeutung der materialistischen Dialektik für die Entwicklung ihrer Wissenschaft nachgewiesen. Es gab jedoch mit dialektischen Argumenten auch Bedenken z. B. gegen die Relativitäts-, Mesomerie- und Gen-Theorie. Obwohl Hinweise darauf bei internationalen Diskussionen zu philosophischen Fragen der Wissenschaften nicht fehlen. kann man doch von einem gewachsenen Interesse an den positiven Leistungen der materialistischen Dialektik auch durch ihre Gegner sprechen. Die Wissenschaftsentwicklung zwingt immer mehr dazu, dialektisch denken zu müssen, ob bewußt erkannt oder spontan erzwungen. Dabei gilt für bestimmte Bereiche auch heute noch der Hinweis von Engels: „Aber die Geschichte hat ihren eignen Gang, und so dialektisch dieser auch verlaufen mag, so muß die Dialektik doch oft lange genug auf die Geschichte warten."[36] Die Diskussion um die Dialektik von Symmetrie und Asymmetrie, um die Thermodynamik offener Systeme, um den Kosmos als Entwicklungsprozeß, um die Evolutionsbiologie u. a. zeigen, daß dialektische Konzeptionen naturwissenschaftlich fundiert sein müssen, um anerkannt zu werden. Das Dialektikstudium kann deshalb nicht bei der Aufnahme allgemeiner Prinzipien stehenbleiben, sondern muß diese in ihrer konkreten Gestalt in der naturwissen-

[35] Vgl. J. D. Bernal, Dialectical Materialism, in: J. D. Bernal, Aspects of Dialectical Materialism, London 1943, S. 89 ff.

[36] F. Engels, Dialektik der Natur, in: MEW, Bd. 20, S. 392.

schaftlichen Erkenntnis[37] oder im Geschichtsprozeß aufdecken.[38] Gerade die Gesellschaftsentwicklung zeigt immer wieder, auf welchen komplizierten Wegen sich die Tendenz zum Entstehen höherer Qualitäten durchsetzt.

Um die bewußte dialektische Analyse der Wissenschaftsentwicklung zu fördern, sind weitere Forschungen zur materialistischen Dialektik notwendig.[39] Das betrifft die Grundprinzipien der materialistischen Dialektik und ihre Präzisierung ebenso, wie das Verständnis der Dialektik in der Einheit von Theorie, Methode und Methodologie, aber auch die in der vorliegenden Arbeit versuchte Begründung einer dialektischen Theorie der Wissenschaftsentwicklung durch heuristische Nutzung dialektischer Prinzipien.

Der objektive Zwang zur Dialektik bringt immer mehr Wissenschaftler, die sich mit den Ergebnissen der Dialektikforschung befassen, zur bewußten Nutzung der Dialektik als Denkweise und Methodenkritik. Die Entwicklung von der erzwungenen zur gewollten Verwertung der Dialektik wird jedoch durch verschiedene Ursachen gehemmt, die zur Leugnung der Rolle der Dialektik führen. Der Antikommunismus als durch imperialistische Manipulierung verfestigter Mythos im Bewußtsein vieler Wissenschaftler in den kapitalistischen Ländern unterbindet ein sachliches Studium der Dialektik aus politisch-ideologischen Gründen, weil die theoretische Grundlage sozialistischer Politik aus weltanschaulichen Gründen nicht anerkannt wird. So führt der Antikommunismus zum Antimarxismus und Antileninismus.

Die Haltung zu den Erkenntnissen der materialistischen Dialektik ist von der gesellschaftspolitischen Orientierung und der Weltanschauung des Wissenschaftlers abhängig. W. Heisenberg drückte das in Bemerkungen zu meinem Buch über seine philosophischen Auffassungen mit den Worten aus: „Daher betrifft die Entscheidung

37 Vgl. G. Klimaszewsky (Hsg.), Weltanschauliche und methodologische Probleme der materialistischen Dialektik, Berlin 1976; H. Hörz/K.-F. Wessel u. a., Philosophie – Naturwissenschaften. Lehrbuch, a. a. O.

38 Vgl. W. Eichhorn I/A. Bauer, Zur Dialektik des Geschichtsprozesses, Berlin 1983.

39 Sowjetische Wissenschaftler haben sich umfangreich mit der weiteren Ausarbeitung der materialistischen Dialektik befaßt. Vgl. hierzu: Geschichte der marxistischen Dialektik. Leninsche Etappe, Berlin 1976. Die Geschichte dialektischen Denkens ist in ihrer Aktualität zu beachten. Vgl. M. Buhr/T. I. Oiserman (Hrsg.), Revolution der Denkart oder Denkart der Revolution, Berlin 1976; M. Buhr/T. I. Oiserman (Hrsg.), Vom Mute des Erkennens, Berlin 1981; M. Buhr/J. D'Hondt/H. Klenner, Aktuelle Vernunft, Berlin 1985.

über die philosophische Sprache, die man verwendet, wohl auch immer in irgendeiner Form das Zusammenleben mit einer größeren menschlichen Gemeinschaft, der man sich zugehörig fühlt. So verstehe ich jedenfalls Ihre Entscheidung für die Sprache des dialektischen Materialismus, und so verstehen Sie sicher auch, daß ich selbst eine Sprache bevorzuge, in der die Gewichte anders verteilt sind."[40] Das schließt Diskussionen um die dialektischen Positionen zur Wissenschaftsentwicklung keineswegs aus. Zwar stellt Heisenberg berechtigt fest: „Aber wahrscheinlich muß man sich eben einmal für eine Sprache entscheiden, in der man über die Zusammenhänge der Welt, d. h. über die Grundfragen der Philosophie sprechen will."[41] Diese Entscheidung für eine bestimmte Weltanschauung hebt dann die Möglichkeit der Verständigung nicht auf, wenn man wissenschaftliche Erkenntnisse und soziale Erfahrungen als empirisches Material gelten läßt, über das philosophisch reflektiert wird. So kann auch von verschiedenen philosophischen Positionen aus über Dialektik debattiert werden, wenn nicht Intoleranz und reaktionäre Haltung von Antidialektikern das verbieten.

In der Auseinandersetzung mit der materialistischen Dialektik werden nicht selten Extremstandpunkte entarteter Dialektik angegriffen. Fehleinschätzungen, dogmatische und reduktionistische Positionen in Ausarbeitungen zur Dialektik werden zur Kritik genutzt. Die Dialektik wird als dogmatisch bezeichnet[42], oder es wird der Verlust der kritischen Intentionen hervorgehoben.[43] J. Monod sprach vom „Ausmaß des erkenntnistheoretischen Bankrotts, der sich aus dem 'wissenschaftlichen' Gebrauch dialektischer Interpretationen ergibt ... Aus dem dialektischen Widerspruch das 'Grundgesetz' jeglicher Bewegung, jeglicher Entwicklung zu machen – das läuft auf den Versuch hinaus, eine subjektive Naturdeutung zum System zu erheben, mit deren Hilfe es möglich wird, in der Natur eine aufsteigende, konstruktive und schöpferische Bestimmung zu entdecken, sie schließlich verstehbar zu machen und ihr moralische Bedeutung zu verleihen ... Jedesmal, wenn die materialistischen Dialektiker von ihrem bloßen 'theoretischen' Geschwätz abgegangen sind und die Wege der Erfahrungswissenschaft mit Hilfe ihrer Vorstellungen erleuchten woll-

[40] H. Hörz, Werner Heisenberg und die Philosophie, Berlin 1966, S. 8 f.
[41] Ebenda, S. 9.
[42] Vgl. K. R. Popper, Was ist Dialektik?, in: Logik der Sozialwissenschaften, hg. von E. Topitsch, Köln – Berlin (West) 1965, S. 287; R. Simon-Schäfer, Dialektik. Kritik eines Wortgebrauchs, Stuttgart – Bad Cannstatt 1973, S. 71.
[43] Vgl. I. Fetscher, Karl Marx und der Marxismus, München 1967, S. 11.

ten, hat sich gezeigt, daß diese Interpretation nicht nur wissenschaftsfremd, sondern mit Wissenschaft unvereinbar ist."[44]

Die Beispiele, die Monod bringt, sind Entstellungen der materialistischen Dialektik und Verfälschungen der Geschichte der Philosophie. So wird Engels die Ablehnung des zweiten Hauptsatzes der Thermodynamik und der selektiven Erklärung der Evolution unterstellt. Engels wandte sich jedoch gegen eine philosophische Deutung der Energieerhaltung als Naturgesetz, mit der die qualitative Erhaltung der Bewegungsformen negiert und der Wärmetod des Weltalls behauptet wird.[45] Er unterschied außerdem die Selektion durch den Druck der Überbevölkerung von der Selektion durch größere Anpassungsfähigkeit, um jeden Fortschritt in der organischen Entwicklung als einseitige Fixierung bestimmter Tendenzen zu erkennen, womit die Entwicklung anderer Richtungen ausgeschlossen wird.[46]

Lenin werden die Angriffe gegen die Machsche Erkenntnistheorie vorgeworfen, aber nicht beachtet, daß Lenin den Idealismus Machs zurückwies, indem er die Wissenschaftsentwicklung selbst als Argument nutzte.[47] Zu Lyssenko wird überraschend festgestellt, daß er recht gehabt habe: „Die Theorie vom Gen als der durch Generationen und sogar durch Kreuzungen unveränderten Erbanlage war in der Tat mit den dialektischen Prinzipien ganz und gar nicht zu versöhnen. Das ist per definitionem eine idealistische Theorie, da sie auf dem Postulat der Invarianz beruht."[48] Da die Gentheorie von der materiellen Existenz der Träger von Erbanlagen ausging, ist sie per definitionem eine materialistische Theorie, auch wenn die Existenz der Gene von Kritikern bestritten wurde. Wird in der Theorie das Postulat der Invarianz verabsolutiert, so muß eine dialektische Kritik auf die Durchbrechung der Invarianz, auf die Einheit von Symmetrie und Asymmetrie und auf die tatsächliche Entstehung des Neuen verweisen.

T. Lyssenko vertrat pseudowissenschaftliche Auffassungen zur Genetik, die einer theoretischen und experimentellen Prüfung nicht standhielten. Eine sachliche Kritik des Lyssenkoismus, worunter ich die mit scheinwissenschaftlicher, philosophischer und politisch-ideologischer Argumentation erfolgte Unterdrückung des Meinungsstreits um die Vererbung erworbener Eigenschaften mit ökonomi-

[44] J. Monod, Zufall und Notwendigkeit, München 1971, S. 52 f.

[45] Vgl. F. Engels, Dialektik der Natur, a. a. O., S. 324 ff.

[46] Vgl. ebenda, S. 564.

[47] W. I. Lenin, Materialismus und Empiriokritizismus, in: LW, Bd. 14, Berlin 1962.

[48] J. Monod, Zufall und Notwendigkeit, a. a. O., S. 53.

schen, politischen, wissenschaftlichen, psychischen und physischen Konsequenzen verstehe, müßte die praktischen, politischen und wissenschaftsinternen Ursachen aufdecken, die letztlich zu einer Deformation sozialistischer Wissenschaftspolitik führten, was in der marxistischen Literatur geschehen ist.[49]

So ist Monods prinzipielle Kritik an der materialistischen Dialektik nicht haltbar. Seine Auffassung zu Notwendigkeit und Zufall muß von dialektischen Positionen aus als einseitig charakterisiert werden. Die Anerkennung des absoluten Zufalls durch Monod führt den materialistischen Dialektiker notwendig zur philosophischen Analyse der Beziehungen zwischen Gesetz, Zufall und Entwicklung.[50]

Die Dialektik als Denkschema taucht auch in den Arbeiten M. Eigens auf, obwohl er die Auffassung Monods vom absoluten Zufall durch seine Theorie der Selbstorganisation als Einheit von Gesetz und Zufall kritisierte. Manche Wissenschaftler stehen vor dem Dilemma, die Dialektik nur unvollständig zu kennen, aber dialektisch denken zu müssen, weshalb sie, trotz erzwungener Dialektik in ihren Arbeiten, die materialistische Dialektik, oft aus politisch-ideologischen Gründen, ablehnen. M. Eigen und R. Winkler, die die klassenlose Gesellschaft als Utopie bezeichnen und sich selbst als der Profitgesellschaft verhaftet sehen, meinen: „Wir verstehen – um es ganz klar zu sagen – unter ‘Selbstorganisation der Materie’ nichts anderes als die aus definierten Wechselwirkungen und Verknüpfungen bei strikter Einhaltung gegebener Randbedingungen resultierende Fähigkeit spezieller Materieformen, selbst reproduktive Strukturen hervorzubringen. Dies ist als Voraussetzung für eine Evolution bis hin zur Ausbildung sozialer Systeme notwendig, doch keineswegs hinreichend, daraus auch die Unabdingbarkeit eines bestimmten historischen Ablaufs herzuleiten. So erscheint das apriorische Dogma von einer Dialektik der Materie als ein Hineininterpretieren von Eigenschaften, die erst auf höheren Organisationsstufen durch Superposition und Integration unter ganz spezifischen Eigenschaften erworben werden.“[51] Die Forderung nach dialektischer Analyse der Beziehungen zwischen Entwicklungsgesetzen

[49] Vgl. N. P. Dubinin, Večnoe dviženie, Moskva 1973; E. Geissler, Die Gentheorie ist mit der materialistischen Dialektik vereinbar, in: DZfPh, 6/1978, S. 765 ff.

[50] Vgl. zur Kritik von Monods Ansichten die Arbeiten von K. Fuchs-Kittowski, H. und S. Rosenthal, M. Rapoport, H. Hörz, H. Ley und R. Löther.

[51] M. Eigen/R. Winkler, Das Spiel, München 1975, S. 197; vgl. dazu: H. Hörz, Spiel mit Analogien, in: Spektrum, 9/1976, S. 18 ff.

mit Möglichkeitsfeldern und zufälligen Verwirklichungen von Möglichkeiten wird direkt ausgesprochen, wenn es, zwar wieder gegen die Dialektik gerichtet, heißt: „So sollten wir uns weder auf eine starre Ordnung eines gemäß den Eigenschaften 'dialektischer Materie' vorgezeichneten (historischen) Weltablaufs noch auf die Willkür einer zufälligen Existenz berufen."[52]

Neben der berechtigten Kritik am Dogmatismus, Reduktionismus und an schematischen Darstellungen ist auch zu beachten, daß materialistische Dialektiker stets das Entwicklungsprinzip betonten, aber der Dialektikkritiker Popper sich für seine Entwicklungstheorie der Erkenntnis entschuldigte, weil er früher Evolutionstheorien als „Sturm im Wasserglas" bezeichnete, wobei zuviel Aufhebens von den Dünsten gemacht wurde, die aus dem Glas aufsteigen. „Doch jetzt muß ich gestehen", schrieb er später, „daß dieses Wasserglas das meinige geworden ist und ich Abbitte tun muß."[53] Der objektive Zwang zur Dialektik führte ihn zum Historismus, zur Anerkennung der Evolution. Aber damit nimmt er keineswegs seine Kritik an der materialistischen Dialektik zurück.

Die materialistische Dialektik erweist sich immer mehr als adäquate Denkweise für Genese- und Strukturzusammenhänge zwischen unterschiedlichen Entwicklungsstadien. Metaphysische Gegensätze zwischen Struktur und Entwicklung, Natur und Gesellschaft, Gesetz und Freiheit zeigen sich als Einheit in objektiven dialektischen Widersprüchen, deren Entfaltung und Lösung theoretisch widergespiegelt wird. Das Struktur- und Prozeßdenken wird immer mehr zum Entwicklungsdenken.

Indem er auf die Arbeiten von M. Eigen, P. Schuster und I. Prigogine verweist, stellt E. Jantsch fest: „Evolution ist nicht nur in ihren vergänglichen Produkten, sondern auch in den von ihr entwickelten Spielregeln offen. Aus dieser Offenheit ergibt sich die Selbstüberschreitung der Evolution in einer 'Metaevolution', einer Evolution evolutionärer Mechanismen und Prinzipien."[54] Dieser Gedanke der Entwicklung von Entwicklungsmechanismen muß unbedingt weiter verfolgt werden. Damit ist die Frage nach der Historizität von Gesetzen, nach der Struktur von Entwicklungsgesetzen gestellt. Sie umfassen die gesetzmäßige Entwicklung in Entwicklungs-

[52] Ebenda, S. 196.

[53] K. R. Popper, Objektive Erkenntnis. Ein evolutionärer Entwurf, Hamburg 1973, S. 267 f.

[54] E. Jantsch, Die Selbstorganisation des Universums, München – Wien 1979, Paradoxes of Progress, San Francisco 1978.
S. 34.

zyklen von der Ausgangs- bis zur höheren Endqualität. Neben den dialektischen Grundgesetzen vom dialektischen Widerspruch als Quelle der Entwicklung und vom Übergang von einer Qualität zur anderen, neuen und höheren Qualität durch quantitative und qualitative Veränderungen der Ausgangsqualität, lassen sie das Gesetz der dialektischen Negation der Negation interessant werden, das solche Entwicklungszyklen in der Tendenz zur Höherentwicklung umfaßt, ohne die Stagnation und Regression sowie die notwendige Ausbildung aller Elemente einer Entwicklungsphase als wesentliche Elemente der Entwicklungsprozesse zu vernachlässigen.

Jantsch sieht in manchen marxistischen Theorien die Möglichkeit, die „Theorie der Fluktuationen als Grundlage eines Verständnisses kohärenter Systemevolution durch eine Abfolge zeitweise stabilisierter Strukturen ... zu einer politischen Theorie" auszubauen, deren Ansätze bei Marx selbst vorhanden seien. Über Marx stellt er jedoch fest: „Aber sein Denken war verständlicherweise noch im Gleichgewichtsdenken der Physik des 19. Jahrhunderts befangen. Er sah die kommende Weltrevolution als letzten Schritt zu einer dauerhaften, klassen- und spannungslosen Gesellschaft, die auch den Endzustand der Evolution des Menschen und seines Bewußtseins markieren würde. Der Endzustand der Bewegung ist wie in einem Gleichgewichtssystem eindeutig vorherbestimmt."[55] Interessant ist sowohl der Versuch, eine in sich konsistente Natur, Gesellschaft und Bewußtsein umfassende Evolutionstheorie aufzubauen, die die Evolution der Evolutionsmechanismen berücksichtigt, als auch die Abwertung der materialistischen Dialektik, die sich doch als Entwicklungstheorie mit einem Endziel aufheben würde. Wir werden noch sehen, daß selbst der Großzyklus der Wissenschaftsentwicklung, der mit dem Wissenschaftstyp der wissenschaftlich-technischen Revolution abgeschlossen sein wird, schon jetzt neue Dimensionen für Evolutionen und mögliche Phasen der wissenschaftlich-technischen Revolution zeigt. Es gibt stets relative Ziele der Entwicklung, die als Teilziele eines Entwicklungszyklus und als relative Ziele im Abschluß des Entwicklungszyklus erreicht werden, der aber zugleich Ausgangspunkt neuer Zyklen ist. Dialektik muß also selbst dialektisch verstanden werden.

In einer philosophischen Entwicklungstheorie sind die dialektischen Beziehungen und Gesetze, die in Natur, Gesellschaft und Bewußtsein in ihrem Wesen nach gleich sind, ebenso zu berücksichtigen, wie Einheit und Unterschied zwischen Natur und Gesell-

[55] Ebenda, S. 345.

schaft. Deshalb werden die natürlichen Bedingungen für die gesellschaftliche Existenz des Menschen ebenso untersucht, wie die genetisch-biotischen, psychischen oder gesellschaftlichen Determinanten der Persönlichkeitsentwicklung. Dabei gibt es zwar relative Ziele natürlicher und gesellschaftlicher Entwicklung, aber eben kein Endziel. Jeder neue Entwicklungszyklus hat die bisherige Entwicklung als Struktur zur Bedingung und ist in seiner Endqualität solange offen, bis sich das objektive Möglichkeitsfeld formiert hat und damit die Tendenz zur Höherentwicklung bestimmt ist. Für den Menschen ist die Freiheit charakteristisch. Sie ist der Prozeß zur humanen Beherrschung der natürlichen und gesellschaftlichen Umwelt sowie des eigenen Verhaltens und erfordert Kenntnis der Gesetze, Bewertung der möglichen Verhaltensvarianten, sachkundige Entscheidungen und verantwortungsbewußtes Handeln. Aber es ist ein qualitativer Unterschied, ob Freiheitsgewinn in einer antagonistischen Klassengesellschaft sozialökonomisch differenziert erreicht wird oder in einer klassenlosen Gesellschaft Antagonismen beseitigt sind, obwohl dialektische Widersprüche bleiben.

Bei der Diskussion um die Wissenschaftsentwicklung machen sich verschiedene Tendenzen in der internationalen Diskussion bemerkbar, die sich auf die Lösung der für uns wichtigen dialektischen Probleme auswirken. Neben einem massenhaften naiv-realistischen bis materialistischen Herangehen an die natürlichen Prozesse bei weiterhin instrumentalistischem Verständnis (Pragmatismus, Konstruktivismus), zeigt sich in der Erklärung gesellschaftlicher Entwicklungstendenzen und des menschlichen Verhaltens eine Wende zum Irrationalismus und Vulgärsoziologismus sowie zur Lebensphilosophie, in der der einseitige Scientismus kritisiert und teilweise Problemlösungen außerhalb der Wissenschaften gesucht werden. Dabei wird auch die außereuropäische Philosophie herangezogen, was unserer auf der theoretischen Analyse des Beziehungsgefüges beruhenden dialektischen Auffassung Schwierigkeiten macht. Der Molekularbiologe G. Stent bemerkt, daß die in der chinesischen Philosophie nicht vorhandene, weil sprachlich schwer zu fassende, klare Trennung von Subjekt und Objekt, der Glaube an die „Überlegenheit von Einsicht gegenüber der Logik als Instrument der Erkenntnis“ zu einem anderen Verlauf chinesischer Naturwissenschaft führten als im Abendland. Willensfreiheit und Verantwortung entfallen, da es keine alternativen Richtungen gibt. Man kann den einzelnen Menschen den Weg lehren, und er kann mehr oder weniger gut lernen. Hier sieht Stent eine Möglichkeit, durch Einsicht und Selbsterkenntnis, durch Selbstbeschränkung und Verzicht auf unsere europäischen Traditionen, die die Existenz objektiver Gesetze und die moralische Bewertung verlangen, das goldene Zeitalter zu erreichen.[56]

Wir können diesen Weg der Auflösung analysierter Wesensmomente in das Chaos von Beziehungen nicht gehen, obwohl die materialistische Dialektik gefordert ist, den Menschen in der Dialektik von natürlichen und gesellschaftlichen, materiellen und ideellen, emotionalen und rationalen, bewußten, unterbewußten und unbewußten Faktoren in seiner individuellen Ausprägung zu begreifen, die Beziehungen zwischen Kultur und Wissenschaft, zwischen europäischen und außereuropäischen Traditionen zu berücksichtigen. Aber sie kann dies nur auf dem Weg wissenschaftlicher Analyse und philosophischer Verallgemeinerung.

4. Fazit

Um die Bedeutung materialistischer Dialektik für die Wissenschaftsentwicklung zu verstehen, ist deshalb zu berücksichtigen:

Erstens: Materialistische Dialektik ist keine apriori-Konstruktion, wie es dem erscheinen mag, der sich nur mit Leitsätzen und Grundthesen vertraut macht oder die metaphysischen Entgleisungen von „Dialektikern" betrachtet. Engels betonte schon: „Die Menschen haben dialektisch gedacht, lange ehe sie wußten, was Dialektik war, ebenso, wie sie schon Prosa sprachen, lange bevor der Ausdruck Prosa bestand."[57] Die materialistische Dialektik als Wissenschaft hat selbst eine lange Geschichte.

Zweitens: Wissenschaftliche Erkenntnisse, die durch die gesellschaftliche Praxis überprüft sind, sind nicht mit ihrer dialektischen Interpretation zu identifizieren. Um die philosophische Analyse solcher Erkenntnisse gibt es einen wissenschaftlichen Meinungsstreit, in dem sich die philosophischen Präzisierungen allgemeiner Aussagen mit neuem wissenschaftlichen Material als wissenschaftlich begründete Antworten auf weltanschauliche Grundfragen und als Grundlage für die Entwicklung philosophischer Hypothesen bewähren müssen. Deshalb differenziert Lenin zwischen dem Revisionismus, worunter er die Preisgabe der Grundprinzipien des dialektischen und historischen Materialismus versteht, und der notwendigen Revision veralteter Auffassungen, die „eine unumgängliche Forderung des Marxismus" ist.[58]

[56] Vgl. G. Stent, The Coming of the Golden Age, Garden City 1969; G. Stent, Paradoxes of Progress, San Francisco 1978.

[57] F. Engels, Herrn Eugen Dührings Umwälzung der Wissenschaft, a. a. O., S. 133.

[58] W. I. Lenin, Materialismus und Empiriokritizismus, a. a. O., S. 250.

Drittens: Zwischen Forschungsweise und Darstellungsweise der materialistischen Dialektik ist zu unterscheiden. „Die Forschung hat den Stoff sich im Detail anzueignen, seine verschiedenen Entwicklungsformen zu analysieren und deren inneres Band aufzuspüren. Erst nachdem diese Arbeit vollbracht, kann die wirkliche Bewegung entsprechend dargestellt werden. Gelingt dies und spiegelt sich nun das Leben des Stoffs ideell wider, so mag es aussehn, als habe man es mit einer Konstruktion apriori zu tun.“[59]

Diese Worte von Marx verweisen darauf, daß die Darstellung der materialistischen Dialektik in ihrer allgemeinen Form für die Forschung den Charakter heuristischer Prinzipien hat, deren Gültigkeit im Detail erst zu überprüfen ist.

Viertens: Dialektikforschung hat eine doppelte Aufgabe zu lösen. Sie muß einerseits die in der Wissenschaftsentwicklung enthaltenen dialektischen Beziehungen hervorheben, indem sie den objektiven Zwang zur Dialektik nutzt, der sich in der erzwungenen Nutzung der Dialektik durch viele Wissenschaftler zeigt, auch wenn sie manchmal gegen die Dialektik als Wissenschaft polemisieren. In Zusammenarbeit mit den materialistischen Dialektikern unter den verschiedenen Wissenschaftlern können dann Philosophen immer besser die heuristische Funktion der Philosophie gegenüber der Wissenschaftsentwicklung erfüllen. Auf vielen Konferenzen, Kolloquien und Forschungsseminaren konnten Ergebnisse der fruchtbaren Zusammenarbeit zwischen Philosophen und anderen Wissenschaftlern vorgetragen werden. Andererseits ist die materialistische Dialektik als Wissenschaft von den allgemeinsten *philosophischen* Beziehungen und Gesetzen der Struktur, Veränderung und Entwicklung in Natur, Gesellschaft und im Bewußtsein selbst durch philosophische Verallgemeinerung der Ergebnisse der Wissenschaftsentwicklung als in sich konsistente, Natur, Gesellschaft und Bewußtsein umfassende Theorie mit ihren methodischen und methodologischen Konsequenzen weiter auszuarbeiten. Die materialistische Dialektik ist in ihrer Einheit als Theorie der objektiven und subjektiven Dialektik und der Erkenntnisdialektik, als Methode im Sinn der für Wissenschaftsentwicklung und soziale Erfahrungen adäquaten Denkweise mit heuristischer Bedeutung und der Methodologie als Methodentheorie weiter zu entwickeln.

Eine dialektische Theorie der Wissenschaftsentwicklung kann die Prinzipien der Unerschöpflichkeit und Strukturiertheit der Materie in ihren Konsequenzen für die Wissenschaftsentwicklung dadurch

[59] K. Marx, Das Kapital. Erster Band, a. a. O., S. 17.

berücksichtigen, daß sie den erkenntniskritischen Aspekt im Auge behält und jede Wissenschaftsstruktur als geronnene Entwicklung betrachtet. Ihr Hauptaugenmerk liegt aber auf dem Determinations- und Entwicklungsprinzip. Um die Wissenschaft in ihrer Entwicklung als Typenwandel darstellen und die Zyklizität erläutern zu können, ist erst auf das Wissenschaftsverständnis einzugehen, das den weiteren Überlegungen zugrundeliegt, und es sind die Grundfunktionen der Wissenschaft zu bestimmen, weil mit ihnen erst das relative Ziel des dialektischen Prozesses hervorgehoben werden kann. So befassen sich die Abschnitte des nächsten Kapitels mit den Grundfunktionen der Wissenschaft, den Wissenschaftstypen und ihren Übergängen, mit der dialektischen Zyklizität wissenschaftlicher Erkenntnisintegration und den Determinanten der Wissenschaftsentwicklung. Damit wird das in der materialistischen Dialektik enthaltene und bisher erläuterte heuristische Potential zur theoretischen Erklärung der Wissenschaft als Prozeß genutzt.

II. Funktionswandel, Zyklizität und Determinanten der Wissenschaftsentwicklung

Wissenschaft erweist sich als dialektischer Prozeß weniger durch Wissenskumulation, als vor allem durch die Entwicklung ihrer Grundfunktionen, die erst im Wissenschaftstyp der wissenschaftlich-technischen Revolution voll ausgebildet und in ihrem inneren Zusammenhang wirksam werden können. Nun erst stellt sich Wissenschaft in voller Reife dar. Die Wissenschaftsentwicklung ist schon lange wesentlicher Bestandteil der theoretischen und praktischen Auseinandersetzung des Menschen mit seiner Umwelt. In ihr entstehen konkret-historische Formen der rational-geistigen Aneignung der Wirklichkeit. Sie dienen dazu, deren Beziehungen und Gesetze zu erkennen, um Grundlagen für sachkundige Entscheidungen zu erhalten. Der gesamte dialektische Prozeß führte zu einer qualitativ neuen Einheit von Erkennen und Handeln, von Forschung und praktisch-gegenständlicher Tätigkeit, von reiner und angewandter Forschung. Diese Einheit war im Altertum und im Mittelalter auf Grund der sich aus dem materiellen Lebensprozeß der Menschen ergebenden Möglichkeiten geistiger Arbeit für nur wenige Glieder der Gesellschaft, der Bildungsbedingungen nur für eine Elite, der geistig geringen, aber körperlich aufwendigen Anforderungen zur Sicherung der Existenzbedingungen und der Befriedigung grundlegender Bedürfnisse und der aus der Produktionsweise sich herauslösenden materiell-technischen Basis wissenschaftlicher Arbeit zerstört. Es erschien sogar so, als ob Wissenschaft im eigentlichen Sinne Erkenntnis aus Neugier, also reine Forschung nach exakten Rationalitätskriterien, ohne ersichtlich praktischen Nutzen sei.

Wir heben zwar gegenwärtig diejenigen Wissenschaftler aus unserer Sicht hervor, die die praktische Bewährung der Wissenschaft forderten, ohne jedoch die großen kulturellen Leistungen von Denkern zu vernachlässigen, die ihre Theorie nicht praktisch verwerten konnten. Eine dialektische Theorie muß das Spannungsfeld zwischen Erkenntnis und Praxis berücksichtigen, aber auch erklären, wie es im Großzyklus von der Entstehung der Wissenschaften bis zu ihrer gegenwärtigen Reife von deren Einheit zur Trennung kam und welche Voraussetzungen für eine neue Erkenntnis-Praxis-Union existieren.

In diesem Kapitel geht es um das Verständnis von Wissenschaft, um die Grundfunktionen der Wissenschaft, weil mit ihnen das in einem Zyklus sich erst spät herausbildende relative Ziel der Wissenschaftsentwicklung bestimmt ist und so wesentliche Kriterien existieren, um wissenschaftlichen Fortschritt bestimmen zu können. Wie in natürlichen Entwicklungsprozessen relative Ziele die Tendenz zur strukturellen Ausgestaltung von Systemen zeigen, so bildet sich das System „Wissenschaft" in einem dialektischen Prozeß heraus, in dem die Grundfunktionen entstehen, reifen und im voll ausgebildeten System in ihrem inneren Zusammenhang wirken. Deshalb sind sie relative Ziele dieser Systementwicklung. Dialektisches Herangehen heißt dabei auch, konkret-historische Deformationen der Grundfunktionen in Wissenschaftstypen zu beachten und keinen Automatismus des Fortschritts zu behaupten. Wissenschaftsentwicklung wird als Wandel von Wissenschaftstypen erklärt. Es geht materialistisch um den Zusammenhang von Wissenschaft und materiellem Lebensprozeß der Gesellschaft, der wesentlich durch die Produktionsverhältnisse bestimmt ist, und dialektisch darum, die komplizierten Bindeglieder zwischen Produktionsweise und Wissenschaftstyp zu untersuchen. Nur wenn die den dialektischen Entwicklungsprozessen eigene Zyklizität beachtet wird, kann es zu einer Erklärung der Wissenschaft als Prozeß in der Einheit von Kontinuität und Diskontinuität bis zum Abschluß des Großzyklus im Wissenschaftstyp der wissenschaftlich-technischen Revolution kommen. Das hat auch Auswirkungen auf die Zyklizität der Erkenntnisintegration. Da kein Automatismus des Wissenschaftsfortschritts und keine eindeutige Determination von Ideen allein durch Produktionsweisen existieren, bildet sich die Erkenntnis von Zusammenhängen der qualitativ verschiedenen Struktur- und Entwicklungsniveaus des Geschehens in widersprüchlicher Weise heraus. Es kommt zu idealistischen und metaphysischen monistischen und zu dualistischen Auffassungen, wie die Geschichte der Philosophie zeigt. Auch die Herausbildung der Einheit wissenschaftlicher Erkenntnis ist ein Zyklus, in dem die dialektischen Beziehungen zwischen Integration und Spezialisierung eine Rolle spielen, die aber einen relativen Abschluß in der wissenschaftlich-fundierten materialistischen Dialektik erhält, der nun Ausgangspunkt für weitere Zyklen ist.

Dialektik richtet sich gegen Linearität, alleinige Kumulation, Kreisläufe und eindeutige Abhängigkeiten. Sie hebt die Wechselwirkung und damit Multidimensionalität der Beziehungen bei Beachtung der bestimmenden Seiten in einer Einheit von Gegensätzen hervor. Sie analysiert Tendenzwenden und Symmetriebrüche, Regression und Stagnation in der Tendenz zur Höherentwicklung, erfordert die Durchbrechung von Kreisläufen in Zyklen und deren Einordnung in Hyperzyklen und zeigt die dialektische Determiniertheit der Wissenschaftsentwicklung mit dem objektiven Zufall als konstituierendem Bestandteil der Gesetzesstruktur. Das hat Bedeutung für das Verständnis der Determinanten der Wissenschaftsentwicklung, die Bedingungen für die Existenz und den Wirkungsmechanismus von Gesetzen, aber auch Gesetze der Wissenschaftsentwicklung unterschiedlicher Allgemeinheit und verschiedener Entstehungszeiten umfassen. Determinanten der Wissenschaftsentwicklung können in ihrem konkret-historischen Wirkungsmechanismus verstanden werden, wenn der Typenwandel der Wissenschaft und die Zyklizität der Theorienentwicklung beachtet wird, denn dann werden auch Veränderungen in der Bedingtheit (wesentliche Ursachen) und der Bestimmtheit (Gesetze) von Wissenschaftsphänomenen erklärt. Damit kann erst der Gefahr entgangen werden, unhistorisch und damit undialektisch spezielle Einsichten zu Wissenschaftsdisziplinen, Methodologien, individuelle Leistungen und Rationalitätskriterien für bestimmte Theorien zum Schema für das Verständnis der Wissenschaft als komplexen Prozeß überhaupt zu erheben.

Um die theoretischen Grundlagen für eine dialektische Theorie der Wissenschaftsentwicklung darlegen zu können, wird mit den Grundfunktionen der Wissenschaft begonnen, dann werden die Zyklizität der Wissenschaftsentwicklung im Typenwandel untersucht, die Zyklizität der Erkenntnis betrachtet und die Determinanten der Wissenschaftsentwicklung erläutert. Dieses Herangehen ermöglicht es, die Wesenszüge der dialektischen Theorie, die vor allem auf dem Prinzip der dialektischen Determiniertheit mit der statistischen Gesetzeskonzeption, der Hierarchie des Determinantensystems und der Existenz von Möglichkeitsfeldern und dem Entwicklungsprinzip mit dem dialektischen Verständnis von Entwicklungszyklen beruht, zu zeigen. Nur durch die theoretische Verknüpfung von dialektischem Determinismus und Entwicklungstheorie ist es möglich, Wissenschaftsentwicklung als dialektischen Prozeß zu begreifen.

1. Wissenschaft und ihre Grundfunktionen

1.1. Was ist Wissenschaft?

Wissenschaft unterliegt verschiedenen einseitigen Betrachtungen. Sie wird als System von Erkenntnissen, von spezifischen Fähigkeiten bestimmter Persönlichkeiten, mit speziellen Methoden Erkenntnisse zu gewinnen, von Kommunikationsformen, von Institutionen in ihrer Wechselwirkung mit Gesellschaftssystemen gesehen. Das sind wesentliche Seiten der Wissenschaft, die in ihrer Einheit nur zu begreifen sind, wenn die Spezifik wissenschaftlicher Tätigkeit, Beziehungen und Gesetze der Natur, der Gesellschaft und des Bewußtseins zu entdecken, soziale Erfahrungen zu verallgemeinern und begründete Orientierungshilfe praktischen Handelns zu sein, beachtet wird. Die Schwierigkeit historischer Betrachtungen besteht darin, daß Elemente des zu untersuchenden Systems zu einem bestimmten Zeitpunkt noch nicht oder nur ungenügend ausgebildet sind. Deshalb ist es wichtig, das relative Ziel von Entwicklungszyklen zu kennen, um vorhergehende Entwicklungsphasen als Reifestadien zu begreifen. Das gilt auch für die Wissenschaft. Wissenschaftsentwicklung als dialektischer Prozeß ist sowohl Typenwandel als auch Herausbildung aller Elemente in einer Entwicklungsphase, sowohl Tendenz zur Ausbildung ihrer Grundfunktionen (relatives Ziel) als auch Stagnation und Regression. Wissenschaft kann deshalb nicht allein als Disziplin-, Erkenntnis- oder Personengeschichte verstanden, sondern nur als entstehendes Ganzes erklärt werden.

Versuche, die Wissenschaft als Gesamtprozeß zu begreifen, gab und gibt es immer wieder. So wird festgestellt, die Wissenschaft habe verschiedene Seiten. „Das Verständnis der Wissenschaft ist buchstäblich in zahlreiche Bruchstücke zerschlagen; aber jedes dieser Bruchstücke widerspiegelt einen wichtigen Aspekt des Ganzen.“[1] Dazu gehöre die Wissenschaft als Wahrheitssuche, was immer betont wurde, wenn die Freiheit der Wissenschaft bedroht scheint.[2] Eine solche Rechtfertigung sei gegenwärtig für die Naturwissenschaften nicht mehr erforderlich, da „die Schlußfolgerungen der Naturwissenschaften einen ideologisch nicht mehr sensitiven Punkt betreffen. Was die Leute, seien es die Massen oder auch die Gebildeten, über das unbelebte Universum oder die Abstammug des Menschen denken, ist nicht so bedeutungsvoll für die Stabilität der Gesellschaft,

[1] J. R. Ravetz, Die Krise der Wissenschaft, Neuwied - Berlin (West) 1973, S. 11.

[2] Ebenda, S. 21.

wie man früher geglaubt hatte. Der Brennpunkt der Empfindlichkeit liegt jetzt in den Gesellschaftswissenschaften; und die Herrschaftstechniken der an der Macht Befindlichen sind je nach lokalen Erfordernissen und Traditionen von sehr unterschiedlicher Subtilität."[3] Kritik gebe es an der gesellschaftlichen Verwertung wissenschaftlicher Erkenntnisse. Deshalb wird auf die technokratische Wissenschaftskonzeption und auf die humanistische Kritik an der Wissenschaft, auf die Wissenschaft als schmutziges Geschäft und auf die Rolle kritischer Wissenschaft bei der Vermeidung von Umweltschäden verwiesen. Ein neues Verständnis der Wissenschaft und ihre Erforschung werden gefordert.

Als theoretische Aufgabe ist das nicht neu. Die neue Qualität wissenschaftlicher Tätigkeit soll erklärt werden. Vor 50 Jahren wurde festgehalten: „Scientiologie also ist das Unternehmen, die moderne Tatsachenwissenschaft als gesamte und konkrete, in ihren sämtlichen Erscheinungsweisen zum Objekt der von ihr selbst gefundenen und angewandten Methoden zu machen. Dabei geht die Scientiologie von der Grundüberzeugung aus, daß die moderne Tatsachenwissenschaft, wie sie im Abendlande seit der Renaissance im Entstehen begriffen ist, einen für die gesamte bisherige Wissenschafts-, ja Kulturgeschichte durchaus neuen Typus von Wissenschaft darstellt, der keinerlei historische Vorbilder kennt – auch nicht, wie oft verfochten wird, aus dem Mittelalter und dem Altertum des Abendlandes her."[4] Die Diskontinuität wird betont. Es ist jedoch problematisch Wissenschaftsentwicklung nur als Qualitätswandel erfassen zu wollen, ohne die Vorformen des neuen Wissenschaftstyps im vorhergehenden zu berücksichtigen. Gemeint ist mit Tatsachenwissenschaft offensichtlich die Wissenschaft als Produktivkraft im Typ der industriellen Revolution. Es wird deutlich, daß Wissenschaft unter konkret-historischen Bedingungen verschiedene Funktionen herausbildet. Als Erscheinungen der Wissenschaft werden genannt: Wissensbestand, Wissenschaftler, Institutionen, Literatur, verwissenschaftlichte Kultur und Zivilisation, Sinngehalt pädagogischer Situationen, öffentliche Wissenschafts-Meinung und die Idee der Wissenschaft.[5] J. D. Bernal faßt später Wissenschaft als Institution, als Methode, als Produktiv-

[3] Ebenda, S. 22 f.

[4] W. Schingnitz, Die Tatsache Wissenschaft und ihre Geschichte. Zur Grundlegung einer systematischen und historischen Wissenschaftswissenschaft oder Scientiologie, in: Archiv für Kulturgeschichte, Bd. XXI, Heft 3, Leipzig – Berlin 1931.

[5] Vgl. ebenda, S. 269.

kraft, als angehäuftes und überliefertes Wissen, als Quelle philosophischer Ideen, die gesellschaftlich determiniert ist.[6]

Wissenschaft kann nach der Herausbildung der Grundfunktionen und eines umfassenden Wissens- und Methoden-Systems nun in ihrer Gesamtheit verstanden werden. Sie umfaßt Erkenntnisse über Beziehungen und Gesetze der Natur, der Gesellschaft und des Bewußtseins, die mit den experimentellen, mathematisch-logischen und historischen Methoden und deren Verflechtungen, z. B. in der Modellmethode, gewonnen werden. Ihre Umsetzung in Technologien dient der besseren praktischen Beherrschung der natürlichen und gesellschaftlichen Umwelt und des eigenen Verhaltens durch den Menschen, also seinem Freiheitsgewinn. Sie ist Tätigkeit von Individuen und Kollektiven in einer konkreten gesellschaftlichen Situation mit ideologischen Forderungen an die weltanschaulichen Haltungen zur Wissenschaft. Sie ist eine spezifische Art der Kommunikation in der Gemeinschaft der Wissenschaftler, die zur Entwicklung von Wissenschaftssprachen und Verhaltensnormen führt. Sie erfüllt bestimmte Funktionen in der und für die Gesellschaft. Solche Aspekte sind getrennt oder im Zusammenhang untersucht worden.[7] Die materialistische Dialektik ist die dieser komplizierten Situation angemessene philosophische Denkweise. Sie orientiert auf das Verständnis des Zusammenhangs der Faktoren in der Hierarchie der Determinanten mit Prioritäten, ohne in Eklektizismus zu verfallen. Sie beachtet die Einheit von Kontinuität und Diskontinuität, von Entwicklungstendenzen und Tendenzwenden und faßt gegenwärtige Strukturen wissenschaftlicher Tätigkeit, des Methodensystems und der Theorienbildung als geronnene Entwicklung.

Karl Marx hat wesentliche Positionen bestimmt, mit denen das Phänomen „Wissenschaft" in seiner Vielschichtigkeit anzugehen ist:

Erstens wird Wissenschaft als eine gesellschaftlich determinierte und wirksame theoretische und praktische Auseinandersetzung des Menschen mit seiner Umwelt begriffen, die zu praktisch verwertbaren Einsichten in objektive Gesetze und ihre Wirkungsmechanismen führt. Bezogen auf die Auseinandersetzung des Menschen mit der Natur stellte Marx fest: „Die Freiheit in diesem Gebiet kann nur darin bestehn, daß der vergesellschaftete Mensch, die assoziier-

[6] Vgl. J. D. Bernal, Die Wissenschaft in der Geschichte, Berlin 1961, S. 19.

[7] Vgl. K. R. Popper, Logik der Forschung, Tübingen 1973^5; Th. S. Kuhn, Die Struktur wissenschaftlicher Revolutionen, Frankfurt/M. 1967; G. Kröber/H. Laitko, Sozialismus und Wissenschaft, a. a. O.; R. Mocek, Gedanken über die Wissenschaft, Berlin 1980; W. Bahner u. a., Wissenschaftlichkeit – Objektivität – Parteilichkeit, Berlin 1981.

ten Produzenten, diesen ihren Stoffwechsel mit der Natur rationell regeln, unter ihre gemeinschaftliche Kontrolle bringen, statt von ihm als von einer blinden Macht beherrscht zu werden; ihn mit dem geringsten Kraftaufwand und unter den ihrer menschlichen Natur würdigsten und adäquatesten Bedingungen vollziehn."[8] Marx verweist damit auf die Dialektik von Effektivität und Humanität, auf die gesellschaftlichen Bedingungen und Auswirkungen effektiver Produktion. Er begreift Wissenschaft als Produktivkraft.

Zweitens faßt Marx die Industrie als das wirkliche geschichtliche Verhältnis der Natur und der Naturwissenschaft zum Menschen. Für ihn gilt: „Die gesellschaftliche Wirklichkeit der Natur und die menschliche Naturwissenschaft oder die natürliche Wissenschaft vom Menschen sind identische Ausdrücke."[9] Für Marx ist nicht nur die Naturwissenschaft wegen ihrer Bedeutung für den Menschen legitimer Gegenstand der Philosophie, sondern die Zusammenarbeit von Natur- und Gesellschaftswissenschaftlern ist gefordert, um die Genese des Menschen aus der Natur, die natürlichen Grundlagen gesellschaftlicher Existenz und die natürlichen Bedingungen der Persönlichkeitsentwicklung zu erfassen.

Drittens hat Marx mit der wissenschaftlichen (materialistischen) Fundierung der Gesellschafts- und Persönlichkeitstheorie durch die Analyse der Dialektik von Produktivkräften und Produktionsverhältnissen, von Basis und Überbau selbst einen wesentlichen Beitrag zur Herausbildung eines neuen Wissenschaftstyps geleistet. Er hat die bestimmende Rolle der Produktionsverhältnisse für gesellschaftliche Prozesse erkannt, die sozial-ökonomischen Gesellschaftsformationen als typische Entwicklungsformen der Gesellschaft begründet und so das wissenschaftliche Kriterium der Wiederholbarkeit in die Gesellschaftstheorie eingeführt.

Viertens betonte Marx die Notwendigkeit, den Grundwiderspruch des Kapitalismus zwischen dem gesellschaftlichen Charakter der Produktion und der privatkapitalistischen Aneignung der Produkte zu lösen, Ausbeutung abzuschaffen und damit Wissenschaft nicht mehr als kapitalistisches Herrschaftsmittel zu behandeln, wenn er feststellt: „Die Wissenschaft kann nur in der Republik der Arbeit ihre wahre Rolle spielen."[10]

Die Wissenschaft hat sich selbst entwickelt. Sie ist heute ein

[8] K. Marx, Das Kapital. Dritter Band, in: MEW, Bd. 25, Berlin 1964, S. 828.

[9] E. Marx, Ökonomisch-philosophische Manuskripte, in: MEW, Ergänzungsband, erster Teil, Berlin 1968, S. 544.

[10] MEW, Bd. 17, S. 554.

System von Erkenntnissen als Einheit von Hypothesen, Modellen, Forschungsprogrammen und Theorien; sie umfaßt Erkenntnismethoden und Arten der Arbeitsorganisation sowie Technologie der verschiedensten Art. *Wissenschaft ist individuelle und organisierte gesellschaftliche Tätigkeit der Menschen zur Erkenntnis der objektiven Beziehungen und Gesetze der Natur, der Gesellschaft und des Bewußtseins in ihrem systematischen und historischen Zusammenhang und die technologische Nutzung dieser Erkenntnisse zur theoretischen und praktischen Herrschaft des Menschen über seine natürliche und gesellschaftliche Umwelt sowie über sich selbst.* Wissenschaft ist also rationale Wirklichkeitserkenntnis und darauf fundierte Technologieentwicklung zur Wirklichkeitsbeherrschung.

Es fand ein noch heute andauernder Prozeß der Differenzierung und Integration des Wissens in speziellen Wissenssystemen statt. Auch die Art der Arbeitsorganisation veränderte sich. K. Marx hatte zwischen allgemeiner Arbeit und gemeinschaftlicher Arbeit unterschieden. Er hob hervor, daß beide im Produktionsprozeß ihre Rolle spielen, aber beide ineinander übergehen und sich unterscheiden. Er faßte die wissenschaftliche Arbeit, die Entdeckungen und Erfindungen, als allgemeine Arbeit zusammen, die teils durch Kooperation mit Lebenden teils durch Benutzung der Arbeiten Früherer bedingt ist. Nach ihm unterstellt gemeinschaftliche Arbeit die unmittelbare Kooperation mit Individuen.[11] Zweifellos ist wissenschaftliche Arbeit auch heute allgemeine Arbeit, aber sie hat sich immer mehr zur Gemeinschaftsarbeit entwickelt. Umfangreiche Forschungsprogramme in den Natur- und Technikwissenschaften verlangen die unmittelbare Kooperation der Individuen. Das betrifft das Zusammenwirken von Wissenschaftlern verschiedener Disziplinen, von theoretischen und Experimentalgruppen, von Forschern und Forschungsfacharbeitern, von Wissenschaftlern und Technologen und von wissenschaftlichen Einrichtungen und Einrichtungen der Produktion. Trotzdem gilt auch dafür: Soviel Kollektivität wie nötig, soviel schöpferische Individualität wie möglich. Nicht selten zwingen methodische Anforderungen an die Erforschung komplexer Phänomene zur Zusammenarbeit.

Der Entwicklungsstand der Industrie ist dabei mit entscheidend für die materiell-technische Basis des Methodensystems der Wissenschaften. Aus industriell gefertigten Bausteinen können unikale Geräte in der Wissenschaftsentwicklung entstehen. Das Methodensystem hat sich selbst ausgestaltet.

11 Vgl. K. Marx, Das Kapital. Dritter Band, a. a. O., S. 113 f.

Wissenschaft ist Wahrheitssuche, Wertung der Erkenntnisse und gesellschaftliche Verwertung des Erkannten. Damit wird Wissenschaft nicht auf Wahrheitssuche reduziert. Zwar ist die Wahrheit als überprüfbare Adäquatheit zwischen Erkenntnisprodukten und bisher unbekannten Beziehungen und Gesetzen der objektiven Realität das spezifische Ziel wissenschaftlicher Arbeit, aber die Wahrheit ist Voraussetzung der Wertung und der Verwertung. Will man daraus die Grundfunktionen der Wissenschaft bestimmen, dann sind drei Aspekte der Wissenschaft, die die Rolle der Wissenschaft im gesellschaftlichen Leben vollständig charakterisieren, zu beachten: (1) Erkenntnisgewinn und Bildung, (2) Umsetzung von Erkenntnissen in Technologien und (3) Bestimmung der Zielfunktion, der Bewertungskriterien und der Anforderungsstrategien für den wissenschaftlich-technischen Fortschritt.

1.2. Grundfunktionen der Wissenschaft

Wissenschaft ist Erkenntnisgewinn. Sie analysiert objektive Gegebenheiten, um ihre Gesetzmäßigkeiten zu erkennen. Sie deckt die objektiven Beziehungen und Gesetze der Natur, der Gesellschaft, des Menschen, des Bewußtseins und der vom Menschen gestalteten Umwelt, nämlich der Technik, auf. Mit dem Erkenntnisgewinn ist es dann möglich, Technologien zu entwickeln. Technologien sind die Umsetzung der Erkenntnisse von Gesetzmäßigkeiten der Natur-, Gesellschafts- und Bewußtseinsprozesse, des Verhaltens von Menschen und technischen Systemen und deren Wirkungsmechanismen in Regeln und Verfahren zur Herrschaft des Menschen über seine natürliche, gesellschaftliche und psychische Umwelt sowie über sich selbst. Technologien sind also Herrschaftsmittel, die, human eingesetzt, dem Freiheitsgewinn dienen. Die Orientierung der Wissenschaftsentwicklung, die Art und Weise wissenschaftlicher Tätigkeit, die weltanschauliche Deutung und die Verwertung wissenschaftlicher Erkenntnisse sind gesellschaftlich determiniert. Wissenschaft befaßt sich deshalb mit der Gestaltung der sozialen Strukturen und den Zielen der Wissenschaftsentwicklung. Die Wissenschaft umfaßt also Erkenntnisgewinn und Bildung, Technologieentwicklung und die Zielfunktion der Wissenschaftsentwicklung unter spezifischen Wissenschaftstypen in ihrer gesellschaftlichen Determination. Mit diesen drei Aspekten sind die Grundfunktionen der Wissenschaft verbunden: Wissenschaft ist Kulturkraft, Produktivkraft sowie Human- und Sozialkraft.

1.2.1. Wissenschaft als Kulturkraft

Wissenschaft als Kulturkraft ist auf den Erkenntnisfortschritt durch neue Einsichten in die Beziehungen und Gesetze der Wirklichkeit als Beitrag zum Weltfundus wahrer Erkenntnisse gerichtet. Sie analysiert dazu auch die bisherige kulturelle Entwicklung, die Sprache, die Literatur, den Alltag als Einheit von Produktions- und Lebensweise. Kultur ist die gesamte auf den Freiheitsgewinn der Persönlichkeit gerichtete gesellschaftlich determinierte Lebensweise der Individuen. Entsprechend der spezifischen Aufgabe der Wissenschaft, bisher unbekannte Beziehungen und Gesetze zu entdecken, liegt der Hauptbeitrag der Wissenschaft zur Kultur in der Suche und im Finden neuer Erkenntnisse und in dem damit verbundenen Erklärungspotential, das durch Bildung weitergegeben wird.

Mit originellen Forschungsprogrammen kommt die Wissenschaft zu neuen Prinziplösungen. Diese dienen, wenn sie in humane Technologien umgesetzt sind, über die Produktivkräfte, dem Freiheitsgewinn der frei assoziierten Persönlichkeiten als der entscheidenden Kulturleistung. So hat die Wissenschaft nicht nur zur Beherrschung der Naturkräfte beigetragen, sondern neue Quellen der Energie mit der Kernenergie erschlossen. Mit den Möglichkeiten der Stoffumwandlung werden neue Stoffe synthetisiert. Gesellschaftsentwicklung, persönliches Verhalten, Literatur und Sprache wurden analysiert, um Grundlagen für sachkundige Entscheidungen und kulturelle Erlebnisse zu schaffen.

Man könnte weitere Erkenntnisse aufzählen, die zeigen, daß die Wissenschaft ihren Beitrag zur kulturellen Entwicklung durch Erkenntnisgewinn leistet. Es werden nicht nur die Werkzeuge, sondern auch die Denkzeuge revolutioniert. Die kulturelle Entwicklung des Menschen ist, bezogen auf die Wissenschaften, vor allem durch die Entwicklung seiner schöpferischen Fähigkeiten gekennzeichnet. Von der intuitiven Einsicht in Gesetzmäßigkeiten, erreicht durch Empirie und Systematisierung anschaulicher Vorstellungen, ist der Mensch immer mehr zum theoretischen Erklären der von ihm untersuchten Erkenntnisbereiche übergegangen. Damit wurde der Mensch vom Nachahmer der Natur zum Gestalter seiner Umwelt. Mit den Biotechnologien greift er in die biotische Evolution ein. Informationstechnologien helfen bei der Programmsteuerung komplizierter Prozesse, bei der Bearbeitung schöpferischer Programme.

Schöpferisches Gestalten der Umwelt verlangt die theoretische und praktische Beherrschung der Natur, der Gesellschaft und des Bewußtseins auf neue Art und Weise. Bevor jedoch Technologien entstehen, müssen im Regelfall die grundlegenden Gesetze des zu beherrschenden Bereiches erkannt sein. Dazu nutzt der Mensch Modelle als Entwicklungsform der Wissenschaft. Die Modellmethode (Modellierung) ist die Nutzung, Reproduktion oder Produktion eines dem Erkenntnisobjekt, seiner Struktur, Funktion, Veränderung und Entwicklung analogen (homologen) materiellen oder ideellen Gebildes, mit dem experimentell und theoretisch gearbeitet werden kann, um Erkenntnisse zu gewinnen, mit denen das Objekt in für die Erkenntnis wesentlichen Strukturen, Funktionen, Veränderungen oder Entwicklungen erfaßt wird. Jeder Mensch entwickelt mit genetisch-biotischen Prädispositionen aus Erfahrung und Erkenntnis innere Modelle seiner Umwelt, die seine Handlungen orientieren und mit denen er Informationen bewertet. Sie erfassen nicht nur existierende Strukturen der natürlichen und gesellschaftlichen Umwelt, sondern auch zukünftig mögliche Veränderungen und Entwicklungstendenzen und geben damit die Möglichkeit, die gewünschte Befriedigung zukünftiger Bedürfnisse in gegenwärtigen Handlungsstrategien zu berücksichtigen. Solche Modelle sind deshalb immer eine Einheit von Abbildung und Prognose, von Darstellung und Entwurf, von gegenwärtiger und vorauseilender Widerspiegelung.

Die Entäußerung innerer Modelle durch die praktische und theoretische Realisierung von Modellvorstellungen führt zu den verschiedenen Arten wissenschaftlicher Modelle. Sie reichen von der objektiven Analyse im Experiment bis zur subjektiven Synthese analysierter Wesensmomente in der Theorie, von der theoretischen Analyse bis zur praktischen Synthese in materiellen Modellen.[12] Die immer bessere Nutzung geistiger Potenzen durch Modellierung zukünftiger Prozesse mit originellen Forschungsprogrammen ist ein wesentlicher Bestandteil der Kulturfunktion der Wissenschaft.

Schöpferische Leistungen bedürfen eines kulturellen Hintergrunds. Er besteht aus Erkenntnissen und Erfahrungen, aus weltanschaulichen Einsichten und Wertvorstellungen, aber auch aus einer gesellschaftlichen Sensibilität für neue Ideen, aus einer kritisch-sachlichen Atmosphäre im Arbeitskollektiv und den entsprechenden Arbeits- und Freizeitbedingungen, die schöpferische Höchstleistungen hervorbringen. Schöpferische Ideen entstehen aus der Beschäftigung mit einem Erkenntnisgegenstand, wenn der entsprechende kulturelle Hintergrund existiert, durch die Verbindung bisher getrennter Beziehungen, durch die Lösung von Antinomien in Theorien und von Widersprüchen zwischen Theorie und Praxis.

[12] Vgl. H. Hörz, Modelle in der wissenschaftlichen Erkenntnis, Berlin 1978 (Sitzungsbericht der AdW der DDR, 11 G/1978).

Wissenschaft als Kulturkraft muß das schöpferische Denken fördern. Deshalb gehört zu ihr auch die Bildungsfunktion der Wissenschaft. Sicher ist Schöpfertum originär, aber es gibt Aspekte, die lehr- und lernbar sind. Dazu gehören die umfangreiche Problemsicht, das Wundern über Widersprüche in der Theorie und zwischen Theorie und Praxis, die die Neugier erregen. Wundern und Neugier sind die Grundlage für Problemformulierungen. Mit der Erkenntnis der wissenschaftlichen Instrumentarien, der bisherigen Problemlösungen und mit schöpferischen Ideen kann dann das einmal erkannte Problem gelöst werden. Die Bildungsfunktion dient damit der erweiterten Reproduktion der Wissenschaft als Kulturkraft. Sie ist nämlich nur in der Lage, neuen Erkenntnisgewinn zu erzielen, wenn der Wissenschaft ständig schöpferische Persönlichkeiten durch Bildung und Erziehung zugeführt werden. *Wissenschaft als Kulturkraft umfaßt Erkenntnisgewinn, Bildungsaufgaben und die Nutzung schöpferischer Potenzen.* Sie ist die spezifische Art rationaler Wirklichkeitsbewältigung durch den schöpferischen Menschen, der seine Existenzbedingungen selbst produziert.

Die Trennung von Natur- und Kulturwissenschaften im Wissenschaftstyp der industriellen Revolution führte dazu, Kulturleistungen vor allem im Bereich der geistigen Kultur zu suchen und die Kulturkraft wesentlich in der Bildungsfunktion, also der Vermittlung der Schätze der bildenden Kunst, der Sprache, der Literatur, der Musik usw. zu sehen. Materialisierte Kultur in neuen materiell-technischen Möglichkeiten der Persönlichkeitsentfaltung, in neuen Bedingungen schöpferischer Arbeit wurden vernachlässigt. Die Funktionen der Wissenschaft als Produktivkraft und als Kulturkraft wurden als verschiedenen Wissenschaftsbereichen zugeordnet gesehen. Die Kulturfunktion der Naturwissenschaften wurde nicht beachtet.

Die Bedeutung der Natur für die Kultur ist mit der Genese des Menschen in der natürlichen Evolution, mit der Rolle natürlicher Bedingungen für die gesellschaftliche Existenz des Menschen, wie Rohstoffe, Energie, Umwelt, Ernährung, und mit den genetisch-biotischen Prädispositionen menschlichen Verhaltens erkannt. Die Naturwissenschaft ist der Mittler zwischen Natur und Kultur, denn naturwissenschaftliche Erkenntnisse sind Grundlage von Technologien, mit denen der Mensch in der Natur seine Ziele erreicht. Die Naturwissenschaft hat, wie Marx betonte, „vermittelst der Industrie in das menschliche Leben eingegriffen und es umgestaltet und die menschliche Emanzipation vorbereitet."[13]

[13] K. Marx, Ökonomisch-philosophische Manuskripte, a. a. O., S. 543.

Die Kulturfunktion der Naturwissenschaften hat sich damit herausgebildet. Sie wird jedoch problematisiert: „Unsere Zeit hat ein zwiespältiges Verhältnis zur Wissenschaft“, denn es verflechten sich die wissenschaftsoptimistische mit „einer skeptischen, kritischen und sogar ausdrücklich ablehnenden Haltung“. Als Gründe werden „immer deutlicher hervortretende Nebenwirkungen der systematischen Umgestaltung der Natur (Rohstoffknappheit, Umweltbelastung)“, „beklemmende Perspektiven“ durch Genmanipulation und Rüstungstechnik und das „Gefühl der Ohnmacht des einzelnen in einer wissenschaftlich durchrationalisierten, arbeitsteiligen Welt“ angegeben.[14] Kritisiert wird ein Naturverständnis, das Natur darauf einschränkt, „was Gegenstand einer auf Anwendungen bezogenen empirischen Gesetzeswissenschaft ist.“[15] Naturwissenschaft liefere damit kein Orientierungswissen mehr, sondern nur noch Verfügungswissen. Tatsächlich kann die Naturwissenschaft, wenn sie auch Orientierungswissen enthalten soll, dem Verhältnis von Wahrheit und Wert wissenschaftlicher Erkenntnisse nicht ausweichen. Naturwissenschaft muß als Wahrheitssuche, Erkenntnisbewertung und wissenschaftliche Grundlage für die gesellschaftliche Verwertung der Erkenntnisse begriffen werden. Die Zusammenarbeit von Natur-, Technik- und Gesellschaftswissenschaftlern ist gefordert, um die wissenschaftlichen und technischen Möglichkeiten in Verbindung mit ihrer ökonomischen Machbarkeit, gesellschaftlichen Durchsetzbarkeit und humanen Vertretbarkeit zu sehen.

Das Wissenschaftsverständnis bestimmt auch die Beziehung zwischen Natur und Kultur. Die „Konfusion zwischen Natur und Kultur (ist) eine Vermischung von zwei Objektbereichen, eben der Bereiche der physischen Natur und der soziokulturellen Umwelt.“[16] Es sind „die richtigen begrifflichen Schnitte zwischen kausalen Zusammenhängen der Natur und normativen Ordnungen der Gesellschaft“ zu legen,[17] „die systematische Verwechselung zwischen internen Sinn- und externen Sachzusammenhängen“[18] zu vermeiden und

[14] F. Rapp, Einleitung, in: F. Rapp (Hrsg.), Naturverständnis und Naturbeherrschung, München 1981, S. 7.

[15] J. Mittelstraß, Das Wirken der Natur, in: F. Rapp (Hrsg.), Naturverständnis und Naturbeherrschung, a. a. O., S. 37; H. Hörz, Wahrheit und Wert wissenschaftlicher Erkenntnisse, in: W. Bahner u. a., Wissenschaftlichkeit – Objektivität – Parteilichkeit, a. a. O., S. 25 ff.

[16] J. Habermas, Theorie des kommunikativen Handelns, Bd. 1: Handlungsrationalität und gesellschaftliche Rationalisierung, Frankfurt/M. 1981, S. 79.

[17] Ebenda, S. 80.

[18] Ebenda, S. 81.

der Unterschied zwischen „einer objektiven Welt" und „einer gegenständlich gewordenen normativen Realität"[19] zu beachten. Wird diese Trennung verabsolutiert, dann ist Natur die mit wahren Aussagen zu erfassende objektive Seinsordnung, und Kultur dagegen umfaßt die wert- und normbestimmenden Sinnfragen. Naturwissenschaft liefert danach isolierte Naturerkenntnisse, erfaßt aber nicht die naturwissenschaftlichen Voraussetzungen für den Sinn der Naturbeherrschung. Die Kulturfunktion der Naturwissenschaft soll damit auf Erkenntnis von Naturprozessen ohne menschliche Einwirkung reduziert werden. An dieser einseitigen Haltung versucht Soziobiologie anzusetzen, um die naturwissenschaftlichen Grundlagen kultureller Leistungen zu ermitteln. Darauf ist noch einzugehen. Aber soviel ist klar, Naturwissenschaft als Mittler zwischen Natur und Kultur muß Grundlagen für die Beantwortung von Sinnfragen erarbeiten. Sie muß die Folgen gegenwärtiger Naturbeherrschung für die Zukunft bestimmen, antihumane Wirkungen vermeiden oder beseitigen helfen und humane Wirkungen fördern.

Kultur ist nicht nur geistiges und künstlerisches Erbe, sondern die Gesamtheit der vom Menschen durch seine Tätigkeit geschaffenen materiellen und geistigen Werte. Dazu gehören die Wissenschaft und Technik, die künstlich gestaltete humanisierte Umwelt, die Sitten und Bräuche und ihre Traditionen, die Arbeits- und Lebensweise der Menschen unter konkreten gesellschaftlichen Verhältnissen. Kultur drückt den Stand der humanen Beherrschung der Natur, der Gesellschaft und des menschlichen Verhaltens aus. Sie kann deshalb am Freiheitsgewinn der Persönlichkeit in der Gemeinschaft frei assoziierter Individuen gemessen werden. Das Wesen der Kulturfunktion der Naturwissenschaften ist die Erweiterung der Herrschaft des Menschen über die Natur zur Entwicklung der Humanität. Freiheit besteht nicht in der Unterordnung unter die Naturnotwendigkeiten, sondern in den auf sachkundigen Entscheidungen der Menschen basierenden Handlungen, die der zweckgerichteten Gestaltung einer menschenfreundlichen Natur dienen.

Dabei hatte und hat das Mensch-Natur-Verhältnis stets sowohl gesellschaftliche als auch erkenntnishistorische Determinanten. So prägt das Ziel sozialökonomischer Gesellschaftsformationen entscheidend die Kulturfunktion der Naturwissenschaften. Beispielsweise ermöglicht kapitalistische Profitproduktion Raubbau an der Natur mit Spätfolgen. Sie erzeugt die differenzierte Teilnahme an Kulturgütern durch Besitzer und Nichtbesitzer an Produktionsmitteln. Aus-

[19] Ebenda, S. 83.

gebeutete und Unterdrückte partizipieren nur teilweise an den Ergebnissen der Naturwissenschaften. Humanität setzt, wie Marx betonte, die Beseitigung aller Verhältnisse voraus, in denen der Mensch ein geknechtetes, ausgebeutetes und unterdrücktes Wesen ist.[20] Die Kulturfunktion der Naturwissenschaften wird dann für alle Glieder der Gesellschaft gleich erfüllt, wenn das Ziel der menschlichen Tätigkeit die Erhöhung des materiellen und geistigen Lebensniveaus des gesamten Volkes ist.

Die erkenntnishistorischen Determinanten sind mit der tieferen Einsicht in das Wesen der Naturprozesse verbunden, um die Herrschaft über die Natur erweitern zu können. Dazu sind Erkenntnismittel erforderlich, die auf der Grundlage von Einsichten in neue Beziehungen und Gesetze der Natur produziert werden können: Beschleuniger für die Physik hoher Energien; Riesenteleskope und Raumschiffe für die Kosmosforschung; Bohrgeräte für geologische Erkundungen; ein spezifisches experimentelles Instrumentarium für die Biowissenschaften. Experimente verlangen theoretische Erklärungen und philosophische Deutungen. Wesenserkenntnis ist damit ein komplizierter gesellschaftlicher Erkenntnisprozeß, dessen Geschichte zu vielen interessanten erkenntnistheoretischen Einsichten führt.[21]

Die Naturwissenschaft vereinigte seit dem 15. Jahrhundert die Einsichten der Naturphilosophie und der Renaissancetechniker, die theoretisch verallgemeinerten und die empirischen Erfahrungen aus Handwerk, Schiffahrt, Bergbau und Kriegstechnik. Sie übernahm Erkenntnisse der Astronomie, Mathematik und anderer Wissensbereiche und nutzte vor allem die experimentelle und die mathematisch-logische Methode zur tieferen Einsicht in die Naturgesetze. Nach und nach entwickelten sich voneinander unterscheidbare naturwissenschaftliche Disziplinen wie Physik, Chemie, Geo- und Biowissenschaften. Diese unterteilten sich selbst wieder in spezifische Bereiche. – Damit ist die Einheit der Wissenschaften, speziell auch der Naturwissenschaften, heute zu einem erkenntnistheoretischen Problem geworden. – Durch den Ausbau des naturwissenschaftlichen Forschungspotentials, durch die Entwicklung spezifischer Forschungs- und Bildungseinrichtungen wurde die Naturwissenschaft immer mehr zur unmittelbaren Produktivkraft. Sie schuf Grundlagen für Technologien. Das hebt aber ihre Kulturfunktion, ihren Beitrag zur Wis-

20 Vgl. K. Marx, Zur Kritik der Hegelschen Rechtsphilosophie. Einleitung, in: MEW, Bd. 1, Berlin 1956, S. 385.

21 Vgl. H. Hörz/U. Röseberg (Hrsg.), Materialistische Dialektik in der physikalischen und biologischen Erkenntnis, a. a. O.

senschaft als Kultur, nicht auf. Die ausgereifte Kulturfunktion der Naturwissenschaften umfaßt heute mehrere Bereiche:

Erstens: Es wird *Erkenntnisgewinn* durch die Erforschung bisher unbekannter Beziehungen und Gesetze der Natur als Grundlage für zukünftige gesellschaftlich bedeutsame Prinziplösungen geschaffen. Unser Jahrhundert hat solche bedeutenden Leistungen aufzuweisen, wie die Entwicklung der Relativitäts- und Quantentheorie, die Entdeckung des genetischen Codes, die Begründung der Eichfeldtheorie, die Erkenntnis neuer Prinzipien der Stoffwandlung und viele andere.

Zweitens: Naturwissenschaftliche Erkenntnisse werden zu *Technologien* entwickelt. So entstehen auf der Grundlage von molekularbiologischen Einsichten neue Biotechnologien. Ihr kultureller Wert wird von manchen Gegnern der Wissenschaftsentwicklung bestritten. Vor allem ihr Einsatz zur Manipulierung menschlicher Keimzellen unterliegt der philosophischen Diskussion. Es ist unbedingt erforderlich, antihumane schädliche Konsequenzen zu verhindern, was von verantwortungsbewußten Wissenschaftlern immer wieder betont wird. Es dürfen aber auch keine weltanschaulichen Hemmnisse für zukünftige Möglichkeiten zur Verbesserung der Gesundheit aufgebaut werden.

Drittens: Naturwissenchaftliche *Bildung* ist Grundlage, um über allgemeine Volksbildung das schöpferische Potential des gesamten Volkes zur Verschiebung der Erkenntnishorizonte zu nutzen.[22] Bildung ist Grundlage für sachkundige Entscheidungen. Eng verbunden mit weltanschaulichen Einsichten ist sie Lebens- und Entscheidungshilfe. Sie hilft den Irrationalismus zurückzudrängen.

Viertens: Die gesellschaftliche Verwertung naturwissenschaftlicher Erkenntnisse verlangt deren *Bewertung*. Nun können gesellschaftliche Werte nicht allein aus den Naturwissenschaften gewonnen werden, denn gesellschaftliche Werte sind Bedeutungsrelationen von Sachverhalten für den Menschen. Sie erfordern gesellschaftstheoretische Antworten zu ihrer Analyse. Die Naturwissenschaft kennzeichnet den natürlichen Rahmen für die kulturelle Entwicklung. Ihre Selbstbewertung könnte dann verhängnisvoll sein, wenn nach der These von Paul Feyerabend „anything goes" alles Machbare getan wird. Es bedarf der humanen Begrenzung naturwissenschaftlicher Möglichkeiten im Interesse des Menschen.

Über die Kulturfunktion der Kulturwissenschaften, der Sprach- und Literaturwissenschaften, der Ästhetik und Kunstwissenschaften,

[22] Vgl. H. Hörz, Wissenschaftlich-technische Revolution, Persönlichkeit und Bildung, in: Materialien der 4. Plenartagung der APW am 24. 3. 1982, Berlin 1982, S. 6 ff. (Information APW, 1/1982).

auch der Gesellschaftswissenschaften und Philosophie, selbst der Rechtswissenschaften und Ökonomie bestehen keine Zweifel. Dagegen wird manchmal ihr Beitrag zur Wissenschaft als Produktivkraft in Frage gestellt. Das ist vor allem dann der Fall, wenn einseitige Forderungen, die aus dieser Zuordnung folgen könnten, wie kurzfristiger Nutzen, praktikable Lösungen, materialisierte Werte, die für die Produktivkraftentwicklung wichtige Kulturfunktion einschränken. Sie wirkt durch die für schöpferische Leistungen notwendige Herausbildung eines kulturellen Hintergrunds, der Atmosphäre für Kreativität schafft, das Spielen mit Begriffen ermöglicht und Reservoir für Analogiebildungen ist.

1.2.2. Wissenschaft als Produktivkraft

Die Wissenschaft als Produktivkraft leistet einen direkten oder indirekten Beitrag zur effektiven Produktion materieller Güter in der Auseinandersetzung des Menschen mit seiner Umwelt. Dabei erwies sich die Wissenschaft seit ihrem Entstehen ständig als Produktionspotenz. Sie war jedoch nicht immer produktionsorientiert. Mit dem Entstehen der Wissenschaft durch die Trennung von geistiger und körperlicher Arbeit bildete sich das Ideal heraus, eine reine, nicht auf Anwendung orientierte Wissenschaft, zu vertreten. Zwar mußte sich Wissenschaft auch praktisch bewähren, sei es bei der Landvermessung, in der Schiffahrt, in der Technik, vor allem in der Kriegstechnik, aber das galt nicht als ihr wesentlicher Gegenstand. Erst mit der Entwicklung der großen Industrie wurde die Wissenschaft immer mehr zur unmittelbaren Produktivkraft. Die Beschleunigung des wissenschaftlich-technischen Fortschritts beeinflußte entscheidend die Effektivität der Produktion. Nach K. Marx ist es gerade die Entwicklung des fixen Kapitals, die als Gradmesser dafür genommen werden kann, „bis zu welchem Grade das allgemeine gesellschaftliche Wissen zur unmittelbaren Produktivkraft geworden ist".[23]

In der DDR wurde Ende der 50er Jahre allgemein anerkannt, daß die Wissenschaft immer mehr zur unmittelbaren Produktivkraft geworden ist.[24] Damit waren Diskussionen über die Rationalisierung der geistigen Arbeit, die Planbarkeit der Wissenschaft und die Kriterien wissenschaftlicher Arbeit verbunden. Zurückgewiesen wurden einseitige Auffassungen, nach denen Wissenchaft keine Produktiv-

[23] K. Marx, Grundrisse der Kritik der politischen Ökonomie, Berlin 1953, S. 592.

[24] Vgl. G. Kosel, Produktivkraft Wissenschaft, Berlin 1957.

kraft sei.[25] Die richtige Einsicht in die Wissenschaft als Produktivkraft kann jedoch, wenn sie verabsolutiert wird, zu fehlerhaften Orientierungen führen. Wird der kurzfristige Beitrag zur Produktion materieller Güter allein als Maßstab für den Wert wissenschaftlicher Forschungen genommen, dann ergeben sich nichthaltbare Nutzenskriterien. Der wissenschaftlich-technische Fortschritt wird dann nur als verwertete Wissenschaft betrachtet. Ohne originelle Forschungsprogramme und theoretische Prinziplösungen ist jedoch diese Verwertung nicht möglich. Zeitweilig werden sie aus dem Weltfundus der Wissenschaften gewonnen. Das ist aber auf die Dauer nur machbar, wenn eigene Leistungen den Zugriff gestatten und eigene Beiträge die internationale Autorität stärken.

Wissenschaft kann ihrer Funktion als Produktivkraft also nur dann gerecht werden, wenn sie gleichzeitig ihre Funktion als Kulturkraft erfüllt. Dabei kann es zu Phasenverschiebungen kommen, die bestimmte Länder in bestimmten Zeiten betreffen. Da der Weltfundus der Wissenschaften polyvalent nutzbar ist, können aus bisherigen Erkenntnissen technologische Lösungen gewonnen werden, die nicht auf eigenen Forschungsarbeiten beruhen. Es wird jedoch stillschweigend vorausgesetzt, daß jedes Land, entsprechend seinen Möglichkeiten, seinen Beitrag zum weiteren Ausbau des Weltfundus an Erkenntnissen leistet. Er steht dann zur technologischen Nutzung zur Verfügung. Patentrechtlich gesichert werden vor allem Technologien. Der Nachweis von der Priorität theoretischer Lösungen ist dort, wo es keinen Rechtsschutz dafür gibt, nur durch den Hinweis auf die erste Publikation möglich.

Wissenschaft als Produktivkraft ist wesentlich die Entwicklung von Technologien. Da die Produktion materieller Güter viele Voraussetzungen wie effektive Arbeitsorganisation, Arbeitsdisziplin, ausgearbeitete Produktionsprogramme, wirtschaftliche Rechnungsführung und Kontrolle verlangt, umfaßt die Wissenschaft als Produktivkraft nicht nur die direkten, sondern auch die indirekten Beiträge zur Produktion materieller Güter. Damit werden Wissenschaftsdisziplinen in die Wissenschaft als Produktivkraft einbezogen, die lange Zeit als nicht produktionsorientiert galten. Zu ihnen gehören die Mathematik, die Psychologie, die Pädagogik und Teile der Gesellschaftswissenschaften, vor allem die Politische Ökonomie. Wird der direkte oder indirekte Beitrag zur Produktion materieller Güter für die Wissenschaft in den Vordergrund gestellt, dann kann das zu welt-

[25] Vgl. Zur Geschichte der marxistisch-leninistischen Philosophie in Deutschland, Berlin 1979, S. 518.

anschaulichen und wissenschaftspolitischen Hemmnissen für die Entwicklung der erkenntnisorientierten Forschung führen. Deshalb ist der Zusammenhang zwischen Erkenntnisgewinn und Technologieentwicklung zu sehen. Die Diskussion um die Wissenschaft als Produktivkraft, die auch heute gefordert wird,[26] muß stets die Einheit der Grundfunktionen der Wissenschaft berücksichtigen.

Die modernen Wissenschaften haben umfangreiche Erkenntnisse über Natur, Gesellschaft, Bewußtsein, Kultur, menschliches Verhalten und ihre Gesetzmäßigkeiten angehäuft, die von Bedeutung für die effektive Produktion materieller Güter sind. Das betrifft die Raumforschung ebenso, wie die Festkörperphysik, das Atomverhalten und die Evolution der Organismen, die chemische Stoffwandlung und mikroelektronische Effekte, die Geostrukturen und die physiko-chemischen Grundlagen des Lebens, die Organisationsstrukturen effektiver Produktion und die Arbeit als Grundlage der Persönlichkeitsentwicklung u. a.

Der Wissenszuwachs wird in Technologien umgesetzt. Das sind Regeln und Verfahren zur Beherrschung von Prozessen durch ihre künstliche Gestaltung. So ist unsere technische Umwelt eine zweite Natur, von uns entworfen und für uns konstruiert, soweit es die natürlichen Bedingungen menschlicher Existenz betrifft. Naturwissenschaft schafft aber auch Grundlagen für Massenvernichtungswaffen, für Umweltprobleme und Rauschgift. Dem Raubbau an der Natur, vor allem durch kapitalistische Profitproduktion bedingt, steht die Gestaltung einer menschenfreundlichen Umwelt entgegen. Umweltbeherrschung hängt von gesellschaftlichen Verhältnissen ab.

Karl Marx verdanken wir die Erkenntnis der grundlegenden gesellschaftlichen Entwicklungsgesetze. Das ermöglichte wichtige Einsichten in die gesellschaftliche Bedeutung vor allem der Naturwissenschaft als Produktivkraft, in die gesellschaftlichen Triebkräfte wissenschaftlicher Forschung und in die direkten und indirekten Produktionspotenzen der Gesellschaftswissenschaften. Das Schaffen von Karl Marx fällt in die Reife der industriellen Revolution, die er in ihrer ökonomischen Bedeutung in seinem Hauptwerk „Das Kapital" analysierte. Sie führte zur effektiven industriellen Produktion von Werkzeugen, die die menschliche Hand ersetzten oder produktiver machten. Auch die Muskelkraft verstärkte sich durch Nutzung des Dampfprinzips. Die Dampfmaschine revolutionierte ganze Industriezweige, wie den Bergbau, die Textilherstellung, das Verkehrswesen.

26 Vgl. R. Mocek, Gedanken über die Wissenschaft, a. a. O., S. 298 f.

Die Untersuchung der produktiven Kräfte des Menschen und ihre Entfaltung unter bestimmten historischen Bedingungen war wichtiger Gegenstand der Arbeiten von Karl Marx. Er zeigte, daß für die sozialökonomische Entwicklungshöhe einer Gesellschaft nicht entscheidend ist, *was* sie produziert, sondern *wie* sie produziert. Die Art und Weise der Produktion materieller Güter wird bei gleichen oder ähnlichen Produktivkräften für verschiedene Gesellschaftsformationen durch die Produktionsverhältnisse bestimmt, die für revolutionäre Produktivkräfte zum Hemmnis werden können, wenn sie ihnen nicht entsprechen. Die Produktionsverhältnisse charakterisieren, ausgedrückt in Eigentumsverhältnissen, die Stellung von Klassen und Schichten einer Gesellschaftsordnung zu den Produktionsmitteln, den Platz der Menschen im Produktions- und Reproduktionsprozeß und ihren Anteil am gesellschaftlichen Reichtum. Die durch die Produktionsverhältnisse bestimmte Art und Weise der Produktion ist eng mit der Entwicklung der Produktivkräfte verbunden. Diese sind der Grad der Herrschaft des Menschen über die Natur durch die Fähigkeiten und Fertigkeiten des Menschen, durch die Produktion von Werkzeugen und damit durch den Stand der Technik. Karl Marx betonte, daß die Naturwissenschaft selbst immer mehr zur unmittelbaren Produktivkraft wird, weil sie mit ihren Entdeckungen und Erfindungen die industrielle Produktion materieller Güter effektiviert.[27]

Dabei erkannte Marx, daß der Mensch die Hauptproduktivkraft ist. Er entwirft neue Maschinen und Verfahren, baut planmäßig Transportsysteme und gestaltet so seine zweite Natur. Gerade das macht Wissenschaften wie Ökonomie, Psychologie und Soziologie, Rechtswissenschaften und Philosophie zur organisatorischen, normativen und psychisch-weltanschaulichen Potenz für effektive Produktion. Hinzu kommt, daß die Wissenschaft nicht nur die Werkzeuge revolutioniert. Sie ist dabei, unsere Denkzeuge zu verbessern. Menschen nutzen elektronische Datenverarbeitung zur Programmsteuerung, entwickeln Informationstechnologien, arbeiten mit „künstlicher Intelligenz". Zwar diente die Produktion von Werkzeugen dazu, die produktiven Kräfte des Menschen zu vervielfachen, doch blieb der Mensch ein Teil des Produktionsprozesses. Der Werktätige begriff sich als Rädchen im Getriebe, als Teil des Industrieorganismus. Heute bietet der Ausbau qualitativ neuer Denkzeuge in der wissenschaftlich-technischen Revolution die Möglichkeit, daß der Mensch

[27] Vgl. K. Marx/F. Engels, [Rezensionen aus der „Neuen Rheinischen Zeitung. Politisch-ökonomische Revue"], in: MEW, Bd. 7, Berlin 1960, S. 202.

zum schöpferischen Gestalter und Kontrolleur der Produktionsprozesse wird, wenn dem gesellschaftlichen Charakter der Produktion auch das gesellschaftliche Eigentum an Produktionsmitteln entspricht und die humanen Potenzen des wissenschaftlich-technischen Fortschritts ausgeschöpft werden. Das ist ein Prozeß, der sich vollzieht und in dem es Konflikte und Probleme gibt. Aber die Entwicklungstendenz ist offensichtlich.

Wissenschaft ist, wenn man die Gedanken von Marx konsequent fortsetzt, als Kulturkraft dann wirksam, wenn sie auch Produktivkraft sowie Human- und Sozialkraft ist. Ihre entscheidende Kulturleistung besteht in der Aufdeckung neuer Gesezte und Beziehungen der Natur, der Gesellschaft und des Bewußtseins. Das Vordringen in Neuland läßt neue naturwissenschaftliche, technische, ökonomische, humane Prinzplösungen für volkswirtschaftliche Probleme entstehen. Deshalb ist wissenschaftlich-technischer Fortschritt nicht nur technisch verwertete Naturwissenschaft, sondern auch naturwissenschaftlich fundierte neue Technik. So werden Ergebnisse der Molekularbiologie genutzt, um mit Biotechnologien bestimmte Heilmittel zu produzieren. Die technologische Lösung der Probleme gesteuerter Kernfusion kann zur Verbesserung der Energiesituation führen. Es verflechten sich erkenntnisorientierte Forschung, also Wissenschaft als Kulturkraft, mit praxisorientierter Forschung, eben der Wissenschaft als Produktivkraft.

Karl Marx betonte, daß sich die Bedürfnisse der Menschen ständig erweitern. Aber auch die Produktivkräfte entwickeln sich, mit denen es möglich ist, wachsende Bedürfnisse zu befriedigen. Durch Intensivierung der Produktion, durch Leistungssteigerung und damit durch Erhöhung der Effektivität ist es möglich, im Sozialismus humane Ziele zu erreichen. Es geht um Freiheitsgewinn der Persönlichkeit. Dabei ist Freiheit keineswegs nur Einsicht in die Notwendigkeit, sondern humane Herrschaft des Menschen über seine natürliche und gesellschaftliche Umwelt und über sich selbst. Die Beseitigung aller Verhältnisse, in denen der Mensch ein ausgebeutetes, unterdrücktes und geknechtetes Wesen ist, muß mit einer besseren Befriedigung der wachsenden Bedürfnisse einhergehen, was wiederum wissenschaftlich-techischen Fortschritt verlangt. So bedingen sich Effektivität und Humanität gegenseitig. Jeder Verlust an Effektivität, sei es durch ungenügende Nutzung der Arbeitszeit, durch schlechte Arbeitsorganisation, durch unnötige Sitzungen, aber auch durch ungenügende technische Verwertung naturwissenschaftlicher Erkenntnisse, ist ein Verlust an Humanität, denn Material und Schöpferkraft, Arbeitszeit und damit Produktivkraft werden vergeudet, was die Erhöhung des materiellen und kulturellen Lebensniveaus verlangsamt. Zugleich tritt ein indirekter Verlust an Humanität ein, denn die Persönlichkeit wird als Produktivkraft ungenügend gefordert, was die Entwicklung ihrer Fähigkeiten beeinträchtigt. Zweifel am Sinn der Arbeit entstehen. Sind technisch realisierbare Prinziplösungen erarbeitet, die der Effektivitätssteigerung durch Materialeinsparung, Freisetzung von Arbeitskräften, Verbesserung der Arbeits- und Lebensbedingungen und Erhöhung der Qualität dienen, dann setzen Erfolgserlebnisse durch gesellschaftliche Nutzung und Anerkennung der Leistung neue Triebkräfte frei. Die Dialektik von Effektivität und Humanität drückt sich also auch für das Individuum in der Einheit von Produktivkraft- und Persönlichkeitsentwicklung im Sozialismus aus.

1.2.3. Wissenschaft als Human- und Sozialkraft

Die Wissenschaft als Human- und Sozialkraft äußert sich in der Analyse von Sozialstrukturen, in der Aufstellung von Programmen zur effektiven Gestaltung der gesellschaftlichen Beziehungen und in der humanen Orientierung des wissenschaftlich-technischen Fortschritts. Es geht also um die *gesellschaftliche Zielfunktion der Wissenschaft,* aus der sich Bewertungskriterien und Anforderungsstrategien ableiten lassen. Da der Erkenntnisgewinn polyvalent nutzbar ist und die Produktion materieller Güter unterschiedlichen Bedürfnissen dienen kann, ergibt sich aus der Funktion der Wissenschaft als Produktivkraft und aus der auf Erkenntnisgewinn und Bildung orientierten Kulturkraft keine gesellschaftliche Zielstellung. Wissenschaftliche Erkenntnisse sollen aber dem Menschen dienen. Die Produktion materieller Güter soll dem Volk nutzen. Unterliegt jedoch die Effektivierung von Produktionsprozessen dem Prinzip, mehr Profit zu erreichen, dann gehen humane Zielsetzung und soziale Aspekte der Produktion verloren. Effektivität scheint der Humanität zu widersprechen. Deshalb sind die gesellschaftlichen Voraussetzungen für die humane Gestaltung des wissenschaftlich-technischen Fortschritts zu analysieren. Es geht um solche Gesellschaftsmodelle, die die Einheit von Effektivität und Humanität garantieren. Ziel ist deshalb der Freiheitsgewinn der Persönlichkeit durch gesellschaftlichen Fortschritt im Frieden.

Die bewußte Entwicklung sozialer Strukturen verlangt die Analyse spontaner Auswirkungen des wissenschaftlich-technischen Fortschritts auf den Charakter der Arbeit, auf die Bildung und Weiterbildung, auf das Freizeitverhalten bis zur Familienbildung, um die effektive Gestaltung dieser Strukturen bei Kenntnis der objektiven Gesetze sozialen Verhaltens und ihrer Wirkungsmechanismen der humanen Zielsetzung unterordnen zu können. Um die sozialökonomische Wirksamkeit des wissenschaftlich-technischen Fortschritts zu erhöhen, sind alle Wissenschaften gefordert, strategische Programme zu entwickeln, die die Einheit von Persönlichkeitsentwicklung und Produktivkraftentwicklung garantieren, die Anforderungen der wissenschaftlich-technischen Revolution an den Menschen berücksichtigen und die Bedingungen zeigen, unter denen antihumane Wirkungen verhindert werden können. Mit der wissenschaftlich-technischen Revolution erhöht sich die Verantwortung der Persönlichkeit. Verantwortung ist die Forderung an den Menschen, Konsequenzen seiner möglichen Entscheidungen zu überschauen, nützliche, humane Folgen zu fördern und schädliche, antihumane Folgen zu verhindern, Ergebnisse des Handelns auszuwerten und Konsequenzen daraus zu ziehen. Der Verantwortungsbereich der einzelnen Menschen erweitert sich. Er umfaßt die Gesamtheit der Personen- und Sachwerte, die durch Entscheidungen und Handlungen betroffen werden. Sein Entscheidungsspielraum muß daher auf den Verantwortungsbereich bezogen werden. Risikoentscheidungen sind moralisch und rechtlich abzusichern. Das zeigt die Bedeutung der Wissenschaft als Human- und Sozialkraft.

Humanismus ist die praktische und theoretische Gestaltung der natürlichen und gesellschaftlichen Umwelt und des eigenen Verhaltens mittels entwickelter Produktivkräfte, um Freiheitsgewinn der Persönlichkeit zu erreichen. Mit der stürmischen Entwicklung der Produktivkräfte im Kapitalismus setzte, wie schon betont, eine Trennung zwischen Natur- und Humanwissenschaften ein, weil die Produktivkraftentwicklung unter antagonistischen Produktionsverhältnissen der Befriedigung materieller und kultureller Bedürfnisse der herrschenden Klasse, also der Minderheit des Volkes dient. Daraus ergab sich die Trennung von Produktivkraft- und Persönlichkeitsentwicklung. Humane Ziele, wie die freie Entwicklung aller Persönlichkeiten und die Nutzung gesellschaftlicher Reichtümer zur Bedürfnisbefriedigung, waren undurchführbar. Die Wissenschaft erschien deshalb keineswegs als Human- und Sozialkraft, weil die Bedingungen für die Ausbildung dieser Funktion nicht existierten. Trotzdem wurden die Ideale vom freien, selbstbewußten Menschen festgeschrieben. Sie ergaben begründete Ideale revolutionärer Kämpfe.

Zugleich entwickelte sich die Naturwissenschaft immer mehr zur theoretischen Grundlage für die Revolutionierung der Produktivkräfte. In der Wissenschaftsentwicklung hebt sich die Trennung von Natur- und Humanwissenschaften mit der umfangreichen Entwicklung von Technologien auf, denn Technologien als Nutzung aller Erkenntnisse über Beziehungen in Natur, Gesellschaft, Bewußtsein und Technik, um Werk- und Denkzeuge, um Steuerungs- und Regelungstechnik zu produzieren, machen wissenschaftliche Erkenntnisse zu Mitteln, um menschliche Zwecke durchzusetzen. Die praktische Trennung von Wissenschaft und Humanismus kann jedoch nur aufgehoben werden, wenn durch die Beseitigung antagonistischer gesellschaftlicher Verhältnisse die Voraussetzungen geschaffen werden, Wissenschaft und Technik zum Wohle des ganzen Volkes einzusetzen.

Mit unserer Epoche des Übergangs vom Kapitalismus zum Sozialismus wird deshalb der Humanismus zum konkreten Programm für den Freiheitsgewinn der Persönlichkeit durch gesellschaftlichen Fortschritt im Frieden. Als *Zielfunktion* dient er dazu, Effektivitätsmittel, die die wissenschaftlich-technische Revolution ermöglicht, nicht zum Selbstzweck werden zu lassen. Die historische Mission der Arbeiterklasse besteht darin, die klassenlose Gesellschaft zu errichten und nach dem kommunistischen Prinzip zu organisieren: Jeder nach seinen Fähigkeiten, jedem nach seinen Bedürfnissen. Allseitige Bedürfnisbefriedigung setzt aber die Entwicklung von Wissenschaft und Technik voraus und führt außerdem zu dem gesellschaftswissenschaftlichen Problem der bewußten Gestaltung von Bedürfnissen. Ist der Humanismus Zielfunktion, dann muß er auch als *Bewertungskriterium* für die gesellschaftliche Verwertung wissenschaftlicher Erkenntnisse dienen. Produktionssteigerung, Effektivitätsgewinn, Intensivierung der wissenschaftlichen Arbeit u. a. sind nicht Selbstzweck. Sie müssen langfristig dem Menschen nützen, die rationelle Gestaltung des Stoffwechsels mit der Natur auf humane Weise ermöglichen, Sittlichkeit fördern und Schönheit garantieren. Als *Anforderungsstrategie* ergibt sich aus dem Humanismus die Notwendigkeit, strategische Programme für die Verflechtung von Energieaufkommen, Rohstoffbereitstellung, Gestaltung einer menschenfreundlichen Umwelt, Gesundheit, Ernährung und Persönlichkeitsentwicklung zu begründen.

Die Internationalisierung der Produktivkräfte, die wachsende ökonomische und politische Verflechtung der Nationalstaaten untereinander, die notwendige Lösung von Konflikten mit politischen statt mit militärischen Mitteln im Interesse des Weiterlebens der Menschheit, umfangreiche Kommunikation zwischen Staaten mit unterschiedlicher Gesellschaftsordnung unter Achtung der Prinzipien der friedlichen Koexistenz und andere Gründe haben dazu geführt, daß lokale Probleme zu globalen Problemen der Menschheitsentwicklung werden können. Humane Lösungen für Nationalstaaten und Staatengemeinschaften müssen deshalb in der Gegenwart stets globale Aspekte berücksichtigen.

Die globalen Probleme der Menschheitsentwicklung reichen von dem elementaren Interesse des Menschen zu leben und sich zu ernähren über die Erhaltung der natürlichen Bedingungen menschlicher Existenz bis zur Eroberung des Kosmos. Vorhandene Massenvernichtungswaffen bedrohen die Existenz der Menschheit. Energie-, Rohstoff- und Ernährungsprobleme sind zu lösen. Das globale Grundproblem unserer Zeit ist die Erhaltung des Friedens. Dabei geht es vor allem um die Verhinderung eines globalen Krieges mit Massenvernichtungswaffen und darüber hinaus um konstruktive Friedenspolitik. Davon sind wesentliche Richtungen des wissenschaftlich-technischen Fortschritts betroffen. Anstrengungen zur friedlichen Nutzung der Kernenergie, zum Verbot chemischer und biologischer Waffen, zur Beseitigung der psychischen Umweltverschmutzung, die unter Nutzung von Informationstechnologien als Manipulierungsmittel in der imperialistischen Ideologie bedeutende Ausmaße angenommen hat, zur friedlichen Eroberung des Kosmos u. a. sind erforderlich. Zur Hochrüstungspolitik der USA gehört die Testung aller wissenschaftlichen Erkenntnisse auf ihre militärische Nutzbarkeit, um die Ergebnisse der wissenschaftlich-technischen Revolution für die Weltherrschaftspläne der aggressiven Kreise des USA-Imperialismus einsetzen zu können. So ist die umfangreiche Erweiterung der Forschungsmittel für die militärische Forschung in den USA zu verstehen, aber auch die Forderung, Kosmosforschung als Kriegsforschung zu betreiben. Es gehört deshalb zur Verantwortung der Wissenschaftler, sich für die Politik der friedlichen Koexistenz einzusetzen, um internationale Probleme grundsätzlich auf friedlichem Wege zu lösen. Die Lebensfähigkeit von Gesellschaftssystemen und ihr humaner Gehalt kann nur im Wettbewerb unter friedlichen Bedingungen nachgewiesen werden.

Als weiteres globales Problem zeigt sich die Gewährleistung von Bedingungen für den gesellschaftlichen Fortschritt. Zu ihnen gehören die Nichteinmischung in die inneren Angelegenheiten von Völkern und Staaten, die Hilfe bei der Überwindung ökonomischer und technologischer Rückständigkeit, die Beseitigung des Hungers und Analphabetentums, die Unterstützung des Kampfes unterdrückter sozialer Schichten gegen ihre Unterdrückung, des Kampfes von Völkern um ihre Befreiung. Mit dem wissenchaftlich-technischen Fortschritt wird es möglich sein, kostengünstige Verfahren zu entwickeln, die

die umfassende Industrialisierung von Entwicklungsländern mit der Gestaltung einer menschenfreundlichen Umwelt verbinden lassen. Die Sicherung von Ernährung und Gesundheit stellt viele wissenschaftliche Probleme. Der Zusammenhang von Friedenskampf und gesellschaftlichem Fortschritt ist zu beachten. Es kann keine Friedenserhaltung um den Preis des gesellschaftlichen Fortschritts geben. Gesellschaftswissenschaftler müssen sich mit den entsprechenden theoretischen Grundlagen befassen und eine Methodologie der Kooperation entwickeln, die die Gestaltung der ökonomischen, politischen, ideologischen, rechtlichen u. a. Beziehungen unter den Bedingungen der friedlichen Koexistenz im Interesse der Friedenserhaltung und des gesellschaftlichen Fortschritts erleichtert.

Das globale Problem, den Freiheitsgewinn der Persönlichkeit zu sichern, erfordert die humane Gestaltung des wissenschaftlich-technischen Fortschritts. Wissenschaftliche Erkenntnisse dienen der Verbesserung der Gesundheit, der effektiven Bildung und der Befriedigung stets wachsender materieller und kultureller Bedürfnisse.

Die Gestaltung einer menschenfreundlichen natürlichen Umwelt richtet sich gegen den Raubbau an der Natur. Es geht um nationale und internationale Maßnahmen gegen die Umweltverschmutzung, für die kooperative Nutzung der Meere, für wirtschaftlich bedeutsame Ergebnisse der Kosmosforschung und für die Erhaltung, Gestaltung und Entwicklung ökologischer Zyklen.[28]

Die wissenschaftlich-technische Revolution durchdringt die genannten vier Problemgruppen, die in ihrer Reihenfolge zugleich eine Wertung globaler Probleme darstellen. Die Ergebnisse der wissenschaftlich-technischen Revolution stellen kein gesondertes globales Problem dar, weil in Abhängigkeit von den gesellschaftlichen Verhältnissen Produktiv- und Destruktivkräfte genutzt werden, Profitproduktion zu Massenarbeitslosigkeit führt und Effektivitätsprobleme bei der Meisterung der wissenschaftlich-technischen Revolution im Sozialismus auftreten, die Informationsmöglichkeiten für die Persönlichkeit wachsen u. a. m. Die humane Lösung globaler Probleme der Menschheitsentwicklung verlangt die humane Gestaltung des wissenschaftlich-technischen Fortschritts. Das ist jedoch keine interne Frage der Wissenschaftsentwicklung, obwohl wissenschaftliche Grundlagen für sachkundige Entscheidungen unbedingt erforderlich sind, sondern ein Ergebnis praktischer Gestaltung gesellschaftlicher Verhältnisse und somit Bestandteil des revolutionären Weltprozesses und der Auseinandersetzung zwischen Sozialismus und Imperialismus.

[28] Vgl. R. Löther, Mit der Natur in die Zukunft, Berlin 1985.

1.3. *Fazit*

Wissenschaft als Erkenntnissuche und Erkenntniskritik, als auf Erfindungen und Entdeckungen aufbauende Technologieentwicklung und als Orientierungshilfe ist stets in der Einheit ihrer Funktionen zu untersuchen, die in historischen Wissenschaftstypen mehr oder weniger ausgebildet sein können. Wissenschaft als Kulturkraft orientiert auf Erkenntnisgewinn und Bildungsgrundlagen schöpferischer Tätigkeit, Wissenschaft als Produktivkraft nutzt Erkenntnisse und Bildung, Fähigkeiten und Fertigkeiten zur Entwicklung von Technologien als Herrschaftsmittel des Menschen, um effektiv materielle Güter zur Bedürfnisbefriedigung zu produzieren. Wissenschaft als Sozial- und Humankraft bestimmt die Ziele menschlicher Tätigkeit aus Einsichten in die gesellschaftlichen Entwicklungsgesetze als Rahmenbedingungen für das Verhalten von Klassen, Schichten, Gruppen und Individuen.

Wissenschaft als dialektischen Entwicklungsprozeß zu untersuchen, verlangt auch, die Herausbildung der Grundfunktionen zu analysieren, die keineswegs konfliktfrei entstehen. Gerade die Wissenschaft als Sozial- und Humankraft wird in der Geschichte oft zur Herrschaftskraft von herrschenden Unterdrückerklassen deformiert. Wissenschaft als Produktivkraft bildete sich erst mit der industriellen Revolution heraus und wurde vorher nur in Ausnahmefällen genutzt, da keine umfassende kooperative Produktion existierte, sondern die individuelle Tätigkeit der Produzenten dominierte. Auch Rationalisierungseffekte waren damals wegen des Überangebots an lebendiger Arbeit für die zu lösenden Aufgaben kaum gefordert. Wissenschaft wurde praktisch in den Bereichen wirksam, die gegenwärtig mehr als Dienstleistungen behandelt werden, wie Transport, Handel, Zeitbestimmung, Gesundheit und außerdem in der Kriegstechnik. Die Einengung der Wissenschaft auf die Kulturkraft erfolgte vor allem aus ideologischen Gründen, wie der Kampf um das Kopernikanische Weltsystem zeigt. Wissenschaft hatte auch materiell-technische Schranken, die sie durch Hinwendung zur Logik ausglich. Die Wissenschaftsentwicklung als Herausbildung ihrer Grundfunktionen vollzog sich in Wissenschaftstypen, die nun betrachtet werden sollen.

2. Wissenschaftsentwicklung als Typenwandel

2.1. Philosophische Entwicklungstheorie und Wissenschaftsentwicklung

Wissenschaftsentwicklung als Typenwandel zu verstehen basiert auf den Ergebnissen der philosophischen (dialektisch-materialistischen) Entwicklungstheorie, wonach Entwicklung die Tendenz zum Entstehen höherer Qualitäten ist, die sich durch Stagnation und Regression und die Ausbildung aller Elemente einer Phase im Zyklus von der Grundqualität als Ausgangsstufe über die dialektische Negation in einer neuen Qualität bis zur dialektischen Negation der Negation in der höheren Qualität als Endstufe des Zyklus durchsetzt.[1] Diese Feststellung erfordert für unser Problem weitere Präzisierungen.

Die Entwicklungstheorie untersucht Entwicklungszyklen, wobei der Unterschied zwischen Ideal- und Realzyklus und der Zusammenhang von Groß- und Kleinzyklen in einem Hyperzyklus zu beachten ist.[2] Das führt dazu, in der Wissenschaftsentwicklung verschiedene Entwicklungsebenen zu unterscheiden. Neben dem Großzyklus der Wissenschaftsentwicklung von ihrem Entstehen bis zur Gegenwart gibt es weitere Zyklen, die z. B. die Philosophie als Reservoir des Entstehens neuer Wissenschaftsdisziplinen und den Weg von der philosophisch fundierten Einheitswissenschaft über die Differenzierung bis zur neueren Einheit von Philosophie und Spezialwissenschaften betreffen. Auch Teilzyklen des Verhältnisses von Empirie und Theorie, von Naturphilosophie und empirischer Naturerkenntnis, von Kunst und Wissenschaft existieren. Wichtig ist jedoch die Erkenntnis des genannten Großzyklus, weil sie den theoretischen Rahmen zum Verständnis anderer Zyklen gibt.

Die Wissenschaftsentwicklung ist als gesellschaftlicher Gesamtprozeß vom Entstehen der Wissenschaft bis zum Wissenschaftstyp der wissenschaftlich-technischen Revolution als Entwicklungszyklus von der Ausgangs- bis zur höheren Endqualität zu verstehen, denn die wissenschaftlich-technische Revolution liefert Voraussetzungen für eine qualitativ bessere und quantitativ umfangreichere Befriedigung materieller und kultureller Bedürfnisse, fördert das Schöpfer-

[1] Vgl. H. Hörz/K.-F. Wessel, Philosophische Entwicklungstheorie. Weltanschauliche, erkenntnistheoretische und methodologische Probleme der Naturwissenschaften, a. a. O.

[2] Vgl. H. Hörz, Zyklizität als philosophisches Problem, in: Zeitschrift für geologische Wissenschaften, 12 (1984), S. 5 ff.

tum und läßt das Selbstbewußtsein der Individuen wachsen. Ausgangsqualität ist die in der klassenlosen Urgesellschaft vorherrschende Einheit von Empirie und Theorie, von Erkenntnis und Anwendung, von Wissen und Können bei der Befriedigung menschlicher Bedürfnisse. Mit der scheinbaren Rückkehr im Wissenschaftstyp der wissenschaftlich-technischen Revolution zu ihr durch den Zwang zur Technologie und die Einheit von Erkenntnis und Gestaltung der natürlichen und gesellschaftlichen Umwelt gibt es einen vergleichbaren Zusammenhang, der die höhere Qualität zeigt. Der neuen Einheit entsprechen die Forderungen nach einer neuen Mensch-Natur-Union in der Ökologiedebatte, nach Technologien als humaneren Herrschaftsmitteln des Menschen. Sie verweisen auf die historische Dimension des Mensch-Natur-Verhältnisses. Der Mensch hat sich aus der Natur herausgehoben und überwand in der dialektischen Negation als gesellschaftliches Wesen seine Naturunterordnung und relative Abhängigkeit von der Natur immer mehr durch wissenschaftliche Erkenntnis als Handlungsorientierung.

Im historischen Prozeß entstand notwendig eine fast völlige Trennung von Wissenschaft und materiellem Lebensprozeß der Gesellschaft, in der die Bildungsfunktion für eine Elite im Vordergrund stand, die im Interesse der herrschenden Klasse Erkenntnisse auch für die praktische Verwertung erwarb und nutzte. Erst mit dem Wissenschaftstyp der industriellen Revolution wird die Wissenschaft immer mehr zur unmittelbaren Produktivkraft. Er gehört zwar noch zur Phase der Trennung von Wissenschaft und Praxis, zeigt jedoch schon wesentliche Tendenzen zu ihrer Aufhebung. Diese Widersprüchlichkeit drückt sich in den neuen Möglichkeiten rationeller Naturgestaltung einerseits und dem Raubbau an der Natur andererseits aus. Die große Industrie ermöglicht verschärfte Ausbeutung der Arbeiter, und der entsprechende Wissenschaftstyp hemmt mit seiner expertokratischen Ausrichtung die Sicht auf die Zusammenhänge zwischen Mensch, Natur, Technik, Gesellschaft und Kultur. Ein Naturbegriff entsteht, der nur die technisch verfügbare Natur berücksichtigt, was zu romantischen Gegenreaktionen führt. Mit dem Wissenschaftstyp der wissenschaftlich-technischen Revolution, der der Herausbildung der materiell-technischen Basis des Sozialismus und Kommunismus dient, wird die dialektische Negation der Negation vollzogen und auf höherem Niveau, durch die Nutzung wissenschaftlicher Methoden, durch qualitativ neue Technologien und durch die humane Gestaltung des wissenschaftlich-technischen Fortschritts, die Einheit von Erkennen und Handeln als Einheit von Wissenschaft und Praxis wieder hergestellt.

Wissenschaftsentwicklung als Typenwandel ist also aus der Sicht der philosophischen Entwicklungstheorie ein großer Entwicklungszyklus. Er geht von der Einheit von geistiger und körperlicher Arbeit bei der bewußten Gestaltung der Umwelt auf niedrigem Niveau der Bedürfnisbefriedigung durch soziale Organisation und Werkzeugproduktion aus. Ihre dialektische Negation ist die Entstehung der Wissenschaft durch die Trennung von geistiger und körperlicher Arbeit, die zur Herausbildung diffiziler Erkenntnismethoden mit umfangreicher materiell-technischer Basis führte, teilweise Erkenntnis zum Selbstzweck werden ließ, die Natur zum Ausbeutungsobjekt des Menschen machte und Wissenschaft in wesentlichen Aspekten von der gesellschaftlichen Praxis trennte, aber zugleich tiefere Einsichten in Natur- und Gesellschaftsprozesse lieferte. Das diente der Vorbereitung der dialektischen Negation der Negation, die sich mit dem Wissenschaftstyp der wissenschaftlich-technischen Revolution vollzieht. So erhält die Wissenschaft erst ihre volle Reife unter sozialistischen und kommunistischen Gesellschaftsbedingungen, weil sie nun, ohne sozialökonomische Schranken, auf einem hohen theoretischen und technologischen Niveau ihre Funktion als Produktivkraft bei der effektiven Gestaltung des Stoffwechsels mit der Natur, als Kulturkraft bei der Nutzung aller schöpferischen Potenzen zum Erkenntnisgewinn und als Human- und Sozialkraft bei der humanen Gestaltung sozialer Beziehungen und des wissenschaftlich-technischen Fortschritts erfüllen kann.

Die Untersuchung der Wissenschaftsentwicklung als Typenwandel bringt dann theoretische Vorteile, wenn der Tendenzcharakter des Entstehens höherer Qualitäten in Entwicklungszyklen, die Existenz von Möglichkeiten in jedem Wissenschaftstyp und der probabilistische Übergang von einem Typ zum anderen beachtet wird. Dann ist die vorwissenschaftliche Phase Bestandteil des Entwicklungszyklus der Wissenschaften. Wissenschaftsentwicklung wird im Zusammenhang mit dem materiellen Lebensprozeß der Gesellschaft betrachtet, ohne daraus eine direkte Entsprechung von Produktionsweise und Erkenntnisweise mit ihrer Theoriendynamik ableiten zu können. Die Typisierung der Wissenschaft als Prozeß ist nicht an die Periodisierung der politischen Geschichte gebunden, obwohl stets die sozialökonomischen und politisch-ideologischen Zusammenhänge zwischen Wissenschaftstyp und politisch-ökonomischer sowie weltanschaulich-kultureller Entwicklung zu beachten sind. Dabei ist die Erklärung als Typenwandel kein vorgegebenes Schema, sondern ein heuristisches Prinzip, das der Präzisierung durch Fallstudien und ihrer Verallgemeinerung bedarf.

Die Hervorhebung des Entwicklungszyklus von der vorwissenschaftlichen Phase über die Trennung von Wissenschaft und Praxis bis zur wahren Rolle der Wissenschaft in der klassenlosen Gesellschaft ist möglich, weil wir in der Phase der Ausgestaltung der Wissenschaft in ihren Grundfunktionen als einem sich vollendenden Entwicklungsprozeß leben. Dabei werden noch komplizierte Prozesse neu zu beherrschen sein. Ergebnisse der wissenschaftlich-technischen Revolution dringen zwar in alle Lebensbereiche ein, durchdringen sie aber nicht vollständig. Trotzdem ist schon festzuhalten, daß Entwicklung mit einem Entwicklungszyklus nicht abgeschlossen ist. Die erreichte höhere Qualität ist der Ausgang eines neuen Zyklus. So beginnt nun die eigentliche Geschichte der Wissenschaft. Obwohl wir noch wenig darüber wissen, kann man annehmen, daß die wissenschaftlich-technische Revolution zukünftig verschiedene Phasen durchmacht, was zur Erweiterung des Erklärungs- und Humanpotentials im Wissenschaftstyp der wissenschaftlich-technischen Revolution führen würde. So kann es mit der Revolution der Denkzeuge durch künstliche Intelligenz zu einer breiten Anwendung wissenschaftlicher Methoden im Alltag kommen, was die auch noch heute existierende Expertenelite erweitert, weil der Zugriff zu Kenntnissen erleichtert wird. Raumforschung könnte zur Eroberung neuer Lebensräume führen und Gentechnologien humangenetische Hilfe bei Genschäden ermöglichen. Es lohnt sich, den Entwicklungszyklus der wissenschaftlich-technischen Revolution und seine möglichen Phasen weiter zu betrachten, was später geschehen wird.

Die entwicklungstheoretische Konzeption vom Typenwandel muß, wenn Wissenschaft in ihren verschiedenen Aspekten untersucht werden soll, wobei wichtige Beiträge zum Verständnis der Wissenschaft gewonnen werden, andere theoretische Ansätze zur Erklärung von wissenschaftlichem Fortschritt mit umfassen. So ist die Wissenschaftsentwicklung Gegenstand vieler historischer und systematischer Untersuchungen. Diese gehören drei Erklärungsarten an:

Erstens wird versucht, den wissenschaftlichen Fortschritt aus dem Problemlösungsprozeß der Wissenschaften selbst heraus zu begreifen. So meint K. R. Popper, daß wir „ein gewisses angeborenes Wissen haben" und der Erkenntnisfortschritt „durchweg aus Berichtigungen und Abänderungen vorhandenen Wissens besteht."[3] Trotz vieler Differenzen im Detail in bezug auf Poppers Haltung gehören dieser Erklärungsart auch die Arbeiten von I. Lakatos zu den For-

3. K. R. Popper, Objektive Erkenntnis. Ein evolutionärer Entwurf, a. a. O., S. 286.

schungsprogrammen,[4] von G. Holton zu den Thematiken[5] und von Th. S. Kuhn zum Paradigmenwechsel[6] an. Ursachen des wissenschaftlichen Fortschritts sind nach Kuhn wissenschaftliche Krisen, d. h. theoretische Schwierigkeiten bei der Problemlösung im Rahmen eines Paradigmas. Jedoch war das Ptolemäische System keineswegs in einer Krise, als sich das Kopernikanische Weltbild herausbildete und durchsetzte. Auch die Relativitätstheorie war nicht das Ergebnis einer Krise der klassischen Mechanik. Zwar waren die Transformationsgruppen von klassischer Mechanik und Elektrodynamik nicht identisch, aber mit solchen Gegensätzen lebt die Theorie immer wieder, ohne daß von einer Krisensituation zu sprechen ist. Wissenschaftsentwicklung muß andere Ursachen haben, als nur den wissenschaftlichen Erkenntnisprozeß selbst. Dieser bietet stets ein Reservoir an Ideen, aus dem für den Fortschritt geschöpft werden kann. Warum sich bestimmte Denkweisen durchsetzen, ist damit jedoch nicht geklärt.

Zweitens wird auf die Einbettung der Wissenschaft in die Gesellschaftsentwicklung verwiesen. „Wissenssysteme, auch Systeme der Naturerkenntnis, entstehen im Rahmen sozialer Handlungszusammenhänge. Sie sind daher abhängig von den Strukturen, in denen die Menschen ihre ökonomischen, politischen, sozialen, kulturellen und religiösen Verhältnisse geordnet haben.“[7] Es ist wichtig, die Rolle externer Faktoren zu betonen. Aber das heißt noch nicht, eine materialistisch-dialektische Erklärung zu geben. Dazu gehört die Anerkennung des gesellschaftlichen Seins als bestimmender Faktor für das Bewußtsein unter Beachtung der dialektischen Beziehungen von Produktivkräften und Produktionsverhältnissen, von Basis und Überbau.[8] Dieser theoretische Ansatz, wenn er vulgärmarxistisch die Theorienentwicklung aus der Produktionsweise direkt erklärt, zeigt seine Schwierigkeiten meist im Detail bei Fallstudien. Sie sind jedoch mit der statistischen Gesetzeskonzeption zu überwinden, die Mög-

[4] Vgl. I. Lakatos, Die Methodologie der wissenschaftlichen Forschungsprogramme, in: I. Lakatos, Philosophische Schriften, Bd. 1, Braunschweig – Wiesbaden 1982.

[5] Vgl. G. Holton, Thematic Origins of Scientific Thought, Cambridge (Mass.) 1973.

[6] Vgl. Th. S. Kuhn, Die Struktur wissenschaftlicher Revolutionen, a. a. O.

[7] G. Böhme u. a., Starnberger Studien, Bd. 1: Die gesellschaftliche Orientierung des wissenschaftlichen Fortschritts, a. a. O., S. 7.

[8] Vgl. Wissenschaft. Stellung, Funktion und Organisation in der entwickelten sozialistischen Gesellschaft, hg. von G. Kröber/H. Laitko, Berlin 1975, S. 11 f.

lichkeitsfelder und die Rolle des Zufalls als wesentliche Momente der Entwicklung anerkennt.[9]

Drittens wird die Rolle der Persönlichkeit betont. In wissenschaftsgeschichtlichen Arbeiten der verschiedensten Art werden einerseits hervorragende Wissenschaftler für ihre Leistungen berechtigt gewürdigt. Das korrespondiert andererseits mit einem Anonymisieren der Persönlichkeit bei der theoretischen Erklärung der Wissenschaftsentwicklung, wobei letztere allein als Fortschritt in der Problemlösung verstanden wird. Die Wissenschaftlerpersönlichkeit ist jedoch eine entscheidende Bedingung für die Realisierung von Möglichkeiten, die sich aus der Wissenschaftsentwicklung ergeben. Im Kampf gegen Elitedenken und Schematismus fordert P. Feyerabend die Demokratisierung der Wissenschaft und überhöht dabei die Rolle der Persönlichkeit.[10] Sie spielt tatsächlich eine entscheidende Rolle bei der Umsetzung gesellschaftlicher Anforderungen in wissenschaftliche Probleme, bei der Überleitung von Erkenntnissen in die gesellschaftliche Praxis. Sie ist das entscheidende Bindeglied zwischen Gesellschaft und Wissenschaft, weil sie Möglichkeiten realisiert, die in den Gesetzen der Wissenschaftsentwicklung existieren.

Mit dem Versuch, Wissenschaftsentwicklung als Typenwandel zu verstehen, sollen die wesentlichen Aspekte der drei Erklärungsarten berücksichtigt werden. Eine Reduktion auf eine Gruppe von Faktoren widerspricht der Dialektik der Wissenschaftsentwicklung. Diese umfaßt den Zusammenhang von Wissenschaftsentwicklung und materiellem Lebensprozeß der Gesellschaft, von gesellschaftlichen Bedürfnissen und menschlichen Problemen, von Voraussetzungen schöpferischer Persönlichkeitsentwicklung und ihrer Nutzung durch Wissenschaftler unter konkret-historischen Bedingungen. Die durch die Produktionsverhältnisse bestimmte Basis der Gesellschaft gibt den materiellen und der gesellschaftliche Überbau den ideologischen Rahmen für Wissenschaftsentwicklung. Das bedeutet, daß damit der Handlungsspielraum des Wissenschaftlers bestimmt ist. Ob er ihn zur Entwicklung der Wissenschaft nutzt, ihn nicht ausfüllt oder gegen ihn opponiert, hängt auch von seiner Erziehung, von seinen durch die gesellschaftlichen Werte geprägten Wertvorstellungen über den Sinn wissenschaftlicher Arbeit und von seinen Fähigkeiten ab. Die durch Basis und Überbau konkret-historisch entstandenen Bedingungen der Wissenschaftsentwicklung determinieren nicht eindeutig das Verhalten von Wissenschaftlerpersönlichkeiten, sondern las-

9 Vgl. H. Hörz, Zufall. Eine philosophische Untersuchung, a. a. O.

10 Vgl. P. Feyerabend, Erkenntnis für freie Menschen, Frankfurt/M. 1980.

sen ein Möglichkeitsfeld von Entwicklungstendenzen zu, aus dem, durch weitere Bedingungen bestimmt, durch unterschiedliche Wissenschaftlergruppen und Persönlichkeiten Möglichkeiten realisiert werden.

Das führt auch dazu, neben dem Großzyklus von der Entstehung bis zur Reife der Wissenschaft, andere Entwicklungsebenen zu berücksichtigen. So differenziert sich die Wissenschaftsentwicklung eben in verschiedene Wissenschaftstypen und ihre Übergänge ineinander. Sie beginnt nach der vorwissenschaftlichen Periode als Ausgangsqualität des Entwicklungszyklus, gewissermaßen nach dem Nulltyp, mit dem Typ der Herausbildung der Wissenschaft als spezifischer praktischer und theoretischer Aneignung der Wirklichkeit, um Einsichten in Regularitäten und Gesetze der Natur, der Gesellschaft und des eigenen Handelns zu gewinnen, die dazu dienen, materielle und kulturelle Bedürfnisse der herrschenden Klassen zu befriedigen. Die Reifeperiode dieses Typs ist durch die Synthese der Erkenntnisse bei Aristoteles charakterisiert. Der dann folgende Wissenschaftstyp des Zunfthandwerks und der autarken Landwirtschaft ist gerade durch die Trennung von Wissenschaft und Produktion bestimmt. In ihm entstehen jedoch wichtige theoretische Voraussetzungen für die weitere Wissenschaftsentwicklung. Ob ein Wissenschaftstyp der Manufaktur existiert, ist noch nicht geklärt. In Europa ist die Manufaktur der Übergang vom Zunfthandwerk zur großen Industrie. In anderen geographischen Bereichen kann sie jedoch eine größere Rolle spielen und einen eigenen Wissenschaftstyp hervorbringen. Wesentlich für die Wissenschaftsentwicklung in Europa und den USA sind dann die Typen der industriellen und der wissenschaftlich-technischen Revolution.

Diese verschiedenen Wissenschaftstypen bestehen selbst wieder aus Entwicklungsphasen. So hat jeder Typ seine Vor-, Reife- und Ausgestaltungsphase. Die Vorphase fällt in den notwendigen empirischen und theoretischen Vorleistungen meist mit der Ausgestaltungsphase des vorhergehenden Wissenschaftstyps zusammen. Die Vorphase des Typs der Wissenschaftsentstehung ist der Nulltyp der Wissenschaft in der Einheit von körperlicher und geistiger Arbeit, ohne durch Personen und Einrichtungen verkörperte spezifische Art und Weise rationaler Erkenntnisgewinnung. Wenn die Vorphase des Wissenschaftstyps der industriellen Revolution schon mit dem 16. Jahrhundert angesetzt wird, dann sind damit die Vorleistungen der Renaissancetechniker, Naturphilosophen, Mathematiker und anderer Denker gemeint. Die Reifephase ist direkt mit der entsprechenden Produktionsweise verbunden.

Das bedeutet nicht, daß der Wissenschaftstyp des Zunfthandwerks und der autarken Landwirtschaft vor allem wissenschaftliche Leistungen zum Nutzen dieser Produktionsweise hervorbrachte. In dieser Zeit überwog die Bildungsfunktion der Wissenschaft für eine Bildungselite, die der herrschenden Klasse diente. Gerade in der Ausgestaltungsphase dieses Typs zeigte sich, daß das „Trägheitsgesetz" der Wissenschaftsentwicklung gilt: Wissenschaft bleibt im Zustand der Ruhe (Pflege existierender Grundlagentheorien) und der gleichförmigen Bewegung (Ausbau dieser Theorie), wenn keine gesellschaftliche Kraft (Praxisanforderungen, Persönlichkeiten, Schulen) eine Beschleunigung hervorruft. Die Ausgestaltung von Theorien kann zu Widersprüchen in der Theorie und zwischen Theorie und Praxis führen, deren Lösung im Gegensatz zu herrschenden Meinungen steht. Das zeigte das Kopernikanische Weltsystem. So ist die Ausgestaltungsphase des Wissenschaftstyps des Zunfthandwerks und Ausgestaltungsphase des Wissenschaftstyps des Zunfthandwerks und in der Renaissance sowohl durch das Beharren auf der Scholastik als auch durch die dazu im Widerspruch stehenden Theorien, die Vorleistungen für den Wissenschaftstyp der industriellen Revolution sind, gekennzeichnet.

Diese innere dialektische Widersprüchlichkeit in der Entwicklung von Wissenschaftstypen in Verbindung mit Produktionsweisen zeigt sich auch in der möglichen Deformation von Anforderungen eines Wissenschaftstyps. So sind die aus dem Wissenschaftstyp der wissenschaftlich-technischen Revolution sich ergebenden Humanpotentiale unter imperialistischen gesellschaftlichen Verhältnissen nicht auszuschöpfen, was die sozialökonomischen Folgen der wissenschaftlich-technischen Revolution zeigen. Auch andere Entwicklungshemmnisse gibt es. So verhindern nicht selten politisch-ideologische Gründe, wie Antikommunismus und Revanchismus, die notwendige Kompetenzerweiterung von Wissenschaftlern in kapitalistischen Ländern, die für die Sicherung des Friedens wichtig ist. Deformationen sind Ausdruck der dialektisch-widersprüchlichen Herausbildung und Reifung von Wissenschaftstypen, weil Ausgestaltungsphase des alten und Vorphase des neuen Typs ineinander übergehen.

Wissenschaftsentwicklung hat als wesentlichen Bestandteil die Theorienentwicklung, ist jedoch darauf nicht zu reduzieren. Wissenschaft als die Art und Weise der Bedingungs- und Gesetzeserkenntnis und der Umwandlung von Entdeckungen in Erfindungen durch Technologien umfaßt neben der Theorienentwicklung auch die materiell-technische Basis wissenschaftlichen Arbeitens für Experimente, Pilotstationen, Datenverarbeitung sowie die Ausbildungs- und Weiterbildungseinrichtungen für Wissenschaftler, als auch die materiellen und personellen Potenzen in Institutionen zur Forschung. Wissenschaft in diesem Sinne ist nicht außerhalb des materiellen und kulturellen Lebensprozesses zu verstehen.

Auch die Theorienentwicklung hat verschiedene Phasen, die Einfluß auf das Determinationsgefüge haben. So ist der Kernprozeß der Theorienentwicklung die wissenschaftliche Revolution, die zum Entstehen neuer Grundlagentheorien mit Auswirkungen auf andere Wissenschaften durch neue Denkstile, auf die Philosophie mit ihren erklärenden Weltbildern und auf die gesellschaftliche Praxis durch mögliche neue Prinziplösungen führt. Die Entwicklung disziplinärer Theorien erfolgt über die Phase der schöpferischen Idee, die, zur Hypothese ausgearbeitet, zu einem theoretisch und experimentell abarbeitbaren Forschungsprogramm, dann zur Reifephase der Theorie und daraufhin zu ihrer Bewertung und gesellschaftlichen Verwertung führt.

Berücksichtigen wir die Rolle der Persönlichkeit in der Wissenschaftsentwicklung, dann sind auch Entwicklungsetappen ihres Einflusses, der Prozeß der Entsubjektivierung der Theorie zum Bestandteil des gesellschaftlichen Bewußtseins durch die Beiträge anderer Wissenschaftler zu ihrer Präzisierung und Verwertbarkeit und die Rolle von wissenschaftlichen Schulen zu betrachten.[11] Geschlossene Schulen, die nur die Thesen des Lehrers ausgestalten und sonst kritikimmun sind, können zu Hemmnissen werden. Dagegen sind offene Schulen, die Anregungen aufnehmen und Bewährtes in Frage stellen, Beschleunigungsfaktoren bei der Überwindung der gegen Weiterentwicklung gerichteten Trägheit, die durch monopolisierte Meinungsbildung gestützt wird.

Die philosophische Entwicklungstheorie hilft, die Konzeption der Wissenschaftstypen dann zu begründen, wenn „Wissenschaftstyp" als eine Grundqualität wissenschaftlicher Tätigkeit im Zusammenhang mit einer Produktionsweise verstanden wird. Der Begriff des Typs wird gerade dazu genutzt, die allgemein-notwendigen und wesentlichen Merkmale wissenschaftlicher Tätigkeit einer bestimmten Etappe der Wissenschaftsentwicklung zu charakterisieren. Das schließt untypisches Verhalten ein, das durch seine Bedingungen erklärt werden muß. Dabei ist der Entwicklungszyklus von der Entstehung der Wissenschaft bis zu ihrer Reife und der Herausbildung ihrer gesellschaftlichen Funktionen in seinen Übergängen nur

[11] Vgl. S. R. Mikulinskij u. a., Wissenschaftliche Schulen, Bd. 1, Berlin 1977, Bd. 2, Berlin 1979.

zu verstehen, wenn mit der statistischen Gesetzeskonzeption Möglichkeitsfelder der Wissenschaftsentwicklung, probabilistische Übergänge von einem Typ zum anderen und bedingte Zufälle sowie Deformationen unter konkret-historischen gesellschaftlichen Verhältnissen anerkannt werden. Wissenschaftliche Revolutionen und Theorienentwicklung bieten Möglichkeiten zur Problemlösung, ihre Nutzung ist abhängig vom Wissenschaftstyp, dessen materieller und ideologischer Rahmen in gesellschaftlicher Basis und ideologischem Überbau existiert.

2.2. *Was ist ein Wissenschaftstyp?*

Die Konzeption von der Wissenschaftsentwicklung als Typenwandel drängt sich direkt auf, wenn man die neue Qualität der Wissenschaft in Verbindung mit der wissenschaftlich-technischen Revolution erklären will. Ein neuer Wissenschaftstyp, der sich von dem der industriellen Revolution unterscheidet, befindet sich in seiner Reifung. Nicht selten sprechen wir, um ihn zu charakterisieren, von klassischen und modernen Wissenschaften, ohne die theoretischen Grundlagen für diese Unterscheidung zu analysieren. Sie besteht eben in den unterschiedlichen Wissenschaftstypen. Um diese Konzeption zu begründen, ist der theoretische Ansatz von K. Marx zu beachten, nach dem die Industrie das wirkliche geschichtliche Verhältnis der Natur und daher der Naturwissenschaft zum Menschen ist. Wird die Industrie „daher als *exoterische* Enthüllung der menschlichen *Wesenskräfte* gefaßt, so wird auch das *menschliche* Wesen der Natur oder das *natürliche* Wesen des Menschen verstanden, daher die Naturwissenschaft ihre abstrakt materielle oder vielmehr idealistische Richtung verlieren und die Basis der menschlichen Wissenschaft werden, wie sie jetzt schon – obgleich in entfremdeter Gestalt – zur Basis des wirklich menschlichen Lebens geworden ist, und eine *andre* Basis für das Leben, eine andre für die *Wissenschaft* ist von vorherein eine Lüge."[12]

Nimmt man diese Gedanken ernst, dann ergeben sich daraus Konsequenzen für die Typisierung der Wissenschaftsentwicklung.

Erstens: Die Industrie ist Basis menschlichen Lebens und der Wissenschaft als konkret-historischer Ausdruck des Mensch-Natur-Verhältnisses. Damit ist die Wissenschaftsentwicklung nur im Zusammenhang mit der konkret-historischen Produktionsweise zu ver-

[12] K. Marx, Ökonomisch-philosophische Manuskripte, a. a. O., S. 543.

stehen. K. Marx hat seinen theoretischen Ansatz in der „Einleitung zur Kritik der politischen Ökonomie" und im „Kapital" mit der Analyse der dialektischen Beziehungen von Produktivkräften und Produktionsverhältnissen, von Basis und Überbau und von der Wissenschaft als Produktivkraft weiter entwickelt.

Zweitens: Indem Marx die gemeinschaftliche Kontrolle des rationellen Stoffwechsels mit der Natur fordert, nennt er soziale Bedingungen für die Naturbeherrschung. Wissenschaft befaßt sich mit effektiver und humaner Gestaltung der gesellschaftlichen Beziehungen der Menschen untereinander. Dabei soll die Naturbeherrschung auf humane Weise erfolgen. Die Funktionen der Wissenschaft werden im Zusammenhang mit der konkreten Herrschaft des Menschen über die Natur gesehen.

Drittens: Eine neue Qualität der Industrie, der Produktionsweise, ist eine neue Qualität des Mensch-Natur-Verhältnisses mit Auswirkungen auf die gesellschaftlichen Beziehungen der Menschen untereinander, wobei die Produktionsverhältnisse Art und Weise sowie Ziele der Naturbeherrschung bestimmen. Eine qualitativ neue Produktionsweise ist mit einer neuen Qualität wissenschaftlicher Arbeit verbunden. Das betrifft die Wissenschaft als Erkenntnissystem, als gesellschaftliche Tätigkeit, als soziale Institution und als Normierung. Diese Qualitäten sind Wissenschaftstypen.

Viertens: Bezieht man die Ergebnisse der philosophischen Entwicklungstheorie ein, und Marx war Entwicklungsdenker, dann sind verschiedene Phasen in der Wissenschaftsentwicklung und bei der Herausbildung von Wissenschaftstypen zu beachten. Voraussetzungen für einen neuen Wissenschaftstyp sind mögliche theoretische Vorleistungen und die Entwicklung einer neuen Produktionsweise, wobei Theorie und Industrie sich relativ unabhängig voneinander entwickeln können. Es folgt die Reife des Wissenschaftstyps, die mit der Ausgestaltung der Produktionsweise zusammenhängt. Dabei können in der Ausgestaltungsphase bereits wieder theoretische Vorleistungen entstehen, die den Übergang zu einem neuen Wissenschaftstyp charakterisieren.

Ein Wissenschaftstyp ist die konkret-historische Art und Weise der Erkenntnis neuer Beziehungen und Gesetze der Wirklichkeit und des eigenen Verhaltens durch den Menschen und der Umsetzung von Entdeckungen in Erfindungen durch neue Technologien. Die dem Wissenschaftstyp entsprechende und ihn herausfordernde Produktionsweise als dialektische Einheit von Produktivkraftentwicklung und Ausgestaltung der Produktionsverhältnisse ist gesellschaftliche Grundlage wissenschaftlicher Arbeit, weil sie durch die Produktion materieller Güter die Voraussetzungen dafür schafft, daß Menschen Wissenschaft betreiben können. Sie ist aber als gesellschaftliche Praxis zugleich Ausgangspunkt und Ziel wissenschaftlicher Erkenntnisse. Die Wissenschaftlerpersönlichkeit setzt gesellschaftliche Forderungen und Produktionsbedürfnisse in wissenschaftliche Fragen um, damit sie durch experimentelle und theoretische Abarbeitung von Forschungsprogrammen beantwortet werden können.

Die Art und Weise wissenschaftlicher Arbeit hat ihre konkrethistorischen Besonderheiten. Deshalb umfaßt ein Wissenschaftstyp verschiedene Aspekte. Zu ihnen gehören die Ziele wissenschaftlicher Arbeit, die sich in den Funktionen der Wissenschaft ausdrücken und das Verhältnis von Gesellschaft und Wissenschaft betreffen. Die Beziehung des Menschen zur Wissenschaft wird in den gesellschaftlichen Werten, d. h. Bedeutungsrelationen von Sachverhalten für den Menschen, die Nützlichkeit, Sittlichkeit und Schönheit umfassen, ausgedrückt. Ein Wissenschaftstyp enthält damit Antworten auf die Fragen nach dem Sinn wissenschaftlicher Arbeit. Er ist weiter durch den Gegenstand, das Objekt wissenschaftlicher Arbeit bestimmt. Damit wird auch nach den Grenzen der Wissenschaft gefragt. Wachsende Komplexität wissenschaftlicher Objekte verlangt interdisiziplinäre Arbeit. Insofern ist die Bestimmung des Objektes wissenschaftlicher Arbeit in einem Wissenschaftstyp mit der Analyse von Auswirkungen auf den Zusammenhang der Disziplinen verbunden. Wissenschaft ist schöpferische Leistung durch Problemformulierungen und Verfahren zur Problemlösung. Wissenschaftliches Schöpfertum unterliegt Kriterien wissenschaftlicher Rationalität. Diese Kriterien unterscheiden sich in verschiedenen Wissenschaftstypen.

Ein bestimmter Wissenschaftstyp ist zugleich mit einem bestimmten Weltbild, einer weltanschaulichen Haltung, einer Philosophie verbunden. Philosophie als theoretische Grundlage der Weltanschauung gibt Antworten auf die Fragen nach dem Ursprung und der Existenzweise der Welt, nach der Quelle des Wissens, nach der Stellung des Menschen in der Welt, nach dem Charakter des gesellschaftlichen Fortschritts und nach dem Sinn des Lebens. Da jede Weltanschauung die gesellschaftlichen Auseinandersetzungen um die Produktion materieller Güter, um die politische Organisation und um die Ideologie zum Ausdruck bringt, gehen über die Philosophie auch die gesellschaftlichen Auseinandersetzungen in die Wissenschaftsentwicklung ein, weil sie wesentlich das Verständnis der Wissenschaft in der individuellen Weltanschauung eines Wissenschaftlers bestimmen.

Wir haben es also stets mit vielfältigen Verflechtungen in einem

Wissenschaftstyp von wissenschaftlicher Arbeit, Persönlichkeitsentwicklung, Gesellschaftsprogrammen und philosophischer Antwort auf weltanschauliche Grundfragen zu tun. Die Qualität der Wissenschaftsentwicklung insgesamt wird vor allem durch den Stand der Produktionsweise und die Verallgemeinerung der damit verbundenen sozialen Erfahrungen bestimmt. Die theoretische Entwicklung einzelner Disziplinen hängt wesentlich von hervorragenden Forscherpersönlichkeiten mit ihrem Spürsinn, ihrem Durchsetzungsvermögen und ihrer Risikobereitschaft ab. Dabei kann Wissen über Beziehungen und Gesetze der Natur, der Gesellschaft und des Denkens aus Spezialuntersuchungen entstehen, die keinen direkten Bezug zur Produktionsweise haben. Ein Wissenschaftstyp ist also wesentlich durch Antworten auf die Fragen nach den Zielen der Wissenschaft, nach dem Sinn wissenschaftlicher Arbeit, nach dem Gegenstand wissenschaftlichen Forschens, nach den Kriterien wissenschaftlicher Rationalität und nach der dem Wissenschaftstyp adäquaten Philosophie bestimmt.

2.3. *Von der Herausbildung der Wissenschaft zum Wissenschaftstyp des Zunfthandwerks und der autarken Landwirtschaft*

Wie schwierig es ist, eindeutige Entwicklungslinien der Wissenschaft zu bestimmen, die etwa von der Empirie zur Theorie verlaufen, zeigen schon die Untersuchungen zur Geschichte des wissenschaftlichen Denkens im Altertum. „Daher ist es nur sehr bedingt richtig, die historisch aufeinander folgenden Formen der altorientalischen und griechischen Wissenschaft als absolut empirisch-deskriptive und theoretisch-erklärende zu bestimmen. Vielmehr dürfte zunächst das spekulative Moment zum Aufbau einer mythisch-astral-religiösen Theorie in Vorderasien geführt haben, auf deren Grundlage dann später ein empirischer Nachholbedarf einen enormen Fundus an astronomisch-mathematischen Daten akkumuliert hat. Dieser Fundus veranlaßte unter dem Einfluß der neuen sozialen Verhältnisse später die Griechen zu ihrem theoretischen Vorlauf, der die alte mythische Spekulation durch ein der Erfahrungswirklichkeit angemesseneres System von Erklärungen ersetzte. Die unter dem Aspekt der quantitativ höheren Form von Wissenschaft bewertete Leistung der Babylonier und Ägypter liegt freilich in der empirischen Materialakkumulation für die auf die Erfassung von Gesetzmäßigkeiten gerichtete

Theorie der Griechen."[13] Das Entstehen der Wissenschaft basiert auf der Trennung von körperlicher und geistiger Arbeit, ist aber zugleich mit der Verallgemeinerung von Ergebnissen praktischer Fähigkeiten und Fertigkeiten und sozialer Erfahrungen verbunden und soll Erklärungen geben und Orientierungen vermitteln. Erklärungen empirisch wahrnehmbarer, aber nicht analysierbarer Sachverhalte erfordern Spekulationen, die sich in Mythen kleiden.

Die Wissenschaft entstand erst auf einer hohen Stufe der menschlichen Kultur. Mythen waren die ersten Erklärungen der Welt durch den Menschen, Erzählungen, in denen Naturprozesse als göttliche Mächte mit menschlichen Eigenschaften dargestellt wurden. Die Götter sind den Menschen gut oder böse. Um sie für sich zu gewinnen, wurden ihnen Opfer gebracht. So war die Erklärung der Naturprozesse mit dem Nachdenken über Götter und Menschen verbunden. Aus dem dritten Jahrtausend v. u. Z. berichtet ein babylonisches Epos von der Weltschöpfung, in dem drei Götter des Himmels, der Erde und der Luft die Urgötter des Kaos vernichten und als Tiersternbilder an den Himmel setzen. Die Babylonier bauten großartige Städte und Tempel, regulierten Flüsse durch Bewässerungssysteme, hatten eine umfangreiche Wirtschaft mit Preisen, Geld, Ein- und Ausfuhr, Verwaltung von Überschüssen. Es gab eine einheitliche Zeitrechnung. Mathematische Grundkenntnisse waren erarbeitet. Mythos und Naturerkenntnis ergänzten sich.

Ein Mythos als eine phantastische Vorstellung über die Beziehung des Menschen zur Natur, über die Weltentstehung und über menschliches Verhalten wird oft bildhaft in Kunstwerken ausgedrückt. Mythen sind so die Vorstufe systematischer Naturerkenntnis und der Philosophie. Sie beruhten auf verzerrten Deutungen der Erfahrungen. Die Naturerkenntnis griff ihren rationellen Kern auf und wies durch Gesetzeserkenntnis unhaltbare Spekulationen zurück.

Die Menschen setzten sich mit der sie umgebenden Natur mit Hilfe selbstgebauter Werkzeuge auseinander, um die Bedingungen für ihre Existenz, Nahrung, Kleidung, Wohnung zu produzieren. Sie versuchten dazu, solche Naturprozesse, wie die Entstehung des Feuers, den Fischreichtum, das Vorkommen von eßbaren und giftigen Früchten, das Wildverhalten zu verstehen. Erst half die Beobachtung sich wiederholender Vorgänge. Die Züchtung von Pflanzen und Tieren verlangte jedoch schon genauere Kenntnisse über die natürlichen Möglichkeiten der Fortpflanzung. Erfahrungen als Samm-

[13] F. Jürß (Hrsg.), Geschichte des wissenschaftlichen Denkens im Altertum, Berlin 1982, S. 11.

ler, Jäger, Ackerbauer, Heilkundiger, Händler, Seefahrer, Krieger wurden erworben, zusammengefügt, überliefert und theoretisch verallgemeinert. Naturerkenntnis wurde zur Grundlage der Naturbeherrschung.

Mit der Natur, den Menschen und den Göttern beschäftigten sich Philosophen, denn Philosophie ist, vom griechischen Ursprung des Wortes her, Liebe zur Weisheit, zum Wissen. Sie umfaßt das Streben nach geistiger Bildung überhaupt. Philosophen versuchen das Wesen der Dinge zu erforschen, zu erkennen, was die Welt im Innersten zusammenhält. Damit Menschen über den Sinn des Lebens, über den Ursprung und die Veränderung der Welt, über die Stellung des Menschen im Kosmos und über die menschlichen Verhaltensweisen nachdenken konnten, mußten mehrere Bedingungen existieren. Erst als die Menschen soviel produzieren konnten, daß ein gewisser Überfluß vorhanden war, wurde die Trennung von geistiger und körperlicher Arbeit möglich. Deshalb entstand die Philosophie mit der Klassengesellschaft, in der die Denker, Angehörige der herrschenden Klasse, meist Priester, Wissen sammelten, systematisierten und weiter gaben. Dieses Wissen gründete sich auf umfangreiche Erfahrungen bei der gegenständlichen Auseinandersetzung des Menschen mit der Natur. Er beherrschte das Feuer, nutzte Naturprodukte, lernte Zählen und Messen, produzierte Werkzeuge, sammelte Heilpflanzen, beobachtete die Gestirne und züchtete Lebewesen. Viele Erfahrungen, durch Sklaven und Unterdrückte gesammelt, auf Kriegszügen und Handelsreisen gewonnen, wurden durch Philosophen verallgemeinert. Umfangreiche Naturtheorien entstanden.

Arbeitsteilung und umfangreiche Erfahrungen erzwangen auch die Entwicklung der Sprache. Sie diente nicht mehr nur der Beschreibung von Sachverhalten und der Mitteilung direkt einsichtiger Nachrichten, sondern auch zur Erklärung der Natur mit Allgemeinbegriffen. Es gab nicht mehr nur Worte für bestimmte Bäume, sondern der Begriff „Baum“ entstand. Es wurden jedoch nicht nur allgemeine Begriffe für Gegenstände gefunden, die mit den Sinnen wahrnehmbar waren, sondern noch allgemeinere philosophische Begriffe. Es wurde über Atome, letzte unteilbare Teilchen, über den Sinn des Lebens, über die Ursachen der Veränderung gesprochen. Wissenschaft und Philosophie gehörten zusammen. Die Wissenschaft war auf die Verallgemeinerung der Empirie orientiert, wodurch die Philosophie sich mit den Grundlagen des Erkennens und Handelns, mit der Metaphysik, eben dem, was nach der Physik kam, befaßte. Auch die Griechen, die eine hohe wissenschaftliche Kultur im Wissenschaftstyp der Herausbildung der Wissenschaften erreichten und deren Leistungen wohl die Reife dieses Typs charakterisieren, haben ihre Vorläufer, denn „ihre Leistung ist undenkbar ohne die altorientalischen Grundlagen, deren Vorstufen wieder in den Resultaten ur- und frühgeschichtlicher Erfahrungen zu suchen sind.“[14]

Sicher ist es nicht leicht, durch wenige Leistungen den Übergang vom Nulltyp der Wissenschaftsentwicklung zur Herausbildung der Wissenschaften zu erfassen. Die Hauptentwicklungslinie „beginnt eben mit dem bei der Herstellung und Verwendung von Werkzeugen erworbenen vorwissenschaftlichen Wissen des urgesellschaftlichen Menschen über die Eigenschaften und Beziehungen der Gegenstände, das dann in der neolithischen Revolution der Produktivkräfte bei der Erfindung von Töpferei, Weberei, Metallverarbeitung, Tierzähmung u. a. einen ersten großen Fortschritt zeigte. Diese Revolution lieferte die materielle Basis für eine neue Organisationsform der menschlichen Gesellschaft, in der sich jener relativ einfache Wissenschaftstyp herausbildete, der durch die meist im Rahmen einer mythisch-religiösen Theorie unternommene Sammlung und Sichtung empirischer Daten bestimmt ist. Was diese Gesellschaft auszeichnet – Wachstum der Vergesellschaftung bei der Umweltbewältigung, Erzeugung eines Mehrprodukts, Entwicklung von Klassen, Staaten und Städten, Trennung von körperlicher und geistiger Arbeit, Erfindung der Schriftlichkeit u. a. –, scheinen auch die zureichenden Bedingungen für die Entstehung von Wissenschaften zu sein.“[15]

Wissenschaft wurde zu einer spezifischen Tätigkeit einer bestimmten Gruppe von Menschen, die eine Bildungselite im Vergleich mit den Massen darstellten. Sie schufen vor allem theoretische Voraussetzungen für Wissensakkumulation, für Kommunikation und für die Speicherung und Weitergabe von Erkenntnissen durch schriftliche und mündliche Überlieferung als Grundlage neuer wissenschaftlicher Ergebnisse. Dazu gehörten für die empirische Entwicklung auch die Kenntnis von technischen Leistungen in anderen kulturellen Bereichen. Entscheidend für die Wissenschaftsentwicklung in Europa waren im Wissenschaftstyp der Herausbildung der Wissenschaft die Vorphase mit den Leistungen in Vorderasien und Ägypten, die Reifephase mit den Erkenntnissen der Griechen und die Ausgestaltungsphase der römischen Verwertung griechischer Erkenntnisse. „Was aber in Vorderasien und Ägypten geleistet worden ist, wurde zu einer entscheidenden Grundlage der von den Griechen erreichten qualitativ höheren Form von Wissenschaft, deren Ent-

[14] Ebenda.
[15] Ebenda.

stehung mit der zur Herausbildung der Polis führenden sozialökonomischen Revolution zusammenhängt. Der von den Griechen erarbeitete und von ihren eigenen materiellen Verhältnissen gar nicht benötigte Überschuß an wissenschaftlichem Denken war dann gleichsam ein Surplusprodukt, das so der Forschung ein bis in die Spätantike hinein fruchtbares Potential an Erkenntnistypik und -methodik geliefert hat, das von den Römern entsprechend den Bedingungen und Bedürfnissen ihrer gesellschaftlichen Praxis in seinem theoretischen Gehalt nicht annähernd rezipiert wurde und das schließlich mit dem Ausgang der antiken Gesellschaftsformation zunehmend an sozialer Resonanz einbüßte."[16]

Es ist interessant, daß gerade die in der Reifephase dieses Wissenschaftstyps entstandenen theoretischen Leistungen, vor allem durch die Arbeiten von Aristoteles, der die Erkenntnisse zusammenfaßte, nachhaltig die geistige Entwicklung im Wissenschaftstyp des Zunfthandwerks und der autarken Landwirtschaft bestimmte. In ihr setzte sich die für die Wissenschaftsentwicklung notwendige Trennung von Wissenschaft und Produktion fort. Gerade dieses Auseinanderfallen wird dann als Argument genutzt, Wissenschaftstypen nicht an Produktionsweisen zu binden. Es wäre jedoch undialektisch, die Entstehung dieser Trennung mit der Herausbildung der Wissenschaft nicht zu beachten, denn nur so wird sie dialektisch als eine vorübergehende Phase der Wissenschaftsentwicklung begriffen, die auf einem bestimmten Entwicklungsstand notwendig auftritt und wieder vergeht.

Die theoretischen Probleme, die sich aus dem Zusammenhang von Produktionsweise und Wissenschaftstyp ergeben, beschäftigen viele Wissenschaftshistoriker. „Die Tatsache, daß die Wissenschaft als Element des gesellschaftlichen Systems im allgemeinen von dessen Aufstieg und Niedergang abhängt und im einzelnen vielfältige Impulse von den Bedürfnissen der sozialen Praxis erfährt, ist evident. Schwierigkeiten macht aber die Frage nach der Art und Weise des Zusammenhangs bzw. der Übertragung solcher Impulse. Sie ist wohl noch wenig kompliziert beim altorientalischen Wissenschaftstyp wegen der Durchsichtigkeit der relativ direkten Verbindung Praxis – Wissenschaft. Später scheint die Transmission von Bedürfnissen der Praxis an die Wissenschaft über eine bestimmte Erkenntnishaltung oder -typik vermittelt zu sein, die in ihrer Gesamtheit direkt durch die Spezifik der materiellen Verhältnisse determiniert ist, während alle einzelnen Formbestandteile des Bewußtseins bzw. wissenschaft-

[16] Ebenda, S. 12.

lichen Resultate sich der Basis nicht direkt zuordnen lassen. Das hieße z. B., der neue Denkstil der Rationalität und Objektivität bei den frühgriechischen Philosophen ist direkt abhängig von den neuen Produktionsverhältnissen, von der Waren- und Geldwirtschaft, dagegen lassen sich ihre verschiedenen Lehren über das Wasser oder die Luft als kosmisches Grundprinzip etc. nicht direkt aus einem bestimmten sozialökonomischen Sachverhalt ableiten."[17]

Die theoretischen Schwierigkeiten kann eine dialektische Theorie dann überwinden, wenn sie beachtet: Wissenschaft kann ihre Funktion als Kulturkraft nur erfüllen, wenn sie sich von der noch wenig entwickelten Produktion materieller Güter löst, um antizipatorisch Vorlauf für spätere wissenschaftliche Arbeiten, von Produktionsabläufen und die Gestaltung neuer Produktivkräfte zu schaffen. Durch die Einordnung dieser Tendenz der Trennung von Wissenschaft und Produktion, von Theorie und Empirie, von Philosophie und Spezialwissen in den Großzyklus der Ausbildung der Grundfunktionen der Wissenschaft verliert sie ihren scheinbar schwer zu entwicklung. Zu den Voraussetzungen für die wissenschaftlichen denzen begleiteten Element der Wissenschaftsentwicklung.

Auch der Wissenschaftstyp des Zunfthandwerks und der autarken Landwirtschaft erbrachte wesentliche Beiträge zur Wissenschaftsentwicklung. Zu den Voraussetzungen für die wissenschaftlichen Leistungen in Europa gehört sicher die Orientierung des Christentums auf die Arbeit und die Entwicklung der Logik bei Offenheit für die Dialektik, wie es etwa die Diskussion um die Kontingenzproblematik zeigt. Die Ideen von Aristoteles werden aufgenommen, durch die Verallgemeinerung sozialer Erfahrungen präzisiert und mit verschärften logischen Regeln die späteren Kriterien wissenschaftlicher Rationalität in der Naturerkenntnis beim Entstehen von Disziplinen vorbereitet. Arbeit und Logik drücken sich in den Leistungen der Handwerker, später der Renaissancetechniker und in den theoretischen Leistungen der Naturphilosophen und Theologen, die wesentlich Gesellschaftstheoretiker und Ethiker waren, aus.

Mit der Wissenschaftsentwicklung im Mittelalter und in der Renaissance, also mit dem Wissenschaftstyp des Zunfthandwerks und der autarken Landwirtschaft, der das Wirken der freien Handwerker einschließt, wurde die Wissenschaft zur Bildungsinstitution, zum Fundament der Theologie durch Interpretation sozialer Erfahrungen im Interesse herrschender Kreise, verbunden mit der dagegen gerichteten Ketzerbewegung, in der Interessen unterdrückter Schichten

[17] Ebenda, S. 15.

reflektiert wurden. Wissenschaft ist so der Religion als weltanschauliche Lebenshilfe untergeordnet. Als politisches Orientierungswissen wirkt sie über die Astrologie. Sie ist keine wesentliche Produktionspotenz, obwohl die Alchimie Beiträge zur Wissenschaft als Quelle der Ökonomie leistet. Wissenschaft ist Dienstleistung für Handwerk, Gesundheit, Bergbau, Schiffahrt usw. ohne großes gesellschaftliches Ansehen. Es bedurfte schon des Förderers, der Wissenschaft aus Prestigesucht oder als Mittel für seine Herrschaftszwecke nutzte, um Wissenschaft betreiben zu können. Entscheidend war die Bildungsfunktion zur Entwicklung einer Bildungselite im Interesse der Kirche und des Feudaladels. Handwerk und Landwirtschaft bauten auf Erfahrung.

Trotzdem ist dieser Wissenschaftstyp zugleich ein Wendepunkt in der Wissenschaftsentwicklung durch die Herausbildung geistiger Voraussetzungen, um die Wissenschaft von der Theologie zu lösen und durch die Vorbereitung der Wissenschaft als Produktivkraft mit Forderungen an ihre Erkenntnispotenz und ihre politische Orientierungshilfe. Voraussetzungen dafür wurden durch die entstehende Verbindung von handwerklicher Empirie, naturphilosophischen Überlegungen und logischen Analysen geschaffen. Gerade das analytische Herangehen an viele Probleme, der Ausbau der Logik und die durchgängige Dichotomie von Gut und Böse, des Wahren und Falschen, des Notwendigen und Zufälligen sind wichtige Voraussetzungen für spätere spezialwissenschaftliche Leistungen unter dem Druck der Produktivkraftentwicklung im Wissenschaftstyp der industriellen Revolution. Ohne sie wären die später auf Wissenschaft angewandten Rationalitätskriterien nicht zu verstehen. Es entstand zugleich eine Euphorie über die Erweiterung der Erkenntnisleistungen als Grundlage dafür, daß der Mensch sich aus religiösen Bindungen lösen konnte und sich als Beherrscher der natürlichen Umwelt begriff.

Interessant ist der Widerspruch zwischen Wissenschaft und Politik, der mit der frühbürgerlichen Revolution und der Reformation entstand, weil die sozialen Interessen mit dem Konservatismus wissenschaftlich-logischer Überlegungen kollidierten. Die wissenschaftliche Analyse von Begriffen wie Notwendigkeit und Freiheit führte zur Anerkennung des freien Willens und damit der Verantwortung, die Strafe bei Durchbrechung der Normen der herrschenden Klasse verlangte. So diente das Wissen einer Bildungselite der politischen Macht durch Rechtfertigung des Bestehenden und wirkte dadurch reaktionär. Dagegen verlangte die Darlegung sozialer Erfahrungen, verbunden mit der völligen Unterwerfung unter Gott, die Kritik der Kirche als ökonomischer, politischer und religiöser Macht. Die Kritik wissenschaftlicher Autoritäten beförderte die revolutionären spontanen Aktionen.

Mit dem Entstehen der Voraussetzungen für die Wissenschaft als Produktivkraft mußten bisheriges Verhalten zur Wissenschaft und die Rolle wissenschaftlicher Leistungen in ihrer Bedeutung für die wissenschaftlichen Grundfunktionen anders eingeschätzt und teilweise kritisch analysiert werden. Wissenschaft war zwar ein Mittel zum Erkenntnisgewinn, aber wer brauchte schon neue Einsichten. Kritisiert wurde deshalb in der Renaissance, die zwar mit der Ausgestaltungsphase des Wissenschaftstyps des Zunfthandwerks und der autarken Landwirtschaft verbunden ist, aber vor allem wesentliche Elemente der Vorphase des Wissenschaftstyps der industriellen Revolution herausbildete, die erkenntnishemmende Scholastik, die Unterschätzung der schöpferischen Fähigkeiten der Menschen und die Unterdrückung der Gewissensfreiheit. Half Wissenschaft vorher zur Herausbildung von geistigen Fähigkeiten für eine Elite im Interesse der herrschenden Klasse, so wurde nun die Bildungsfähigkeit aller Menschen betont und die Unterordnung des Geistes unter die geisttötende Macht zurückgewiesen. Ziele gesellschaftlichen Handelns, die bisher in der Erklärung und Festigung bestehender Verhältnisse bestanden, wurden durch Forderungen nach Freiheit, Gleichheit, Brüderlichkeit abgelöst.

Den Übergang zur großen Maschinerie bildete die Manufaktur. „Sie gipfelte als ökonomisches Kunstwerk auf der breiten Grundlage des städtischen Handwerks und der ländlichen häuslichen Industrie."[18] Neue Formen der Kooperationen entstanden. Komplizierte Tätigkeiten wurden zerlegt und so der Analyse zugänglich. Der Wissenschaftstyp der industriellen Revolution bildete sich heraus. Über ihn wird auch gegenwärtig diskutiert, weil mancher Theoretiker die wissenschaftlich-technische Revolution nun als Fortsetzung der industriellen Revolution ansieht, ohne ihre neue Qualität zu begreifen. Wissenschaft wird oft noch so verstanden, wie sie sich im Wissenschaftstyp der industriellen Revolution zeigte. Ist das der Fall, dann entstehen theoretische Probleme, über die umfangreich diskutiert wird.

[18] K. Marx, Das Kapital. Erster Band, a. a. O., S. 390.

Die Rolle der Wissenschaft in der Gegenwart, der Sinn wissenschaftlicher Arbeit für den Menschen sind in der Diskussion. Die Forderung nach humaner Verwertung wissenschaftlicher Erkenntnisse durch die Gesellschaft wird begründet.[19] Der Wissenschaftstyp der wissenschaftlich-technischen Revolution steht im Widerspruch zu dem der industriellen Revolution, weil sich ihre Anforderungen an die Wissenschaftlerpersönlichkeit widersprechen. So ist der Streit um die Rolle der Wissenschaft in der Gegenwart auch Ausdruck eines notwendigen theoretischen Klärungsprozesses.

Im Ergebnis einer Studie auf der Grundlage von Interviews über die Vorstellungen von Wissenschaftlern in der BRD über ihre Arbeit heißt es, „daß für Natur- und Technikwissenschaftler die Wissenschaft als Wissenschaft ein in sich geschlossener Bereich ist, der scharf von anderen Bereichen getrennt wird, es gibt so etwas wie eine Tendenz zur Trennung von Wissenschaft und Alltag. Wissenschaft wird kaum mehr als ein integrierter Teil des Alltags gesehen. Bei Geistes- und Sozialwissenschaftlern dagegen ist diese Trennung nicht so scharf. Gleichzeitig beherrschen die Natur- und Technikwissenschaftler ihre Wissenschaften in geringerem Maße, die Wissenschaft beherrscht eher sie, mehr jedenfalls als bei den Geistes- und Sozialwissenschaftlern."[20] Gegensätzliche Auffassungen zur Wissenschaftsentwicklung betreffen die Determinanten der Wissenschaftsentwicklung und die Kriterien wissenschaftlicher Rationalität. Einerseits wird Wissenschaft kritisch betrachtet. Die industrialisierte Forschung habe zur „Krise der Wissenschaft" geführt.[21] Wissenschaft entferne sich von der Lebenswelt.[22] Andererseits wird auf das Humanpotential der Wissenschaftsentwicklung aufmerksam gemacht und seine Nutzung gefordert.[23] Die neue Qualität der wissenschaftlich-technischen Revolution gegenüber der industriellen Revolution zeigt sich in einem neuen Wissenschaftstyp. Worin besteht sie? Mit Prozeßsteuerung auf der Grundlage der Mikroelektronik, mit Industrierobotern und flexibler Automatisierung tritt der Mensch immer mehr

[19] Vgl. Wissenschaft. Stellung, Funktion und Organisation in der entwickelten sozialistischen Gesellschaft, hg. von G. Kröber/H. Laitko, a. a. O.

[20] G. Portele, Entfremdung bei Wissenschaftlern, Frankfurt/M. – New York 1981, S. 75.

[21] J. R. Ravetz, Die Krise der Wissenschaft, a. a. O.

[22] Vgl. G. Böhme/M. v. Engelhardt, Entfremdete Wissenschaft, Frankfurt/M. 1979.

[23] Vgl. I. T. Frolov, Perspektivy čeloveka, Moskva 1979.

aus dem eigentlichen Fertigungsprozeß materieller Güter heraus. Das Bild vom Menschen als einem Rädchen im Industrieorganismus muß, wie schon betont, als veraltet betrachtet werden. Mit der wissenschaftlich-technischen Revolution wird der Mensch immer mehr mit dem Leiter einer Schaltzentrale vergleichbar, in der Ergebnisse der Produktion durch künstliche Intelligenz analysiert und Entscheidungen vorbereitet werden, die sachkundig vom Menschen zu treffen sind. Hinzu kommt die Entwicklung der Biotechnologien, die den Menschen immer mehr vom Nachahmer der Natur zum Konstrukteur biotischer Systeme im Rahmen der Naturgesetze werden lassen. Durch die Entwicklung der künstlichen Intelligenz ergänzt der Mensch die Revolution der Werkzeuge durch die Revolution der Denkzeuge. Mit der Raumforschung deuten sich neue Möglichkeiten an, irdische Schwierigkeiten auf kosmische Weise zu lösen.

Das Wesen der wissenschaftlich-technischen Revolution ist also komplexer Natur. Es betrifft nicht nur die Informationsrevolution, die Automatisierung, neue Lösungen der Rohstoff- und Energieprobleme, sondern die prinzipielle Haltung des Menschen zu seiner Umwelt. Mit der wissenschaftlich-technischen Revolution wird der Mensch immer mehr zum schöpferischen Gestalter und Kontrolleur seiner Produktions- und Lebensweise unter entsprechenden gesellschaftlichen Verhältnissen, die Marx durch die gemeinschaftliche Kontrolle der Menschen charakterisierte. Diese ist möglich, wenn das gesellschaftliche Eigentum an Produktionsmitteln existiert. Das ist die Grundlage dafür, neue Effektivitätsmittel, die durch die wissenschaftlich-technische Revolution geschaffen werden, zur Humanitätserweiterung einzusetzen. In der Literatur wird der neue Wissenschaftstyp der wissenschaftlich-technischen Revolution erahnt, gesucht, in verschiedenen Aspekten erfaßt, ohne daß die Beschreibungen in den meisten Fällen bis zur theoretischen Erklärung vordringen.

J.-M. Legay betont, daß nicht nur die Ziele der Wissenschaft, sondern auch ihre Methoden Veränderungen unterliegen. „Es gibt keine Wissenschaft, die ein für allemal definiert ist, aber zu jedem Zeitpunkt gibt es ein wissenschaftliches Herangehen ... Sie ist viel mehr ein Komplex von Methoden als ein Komplex von Ergebnissen ... Es muß unbedingt betont werden, daß nicht an der Art oder der Erscheinungsform der Resultate ihr wissenschaftlicher Charakter erkannt werden kann, sondern an der Art und Weise, wie sie erzielt worden sind."[24] Legay analysiert neue Aspekte im Verhältnis von

[24] J.-M. Legay, Wer hat Angst vor der Wissenschaft?, Leipzig – Jena – Berlin 1984, S. 87.

Wissenschaft und Politik, begründet die sich daraus ergebende Verantwortung der Wissenschaftler und verweist auf neue Momente in der Wissenschaftsentwicklung, wie die Institutionalisierung der Wissenschaft. Einen anderen Aspekt der Wissenschaftsentwicklung hob die Starnberger Gruppe hervor. Sie betonte verschiedene Typen sozialer Determination der Wissenschaften und verwies mit dem Finalisierungskonzept auf die Ziele wissenschaftlicher Arbeit.[25]

Die wachsende Komplexität von Aufgaben und Entscheidungssituationen, das Entstehen globaler Probleme determinieren wesentlich die gegenwärtige Wissenschaftsentwicklung. Man kann diesen wesentlichen Zusammenhang zwischen komplexen Aufgaben und der erforderlichen Integration des Wissens, wie noch zu zeigen sein wird, als Gesetz der Wissenschaftsentwicklung erfassen. Um es zu berücksichtigen, muß die Wissenschaft ihre neuen Möglichkeiten, die sie durch interdisziplinäre Arbeit von Natur-, Technik-, Struktur-, Human- und Gesellschaftswissenchaftlern, durch neue Methoden der Systemanalyse und durch Theorien der Selbstorganisation hat, nutzen, um komplexe Phänomene wissenschaftlich zu durchdringen. Schon 1973 hatte I. T. Frolov darauf aufmerksam gemacht, daß ein neuer Wissenschaftstyp im Entstehen ist, der den Zusammenhang von moderner Wissenschaft und Humanismus herstellt.[26] In einer Analyse der Entwicklungsprozesse der wissenschaftlich-technischen Revolution verweist er jetzt auf die enge Verflechtung von Gesellschaft, Mensch und Natur und die daraus sich ergebenden Aufgaben für die Wissenschaft.[27]

Viele Naturwissenschaftler betonen wesentliche Aspekte des komplexen Herangehens an die wissenschaftliche Analyse gegenwärtiger Entwicklungen. So stellen M. Eigen und R. Winkler fest: „Wir sollten begreifen: der Mensch ist weder ein Irrtum der Natur, noch sorgt diese automatisch und selbstverständlich für seine Erhaltung. Der Mensch ist Teilnehmer an einem großen Spiel, dessen Ausgang für ihn offen ist. Er muß seine Fähigkeiten voll entfalten, um sich als Spieler zu behaupten und nicht Spielball des Zufalls zu werden."[28]

[25] Vgl. G. Böhme u. a., Starnberger Studien, Bd. 1: Die gesellschaftliche Orientierung des wissenschaftlichen Fortschritts, a. a. O., S. 9.

[26] Vgl. I. T. Frolov, Contemporary science and humanism, in: Proceedings of the XVth World Congress of Philosophy, Bd. 1, Sofia 1973, S. 285 ff.

[27] Vgl. N. N. Moiseev/I. Frolov, Visokoe soprikosnovenie, in: Voprosi filosofii, 9/1984, S. 24 ff.

[28] M. Eigen/R. Winkler, Das Spiel. Naturgesetze steuern den Zufall, München 1975, S. 14.

I. Prigogine und I. Stengers betonen: „Das Bild der Natur hat sich grundlegend geändert – hin zum Mannigfaltigen, zum Zeitbedingten, zum Komplexen."[29] Es wird der sich vollziehende Übergang vom Struktur- und Prozeß- zum Entwicklungsdenken charakterisiert.

Über Kosmologie und Geowissenschaften, über die Leistungen von K. Marx in den Gesellschaftswissenschaften und von Darwin in den Biowissenschaften, über die Physik der Evolution entstand ein wissenschaftlich begründetes Entwicklungsdenken, das Entwicklungsmechanismen beim Übergang von einer Ausgangsqualität zur höheren Qualität in einem Entwicklungszyklus und entsprechende Entwicklungskriterien untersucht. Es ist durch das Verständnis der Dialektik von Notwendigkeit und Zufall ebenso geprägt, wie durch die statistische Gesetzeskonzeption und die Existenz relativer Ziele im Entwicklungsgeschehen.

Viele kritische Auseinandersetzungen mit der Wissenschaftsentwicklung, die vor allem Entfremdungsprozesse zwischen Wissenschaft und Lebenswelt konstatieren, auf die Entwicklung von Destruktivkräften verweisen und Technologien als antihumane Herrschaftsmittel betrachten, zeigen die dialektische Widersprüchlichkeit der Herausbildung des neuen Wissenschaftstyps, die sich unter den Bedingungen der Systemauseinandersetzung zwischen Sozialismus und Imperialismus und der wachsenden Rolle der Entwicklungsländer vollzieht. So wird betont: „Die gegenwärtigen Lebensumstände und die aus ihnen erwachsende Orientierungskrise sind bedingt durch die Art und Weise, in der der Mensch mit der Natur umgeht."[30] Es wird auch vom „Wandel in der Einstellung zur Wissenschaftlichkeit und wissenschaftlichen Vernunft" gesprochen.[31] Damit wird die Analyse des neuen Wissenschaftstyps durch Kritik an unserem bisherigen, durch den Wissenschaftstyp der industriellen Revolution geprägten Wissenschaftsverständnis herausgefordert.

[29] I. Prigogine/I. Stengers, Dialog mit der Natur. Neue Wege naturwissenschaftlichen Denkens, München – Zürich 1980, S. 10.

[30] F. Rapp (Hrsg.), Naturverständnis und Naturbeherrschung, a. a. O., S. 7.

[31] O. Schwemmer, Die Vernunft der Wissenschaft. Kritische Bemerkungen zu einem unvermeidlichen Anspruch, in: G. Janich (Hrsg.), Wissenschaftstheorie und Wissenschaftsforschung, München 1981, S. 53.

2.5. *Unterschiede im Wissenschaftstyp der industriellen Revolution und der wissenschaftlich-technischen Revolution*

Der Wissenschaftstyp der industriellen Revolution hatte vor allem im 18. Jahrhundert seine Reifephase und bestimmte die Wissenschaftsentwicklung bis zur zweiten Hälfte des 19. Jahrhunderts. Zu seinen theoretischen Vorleistungen gehört die Entwicklung der klassischen Mechanik, die Herausbildung naturwissenschaftlicher Disziplinen und die Reflexion über die Rolle des Menschen als Herrscher über die Natur. Die Reife des Wissenschaftstyps der industriellen Revolution ist mit der produktiven Nutzung des Dampfprinzips, mit dem Übergang von Heimarbeit und Manufaktur zur industriellen Großproduktion verbunden. Dazu gehören die intensivierte Landwirtschaft, die verbesserte Ausbeutung und Suche nach Rohstoffquellen, neue Bildungsanforderungen an die Persönlichkeit, entsprechende politische Strukturen und ideologische Auseinandersetzungen. Der Wissenschaftstyp der industriellen Revolution setzte sich im Prozeß der Überwindung feudaler Produktionsverhältnisse und der Ausgestaltung kapitalistischer Produktionsverhältnisse durch. Der Wissenschaftstyp der wissenschaftlich-technischen Revolution, zu dessen theoretischen Vorleistungen die Entwicklung der Technik- und Gesellschaftswissenschaften und des Darwinismus im 19. Jahrhundert gehörten, ist mit der Systemauseinandersetzung zwischen Imperialismus und Sozialismus verbunden. Innerhalb beider Typen sind weitere Phasen zu unterscheiden. So ist die industrielle Revolution – „Revolution" wird nicht nur im Sinne des einmaligen Qualitätsumschlages und seiner Ausgestaltung verstanden –, auch durch die Nutzung der Elektrotechnik bestimmt.

Das *Ziel* des Wissenschaftstyps der industriellen Revolution besteht im Beitrag der Wissenschaften zur Entwicklung der Produktivkräfte, die durch den Ersatz von Hand und Muskeln durch Maschinen bestimmt ist. Da Naturwissenschaft große Bedeutung für die Industrie hatte, wissenschaftliche Erkenntnis also nicht wie im Mittelalter wesentlich Selbstzweck war, unterlag die Wissenschaft weniger dem Begründungszwang als vorher. Ihre Kultur- und Bildungsfunktion wurde anerkannt. Naturwissenschaftler zogen sich aus den großen weltanschaulichen Auseinandersetzungen zurück, um spezialisierte Naturerkenntnis zu betreiben. Deshalb erschien es so, als ob das Ziel wissenschaftlicher Tätigkeit und die Begründung naturwissenschaftlicher Forschung vor allem in der Neugier des Forschers bestünde. Das Ziel des Wissenschaftstyps der wissenschaftlich-technischen Revolution liegt vor allem im Wesen der wissenschaftlich-technischen Revolution begründet. Der Mensch wird unter entsprechenden gesellschaftlichen Verhältnissen bei Nutzung des Humanpotentials immer mehr zum schöpferischen Gestalter und Kontrolleur seiner Arbeits- und Lebensweise. Wissenschaft muß deshalb zur humanen Lösung globaler Probleme beitragen, also zum Freiheitsgewinn der Persönlichkeit durch gesellschaftlichen Fortschritt im Frieden.

Der *Sinn wissenschaftlicher Arbeit* ist mit dem Ziel der Wissenschaft direkt verbunden und betrifft die Stellung des Menschen zur Wissenschaft. Der Wissenschaftstyp der industriellen Revolution trug zur Festigung des Selbstbewußteins des Menschen über seine Erweiterung der Herrschaft über die Natur bei. Das hing mit der stürmischen Entwicklung der Produktivkräfte unter fortschrittlichen kapitalistischen Produktionsverhältnissen zusammen. Mit der wissenschaftlich-technischen Revolution wird der Wissenschaft die Aufgabe gestellt, nicht nur Beiträge zur Effektivitätssteigerung zu leisten, sondern diese zur Grundlage von Humanitätserweiterung zu machen. Gerade mit der Entwicklung der Informationstechnologien, also mit der Revolution der Denkzeuge, taucht die Frage auf, ob der Mensch in der Lage ist, diese Bewußtseinstechnologien zu beherrschen. Durch Informationsfülle und die raum-zeitliche Verkürzung von Informationsübertragungen wird die Trennung von Information und Ereignis verschärft. Das uralte Problem wurde bei mangelnder Information und geringem Wechsel des Geschehens, mit Ausnahme revolutionärer Umwälzungen, kaum empfunden. Nun bringen Massenkommunikationsmittel Nachrichten aus aller Welt, aus Kosmos und Elementarbereichen, aus Wissenschaft und Technik rund um die Uhr. Sich da zurechtzufinden ist schwer. Information wird zu einer eigenen Wesenheit, an der sich der Mensch in seinem Handeln orientiert. Stimmen Informationswelt und Ereigniswelt nicht überein, dann kann das zu Desorientierungen führen. Es ist deshalb stets wichtig, die neuen Effektivitätsmittel im Interesse des Menschen einzusetzen, um Deformationen der Persönlichkeit durch technokratische Entwicklungen zu verhindern. Ziel und Sinn wissenschaftlicher Arbeit im Wissenschaftstyp der wissenschaftlich-technischen Revolution verbinden sich im Ausbau der Funktionen der Wissenschaft als Produktivkraft, Kulturkraft sowie Human- und Sozialkraft.

Gegenstand wissenschaftlichen Forschens waren im Wissenschaftstyp der industriellen Revolution die Naturgesetze und mathematische Beziehungen. Ihre Erfassung galt als exakte, nomothetische Wissenschaft. Einige ihrer Bereiche, aber vor allem Geschichte und Gesellschaftstheorie, aber auch Psychologie erschienen als beschreibend, als der Gesetzeserkenntnis nicht zugänglich. Der Gegenstand der Wissenschaft war weniger strukturiert, weit leichter analysierbar und mathematisch beschreibbar. Auch die Statistik, zwar für die Erfassung von Massenerscheinungen geeignet, sollte auf dynamische Gleichungen zurückgeführt werden. Gegenwärtig geht es immer mehr um komplexe Aufgaben und globale Probleme. Die moderne Wissenschaft liefert eine in sich konsistente Erklärung der Natur, der Gesellschaft und des Bewußtseins, der Genese der Bewegungsformen und ihrer Wechselwirkung mit dem Übergang von Struktur- und Prozeß- zum Entwicklungsdenken seit der Mitte des 19. Jahrhunderts bis hin zur Systemanalyse und zu den Theorien der Selbstorganisation. Bedürfniskomplexe, wie die rationelle Nutzung von Energie und Rohstoffen, die Substitution von Rohstoffen und die Entwicklung ökologischer Kreisläufe, die Erschließung neuer und alternativer Energiequellen, die Gestaltung einer menschenfreundlichen natürlichen Umwelt, gesunde Ernährung und die Entwicklung der Volksgesundheit sowie die Persönlichkeitsentwicklung sind komplexe Aufgaben wissenschaftlichen Forschens, die durch interdisziplinäre Arbeit auf hohem Niveau gelöst werden müssen. Grundlage dafür ist die Entwicklung der interdisziplinären Arbeit. Es wird die für den Wissenschaftstyp der industriellen Revolution charakteristische Trennung von Natur- und Kulturwissenschaften, deren einseitige Spezialisierung überwunden. Strategische Programme betreffen konstruktive Friedenspolitik, Möglichkeiten des gesellschaftlichen Fortschritts in Auseinandersetzung mit Aggression und Unterdrückung, Freiheitsgewinn der Persönlichkeit durch die Nutzung der Ergebnisse der wissenschaftlich-technischen Revolution und die humane Gestaltung des wissenschaftlich-technischen Fortschritts.

Die Kriterien wissenschaftlicher Rationalität haben sich gewandelt. Im Wissenschaftstyp der industriellen Revolution wurde Exaktheit an das Vorbild der klassischen Mechanik gebunden. Es kam zu einer Trennung von Wahrheit (Erkenntnis durch Wissenschaftler aus Neugier) und Wert (Bewertung durch Politiker nach Nutzen) wissenschaftlicher Erkenntnisse, von Naturerkenntnis und Naturbeherrschung. Der Wissenschaftstyp der wissenschaftlich-technischen Revolution hebt den engen Wissenschaftsbegriff, der nur auf Wahrheitssuche orientiert ist, auf. Kriterien wissenschaftlicher Rationalität sind die Richtigkeit, d. h. die Überprüfung der Konsistenz theoretischer Aussagen; die Wahrheit, d. h. die Adäquatheit zwischen wissenschaftlicher Theorie und Erkenntnisobjekt; die Einfachheit, d. h. mit einem Minimum an Aufwand von Axiomen wird ein Maximum an Erklärung erreicht; die Wirksamkeit, d. h. die praktische Verwertbarkeit im gesellschaftlichen Interesse. Es gibt einen Zwang zur Technologisierung, der alle Wissenschaften umfaßt. Die Kriterien wissenschaftlicher Rationalität sind dabei nicht nur mit der Theoriendynamik, sondern auch mit der Ausgestaltung des Methodensystems verbunden. Im Wissenschaftstyp der wissenschaftlich-technischen Revolution spielen Systemanalyse und Theorie der Selbstorganisation eine große Rolle. Sie deuten Möglichkeiten zur Präzisierung dialektischer Prinzipien an. Das Methodensystem entfaltet sich in seiner Einheit.

Als *adäquate Philosophie* des Wissenschaftstyps der industriellen Revolution galt der mechanische Materialismus. Er garantierte die philosophische Absicherung von Forschungsprogrammen, die dem Ziel der industriellen Revolution dienten, menschliche Tätigkeiten wesentlich durch Maschinen zu ersetzen. Er befand sich in der Auseinandersetzung mit idealistischen Richtungen, was sich z. B. in der noch zu betrachtenden Auseinandersetzung zwischen Präformismus und Occasionalismus, aber auch mit dem Vitalismus zeigt. Der Wissenschaftstyp der wissenschaftlich-technischen Revolution bedarf des philosophischen Materialismus und der materialistischen Dialektik.

2.6. Fazit

Wissenschaftstypen sind nicht mit wissenschaftlichen Revolutionen gleichzusetzen. Wissenschaftliche Revolutionen umfassen die Ablösung alter Axiomensysteme durch neue in einer Wissenschaftsdisziplin mit Auswirkungen auf die theoretischen Grundlagen anderer Wissenschaften, die Entwicklung neuer Technologien auf der Grundlage von Prinziplösungen und philosophische Konsequenzen für das Weltbild. Wissenschaftliche Revolutionen sind theoretische Grundlage für qualitativ neue Produktionsweisen und beeinflussen damit auch wesentlich Wissenschaftstypen. So ist die kopernikanische Wende bis zur Mechanik von Newton eine theoretische Vorleistung für den Wissenschaftstyp der industriellen Revolution. Aber er wird nicht nur durch sie charakterisiert. Marx und Darwin lieferten wesentliche Beiträge zur Herausbildung des Entwicklungsdenkens, das wesentlicher Bestandteil des Wissenschaftstyps der wissenschaftlich-technischen Revolution ist. Vor uns steht eine wissenschaftliche Revolution, die die Mechanismen geistiger Tätigkeit betrifft und das Welträtsel Nummer 1 unserer Zeit lösen hilft, nämlich die Entwicklung des Schöpfertums. Diese wissenschaftliche Revolution könnte eine neue Etappe der wissenschaftlich-technischen Revolution einleiten, was vielleicht zu einem neuen Wissenschaftstyp, vor allem aber zur Reife des Wissenschaftstyps der wissenschaftlich-technischen Revolution führen könnte.

Wissenschaftsentwicklung als Typenwandel zu verstehen bedeutet, die Erkenntnisse der philosophischen Entwicklungstheorie so zu berücksichtigen, daß die dialektische Einheit von Kontinuität, d. h. der Bewahrung von Erkenntnissen, Methoden und Verfahren, und Diskontinuität, d. h. Qualitätsumschläge in der Art und Weise der Erkenntnisgewinnung und -verwertung, erklärt wird. Die Grundzüge dieser Konzeption sind als heuristisches Prinzip vorgestellt. Damit existiert die theoretische Möglichkeit, Disziplinentwicklung, Theorienentwicklung und Methodenentwicklung in den Gesamtprozeß der Wissenschaftsentwicklung einzuordnen. Das, was in Umrissen verdeutlicht wurde, ist durch Forschung weiter auszufüllen, was zur Präzisierung der Konzeption führen wird.

3. Erkenntnisintegration als zyklischer Prozeß

3.1. Dialektik der Zyklizitätserkenntnis

Der Wissenschaftstyp der wissenschaftlich-technischen Revolution weist neue Tendenzen der Erkenntnisintegration auf, wie den Ausbau der Systemforschung, die Entwicklung von Theorien zur Strukturbildung und Selbstorganisation und die Lösung komplexer Aufgaben in interdisziplinärer Zusammenarbeit. Aber die Integration wissenschaftlicher Erkenntnis, die sich zur Suche nach Einheitstheorien für das Geschehen oder für bestimmte Bereiche steigert, ist stets mit Spezialisierung verbunden. Integrationslinien sind zu erkennen und zu finden, ohne die Detailforschung zu vernachlässigen. Sonst kommt es, wie auch die gegenwärtige Diskussion zeigt, zu Vorurteilen und einseitigen Haltungen, die die Wissenschaftsentwicklung als dialektischen Prozeß nur in bestimmten Aspekten erfassen und damit wesentlich undialektisch sind.

So wird nicht selten der Forderung nach Interdisziplinarität allein mit der Bildung von Kollektiven entsprochen. Interdisziplinarität ist jedoch die Keimform der Disziplinarität. Aus dem Zusammenwirken bestehender Disziplinen zur Erforschung von Gesetzmäßigkeiten eines integrativen Erkenntnisobjekts können neue Disziplinen entstehen. Das zeigten die Geophysik, die Molekularbiologie und andere. Wenn das so ist, dann müssen wissenschaftlich und gesellschaftlich bedeutsame Disziplinen durch materielle und personelle Potentiale rechtzeitig gefördert werden. Solche Entscheidungen verlangen Spürsinn und Flexibilität in den Organisationsformen. Mehr noch: Es gilt, junge Wissenschaftler in die interdisziplinäre Forschung einzubeziehen, damit sie es lernen, die entstehende Disziplin als Fachvertreter auszubauen und zu lehren.

Die Diskussionen um den Universalgelehrten beachten ungenügend, daß der Polyhistor zu allen Zeiten durch den Spezialisten ergänzt wurde. Jener und dieser existieren nie außerhalb der Dialektik von Ganzheit und Detail. Das zeigt das wissenschaftliche Vor- und Umfeld von Aristoteles, G. W. Leibniz, A. und W. von Humboldt und von K. Marx. Ihr universelles Wissen war weniger enzyklopädischen Charakters als vielmehr durch Einsicht in erkenntnistheoretische Grundlagen und methodologische Prinzipien der Erkenntnissynthese geprägt. Dabei sind Arbeiten zu Gebieten, auf denen der Universalgelehrte keine Spezialforschung betreibt, oft fragmentarisch. Das kann anregend oder abschreckend wirken. Wichtig ist es, die Heuristik interessanter Hinweise zu erkennen. Es wäre zu überlegen, ob nicht der Typ von Universalgelehrten zwar wechselt, aber nicht verschwindet. Er findet sich m. E. jetzt im Spezialisten für Integrationstendenzen der Wissenschaften, der globale Theorien entwickelt. Zu letzteren gehören allgemeine Struktur- und Entwicklungstheorien, die Natur, Gesellschaft und Bewußtsein umfassen, ebenso Theorien über das Verhalten des Menschen zu seiner Umwelt.

Gegenwärtig gibt es Integrationstendenzen in der Wissenschaftsentwicklung, die sich nicht durchsetzen, wenn Spezialisierung allein mit Detailforschung verbunden wird. Es gibt spezialisierte Wissenschaftler, die sich auf ihrem Gebiet mit Prinzipien befassen, die den Modellen zugrunde liegen. So gelang es Newton und später Einstein, von der Physik der Modelle zur Physik der Prinzipien überzugehen. Gegenwärtig werden Prinzipien der Strukturbildung und Selbstorganisation untersucht. Durch Synthese des Wissens gelingt es, lokale in globale Theorien einzuordnen, wie z. B. die globale Plattentektonik zeigt. Weitere Integrationslinien sind die Mathematisierung der Wissenschaften, ihre philosophische Durchdringung und die Einheit von Mathematisierung und Humanisierung. Solche Integrationstendenzen sind im Interesse der Synthese analysierter Wesensmomente bewußt zu fördern. Daten- und Faktensammeln ist notwendig, ersetzt aber keine Theorie. Durch Informationstechnologien wird die Frage aktuell, welche Informationen wozu gesammelt werden. Teilweise befinden wir uns mit einem Wust von Daten im vor-newtonischen oder vor-marxschen Zeitalter, weil die Theorie zur Einordnung fehlt.

Die kurz charakterisierten einseitigen Auslegungen realer Tendenzen der Wissenschaftsentwicklung werden dann gefördert, wenn Pragmatismus mit seiner Theorie- und Philosophiefeindlichkeit triumphiert, weil strategisches Denken vernachlässigt und unser Zukunftsbewußtsein ungenügend entwickelt und präzisiert wird. Es ist eine wichtige Aufgabe, wissenschaftlichen Nachwuchs auszubilden, der als Detailforscher Integrationstendenzen erkennt und als Integrationsspezialist die Details nicht mißachtet. Einseitige Haltungen können mit der Einsicht in die Zyklizität der Integration und Spezialisierung der wissenschaftlichen Erkenntnis begründet widerlegt werden. Dabei erfolgte die Zyklizitätserkenntnis selbst in einem zyklischen Prozeß.

Bereits für die griechischen Philosophen spielt der zyklische Prozeß des Entstehens, Ausbildens und Vergehens des Geschehens eine große Rolle. Nach Heraklit entstehen alle Dinge aus dem Feuer, bilden sich nach einer gewissen Ordnung in der Zeit heraus und vergehen wieder in Feuer. Die beobachtete Wiederkehr des Gleichen wird philosophisch als Periode mit unterschiedlichen Rhythmen in der Harmonie der Weltentwicklung verstanden. Mit Rhythmus, Zyklus und Periode geht es auch in späteren philosophischen Auffassungen um Ordnungsprinzipien, die den Verlauf des Weltgeschehens bestimmen und ebenso strukturell manifest sein können. Struktur erweist sich dabei als geronnene Entwicklung. Rhythmen erscheinen als aufeinanderfolgende Zustände mit bestimmter Ordnung. Rhythmus wird bestimmt als „die taktmäßige und abgemessene Bewegung, bei der im Wechsel miteinander in gleichen Zeitabständen gleiche Zustände oder Vorgänge wiederkehren."[1] Dabei wird der Rhythmus keineswegs nur der Kunst zugeordnet. Seine psychologische Wirkung sei tief begründet in der Natur des Menschen.[2] „Die rhythmische Gliederung unterwirft die Zeit einem an sich zeitlosen Ordnungsprinzip, einem Proportionszwang, der seinen Ausdruck genauso im Räumlichen finden konnte."[3] Die philosophi-

[1] F. Kirchner/C. Michaelis, Wörterbuch der philosophischen Grundbegriffe, Leipzig 1911, S. 823; I. A. Kurashowskaja, Das geologische materielle System und die Gesetzmäßigkeiten seiner Entwicklung, Berlin 1971 (Urania, Sonderreihe Referenten, 2/71); R. Löther, Die Beherrschung der Mannigfaltigkeit, Jena 1972.

[2] Vgl. F. Mauthner, Wörterbuch der Philosophie, a. a. O., S. 253.

[3] R. Wendorff, Zeit und Kultur. Geschichte des Zeitbewußtseins in Europa, Opladen 1980, S. 62.

sche Problematik liegt offensichtlich im Zeit- und Entwicklungsverständnis.

Zeit ist Existenzform der Materie. Sie drückt die Richtung des Geschehens, seine Metrik und die Ordnung des Vorher und Nachher aus. In der Abstraktion als reine Zeit umfaßt sie die Dauer von Ereignissen. Unter dem Aspekt der Dauer erfaßt der Rhythmus die Dauer von Zuständen bei der Wiederkehr des Gleichen, die Periode die gesamte Dauer für die Wiederholung des Gleichen. Mit der Kategorie Zyklus wird jedoch mehr erfaßt als nur die Dauer von Ereignissen. Sie gibt eine Struktur für die Wiederholung des Gleichen. Damit ist die Zyklizität kein reines Zeitproblem, sondern ein raum-zeitliches Ordnungsprinzip, das durch inhaltliche Prozesse und Strukturen bestimmt ist. Als philosophische Kategorie ist „Zyklus" eine Charakteristik realer Prozesse. Das eigentliche philosophische Problem ist das der Zyklizität, welches Probleme des Rhythmus und der Periode mit umfaßt. Zyklizität von Entwicklungsprozessen betrifft den Entwicklungsmechanismus und nicht nur die Dauer von Ereignissen. Dabei hat die philosophische Auffassung von der Zyklizität selbst ihre Geschichte. Sie hängt mit dem Verständnis der Zeit und der Entwicklung zusammen.

Zyklizität im objektiv-realen Geschehen war eine Einsicht, die das Zeitdenken seit seiner Entstehung beherrschte. Es betraf den Zyklus der Jahreszeiten, der sich im Zyklus religiöser Feste widerspiegelte. Der zyklische Wechsel von Leben und Tod, von Tag und Nacht, von Bewegung und Ruhe, von Altem und Neuem und anderes wurde erkannt. Der objektiv-reale Ablauf des Geschehens erschien überschaubar mit dem Anfang und dem Ende des Zyklus. So äußert sich schon Jahrtausende vor unserer Zeitrechnung im Iran das zyklische Denken als Kreislaufdenken bei gerichteter Zeit.[4] In der griechischen Philosophie treffen sich die Auffassungen vom Werden mit denen vom Maß des Werdens. Es geht um die dialektische Einheit der Einsicht, daß alles fließt, mit der von der Struktur dieses Fließens. Die Zyklizität ist damit die Einheit von ruhender Struktur und ständigem Werden, von Ordnung und Geschehen. Als Symbol solcher Harmonie wurde der Kreis oder die Kugel betrachtet. „Das zyklische Denken der Griechen, das in verschiedener Weise die Wiederholung des Gleichen unterstellt, löscht Geschichte und Zeit nicht aus. Es bremst und verkürzt nur den Blick in die Vergangenheit und Zukunft im Sinne einer maßstäblichen Verzerrung."[5] Der Zyklus ist damit Zeitbegrenzung und Zeitgliederung.

[4] Vgl. ebenda, S. 25. [5] Ebenda, S. 65.

Trotz aller Ansätze zur intuitiven Einsicht in die Dialektik von Werden und Struktur, von ständiger Veränderung und gesetzmäßiger Ordnung, vollzieht sich die Erkenntnis der Zyklizität selbst als zyklischer Erkenntnisprozeß. Man kann drei Etappen unterscheiden. In der ersten Etappe begrenzen Kreisläufe das Werden. Die zweite Etappe ist durch den linearen Zeitverlauf charakterisiert. In der dritten Etappe geschieht die Rückkehr zur Zyklizität im Entwicklungsdenken. Diese Etappeneinteilung soll durch einige Bemerkungen verdeutlicht werden.

Die erste Etappe des Zyklizitätsdenkens ist dadurch charakterisiert, daß Zyklen im wesentlichen als Kreisläufe erfaßt werden. Das Werden vollzieht sich innerhalb der Zyklen. Das Geschehen wird durch die Präformationstheorie oder den Occasionalismus erklärt. Wenn alles präformiert ist, dann entsteht nichts Neues. Alles ist schicksalhaft bestimmt. Der Occasionalismus erklärt die Entstehung von Neuem durch das Einwirken außerirdischer Mächte. Aus der konsequenten Durchführung der Präformationstheorie entwickelte sich die Auffassung von der Existenz objektiver Entwicklungsgesetze. Die Präformationstheorie ist jedoch auch Grundlage des mechanischen Determinismus. Dieser leugnet die Existenz des objektiven Zufalls. Der Occasionalismus selbst hat keine wissenschaftliche Begründung. Er verschiebt lediglich das Problem. Statt der natürlichen Erklärung natürlicher Vorgänge bemüht er das Wirken übernatürlicher Mächte. So wird der Präformismus zur wissenschaftlichen Haupttheorie, die auch die Erklärung der Genese von Neuem erfordert. Obwohl schicksalhafte Vorausbestimmtheit angenommen wird, tauchen immer wieder Auffassungen auf, die die Entstehung des Neuen aus der objektiven Existenz des Zufalls und aus der Dialektik von Notwendigkeit und Zufall erklären. Der Zyklus umfaßt also die Wiederkehr des Gleichen nach der gleichen Ordnung in gleichen Zeitabständen.

Beginnend im 17. Jahrhundert erweitern neue Entdeckungen den Zeithorizont. Es wird festgestellt, daß Neues entsteht. So kommt es zur Kritik der biblischen Schöpfungsgeschichte. „Es lag nahe, daß die geologischen Forschungen, die es mit den ältesten Naturphänomenen zu tun haben, zuerst und am heftigsten auf eine Erweiterung des geschichtlichen Zeithorizonts über die üblichen fünf bis sechs Jahrtausende hinausdrängen würden."[6] So folgerte John Ray (1628–1705) aus geologischen Beobachtungen: „Wenn wir den gewöhnlichen Ablauf der Naturvorgänge zugrunde legen, müssen wir wohl oder übel

[6] Ebenda, S. 229.

eine Zeitspanne annehmen, die viele Tausend Jahre über das Alter der Welt hinausgeht."[7] Geologen des 17. Jahrhunderts wie Robert Hooke und Nils Stenson (Steno) spürten den Widerspruch zwischen Theologie und Geologie. Die von ihnen gefundenen marinen Fossilien in Gebirgen, Hebungen, Verwerfungen und die entdeckten langfristigen Umgestaltungen der Erdoberfläche verlangten eine Erweiterung des Zeithorizonts über 4000 v. u. Z. hinaus. Da die theologischen Aussagen als vorrangig behandelt wurden, mußten die ungeheuren Veränderungen der Erdoberfläche in eine zu kurze Zeitspanne gepreßt werden. Deshalb wurde angenommen, daß die Erdkruste früher weicher und geschmeidiger gewesen sei und die Naturkräfte heftiger gewesen wären. Elefantenknochen, die in der Toscana gefunden wurden, sollten, trotz ihrer Versteinerung, Überbleibsel von Hannibals Armee sein. Beide Geologen lösten den Widerspruch zwischen der naturwissenschaftlich geforderten Erweiterung des Zeithorizonts und der dogmatischen Zeitauffassung auf verschiedene Weise. Hooke nahm die Durchbrechung der Naturgesetze an. Steno wurde Geistlicher.[8] Eine neue Etappe des Zeitdenkens deutete sich an. Die Zyklen konnten zwar weiterhin als Zeitgliederung, aber nicht mehr als Zeitbegrenzung verstanden werden. Das Zeitdenken mußte mit der Durchbrechung der Zyklen, durch wissenschaftliche Untersuchungen nachgewiesen, fertig werden.

Die zweite Etappe des Zeitdenkens wird durch den Linearismus bestimmt. Zeit ist geradlinige, kontinuierliche, gleichförmige und unbegrenzte Dauer. Sie ist irreversibel und gerichtet. Zeit und Kausalität bedingen einander. Das post hoc wird bei Hume zum propter hoc. Diese aus der Mathematik und Mechanik abgeleitete Zeitauffassung verbindet sich im 18. Jahrhundert mit dem linearen Fortschrittsdenken. Zeit wird mit Handeln verknüpft. „Dieser Übergang von einer vorwiegend passiven Verhaltensweise gegenüber der von Gott oder einem ungewissen Schicksal bestimmten Übermacht der Zeit zu einer aktiven Einstellung setzt nicht nur ein erhöhtes Selbstbewußtsein des modernen Menschen voraus, sondern zugleich auch eine andere Strukturierung der geschichtlichen Zeitauffassung."[9] Es geht um das Nutzen der Zeit, die Gestaltung der Zeit. Die Gegenwart ist ein Teil der Entwicklung.

Entwicklungsdenken deutete sich an. Das Systemdenken kollidierte mit dem Zeitdenken. 1755 veröffentlichte Kant seine „Allgemeine

[7] Ebenda, S. 228.
[8] Vgl. ebenda, S. 229.
[9] Ebenda, S. 255.

Naturgeschichte und Theorie des Himmels". Engels bemerkte dazu: „Die Frage nach dem ersten Anstoß war beseitigt; die Erde und das ganze Sonnensystem erschienen als etwas im Verlauf der Zeit Gewordenes." Nach Engels lag in Kants Entdeckung „der Springpunkt alles ferneren Fortschritts. War die Erde etwas Gewordenes, so mußte ihr gegenwärtiger geologischer, geographischer, klimatischer Zustand, mußten ihre Pflanzen und Tiere ebenfalls etwas Gewordenes sein, mußte sie eine Geschichte haben nicht nur im Raum nebeneinander, sondern auch in der Zeit nacheinander."[10] Buffon forderte in seinem 1778 erschienenen Buch „Epochen der Natur" dazu auf, aus den Eingeweiden der Erde die alten Denkmäler herauszuholen, ihre Trümmer aufzulesen und alle Spuren der physischen Veränderungen, die uns zu den verschiedenen Zeitaltern der Natur zurückführen können, in einer Sammlung von Beweisen vereinen. „Dieses ist das einzige Mittel, in dem unermeßlichen Raum einige Punkte festzusetzen und an der ewigen Straße der Zeit eine Anzahl Meilensteine aufzustellen."[11] Im 18. Jahrhundert hatten Deutungen aus Fossilienfunden keineswegs allgemeine Beweiskraft. Selbst Voltaire hatte in dem Artikel „Muscheln", im „Dictionaire Philosophique" 1785 erschienen, die Annahme, die ganze Erde wäre vor langer Zeit vom Meer bedeckt gewesen und die Lebewesen auf der Erde hätten sich aus dem Meer entwickelt, dadurch lächerlich gemacht, daß er meinte, die auf dem Mont Cenis gefundenen Muschelschalen könnten auch von Pilgern stammen, die nach Rom gewandert seien. Mit der 1859 erschienenen Arbeit von Darwin „On the Origin of Species" setzte sich Entwicklungsdenken durch.[12]

In der dritten Etappe erfolgt nun die Rückkehr zur Zyklizität im Entwicklungsdenken. Hegel hatte gezeigt, daß Entwicklung sich als dialektische Negation der Negation vollzieht. Der Zyklus umfaßt nicht mehr nur die Wiederkehr des Gleichen. Zyklizität ist die dialektische Einheit von Zyklen und Entstehung von Neuem. Es entstand der Gedanke der Hyperzyklizität, der zyklischen Entwicklung

[10] F. Engels, Dialektik der Natur, a. a. O., S. 316; M. Guntau, Marxistisch-leninistische Philosophie und geologische Wissenschaften, in: Wissenschaftliche Zeitschrift der Humboldt-Universität Berlin, Math.-naturwiss. R., 1/1977, S. 47–50; H. Hörz, Raum, Zeit, Bewegung, in: R. Kirchhoff/T. I. Oisermann (Hrsg.), Hundert Jahre „Anti-Dühring", Berlin 1978, S. 293 ff.

[11] R. Wendorff, Zeit und Kultur. Geschichte des Zeitbewußtseins in Europa, a. a. O., S. 319.

[12] H. Hörz/K. Wenig, Zur Genese des Entwicklungsdenkens in der Biologie bis zur Mitte des 19. Jahrhunderts, in: Materialistische Wissenschaftsgeschichte, Berlin (West) 1981, S. 107–131 (Argument Sonderbd., 54).

von Zyklen. Das Ende eines Zyklus enthält qualitativ Neues und die scheinbare Rückkehr zum Alten. Die Geschichte der Erkenntnis der Zyklizität ist also selbst ein Entwicklungszyklus von der Zyklizität über die Linearität zur Hyperzyklizität im Rahmen der dialektisch-materialistischen Entwicklungstheorie.

Zyklizität tritt in objektiven Entwicklungsprozessen ebenso auf wie in der Erkenntnis. Sie ist als dialektische Gesetzmäßigkeit im Gesetz von der dialektischen Negation der Negation erfaßt. Ein Entwicklungszyklus umfaßt die Existenz von Grundqualitäten mit ihren anderen Qualitäten, den Übergang zur neuen Grundqualität und die Herausbildung höherer Qualitäten. Auf die notwendige Existenz von Entwicklungskriterien, mit denen die Existenz höherer Qualitäten bestimmt werden kann, ist hier nicht einzugehen. Die Zyklizität der Entwicklung zeigt sich im Übergang zur neuen Qualität als dialektische Negation und zur höheren Qualität als dialektische Negation der Negation. Strukturwandel ist ein Prozeß, der zwar zu neuen Qualitäten führen kann, aber nicht zu höheren Qualitäten führen muß. Entwicklung ist wesentlich durch einen solchen Strukturwandel gekennzeichnet, der eine höhere Qualität im Entwicklungszyklus gegenüber der Ausgangsqualität darstellt. Für das Verständnis der Zyklizität als dialektische Negation der Negation ist die Herausbildung von Strukturen auf der Ebene der Grundqualität, der neuen und höheren Qualität ebenso zu berücksichtigen, wie der Strukturwandel.

Marx benutzte das dialektische Verständnis der Zyklizität zur Erklärung gesellschaftlicher Prozesse. Er betonte, daß sich die kapitalistische Produktion in bestimmten periodischen Zyklen bewegt. Diese Zyklen bestimmen die gesellschaftliche Bewegung als naturhistorischen Prozeß. Dabei kommt es zu Schwankungen in den Zyklen, die durch den Gesamtzyklus ausgeglichen werden. Es existieren große und kleine Zyklen. Die Bewegung in Zyklen führt dazu, daß Zyklen durchbrochen werden, um neue Zyklen aufzubauen. So entstehen durch soziale Revolutionen neue Gesellschaftsordnungen, die eine neue dialektische Einheit von Produktivkräften und Produktionsverhältnissen, von Basis und Überbau darstellen.[13]

Da zwischen Wesen und Wirkungsmechanismus eines Gesetzes unterschieden werden muß, ist Zyklizität wesentlicher (Ideal-) Prozeß, der sich als dialektische Negation der Negation vollzieht; und da unter konkreten Wirkungsbedingungen der Wirkungsmechanismus eines Gesetzes das Wesen des Gesetzes modifiziert, ergeben sich

[13] Vgl. K. Marx, Lohn, Preis und Profit, in: MEW, Bd. 16, Berlin 1962, S. 145 f.

unter konkreten Bedingungen auch Deformationen und Reduktionen des Zyklus.

Zu beachten sind die dialektischen Beziehungen zwischen Struktur und Entwicklung. Da Struktur geronnene Entwicklung ist, sind Schlüsse von der Struktur auf die Entwicklung möglich. So schließt die Geologie von der Struktur auf die Genese von Zyklen, vom räumlichen Nebeneinander als Zyklus auf das Nacheinander als Genese der strukturellen Zyklen. Der strukturelle Zyklus ist die Manifestation des Entwicklungszyklus. Dabei existiert die Struktur selbst nur als prozessierende Struktur. Nicht nur Strukturbildung, sondern auch Strukturerhaltung ist ein gesetzmäßiger Prozeß. Es geht also um die Erkenntnis der Strukturgesetze ebenso, wie um die Erkenntnis der Entwicklungsgesetze. Strukturerhaltung schließt bedingte Strukturveränderungen als Deformationen des Zyklus im Rahmen einer Grundqualität ein. Die philosophische Entwicklungstheorie begründet die Zyklizität als dialektische Negation der Negation, zeigt ihr Auftreten in Strukturen und hebt die mögliche Deformation und Reduktion von Zyklen hervor.

Gesetzmäßigkeiten haben ihren Wirkungsmechanismus, der zur Deformation reiner Zyklen durch veränderte Bedingungen führt. Deshalb kann kein idealer zyklischer Kreislauf erfolgen. Dagegen sprechen folgende Argumente: Die Überlagerung der Zyklen führt zur Veränderung in den Zyklen. Es kommt also darauf an, ihre Hierarchie zu erkennen und sie in größere Zyklen einzuordnen. Die Änderung wesentlicher Bedingungen in bestimmten Zeiten führt zur Deformation der Zyklen. Eine einfache Intra- oder Extrapolation kann deshalb zu Fehlern führen. In theoretischen Überlegungen sind Symmetriebrüche, Strukturveränderungen durch Bedingungen zu berücksichtigen. Es existieren objektive Zufälle als Ereignisse, die sich nicht gegenseitig begründen. Es geht deshalb um die Beherrschung des Zufalls durch Einsicht in statistische Gesetze, die die dialektischen Beziehungen von notwendiger Verwirklichung der Systemmöglichkeit und bedingt zufälliger Verwirklichung von Elementmöglichkeiten berücksichtigen. Diese Einwände gegen einen idealen Kreislauf sprechen nicht gegen eine dialektische Auffassung der Zyklizität. Es ist der Unterschied zwischen Wesen und Existenz, zwischen Ideal- und Realzyklus zu beachten. Dabei ist die Erkenntnis des idealen Zyklus Voraussetzung für die Suche nach Bedingungen zur Deformation dieses Zyklus. Der Realzyklus ist die Modifikation des Idealzyklus unter bestimmten Bedingungen.

Zyklizität ist Bestandteil der Entwicklung. Das führt zur Dialektik von Wiederholung und Irreversibilität. Der Zyklus ist keine einfache Wiederkehr des Gleichen, sondern nur eine scheinbare Rückkehr zum Alten bei qualitativen Unterschieden zur Ausgangsqualität des Entwicklungszyklus. Es wäre die Frage zu stellen, ob es Gesetzmäßigkeiten der Entwicklung gibt, die die Genese der Zyklen in ihrem inneren Zusammenhang und in ihrer Deformation erklären. Der Hinweis auf die Entwicklung bedeutet also nicht nur die Unterscheidung zwischen Ideal- und Realzyklus, sondern verlangt, die gesetzmäßige Entwicklung von Bedingungen zu berücksichtigen. Es ist eine Verkürzung der Periodizität der Zyklen möglich. Außerdem kann durch unterschiedliche Bedingungen die Mächtigkeit der Phasen unterschiedlich sein. Es ist nicht nur die Hierarchie der Zyklen, sondern auch ihre Überlappung im Entwicklungsprozeß zu beachten.

Die dialektische Einheit von Zyklizität und Irreversibilität in der Entwicklung verlangt eine Kritik metaphysischer Auffassungen der Zyklizität, nach denen Dauer und Form der Zyklen stets gleich seien. Das widerspricht der Hierarchie der Zyklen, der bedingten Deformation und Veränderung sowie dem Fehlen von Gliedern im Zyklus. Die Theorie erfaßt sowohl die reine Zyklizität als auch ihre Deformation. So ist sie wissenschaftliche Grundlage der Empirie. Eine Vernachlässigung der Zyklizität, der Trendbrüche, der bedingten Umformungen der Zyklen schadet dem dialektischen Verständnis der Wissenschaftsentwicklung. Es erfaßt auch die Zyklizität des Übergangs von einem Zyklus zum anderen.

Die Zyklizität des Erkennens zeigt sich im Erkenntnisforschritt. Zwar ist es richtig, einseitige Auffassungen durch das entgegengesetzte Extrem zu widerlegen, wenn damit der Konservatismus durchbrochen wird. Aber die fortschreitende Erkenntnis verlangt, die dialektische Einheit von Zyklizität und Irreversibilität, von Kontinuität und Diskontinuität, von Ideal- und Realzyklen zu untersuchen. Die Erkenntnis der Zyklizität des objektiv-realen Geschehens und der Fortschritt in der wissenschaftlichen Einsicht in diese Zyklizität ist selbst ein zyklischer Prozeß der Integration des Wissens und seiner Spezialisierung. So war die auf die Universallehre folgende Herausbildung der Spezialwissenschaften eine notwendige Stufe für eine neue Einheit der wissenschaftlichen Erkenntnis. Dialektik zielt als Denkweise auf Strukturen als geronnene Entwicklung, auf Tendenzwenden und Symmetriebrüche als gerichtete Veränderungen durch die Entfaltung, Lösung und Neusetzung von dialektischen Widersprüchen und auf Entwicklungszyklen von der Ausgangs- zur höheren Qualität als dialektische Negation der Negation. Deshalb muß sie die Wissenschaftsentwicklung sowohl in ihrer Zyklizität als auch in ihrer Irreversibilität umfassen. In konsequenter Fortsetzung unserer Überlegungen ist die Erkenntnis der Dialektik selbst ein zyklischer Prozeß, der zuerst behandelt werden muß, ehe dann das dialektisch-materialistische Verständnis der Einheit wissenschaftlicher Erkenntnis als Einheit von Integration und Spezialisierung dargelegt werden kann.

3.2. *Zyklizität der Dialektikerkenntnis*

Die Einheit der Wissenschaften bildet sich in großen und kleinen Entwicklungszyklen heraus. Mit dem Wissenschaftstyp der wissenschaftlich-technischen Revolution erleben wir eine qualitativ neue Integration des Wissens, ein durch gesellschaftliche Erfordernisse und theoretische Zwänge sich herausbildendes Zusammenwirken aller Wissenschaften. Damit schließt sich der große Entwicklungszyklus, der von der Philosophie als Einheitswissenschaft in der Antike über die Emanzipation der Natur-, Technik- und Gesellschaftswissenschaften, von der Philosophie und deren differenzierter Untersuchung der Wirklichkeit bis zur neuen Einheit der Wissenschaften reicht, die zur Lösung interdisziplinärer Aufgaben disziplinäres Wissen auf hohem theoretischen Niveau erfordert. Die Einheit des Wissens wird nicht mehr durch die genialen Intuitionen der griechischen Philosophen hergestellt, sondern durch das Zusammenfügen spezialisierter Erkenntnisse und die Herausbildung allgemeiner Theorien. Die neue Einheit der Wissenschaften stellt hohe Anforderungen an das theoretische und methodologische Niveau, an die Herausbildung einer gemeinsamen Wissenschaftssprache mit Hilfe von Philosophie, Mathematik und neuen Kenntnissen über das Zusammenwirken von natürlichen, technischen und kulturellen Faktoren und an die bei der Lösung komplexer Aufgaben zusammenwirkenden Wissenschaftler.

Mit dem Hinweis auf die Zyklizität der Wissenschaftsentwicklung, bezogen auf die integrativen Tendenzen des Wissens, wird betont, daß bestimmte Entwicklungsmechanismen existieren, die nach der dialektischen Negation einer Ausgangsqualität mit einer dialektischen Negation der Negation zu einer Wiederholung des Gleichen auf höherem Niveau führen. Mit Entwicklungskriterien ist die höhere Qualität der Endphase im Entwicklungszyklus gegenüber der Ausgangsphase zu bestimmen. F. Engels hat diese zyklische Entwicklung in seinen Arbeiten eingehend untersucht. Er hob die große Bedeutung der griechischen Philosophie für das Einheitsdenken hervor. „Aber diese Anschauung, so richtig sie auch den allgemeinen Charakter des Gesamtbildes der Erscheinungen erfaßt, genügt doch nicht, die Einzelheiten zu erklären, aus denen sich dies Gesamtbild zusammensetzt; und so lange wir dies nicht können, sind wir auch über das Gesamtbild nicht klar."[14]

Dem dialektischen Gesamtbild, das mit dem Wissenschaftstyp der Herausbildung der Wissenschaften entstand, folgte die notwendige Untersuchung der Einzelheiten, die spezialisierte Betrachtung einzelner Natur-, technischer und Gesellschaftsobjekte, die in den Wissenschaftstypen des Handwerks und der autarken Landwirtschaft und dem der industriellen Revolution erfolgte. Daraus entstand die metaphysische Denkweise, die Objekte und Prozesse aus dem Zusammenhang herauslöste, ihre Veränderung und Entwicklung nicht berücksichtigte und Natur, Gesellschaft und Bewußtsein voneinander trennte. Das war eine notwendige Phase, um zu einer wissenschaftlich fundierten Einheit des Wissens über die objektive Realität zu kommen. Es bildete sich in der klassischen deutschen Philosophie, besonders bei Kant und Hegel, ein dialektisches Verständnis der Einheit der Welt heraus, das Grundlage für das dialektisch-materialistische Verständnis der Einheit der wissenschaftlichen Erkenntnis bei den Klassikern des Marxismus-Leninismus ist.

Damit ist die Philosophie, wie F. Engels betonte, keine außerhalb der Wissenschaften und über ihnen stehende Theorie des Gesamtzusammenhangs mehr. „Sobald an jede einzelne Wissenschaft die Forderung herantritt, über ihre Stellung im Gesamtzusammenhang der Dinge und der Kenntnis von den Dingen sich klarzuwerden, ist jede besondre Wissenschaft vom Gesamtzusammenhang überflüssig. Was von der ganzen bisherigen Philosophie dann noch selbständig bestehen bleibt, ist die Lehre vom Denken und seinen Gesetzen – die formelle Logik und die Dialektik. Alles andre geht auf in die positive Wissenschaft von Natur und Geschichte."[15] In manchen Diskusionen wurde das Zitat so interpretiert, als ob das Ende der Philosophie erreicht sei. Die großartige Aufgabe jedoch, die von Engels den Philosophen gestellt wurde, Denkweisen und ihre Gesetzmäßigkeiten zu untersuchen, wurde dabei vergessen. Heute erweist sich die materialistische Dialektik als ein umfassendes Forschungsfeld. Es geht um die Einsichten in die objektive Dialektik durch die verschiedenen Wissenschaften, die zur Präzisierung der allgemeinen dialektischen Prinzipien führen. Viele Forschungen befassen sich mit der Dialektik des Erkenntnisprozesses, die die Be-

[14] F. Engels, Herrn Eugen Dührings Umwälzung der Wissenschaft, a. a. O., S. 20.

[15] Ebenda, S. 24.

ziehungen zwischen Experiment und Theorie durch Modelle und Hypothesen betreffen, das existierende Methodensystem und die Probleme des Schöpfertums. Umfangreich wurden in den Arbeiten sowjetischer Philosophen die Logik der Forschung, das Verhältnis von Theorien und Begriffen, die Theorienentwicklung selbst untersucht.

Der Abschluß des großen Entwicklungszyklus von der dialektischen Intuition der Griechen über die Metaphysik des Mittelalters bis zur materialistischen Dialektik als einer der modernen Wissenschaftsentwicklung angemessenen Denkweise, macht die Philosophie, in ihrer Gestalt als dialektischer und historischer Materialismus, frei von Spekulationen. Sie erfüllt ihre weltanschauliche, ideologische und heuristische Funktion gegenüber den Spezialwissenschaften und wird durch deren Entwicklung selbst vorangetrieben.[16] Sie wird zur wissenschaftlich fundierten weltanschaulichen Lebens- und Entscheidungshilfe.

Da der Realzyklus die Modifikation des Idealzyklus unter bestimmten Bedingungen ist, wäre es einseitig, wenn man den von F. Engels betrachteten Großzyklus, der von der Philosophie als Einheitswissenschaft über die differenzierte Betrachtung der Welt durch Einzelwissenschaften bis zum dialektischen Verständnis der Wirklichkeit der Gegenwart führt, nicht in seiner komplizierten Struktur untersuchen würde. Dabei zeigen sich nämlich weitere Teilzyklen. Sie betreffen die einheitliche Erklärung der Welt durch Substanzen oder Prinzipien. Ihr Abschluß führte zu lange wirkenden Einheitstheorien. Zu ihnen gehört die erste Wissenschaftsdifferenzierung bei Aristoteles und die nach der Trennung von philosophischer Spekulation und empirischer Erfahrung sich herausbildende Einheitstheorie des mechanischen Materialismus.

Zuerst zur Vorgeschichte von Aristoteles. Wissen speicherte der Mensch auch in der vorwissenschaftlichen Periode im Nulltyp der Wissenschaft. Es war mit den spezifischen Fähigkeiten und Fertigkeiten von Individuen und Gruppen verbunden und nicht zur Gesetzmäßigkeit als einem in seinem Bedingungsgefüge erkannten System von objektiven Gesetzen verallgemeinert. Wissen besaß damit noch kein universelles Erklärungspotential, das unabhängig von den Tätigkeiten des Wissenden übermittelbar, erlernbar und nutzbar war. Es war mehr Orientierungs- als Erklärungswissen. Wissenschaft entwickelte sich erst unter bestimmten Voraussetzungen. Zu ihnen gehört die Teilung der Arbeit in geistige und körperliche Arbeit, die Entwicklung der Schriftsprache, die Herausbildung einer bestimmten

16 Vgl. H. Hörz, Marxistischen Philosophie und Naturwissenschaften, a. a. O.

Abstraktionshöhe des Denkens, ein Minimum an methodischem Instrumentarium. Das ermöglichte wissenschaftliche Theorienbildung als Erklärung von Objektbereichen durch Gesetzeserkenntnis. Die Herausbildung des wissenschaftlichen Denkens ist also selbst ein komplizierter Prozeß, der die Synthese wissenschaftlicher Einsichten auf der Grundlage von relativer Unwissenheit und spekulativer Mythenbildung garantierte.[17] Bald entwickelten sich in Vorderasien, in Ägypten und später vor allem in Griechenland die Mathematik, die Astronomie, die Medizin und das technische Denken. Weitere Erkenntnisse über natürliche und gesellschaftliche Prozesse wurden gesammelt. Eine Einheit des Wissens wurde dadurch hergestellt, daß mit Analogien gearbeitet wurde, die den Makrokosmos (Kosmos, Natur) und Mikrokomos (Mensch und sein Verhalten) umfaßten. Man spricht von der Konstituierung der Biologie als einer selbständigen Disziplin in der Antike, wobei biologische Erkenntnisse, am Menschen oder am Tier gewonnen, nach antikem Verständnis für den gesamten Bereich des Lebenden galten.[18]

Einheitstheorien und Spezialwissen bedingen sich nun gegenseitig. Die Einheit der Welt wurde wesentlich durch die Existenz eines oder mehrerer Urstoffe erklärt. Feuer, Erde, Wasser, Luft wurden meist als die Grundelemente allen Geschehens betrachtet. Mit dem Atomismus Demokrits entstand eine Theorie, mit der die Einheit der Welt durch die Bewegung der Atome verstanden wird. Die Einheit des Wissens basierte dabei auf der einheitlichen Atomtheorie. Das war ein Höhepunkt des Substanzdenkens. Dementgegen standen das Verständnis der Einheit der Welt und die Einheit des Wissens auf der Grundlage von Prinzipien. Höhepunkt dieser Denkweise war die Ideenlehre von Platon. In ihr erschienen die wirklichen Gegenstände nur als Schatten der Ideen. Die wirkliche Einheit der Welt erwies sich als Ideenhierarchie.

Aristoteles gelang es, eine relative Einheitstheorie durch sein Stoff-Form-Denken zu schaffen. Jeder Stoff braucht als Materialgrundlage das formende Prinzip. Substanz- und Prinzipdenken als Grundlage von Einheitsheorien wurde so in einer dialektischen Denkweise bei Aristoteles zusammengefaßt. Einheitsdenken war jedoch bei ihm mit dem Hinweis auf Differenzierungsprozesse verbunden. So unterschied er drei qualitativ verschiedene Formen von Wissen. „1. das theoretische Wissen, das die Ursachen der Dinge, ihr allgemeines und notwendiges Wesen zum Gegenstand hat; 2. das

17 Vgl. F. Jürß (Hrsg.), Geschichte des wissenschaftlichen Denkens im Altertum, a. a. O.

18 Vgl. ebenda, S. 301.

praktische Wissen, das mit den Normen menschlichen Handelns zu tun hat und sich in den Disziplinen der Ethik, der politischen Wissenschaften, der Ökonomik, der Strategik etc. manifestiert; 3. das poetische Wissen, daß die technologischen und ästhetischen Kenntnisse bei der Herstellung handwerklicher und künstlerischer Produkte umfaßt ..."[19] Theoretische Wissenschaften waren für Aristoteles Mathematik, Physik und erste Philosophie. Sie wurden als Wissensbereich vom Handwerk und der Kunst geschieden, gaben jedoch theoretische Grundlagen für das praktische Wissen, das Handlungsorientierungen enthält.

Mit dem Abschluß dieses Teilzyklus im Einheitsdenken war also eine Wissenschaftsdifferenzierung verbunden, die dem Stand des Wissens gerecht wurde. Die Aristotelische Vereinigung von Substanz und Prinzipien brachte jedoch durch Inkonsequenzen Rückschläge im Einheitsdenken. Durch die Unterscheidung der geradlinigen Bewegung der vier irdischen Elemente von der kreisförmigen Bewegung der Himmelskörper, die zu einem fünften Element führt, wird der Kosmos in einen sub- und supralunaren Wirklichkeitsbereich mit jeweils eigenen Gesetzmäßigkeiten gespalten. „Damit hat Aristoteles die im Atomismus Demokrits angebahnte Auffassung einer materiellen und naturgesetzlichen Einheit des Kosmos nachdrücklich zurückgewiesen und einer für die ganze Welt geltenden Physik den Weg verbaut."[20]

Die folgende Diskussion um Aristoteles, die lange Zeit andauerte, war zugleich die Vorbereitung für eine neue Einheitstheorie, die materialistisch-monistisch die Wirklichkeit erfaßte. So nahm das Mittelalter mit der Interpretation der Lehren von Aristoteles die alte Problematik der Einheitstheorie auf der Grundlage von Substanzen oder Prinzipien wieder auf. Dabei wurden in der Theologie ideelle Substanzen als Prinzipien erfaßt und im Thomismus, der Philosophie des Thomas von Aquino, die erste Ursache aller Dinge als Gott bezeichnet. Gegen diese idealistische Substanztheorie, die die Einheit der Welt und die Einheit des Wissens erklärte, trat Descartes mit seiner Auffassung von der Existenz der ausgedehnten und der denkenden Substanz auf.[21] Damit existierte eine philosophische Grundlage für die Forschungen über Naturprobleme, zugleich war aber mit dem Dualismus die Trennung zwischen Geist und Materie postuliert, die noch im 19. Jahrhundert den bekannten Physiologen

[19] Ebenda, S. 267.
[20] Ebenda, S. 265 f.
[21] Vgl. R. Descartes, Die Prinzipien der Philosophie, Berlin 1965.

E. du Bois-Reymond als Welträtsel beschäftigte. Kritiker setzten auf den idealistischen Monismus, der jedoch die Entwicklung der Naturwissenschaften hemmte. Spinoza dagegen begriff die Natur als Ursache ihrer selbst.[22]

Dieser Teilzyklus erhielt seinen Abschluß mit der Formulierung von Prinzipien wissenschaftlichen Arbeitens durch den mechanischen Materialismus. Der Aufbau der Welt erwies sich danach als relativ einfach. Alle Prozesse konnten auf Elementarreaktionen kleinster Teilchen zurückgeführt werden, die undurchdringlich den Raum erfüllten, schwer und träge waren. Die klassische Physik gab mit dem Hamilton-Formalismus eine Zusammenfassung der Prinzipien, nach denen diese Elementarreaktionen erfolgten. Die Kenntnis von Ort und Impuls eines Teilchens ermöglichte die exakte Voraussage aller zukünftigen Orte dieses Teilchens. Der mechanische (metaphysische) Determinismus, ausgedrückt in den Möglichkeiten des Laplaceschen Dämons, konnte damit aus der Gegenwart jeden zukünftigen Zustand der Welt bestimmen.[23]

Während der Teilzyklus bis zur Einheitstheorie des Aristoteles zur Reifung des Wissenschaftstyps der Herausbildung der Wissenschaft gehörte, war die christliche Einheitslehre, die alles zur Schöpfung Gottes erklärte, wesentlich für die theoretischen Grundlagen im Wissenschaftstyp des Zunfthandwerks und der autarken Landwirtschaft. Die Einheitstheorie des mechanischen Materialismus begleitete den Wissenschaftstyp der industriellen Revolution. Der damit abgeschlossene Teilzyklus rief die philosophische Kritik von K. Marx, F. Engels und W. I. Lenin hervor.[24] Die neuen Erkenntnisse der Chemie und Biologie sowie der Elektrizitätslehre sollten berücksichtigt werden. Sie verwiesen bereits darauf, was später mit den Heisenbergschen Unbestimmtheitsrelationen offensichtlich wurde, daß mit dem metaphysischen Determinismus als wesentlichem Bestandteil des mechanischen Materialismus die Entwicklung des Geschehens nicht erfaßt werden kann. Kritisiert wurde deshalb die metaphysische Denkweise des mechanischen Materialismus. Er negierte die Existenz des objektiven Zufalls, konnte die Freiheit der Persönlichkeit nicht erklären und vernachlässigte die Unerschöpflichkeit der Materie. So begriff er auch das Wesen des Menschen nicht als Ensemble der konkret-historischen gesellschaftlichen Verhältnisse, sondern faßte ihn abstrakt, ohne Berückichtigung der revo-

[22] Vgl. B. Spinoza, Der theologisch-politische Traktat, Leipzig 1967.

[23] H. Hörz, Der dialektische Determinismus in Natur und Gesellschaft, a. a. O.; H. Hörz, Zufall. Eine philosophische Untersuchung, a. a. O.

[24] Vgl. W. I. Lenin, Karl Marx, in: LW, Bd. 21, Berlin 1960, S. 41.

lutionären, praktischen Tätigkeit. Die Herausbildung des dialektisch-materialistischen Einheitsdenkens zur objektiven Realität und zur wissenschaftlichen Erkenntnis zwang dazu, ein dialektisch-materialistisches Verständnis dieser Einheit auszuarbeiten.

3.3. Dialektisches Verständnis der Einheit wissenschaftlicher Erkenntnis

Damit sich ein dialektisch-materialistisches Verständnis der Einheit der wissenschaftlichen Erkenntnis herausbilden konnte, mußten bestimmte Voraussetzungen existieren. Da wir in einer Zeit leben, in der sich die dialektische Negation der Negation im großen, bereits geschilderten Entwicklungszyklus vollzieht, sind wir in der Lage, diese Voraussetzungen zu charakterisieren.

Sie betreffen erstens theoretische und methodologische Grundlagen. Die differenzierte Untersuchung einzelner Bereiche der objektiven Realität, die Aneignung des Stoffes im Detail hat, beginnend mit dem 19. Jahrhundert, dazu geführt, daß eine wissenschaftlich fundierte Gesamtsicht über Prozesse in Natur, Gesellschaft und Bewußtsein existiert. Das hebt wesentliche Lücken nicht auf. Die Welträtsel des 19. Jahrhunderts, das Verhältnis von Materie und Geist, von Materie und Bewegung konnten prinzipiell gelöst werden. Das Bewußtsein erwies sich als Entwicklungsprodukt und Eigenschaft der Materie sowie als spezifisch menschliche Form der Widerspiegelung der objektiven Realität. Bewegung konnte im Einklang mit der Wissenschaftsentwicklung als Daseinsweise der Materie erfaßt werden. Welträtsel Nummer 1 unserer Zeit sind jedoch die Mechanismen geistiger Tätigkeit, deren Aufdeckung Licht in das Dunkel schöpferischer Arbeit bringen kann. Weitere Welträtsel betreffen das Verhältnis von genetischem Programm und gesellschaftlichem Verhalten, die Rolle der Psyche als Fokus natürlicher und gesellschaftlicher Einflüsse und die natürlichen Grundlagen sittlichen Verhaltens. Lösungsansätze existieren. Überhaupt hat die Wissenschaftsentwicklung die Konturen des Gesamtbildes sichtbar gemacht.

Zweitens hat die Entwicklung der Gesellschaft, bei aller Kompliziertheit gegenwärtiger gesellschaftlicher Entwicklungstendenzen[25],

[25] Vgl. F. Castro, Die ökonomische und soziale Krise in der Welt und ihre Auswirkungen auf die unterentwickelten Länder, ihre düsteren Perspektiven und die Notwendigkeit zu kämpfen, wenn wir überleben wollen, Dresden 1983.

die Klassengegensätze in der antagonistischen Gesellschaft zugespitzt. Wir leben in der Epoche des Übergangs vom Kapitalismus zum Sozialismus. Damit eröffnet sich in der historischen Mission der Arbeiterklasse und ihrer Verbündeten, eine klassenlose Gesellschaft aufzubauen, eine neue historische Perspektive, die die prinzipielle Lösung gesellschaftlicher Probleme bringen kann. Auf der Grundlage wissenschaftlicher Gesellschaftstheorien, die die Struktur der Gesellschaft im Wechselverhältnis von Produktivkräften und Produktionsverhältnissen, von Basis und Überbau erfassen, entstehen wissenschaftlich begründete Handlungsorientierungen für Klassen, Schichten und Individuen.

Drittens zeigen die Ergebnisse der wissenschaftlich-technischen Revolution, daß unter sozialistischen und kommunistischen gesellschaftlichen Verhältnissen der Mensch immer mehr zum schöpferischen Gestalter und Kontrolleur der Produktionsprozesse und seiner eigenen Lebensweise werden kann. Die effektive Nutzung der Ergebnisse der wissenschaftlich-technischen Revolution, ihre Verbindung mit den Vorzügen des Sozialismus führt zur Erweiterung der Humanität, zum Freiheitsgewinn der Persönlichkeit.

Viertens hat die Herausbildung globaler Probleme mit einem Umweltsyndrom, das von einem möglichen globalen Krieg mit Massenvernichtungswaffen bis zur Vernichtung von Naturressourcen in einem für die Menschen katastrophalen Ausmaß reicht, dazu geführt, daß die wissenschaftliche Verantwortung für die effektive und humane Lösung dieser Probleme immer mehr erkannt wird. Die oft notwendige lokale, d. h. territoriumsspezifische und durch die Gesellschaftsordnung determinierte Lösung globaler Probleme erfordert Zusammenarbeit, Absprachen und gemeinsames Handeln, um das Humanpotential der Wissenschaften einsetzen zu können. Es bedarf also, und das ist ein neuer spezifischer Einheitsaspekt, der theoretischen Grundlagen für gemeinsame Strategien aller Humanisten bei existierenden unterschiedlichen Gesellschaftsordnungen, Weltanschauungen und Ideologien.

Unter diesen Voraussetzungen ist es möglich, die philosophischen Positionen zu bestimmen, die als wesentliche Elemente das dialektisch-materialistische Verständnis der Einheit der wissenschaftlichen Erkenntnis konstituieren. Zu ihnen gehören: – *Die Einheit der Welt in der Materialität ist in ihrer Unerschöpflichkeit und Strukturiertheit zu begreifen.* Die Erkenntnis von der Einheit der Welt in der Materialität ist ein historisches und systematisches Forschungsprogramm zum Nachweis dieser Einheit durch die „lange und langwierige Entwicklung der Philosophie und der Naturwissenschaft"[26] und zur Entwicklung allgemeiner Theorien, die Genese- und Strukturzusammenhänge zwischen vorher getrennten Gebieten aufdecken, wie schon bei der Darlegung der Grundprinzipien gezeigt wurde. Aus der Existenz der Einheit der Welt in der Materialität folgt keineswegs die Existenz einer einheitlichen Welttheorie, obwohl sich allgemeine Theorien entwickeln. Es geht um den Zusammenhang von globalen und lokalen, von allgemeinen und speziellen Theorien und um das Zusammenwirken von Wissenschaftlern verschiedener Disziplinen zur Lösung komplexer Aufgaben. – *Die Einheit der wissenschaftlichen Erkenntnis umfaßt als Aspekte die Allgemeinheit, den Zusammenhang und die Genese.* Grundlage der *Allgemeinheit* sind objektiv existierende gemeinsame Strukturen und Funktionen von Systemen. Das ermöglicht die Existenz allgemeiner Theorien und die Nutzung von Analogien als heuristisches Prinzip.

Der *Zusammenhang* ist eine Einheit von Gegensätzen. Objektive dialektische Widersprüche, wie die zwischen Kontinuität und Diskontinuität, Entwicklung und Erhaltung, Symmetrie und Asymmetrie u. a., werden, wie Kant schon zeigte, als Antinomien im Denken erfaßt.[27] In der Wisenschaft können konkurrierende Theorien entstehen. Erinnert sei an die Korpuskel- und Wellentheorie, an den Streit zwischen Fixismus und Mobilismus in den Geowissenschaften. Antinomien werden gelöst, wenn die Ergebnisse konkurrierender Theorien in umfassenderen Theorien berücksichtigt werden und eine Theorie entsteht, die die Einheit der Gegensätze, die dialektischen Widersprüche, erfaßt. Das gilt für die Quantentheorie, die die Einheit von Wellen- und Korpuskeleigenschaften der Objekte berücksichtigt, und für die globale Plattentektonik, die Fixismus und Mobilismus in ihrem rationellen Kern vereinigt.

Die *Genese* als Bestandteil der Einheit wissenschaftlicher Erkenntnis verweist auf den Übergang von einer Entwicklungsstufe zur anderen, auf das Auseinanderhervorgehen von Strukturniveaus. Der Entwicklungsaspekt hat für die Einheit der wissenschaftlichen Erkenntnis doppelten Charakter. Einerseits muß in Entwicklungstheorien die von Lenin geforderte Einheit des Entwicklungsprinzips mit dem Prinzip der materiellen Einheit der Welt hergestellt werden. Andererseits ist die Theorienentwicklung in ihren allgemeinen Prinzipien, wie Korrespondenz, Komplementarität, Auflösung von Antinomien

[26] F. Engels, Herrn Eugen Dührings Umwälzung der Wissenschaft, a. a. O., S. 41.

[27] Vgl. I. Kant, Kritik der reinen Vernunft, Leipzig 1971, S. 514 ff.

und globaler Einordnung lokaler Ereignisse, zu erfassen. Während die Allgemeinheit zu Analogien führt, verlangt die Erklärung der Genese Homologien.

Mit Theorien über die Selbstorganisation der Materie sollen alle drei Aspekte der Einheit, nämlich die Allgemeinheit, der Zusammenhang und die Genese, erfaßt werden.

– *Die Einheit der Wissenschaften existiert als Einheit wissenschaftlicher Disziplinen.* Merkmale einer wissenschaftlichen Disziplin sind: Spezialwissen über ein Forschungsobjekt, das auch komplexen Charakter besitzen kann; Methoden als Art und Weise, mit bestimmten Regeln und Verfahren die Beziehungen und Gesetze des Objektes zu erfassen, zu reproduzieren und technologisch verwertbar zu machen; eine spezifische Sprache, die die Besonderheiten des Objektes berücksichtigt und Elemente der allgemeinen Wissenschaftssprache enthält; die Existenz von Wissenschaftlerpersönlichkeiten, die mit einem bestimmten Ziel vorhandenes Wissen über das Objekt, die Sprache und die Methodik nutzen, um Beiträge zum Weltfundus der Wissenschaften, zur technologischen Verwertung der Erkenntnisse und zur humanen Gestaltung des wissenschaftlich-technischen Fortschritts zu leisten. In diesem Sinne umfassen Physik, Chemie, Biowissenschaften, Geowissenschaften, Humanwissenschaften, Gesellschaftswissenschaften, Strukturwissenschaften verschiedene wissenschaftliche Disziplinen. Trotzdem sprechen wir beispielsweise von der Einheit der Physik. Auch wird die Frage gestellt, ob für alle Disziplinen der Geowissenschaften eine gemeinsame theoretische Grundlage existiert. Diskussionen gibt es über die Existenz einer theoretischen Chemie und einer theoretischen Biologie mit einheitlicher theoretischer Grundlage.

Charakterisieren wir das Problem durch die Einheit der Physik im Zusammenhang mit physikalischen Disziplinen, dann zeigt sich, daß die Physik als einheitliche Wissenschaft nicht durch eine Grundlagentheorie allein konstituiert wird. Zu ihren Grundlagentheorien gehören die klassische Mechanik, die Elektrodynamik, die Relativitäts- und Quantentheorie. Sie hat sich in viele Gebiete aufgegliedert mit wissenschaftlichen Disziplinen zwischen Atomphysik und Hochenergiephysik, wie Festkörperphysik u. a. Mit der Theorie dissipativer Strukturen entwickelt sie eine physikalische Rahmentheorie für biotische Evolution. Trotz dieser Spezifik zeigt sich die Einheit der Physik in der Untersuchung von Beziehungen und Gesetzen der anorganischen Materie. In ihrer Theorienentwicklung haben sich bestimmte Prinzipien herausgebildet, die Grundlage wissenschaftlichen Forschens sind. Trotz möglicher Vereinheitlichung von Grundlagentheorien werden stets mehrere Grundlagentheorien die Einheit verschiedener wissenschaftlicher Disziplinen bestimmen. Das gilt auch für die Bio- und Geowissenschaften sowie für andere umfassende Wissenschaftsgebiete.

– *Die Einheit der wissenschaftlichen Erkenntnis basiert auf einem einheitlichen Methodensystem.* Seine Eckpunkte, worauf noch ausführlicher einzugehen ist, sind die experimentelle, die logisch-mathematische und die historische Methode. Die experimentelle Methode betrifft den Einsatz des Experiments als objektiven Analysator der Wirklichkeit. Die logisch-mathematische Methode umfaßt Regeln und Verfahren zur Synthese der in Experimenten analysierten Wesensmomente. Durch den konstruktiven Entwurf theoretischer Systeme bietet sie Möglichkeiten, empirisches Material theoretisch zu ordnen. Die historische Methode erfaßt sowohl den Erkenntnisgegenstand als auch die Erkenntnismethoden und die Theorien in ihrer Entwicklung. Alle anderen Methoden erweisen sich als Wechselbeziehungen zwischen der experimentellen, der logisch-mathematischen und historischen Methode. Das gilt auch für die Modellmethode.[28] Die Systemforschung zeigt, wie die Modellmethode genutzt werden kann, um die Wechselwirkung verschiedener Faktoren in ihrer Komplexität und Kompliziertheit zu erfassen.

– *Die Einheit der wissenschaftlichen Erkenntnisse realisiert sich in der interdisziplinären Arbeit bei der Lösung komplexer Aufgaben.* Interdisziplinarität ist die Keimform der Disziplinarität. Dabei darf als Gegenstand wissenschaftlicher Disziplinen nicht allein eine Grundform der Bewegung zugelassen werden. Disziplinarität umfaßt Spezialkenntnisse von Grundformen der Bewegung; von Beziehungen zwischen niedrigeren und höheren Bewegungsformen; die Erforschung von Komplexen von Bewegungsformen, wie es in den Geowissenschaften und den Humanwissenschaften der Fall ist; solche Disziplinen, die allgemeine Aspekte der Struktur, des Verhaltens, der Entwicklung von Systemen untersuchen, wie Mathematik und Kybernetik; Wissenschaftsdisziplinen, die sich mit den gesellschaftlichen Bedürfniskomplexen als Forschungsobjekte befassen, zu denen Gesundheit, Ernährung, Rohstoffe, Energie, Persönlichkeit und Umwelt gehören, und Wissenschaftsdisziplinen, die Tätigkeitsaspekte, wie Produktion, Kultur, Bildung, untersuchen. Bei diesem Verständnis der Disziplinarität besagt der Hinweis darauf, daß es sich bei einer Wissenschaftsdisziplin um ein integratives Wissensgebiet handeln soll, nicht viel. Nur wenige Wissenschaften könnten für sich in Anspruch

[28] Vgl. N. Hager, Modelle in der Physik, Berlin 1982.

nehmen, keine integrative Disziplin zu sein. Das beträfe die Physik, die sich mit der elementaren Grundform der Bewegung befaßt, die Grundlage aller anderen Bewegungsformen ist. In diesem Sinne sind die physikalischen Gesetze universell gültig. Auch die Mathematik als Wissenschaft von den formalisierbaren Strukturen ideeller Systeme wird erst durch ihre Anwendung integrativ. Ebenso ist die Philosophie, wenn sie die allgemeinen Sinnfragen beantwortet, noch keine integrative Disziplin. Da aber Mathematik und Philosophie nicht an sich existieren, sondern ihre Bewährung durch Anwendung suchen, sind sie es gerade, die die interdisziplinäre Arbeit besonders herausfordern. Dieses Verständnis der Disziplinarität zwingt dazu, ihr als der Spezialisation des Wissens auf ein Objekt die Interdisziplinarität als Komplexion des Wissens durch Einordnung des spezialisierten Wissens in umfassende Zusammenhänge für die Lösung komplexer Aufgaben ergänzend hinzuzufügen. Disziplinarität und Interdisziplinarität ergänzen sich als Spezialisation und Komplexion des Wissens und sind so wesentliche Grundlage der Einheit der wissenschaftlichen Erkenntnis.

Damit sind wesentliche Elemente des dialektisch-materialistischen Verständnisses der Einheit der wissenschaftlichen Erkenntnis charakterisiert.

3.4. Neue integrative Tendenzen

Mit neuen integrativen Tendenzen der Wissenschaftsentwicklung treten zugleich Probleme für die Wissenschaftstheorie und Wissenschaftspolitik auf. Zu den neuen integrativen Tendenzen der wissenschaftlichen Erkenntnis gehören: der Globalismus; der Zwang zur Technologie; die Einheit von Mathematisierung und Humanisierung als Beitrag zur Dialektisierung der Wissenschaften; das Entstehen neuer Theorien und Methoden.

Der *Globalismus* verlangt die Einordnung lokaler Probleme in globale Entwicklungstendenzen. Es geht um die wissenschaftliche Analyse globaler Probleme der Menschheitsentwicklung.[29] Es existieren, wie schon erwähnt, vier Gruppen globaler Probleme, die zugleich eine Rangfolge darstellen: Die Erhaltung und Festigung des Friedens; die Gewährleistung der Bedingungen für den gesellschaftlichen Fortschritt; die Sicherung des Freiheitsgewinns der Per-

[29] Vgl. W. W. Sagladin/I. T. Frolov, Globale Probleme der Gegenwart, Berlin 1982.

sönlichkeit und die Erhaltung natürlicher Bedingungen menschlicher Existenz. Der Zusammenhang dieser Problemgruppen ist einsichtig. Friedenssicherung ist elementare Grundlage für den gesellschaftlichen Fortschritt, denn ein globaler Krieg würde die Bedingungen für die Entwicklung der Menschheit überhaupt gefährden. Gesellschaftlicher Fortschritt erweitert den Freiheitsgewinn der Persönlichkeit. Persönlichkeitsentwicklung selbst ist so abhängig von der Erhaltung des Friedens und vom gesellschaftlichen Fortschritt. Die Überwindung des durch die Profitproduktion erzwungenen Raubbaus an der Natur und die möglichen antihumanen Auswirkungen der wissenschaftlich-technischen Revolution zwingen zur Gestaltung einer menschenfreundlichen natürlichen Umwelt. Dabei bedürfen verschiedene Lösungsformen globaler Probleme der wissenschaftlichen Fundierung. Es geht um internationale Abkommen unter Beachtung unterschiedlicher Interessen und zum gegenseitigen Vorteil. Sozial determinierte Lösungen im Rahmen von Nationalstaaten und Staatengruppen, die sich in verschiedenartigen gesellschaftlichen Systemen prinzipiell voneinander unterscheiden, sind zu erarbeiten. Mit Szenarioanalysen sind mögliche Lösungsvarianten vorzugeben, mit denen die Erfahrungen bei globalen und lokalen Lösungsversuchen für globale Probleme analysiert werden. Dabei hat sich der Globalismus selbst wesentlich methodische Instrumentarien mit der globalen Modellierung erschlossen.[30]

Der *Zwang zur Technologie* betrifft die notwendige Lösung komplexer Aufgaben mit großer gesellschaftlicher und volkswirtschaftlicher Bedeutung. Die Rohstoffverwertung, -substitution und die Entwicklung abfallarmer Produktionszyklen, die rationelle Nutzung traditioneller Energieträger und die Entwicklung neuer Energiequellen, die Gestaltung einer menschenfreundlichen Umwelt, die Entwicklung der Volksgesundheit und die Sicherung der Ernährung, der Freiheitsgewinn der Persönlichkeit sind komplexe wissenschaftliche Probleme, deren Lösung mit darüber entscheidet, wie sich die Zukunft der Menschheit gestaltet. Die wissenschaftlich-technische Revolution verlangt wissenschaftliche Beiträge zur Gestaltung der Arbeits- und Lebensweise unter dem Aspekt, daß der Mensch zum schöpferischen Gestalter und Kontrolleur seiner Lebensbedingungen wird. Noch befriedigt der Mensch seine Bedürfnisse auf materiellem und kulturel-

30 Vgl. D. M. Gvišiani, Methodologische Probleme der Modellierung der globalen Entwicklung, in: Sowjetwissenschaft, Gesellschaftswissenschaftliche Beiträge, 10/1978; I. B. Nowik, Die globalen Modelle und ihre erkenntnistheoretische Bedeutung, in: Sowjetwissenschaft. Gesellschaftswissenschaftliche Beiträge, 4/1981.

lem Gebiet im wesentlichen spontan. Immer mehr tritt jedoch das Problem der Gestaltung der menschlichen Bedürfnisse in den Vordergrund gesellschaftswissenschaftlichen Interesses. Pures Spezialistentum ist eine Form der Verantwortungslosigkeit. Sie drückt sich in der Angst vor disziplinübergreifenden Hypothesen aus, achtet nicht auf den möglichen Beitrag der Disziplin zur interdisziplinären Arbeit und hemmt dadurch die Lösung komplexer Aufgaben. Der Zwang zur Technologie zeigt, daß die Erkenntnis von Beziehungen und Gesetzen der Natur, der Gesellschaft und des Bewußtseins in Herrschaftsmittel des Menschen umgesetzt werden muß. Freiheitsgewinn der Persönlichkeit bedeutet, die natürliche und gesellschaftliche Umwelt und das eigene Verhalten auf humane Weise besser zu beherrschen. Herrschaft ist also nicht Eroberung, sondern unterliegt dem Humanismus als Zielfunktion, Bewertungskriterium und Anforderungsstrategie. Technologien sind also nicht nur Regeln und Verfahren im Umgang mit der Technik, sondern die Umformung von Erkenntnissen zu Herrschaftsmitteln. Der Zwang zur Technologie umfaßt nicht nur Produktions-, sondern auch Gesellschafts- und Bewußtseinstechnologien. Er drückt sich in der Forderung aus, wissenschaftliche Erkenntnisse gesellschaftlich zu verwerten. So sind alle Wissenschaften gefordert, seien es Natur-, Gesellschafts-, Technik-, Human- und Strukturwissenschaften, als Produktivkraft oder Humankraft wirksam zu werden. Faßt man die Bemerkung von Marx über die sich herausbildende Einheitswissenschaft nicht im Sinne einer Überwissenschaft auf, die eine allgemeine Welttheorie enthält, dann verwirklicht sich sein Gedanke im Zwang zur Technologie. Die Einheit der wissenschaftlichen Erkenntnis wird praktisch dann realisiert, wenn Technologien den Freiheitsgewinn der Persönlichkeit garantieren.

Es gibt zwei gegenläufige Tendenzen der Wissenschaftsentwicklung, deren dialektische Einheit zu erfassen und zu gestalten ist. Das soll mit dem Terminus „Dialektisierung" ausgedrückt werden. Er verweist auf den Prozeß, der sich abspielt und bewußt gefördert werden sollte, nämlich die *dialektische Einheit von Mathematisierung und Humanisierung der Wissenschaften* herzustellen. Dieser Prozeß wird noch genauer analysiert. Er wird mit extremen weltanschaulichen Positionen erfaßt. Sie finden sich im Scientismus und Irrationalismus. Der Scientismus meint, mit empirischen Einsichten und logischer Sprachanalyse alle auftretenden Probleme lösen zu können. Da jedoch der Mensch seinem Wesen nach Ensemble der gesellschaftlichen Verhältnisse ist, das eine Einheit von natürlichen und gesellschaftlichen, emotionalen und rationalen, bewußten, unterbewußten und unbewußten Faktoren in individueller Ausprägung darstellt, hat der Scientismus Schwierigkeiten mit der Emotionalität und Aktivität, mit der Motivation und Individualität des Menschen. Irrationalismus und Lebensphilosophie profitieren davon. Während der Irrationalismus die Humanisierung zur Negation der Wissenschaften treibt, diskreditiert der Scientismus die Wissenschaften, weil er die falsch verstandene Mathematisierung als Zaubermittel zur Lösung aller gesellschaftlichen Probleme ansieht.

Die Wissenschaftsentwicklung bringt selbst neue *integrative Theorien und Methoden* hervor. Zu ihnen gehören die Theorie der Selbstorganisation und die Methode der Systemanalyse. Die Theorie der Selbstorganisation muß weiter ausgearbeitet werden. Sie kann zu einer mathematisch präzisierten Auffassung führen, die den philosophischen Gedanken von der Selbstbewegung der Materie natur- und gesellschaftswissenschaftlich faßbar macht. Mit Fluktuationen und Bifurkationen werden Evolutionen beschrieben. Mit der Theorie dissipativer Strukturen hat die Physik eine Rahmentheorie für biotische Evolutionen geschaffen.[31] Noch geht es dabei mehr um Strukturbildungsprozesse als schon um das umfassende Problem der Selbstorganisation. Die philosophische Entwicklungstheorie stellt heuristische Forderungen an die Theorie der Selbstorganisation, die die Analyse von Entwicklungsmechanismen und -kriterien betreffen. Noch werden keine Entwicklungszyklen untersucht, in denen dialektische Negation der Negation als Ausbildung höherer Qualitäten stattfindet. Entwicklung ist nicht einfach undefinierbarer Qualitätsumschlag. Sie umfaßt neben Möglichkeitsfeldern für die weitere Entwicklung auch relative Ziele des Geschehens. Deshalb ist es wichtig, mit Entwicklungskriterien die höhere Qualität einer Entwicklungsphase im Entwicklungszyklus zu bestimmen. Im Vergleich mit der Ausgangsqualität muß die höhere Qualität die Funktionen qualitativ besser und quantitativ umfangreicher erfüllen. Die Ansätze zu einer Theorie der Selbstorganisation müssen philosophisch analysiert werden, um heuristische Hinweise für ihre weitere Entwicklung geben zu können.[32]

Die mathematische Fundierung der Systemanalyse und ihre Nutzung zur Modellierung haben in den letzten Jahren beträchtliche Fortschritte gemacht.[33] Immer mehr geht es darum, den Zusammen-

[31] Vgl. W. Ebeling/R. Feistel, Physik der Selbstorganisation und Evolution, a. a. O.

[32] Vgl. H. Hörz/K.-F. Wessel, Philosophische Entwicklungstheorie, a. a. O., S. 89 ff.

[33] Vgl. A. Sydow (Hrsg.), Systems analysis and simulation, Berlin 1980 (Mathematische Forschung, 5).

hang von materialistischer Dialektik und Systemanalyse auszuarbeiten. Materialistische Dialektik erfordert ebenfalls Systemforschung. Ihre allgemeinen Prinzipien, wie das der Unerschöpflichkeit, der Strukturiertheit, der Determiniertheit und der Entwicklung, müssen methodologisch fruchtbar gemacht werden. Das ist möglich, wenn die Untersuchungen zum dialektischen Determinismus und zur philosophischen Entwicklungstheorie in die erkenntnistheoretischen und methodologischen Überlegungen der Systemforschung einbezogen werden. Manche der dialektischen Prinzipien sind zu allgemein formuliert. Durch ihre mathematische Präzisierung in der Systemanalyse kann jedoch leicht die Gefahr entstehen, daß das Modell nicht die Wirklichkeit erfaßt und keine wissenschaftlich begründeten Handlungsanweisungen gibt, sondern das Wirklichkeitsverständnis dem Modell untergeordnet wird. Das ist eine metaphysische Haltung, die der dialektischen widerspricht. Es ist also darauf zu achten, daß Systemforschung nicht Pseudophilosophie, aber auch nicht Pseudomathematik wird. Wichtig ist es jedoch auch, zwischen wissenschaftlich berechtigten Reduktionen und dem philosophischen Reduktionismus zu unterscheiden. Kein Modell kann die Totalität der Beziehungen eines Objekts erfassen. Modelle sind, in Abhängigkeit von ihrem Zweck, wissenschaftlich berechtigte Reduktionen auf wesentliche Beziehungen, aus denen Handlungsorientierungen entstehen. Zum philosophischen Reduktionismus wird eine Betrachtungsweise erst dann, wenn für ein komplexes und kompliziertes Objekt eine Gesamterklärung aus den durch Reduktionen erreichten Erkenntnissen abgeleitet wird. So ist es notwendig, die natürlichen Grundlagen menschlicher Existenz zu untersuchen. Das betrifft die biotisch-genetischen Prädispositionen menschlichen Verhaltens ebenso, wie die biochemischen Prozesse im Organismus. Die berechtigte wissenschaftliche Reduktion wird jedoch zum philosophischen Reduktionismus, wenn menschliches Verhalten allein aus genetisch-biotischen Prädispositionen erklärt wird. Dort, wo die natürlichen Grundlagen menschlichen Verhaltens keine wesentliche Verhaltensdifferenzierung ergeben, ist das differente Verhalten des Menschen nur durch gesellschaftliche Ursachen erklärbar. Systemanalyse muß mit wissenschaftlich berechtigten Reduktionen arbeiten, die Dialektik von lokalen und globalen Theorien berücksichtigen und Ergebnisse der materialistischen Dialektik in ihre Arbeit einbeziehen.

Die neuen integrativen Tendenzen der Wissenschaftsentwicklung sind mit der Herausbildung des Wissenschaftstyps der wissenschaftlich-technischen Revolution verbunden.

3.5. Fazit

Die Einheit der wissenschaftlichen Erkenntnis ist ein zyklischer Prozeß. Dabei ist Wissenschaftsentwicklung nicht auf Theorienentwicklung zu reduzieren, die Rolle konkurrierender Theorien zu berücksichtigen und die Bewertung und Verwertung wissenschaftlicher Erkenntnisse durch die Gesellschaft in die Betrachtung einzubeziehen. Die Einheit der wissenschaftlichen Erkenntnis verlangt Wissen über die komplizierte Einheit der Welt in der Materialität, also ein Weltbild, das Seinsstrukturen erklärt und Sinnfragen beantwortet und so wissenschaftlich begründete Handlungsorientierungen für den gesellschaftlichen Fortschritt, die humane Gestaltung des wissenschaftlich-technischen Fortschritts und die Persönlichkeitsentwicklung gibt. Untersuchungen zu Determinanten und damit zu Bedingungen und Gesetzen der Wissenschaftsentwicklung müssen die Zyklizität und den Typenwandel beachten. Für die gegenwärtige Wissenschaftsentwicklung können vier Gesetze angenommen werden, die von grundlegender Bedeutung sind: das Gesetz vom Wechsel evolutionärer und revolutionärer Phasen der Wissenschaftsentwicklung; das Gesetz der ungleichmäßigen experimentellen und theoretischen Entwicklung der Wissenschaftsdisziplinen; das Gesetz von der Integration des Wissens und der wachsenden Komplexität wissenschaftlicher Aufgaben mit praktischer Relevanz; das Gesetz von der Dialektisierung der Wissenschaften als Einheit von Mathematisierung und Humanisierung. Die Untersuchung der Struktur dieser Gesetze ist möglicherweise ein wesentlicher Beitrag dazu, die Herausbildung neuer integrativer Tendenzen in der Wissenschaftsentwicklung in ihrem gesetzmäßigen Charakter zu erkennen.

4. Determinanten der Wissenschaftsentwicklung

4.1. Determinanten in der Diskussion

Über Determinanten der Wissenschaftsentwicklung wird umfangreich nachgedacht und publiziert. Auch jede Fallstudie zur Wissenschaftsgeschichte enthält implizit die Auffassungen des Autors zum System der Determinanten. Die Autoren von Veröffentlichungen zur Geschichte der Wissenschaften und einzelner Disziplinen berufen sich entweder auf die hervorragenden Leistungen bestimmter Persönlichkeiten und auf die erreichten Ergebnisse der Theorienentwicklung, die dann den Eindruck kumulativen Wissenszuwachses erwekken, weil die Nebenwege, die Irrtümer nicht gezeigt werden, oder auf die gesellschaftliche und wissenschaftliche Umwelt, die für die Theorienentwicklung bedeutende Impulse gab oder fast unüberwindliche Hemmnisse aufbaute, was die spezifischen Determinanten für die Wahrheitssuche manchmal in den Hintergrund treten läßt.

Theoretische Reflexionen über das System der Determinanten weisen so unterschiedliche Haltungen zu den entscheidenden Faktoren der Wissenschaftsentwicklung aus. Eine dialektische Theorie der Wissenschaftsentwicklung berücksichtigt die dabei erarbeiteten Resultate; ihre Spezifik besteht jedoch darin, vor allem das Determinationsprinzip und das Entwicklungsprinzip heuristisch zu nutzen. Das bedeutet:

1. Die Bedingtheit und Bestimmtheit der Wissenschaftsentwicklung ist in wesentlichen Kausalbeziehungen und Gesetzen zu erfassen. Dazu gehören die Bedingungen der Entstehung von Wissenschaft, die schon behandelt wurden. Die Bedingungen für die weitere Entwicklung der Wissenschaft sind allgemeiner Art, soweit es das schöpferische Wesen des Menschen, also seinen Erkenntnisdrang, die Notwendigkeit rationaler Erklärung der Wirklichkeit für Orientierungswissen und die praktischen Anforderungen an Wissenschaft durch Produktivkraftentwicklung, Gesellschaftsveränderung und persönliche Probleme betrifft. Diese allgemeinen Bedingungen spezifizieren sich in den konkret-historischen Wissenschaftstypen, was zu einem spezifischen Wirkungsmechanismus der Gesetze führt. Über Gesetze der Wissenschaftsentwicklung ist sicher weiter nachzudenken. Das empirische Material und die theoretischen Reflexionen liefern jedoch Einsichten in die Bestimmtheit der Wissenschaftsentwicklung, also in ihre Gesetzmäßigkeit. Solche Gesetze werden formuliert und in ihrer inneren Struktur untersucht, um ein Angebot für die weitere Diskussion um Gesetze und Bedingungen der Wissenschaftsentwicklung zu haben.

2. Große und kleine Entwicklungszyklen setzen sich über Möglichkeitsfelder und die bedingt zufällige Verwirklichung von Möglichkeiten als dialektische Negation der Negation einer Ausgangsqualität in der höheren Qualität durch, wie es der Typenwandel und die Zyklizität integrativer wissenschaftlicher Erkenntnis zeigt. Daraus ergibt sich eben die Frage nach dem Gesetz, das den Entwicklungsmechanismus bestimmt. Es kennzeichnet den Wechsel von evolutionären und revolutionären Phasen, der auch den Determinantenwechsel bestimmt.

3. Das System der Determinanten umfaßt (a) die für den mate-

riellen Lebensprozeß und die Wissenschaftsentwicklung notwendigen Faktoren der Gesellschaftsentwicklung in der Dialektik von Produktivkräften und Produktionsverhältnissen, von Basis und Überbau, (b) die Wissenschaftsentwicklung in ihrem methodischen und theoretischen Niveau und ihrer Potenz, gesellschaftliche Anforderungen zu erfüllen, und (c) die Wissenschaftlerpersönlichkeit, die unter bestimmten gesellschaftlichen Verhältnissen als Individuum mit spezifischen Fähigkeiten und Fertigkeiten die Grundfunktionen der Wissenschaft in bestimmten Aspekten erfüllt und gesellschaftliche Bedürfnisse in wissenschaftliche Probleme transformiert.

4. Das Determinantensystem besitzt eine Hierarchie, in der der Kernprozeß wissenschaftliche Revolutionen sind, die sich auf Disziplinentwicklung, Praxisrelevanz und Weltbilder auswirken. Dabei ist ein Wechsel von Hauptdeterminanten in Abhängigkeit vom Stand der Wissenschaftsentwicklung, d. h. dem entstehenden Forschungsprogramm, der Abarbeitung von Programmen, der Reife der Theorie, der gesellschaftlichen Bewertung und der praktischen Verwertung der Erkenntnisse zu beachten.

Diese theoretischen Hinweise sind nicht leicht umzusetzen. Jedoch hat theoretische Klarheit über die Determinanten der Wissenschaftsentwicklung weltanschauliche, wissenschaftstheoretische und praktische Bedeutung. Der *weltanschauliche Streit* betrifft die Auswirkungen der Wissenschaften auf den Menschen, die Möglichkeit zu staatlicher, ökonomischer und politischer Wissenschaftssteuerung und die Haltung zur Wissenschaft bzw. zu den scientistischen und antiscientistischen Extremen ihrer Interpretation. *Wissenschaftstheoretisch* ist der Gegenstand der Wissenschaftswissenschaft zu klären. Sie umfaßt einen Komplex von Problemen der Wissenschaftsökonomie und -politik, der Wissenschaftsphilosophie und -soziologie, der Wissenschaftstheorie und -organisation, des Wissenschaftsrechts und der Wissenschaftspsychologie. Dazu gehören sowohl die Auffassung der Wissenschaft von ihren Funktionen als auch die Determinanten der Wissenschaftsentwicklung als Gegenstand der Wissenschaftsforschung. *Praktisch* wirkt sich das theoretische Verständnis der Wissenschaft in ihren Determinanten für wissenschaftsstrategische Entscheidungen, für die Leitung und Planung des Wissenschaftsbetriebes aus.

Versuche, die Wissenschaftsentwicklung in ihren Determinanten zu erfassen, bringen theoretische Schwierigkeiten mit sich, weil die Struktur in der Detailflut gesucht wird. J. D. Bernal, der sich umfassend mit der Entwicklung der Wissenschaft in ihrer Wechselwirkung mit dem gesellschaftlichen Fortschritt befaßte, verwies auf den Umfang des Materials und suchte den notwendigen roten Faden in dieser Fülle. Zu viele Einzelheiten könnten nach ihm den Leser verwirren und die Darstellung von Hauptlinien den Vorwurf mit sich bringen, „daß ich fertige Lösungen aufdränge".[1] Diese Kritik kann leicht auch gegen die hier entwickelten Grundlagen einer dialektischen Theorie der Wissenschaft als Prozeß erhoben werden, denn diese muß, um die Rahmenthesen zu entwickeln, auf viele konkrete Zusammenhänge verzichten. Der Einwand ist dann gerechtfertigt, wenn sich das theoretische Gerüst bei Fallstudien nicht bewährt. Bisher ist das aus meiner Sicht nicht der Fall. Gegenargumente sind gefragt. Die Untersuchung der Wissenschaftsentwicklung in ihren Bedingungen und Gesetzen muß notwendig auf viele Details verzichten und das Allgemeine hervorheben. Deshalb ist auch nicht die konkrete Formulierung einer Bedingung oder eines Gesetzes entscheidend, sondern die Struktur des mit der Formulierung erfaßten komplizierten Prozesses, dessen Hauptmerkmale hervorzuheben sind. Dabei sind Präzisierungen unumgänglich.

Konzeptionen nicht-marxistischer Wissenschaftstheoretiker schränken manchmal die Determinanten der Wissenschaftsentwicklung auf die Bedingungen für den Erkenntnisfortschritt oder gar auf die Theorienentwicklung ein. Dagegen wird in der marxistischen Theorie die Rolle wissenschaftlicher Tätigkeit betont.[2] G. Kröber zählt zu den wichtigen Fragen, die eine positivistisch orientierte Wissenschaftstheorie u. a. ausschließt, „wie ein gegenwärtiges Wissenssystem nicht nur logisch, sondern auch historisch mit früheren Systemen zusammenhängt, wie der historische Übergang eines Wissenssystems in ein anderes, die zeitliche Entwicklung des Wissens durch die ideelle und materielle Tätigkeit des Menschen vermittelt ist. Damit aber muß nach den Voraussetzungen und Bedingungen gefragt werden, deren die wissenschaftliche Tätigkeit bedarf, um neues Wissen zuverlässig erzeugen zu können, Voraussetzungen und Bedingungen gesellschaftlicher, sozialer, ökonomischer, ideologischer, ideeller, instrumenteller u. a. Art. Die marxistisch-leninistische Wissenschaftstheorie stellt sich bewußt diesen Fragen."[3] Mit der Entwicklung des zyklischen Typenwandels wird versucht, Antworten auf solche Fragen zu finden. Die Anerkennung gesellschaftlicher Determiniertheit

1 J. D. Bernal, Die Wissenschaft in der Geschichte, a. a. O., S. 6.

2 Vgl. Wissenschaft. Stellung, Funktion und Organisation in der entwickelten sozialistischen Gesellschaft, hg. von G. Kröber/H. Laitko, a. a. O., S. 156 ff.

3 G. Kröber, Zu Hegels Wissenschaftsauffassung, in: M. Buhr, Der Mut zur Wahrheit, Berlin 1982, S. 47 (Sitzungsberichte der AdW der DDR, 8 G/ 1982).

und das Entwicklungsprinzip sind wichtige Grundlagen zur Einsicht in Bedingungen und Gesetze der Wissenschaftsentwicklung.

Der Versuch von Popper, Erkenntnis als Interpretation objektiver Ideen zu erfassen und die objektive Erkenntnis der „Erkenntnistheorie des Alltagsverstandes" entgegenzusetzen, die er für „einen subjektivistischen Irrtum hält",[4] führte zur Schematisierung der Erkenntnisfortschritte in der Folge: Problem, vorläufige Theorie, versuchte Fehlerbeseitigung, neues Problem.[5] Die konstruktive Bedeutung der empirisch-induktiven Erkenntnis wird gegenüber der Falsifizierung von Allaussagen vernachlässigt. Es entsteht eine Logik der Forschung, die trotz vieler interessanter Einsichten in die wissenschaftliche Erkenntnis dem realen Erkenntnisprozeß ein Schema aufzwingt und so die Dialektik der Erkenntnis vernachlässigt. Popper setzt die „rationale Einstellung" und die „kritische Einstellung" gleich und fordert dazu auf, Problemlösungen nicht zu verteidigen, „sondern mit allen Mitteln zu versuchen, sie selbst umzustoßen".[6] Das brachte die Kritik von P. K. Feyerabend mit sich, der den kritischen Rationalismus Poppers als irrational bezeichnet, weil die Methodologie von Popper den wirklichen Wissenschaftsbetrieb nicht berücksichtige.[7]

Eine besondere Rolle spielen in wissenschaftsthistorischen Überlegungen die auf Disziplinen zugeschnittenen Determinanten. Es geht jedoch bei den Determinanten der Wissenschaftsentwicklung um die Wechselwirkung der Disziplinen, um Bedingungen und Gesetze, die das Phänomen „Wissenschaft" als dialektischen Prozeß in seiner Entwicklung erfassen und nicht nur Teilabschnitte bestimmen. Einsichten in Triebkräfte, Mechanismen und Tendenzen der Wissenschaftsentwicklung überhaupt in ihren Auswirkungen auf die Disziplinen und die Rückwirkung der Disziplinentwicklung auf den Gesamtprozeß zeigen sich in den revolutionären Veränderungen wissenschaftlicher Tätigkeit und Theorien. Th. Kuhn faßte wissenschaftliche Revolutionen als Paradigmenwechsel.[8] Er erklärte jedoch nicht den Übergang von einem Paradigma zum anderen. Wissenschaftliche Revolutionen werden nach ihm immer durch kritische Phasen ausgelöst. „Kuhns begrifflicher Rahmen für die Behandlung wissenschaftlicher Kontinuität ist sozialpsychologisch", stellte I. Lakatos fest und

4 K. R. Popper, Objektive Erkenntnis, a. a. O., S. 11.

5 Vgl. ebenda, S. 314 f.

6 K. R. Popper, Logik der Forschung, a. a. O., S. XV.

7 Vgl. P. K. Feyerabend, Der wissenschaftstheoretische Realismus und die Autorität der Wissenschaften, Braunschweig – Wiesbaden 1978.

8 Vgl. Th. S. Kuhn, Die Struktur wissenschaftlicher Revolutionen, a. a. O.

setzte dagegen: „Ich sehe die Kontinuität in der Wissenschaft durch eine 'Poppersche Brille'. Wo Kuhn 'Paradigmen' sieht, sehe ich auch rationale 'Forschungsprogramme'."[9] Lakatos erfaßte die Wissenschaftsentwicklung durch die Begründung von Forschungsprogrammen, G. Holten durch die Entwicklung von „Themen".[10] Damit werden wichtige Beschreibungen für Entwicklungsmechanismen angeboten, die Grundlage für die Formulierung von Gesetzen sein können.

Allgemeine Entwicklungsgesetze der Wissenschaft, „die stabile gesetzmäßige Relationen in den Entwicklungstempi der Wissenschaft ausdrücken", behandelte B. M. Kedrov.[11] Als erstes Gesetz nennt er die beschleunigte Entwicklung der Wissenschaft. „Das bedeutet, daß die Wissenschaft in gleichen Zeitabschnitten quantitativ um ein Vielfaches wächst."[12] Es drückt sich auch in der schnelleren Formierung wissenschaftlicher Disziplinen aus. Das zweite Gesetz ist das der ungleichmäßigen Entwicklung der Wissenschaft. Es bezieht sich auf die führende Rolle bestimmter Wissenschaften. „Wissenschaft bewegt sich in ihrer fortschrittlichen Entwicklung so, daß sich in ihr Einzelleader und Gruppenleader periodisch wechselseitig ablösen."[13] Es ist aber fraglich, ob diese Periodizität gesetzmäßig ist. Das dritte Gesetz umfaßt die vorauseilende Entwicklung der Wissenschaft. Diese eilt Technik und Produktion voraus. „Da das Entwicklungstempo der Wissenschaft höher ist als das der Technik und Produktion, ergibt sich hieraus gesetzmäßig der vorauseilende Charakter ihrer Entwicklung sowie die Möglichkeit, daß die Wissenschaft auch in bezug auf ihr Entwicklungsniveau der Technik und Produktion schließlich vorauseilt."[14] Gerade dieses Wechselverhältnis von Wissenschaft, Technik und Produktion ist genauer im historischen Zusammenhang zu erfassen, was mit dem Typenwechsel möglich ist.

Die genannten drei Gesetze sind eigentlich bestimmte Tendenzen der Wissenschaftsentwicklung, die in ihrem dialektisch-widersprüchlichen Charakter noch genauer untersucht werden müssen. Zu ihnen gibt es Gegentendenzen, und es wäre wichtig, die Struktur solcher

[9] I. Lakatos, Die Methodologie der wissenschaftlichen Forschungsprogramme, a. a. O., S. 89.

[10] Vgl. G. Holton, Thematic Origins of Scientific Thought, a. a. O.

[11] B. M. Kedrow, Drei Entwicklungsgesetze der Wissenschaft und Forschung im Sozialismus, Berlin 1974, S. 15 ff. (Wissenschaft und Gesellschaft, 3).

[12] Ebenda, S. 20.

[13] Ebenda, S. 31.

[14] Ebenda, S. 39.

Gesetze so zu bestimmen, daß Möglichkeitsfelder für verschiedene Tendenzen und die gesetzmäßige Haupttendenz erfaßt werden. Eben das führt uns zur Struktur statistischer Gesetze.

G. M. Dobrov charakterisiert wesentliche Tendenzen der Wissenschaftsentwicklung in der wissenschaftlich-technischen Revolution, die bei der Formulierung von Gesetzen zu berücksichtigen sind. Er sieht sie: „1. Im Kettenmechanismus des wissenschaftlichen Fortschritts; 2. in der höheren Arbeitsaufwendigkeit und der wachsenden Kompliziertheit der wissenschaftlichen Forschungen; 3. in der schnelleren Ablösung einer wissenschaftlichen Konzeption durch eine andere; 4. in der schnelleren Realisierung wissenschaftlicher Erfindungen in der Produktion; 5. in der wachsenden sozialen Bedeutung der Wissenschaft; 6. im internationalen Charakter der Wissenschaftsentwicklung; 7. in der Notwendigkeit von 'Steuerungsprognosen'; 8. in der Veränderung der Wissenschaftsstruktur."[15] Es wäre sicher interessant, den inneren Zusammenhang solcher Tendenzen zu untersuchen. So ist die schnelle Ablösung wissenschaftlicher Konzeptionen mit der Realisierung von Erfindungen gekoppelt. Grundlagentheorien wechseln dagegen selten. Dobrov nennt auch „Funktionsgesetze der Wissenschaft, wie das Gesetz der beschleunigten Entwicklung der Wisenschaft."[16] Er betont, daß das Gesetz der gesellschaftlich notwendigen Arbeitszeit „auch für die wissenschaftliche Arbeit gilt."[17] Außerdem sieht er die Kollektivität als eine „Erscheinungsform des grundlegenden Gesetzes über den Systemcharakter der Wissenschaft."[18] Diese Erkenntnisse bieten eine Grundlage, um das System der Determinanten inhaltsreicher zu differenzieren, als das oft der Fall ist.

J. D. Sneed schreibt zur „Theoriendynamik" (T), d. h. über die Theorie zur Entwicklung von Theorien, daß sie Anregungen geben könnte, um in der Entwicklung der Wissenschaften bestimmte Werte zu maximieren. Es geht ihm um die praktische Relevanz wissenschaftstheoretischer Überlegungen durch die theoretische Grundlegung der Wissenschaftsorganisation. Die Feststellungen von Sneed dazu sind jedoch eher skeptisch. Er stellt fest: „Zur Zeit ist die T. weit entfernt, diese Ziele zu erreichen. Technologische Anwendungen auf eine Analyse der Wissenschaftspolitik bleiben eine vage Hoffnung. Allgemeine Konzepte der Entwicklung empirischer Theo-

[15] G. M. Dobrov, Wissenschaftsorganisation und Effektivität, Berlin 1971, S. 3.

[16] Ebenda, S. 13.

[17] Ebenda, S. 29.

[18] Ebenda, S. 116.

rien, die weit genug ausgearbeitet sind, daß man sie gegen Beispiele verzwickter empirischer Theorien testen kann, treten gerade erst auf."[19] Diese Bemerkungen beziehen sich vor allem auf die Versuche, Wissenschaftsentwicklung in formalen Schemata zu erfassen. Die Entwicklung auch dieser Richtung wissenschaftstheoretischer Forschungen ist sorgfältig zu analysieren. Teilweise hat sie schon ihre Grenzen offenbart. Sie kann zu einseitigen Betrachtungen über die Wege des Erkennens und über die Determinanten der Theorieentwicklung führen.

Theorienentwicklung existiert nicht losgelöst von der Wissenschaftsentwicklung überhaupt und von den Leistungen hervorragender Wissenschaftlerpersönlichkeiten. Das theoretische Verständnis von Bedingungen und Gesetzen der Wissenschaftsentwicklung könnte Grundlage für praktische Hinweise zur Wissenschaftsorganisation sein. Deshalb ist die Theorienentwicklung nicht nur als ein Prozeß des Übergangs von einer Theorie zur anderen zu sehen. Es geht um die Herausbildung von Theorien über Ideen, Hypothesen und Forschungsprogramme sowie deren experimentelle und theoretische Abarbeitung. Eine Theorie, einmal entstanden, wird in sich selber ausgestaltet, was man als Reifung der Theorie bezeichnen kann. Hinzu kommt die gesellschaftliche Bewertung und Verwertung der Theorie. Das verweist bereits darauf, wie wichtig es ist, das Entwicklungsprinzip in die Analyse einzubeziehen. Es verweist auf die Herausbildung allgemeiner Theorien als Prozeß des Qualitätswandels über wissenschaftliche Revolutionen, auf die Ausgestaltung aller Elemente einer Theorie und auf Stagnation und Regression. Es wird also notwendig sein, um die Hauptdeterminanten für bestimmte Entwicklungsetappen in der Hierarchie der Determinanten und ihren Wechsel zu erkennen, die Beziehung von wissenschaftlichem Fortschritt und wissenschaftlichen Revolutionen zu untersuchen.

Die Theorienentwicklung kann nicht durch abstrakte Konzeptionen allein erfaßt werden. Sie sind am wissenschaftshistorischen Material und an den empirischen Untersuchungen zur Dialektik der Erkenntnis zu testen und zu präzisieren. Deshalb ist es erforderlich, Fallstudien zu dem Beitrag hervorragender Persönlichkeiten zur Entwicklung von Disziplinen und zur Wissenschaftsentwicklung anzustellen. Das bisher erarbeitete Material zu den Theorien von A. Einstein, M. Born, N. Bohr, H. Hertz, W. Wundt, A. Wegener u. a. ist zu berücksichtigen.

19 Handbuch wissenschaftstheoretischer Begriffe, hg. von J. Speck, Bd. 3, Göttingen 1980, S. 647.

Unter Determinanten der Wissenschaftsentwicklung wird die Gesamtheit der Einflußgrößen für die wissenschaftliche Tätigkeit und die Theorienentwicklung verstanden. Dabei ist die Hierarchie des Determinantensystems zu berücksichtigen, um wesentliche und unwesentliche Faktoren, Hauptdeterminanten und Nebendeterminanten unterscheiden zu können. Diese Unterscheidung wiederum trägt historischen Charakter. Sie ist für bestimmte Entwicklungsetappen zu präzisieren. Die Determiniertheit der Wissenschaftsentwicklung umfaßt ihre Bedingtheit (wesentliche Ursachen für spontane und bewußt angestrebte Wirkungen und die damit verursachte Differenz zwischen Ziel und Resultat) und die Bestimmtheit (wesentliche Gründe als Rahmengesetze mit innerer Struktur und bedingtem Wirgungsmechanismus) der Wissenschaftsentwicklung.

4.2. Bedingungen der Wissenschaftsentwicklung

Die Wissenschaftsentwicklung im Wissenschaftstyp der wissenschaftlich-technischen Revolution weist einige spezifische Bedingungen auf, die nicht nur den Wirkungsmechanismus der Gesetze beeinflussen, sondern auch die Lösung des Determinantenproblems. Durch die Charakteristik wesentlicher Bedingungen der Wissenschaftsentwicklung wird deutlich, warum bestimmte Problemgruppen in den Vordergrund treten. Solche Bedingungen sind:
1. die Verwissenschaftlichung der Gesellschaft und die Vergesellschaftung der Wissenschaft;
2. die Politisierung und Ideologisierung der Wissenschaften;
3. die wachsende Komplexität wissenschaftlicher Aufgaben und die Institutionalisierung entsprechender Leitungsgremien;
4. die Technologisierung der Wissenschaften und Methodologien;
5. der Übergang vom Struktur- und Prozeß- zum wissenschaftlich ausgearbeiteten Entwicklungsdenken.

Mit der Verwissenschaftlichung der Gesellschaft und der wachsenden Vergesellschaftung der Wissenschaften wächst das gesellschaftliche Interesse an der Bewertung und Verwertung wissenschaftlicher Erkenntnisse. Die Wissenschaftsentwicklung wird als wesentlicher Teil der Gesellschaftsentwicklung begriffen. Grundlage dafür ist der Zusammenhang von wissenschaftlich-technischem und gesellschaftlichem Fortschritt. Er zeigt sich in den antihumanen Auswirkungen der wissenschaftlich-technischen Revolution unter imperialistischen Bedingungen, wie intensivierte Ausbeutung und Deformation der Persönlichkeit, aber auch in neuen Vernichtungswaffen.

Im Sozialismus sind programmatisch die Ergebnisse der wissenschaftlich-technischen Revolution mit den Vorzügen des Sozialismus zu verbinden, um Leistungs- und Effektivitätssteigerung zu erreichen und um die bewußte Gestaltung des wissenschaftlich-technischen Fortschritts zu garantieren. Das führt zu interessanten Fragen für die Leitung der Wissenschaftsentwicklung. Welche Forschungen sollen vorrangig gefördert werden? Welche Prioritäten existieren bei der Mittelvergabe? Wie ist das Verhältnis von erkenntnisorientierter und praxisorientierter Forschung? Ist bei der Richtungsplanung die Rolle des Zufalls berücksichtigt? Sind für die Objektplanung die Parameter richtig bestimmt? Die Antwort auf diese Fragen erfordert konkrete Analysen und Prognosen. Die Wissenschaft ist als unmittelbare Produktivkraft bei der Entwicklung von Produktionstechnologien durch die technologische Verwertung grundlegender Einsichten ebenso gefordert, wie als Kulturkraft durch ihren Beitrag zum Weltfundus der Wissenschaften und die Gestaltung der Kulturentwicklung sowie als Human- und Sozialkraft bei der effektiven Gestaltung der Sozialstrukturen und der Beförderung der Humanität im wissenschaftlich-technischen Fortschritt. Das mündet in der Frage, die sicher nicht leicht zu beantworten ist: Ist das, was wissenschaftlich möglich und technisch realisierbar, auch gesellschaftlich notwendig, ökonomisch machbar und human vertretbar? Die Diskussion um die Beantwortung der Frage, die den Zusammenhang von Wissenschaft und Gesellschaft charakterisiert, führte dazu, über externe und interne Faktoren der Wissenschaftsentwicklung nachzudenken. Einseitigkeiten in der Haltung des Internalismus oder Externalismus wurden kritisiert. Es geht um die dialektischen Beziehungen zwischen diesen Faktorengruppen. Sie werden vor allem durch die Rolle der Persönlichkeit in der Wissenschaftsentwicklung hergestellt.

Die Wissenschaft ist Gegenstand der ökonomischen, politischen und ideologischen Auseinandersetzung um die Effektivität und Humanität sozialökonomischer Systeme. Das Nationalprestige von Staaten mit unterschiedlicher Gesellschaftsordnung hängt nicht unwesentlich von ihren wissenschaftlichen und technischen Leistungen ab. Das führt zu einer *Politisierung und Ideologisierung der Wissenschaften* als Ausdruck der unterschiedlichen ökonomischen und politischen Interessen von Gesellschaftsformationen, von sozialen Klassen und Schichten an der Erfüllung der Grundfunktionen der Wissenschaft. Gesellschaftsordnungen bedingen dies in spezifischer Weise, in Abhängigkeit von ihren ökonomischen und politischen Interessen und den daraus sich ergebenden Wertvorstellungen. Der

Konfrontationskurs der Reagan-Administration zeigt deutlich die Bedeutung dieser Bedingung für die Wissenschaftsentwicklung. Die Existenz von Massenvernichtungswaffen zwingt zwar zur wissenschaftlichen Begründung von Maßnahmen für die Friedenssicherung, aber die wissenschaftliche Kooperation ist gefährdet und die humane Verwertung wissenschaftlicher Erkenntnisse gerät immer mehr in Gefahr durch die Anstrengungen des militärisch-industriellen Komplexes zur Testung wissenschaftlicher Erkenntnisse für Aggressionskriege. Viele Wissenschaftler in kapitalistischen Ländern stellen sich deshalb die Frage nach dem Sinn der Wissenschaft. Weltanschauliche Haltungen schwanken zwischen Pessimismus und illusionärem Optimismus. Es geht um den realen Optimismus, der die Schwierigkeiten und Probleme kennt und Lösungen für den Beitrag der Wissenschaft zum gesellschaftlichen Fortschritt im Frieden sucht. Der wissenschaftliche Meinungsstreit selbst wird durch Geheimhaltungsvorschriften getroffen, die aus Sicherheitsgründen erlassen sind, aber die Information der Öffentlichkeit über die Wissenschaftsentwicklung erschweren. Die Politisierung und Ideologisierung der Wissenschaften bedingte offensichtlich die Konzeption von der doppelten Determiniertheit der Erkenntnis durch Gegenstand und sozial-ökonomische Formation.

Die wissenschaftlich-technische Revolution führt zur *wachsenden Komplexität gesellschaftlich relevanter wissenschaftlicher Aufgaben und zur Institutionalisierung der entsprechenden Leitungsgremien.* Komplexe wissenschaftliche Probleme verlangen interdisziplinäre, multidisziplinäre, interinstitutionelle und internationale Zusammenarbeit. Die Komplexität umfaßt die Wechselwirkung von natürlichen, gesellschaftlichen, kulturellen, wissenschaftlichen und politisch-ideologischen Faktoren bei der Entwicklung wissenschaftlicher Strategien zur Lösung des Energieproblems, der Rohstoffnutzung, der Bevölkerungsentwicklung, der Ernährung und Gesundheit im Interesse der Völker, der Erhöhung der sozial-ökonomischen Wirksamkeit des wissenschaftlich-technischen Fortschritts und der Persönlichkeitsentwicklung. Es geht dabei um disziplinär abarbeitbare komplexe Forschungsprogramme mit einheitlicher Zielstellung. Solche Forschungsprogramme zu erarbeiten, ist eine komplizierte wissenschaftliche Aufgabe. Sie verlangt, die notwendigen Integrationsebenen zur Lösung des Problems zu beachten und die dafür wichtigen Wissenschaftsdisziplinen in die Bearbeitung einzubeziehen. Allein die Formulierung eines komplexen Themas und die Feststellung, welche Wissenschaftsdisziplinen teilnehmen könnten, reicht für ein solches Zielprogramm nicht aus. Es geht um die Festlegung des Forschungsziels, um die Hauptthemen, um die beteiligten Disziplinen, um die Etappen der Arbeit und um die langfristigen disziplinären Forschungsprogramme, die in die komplexe Aufgabenstellung eingeordnet sein müssen. Ein hohes Niveau disziplinärer Arbeit ist Voraussetzung für die Lösung komplexer Probleme. Dabei hebt Kollektivarbeit die Individualität nicht auf. Oft scheitern interdisziplinäre Forschungsprogramme daran, daß sich hervorragende Wissenschaftler nicht genügend kooperationsbereit und kooperationsfähig zeigen, kaum über ihre Disziplin hinausdenken und das komplexe Problem nur in den spezifischen Aspekten der eigenen Arbeit betrachten. Die Lösung komplexer Aufgaben durch Wissenschaftlerkollektive durchläuft verschiedene Etappen. Sie reichen von der gegenseitigen Information über Forschungsergebnisse zum komplexen Thema, über die Formulierung der zu lösenden wissenschaftlichen Grundprobleme, bis zur Festlegung der Etappen zur Formulierung des Forschungsprogramms. Mit dieser Bedingung sind Ansätze zur Methodologie interdisziplinärer Zusammenarbeit verbunden. Der Übergang von Studien zu Forschungsprogrammen erfolgt jedoch sehr langsam. Soweit es die internationale Arbeit betrifft, ist vorrangig die sozialistische Wissenschaftskooperation zu entwickeln. Aber auch die internationale Zusammenarbeit auf der Grundlage gegenseitigen Vorteils unter Einhaltung der Prinzipien friedlicher Koexistenz macht Fortschritte. In ihr verflechten sich die Bedingung der Politisierung und Ideologisierung der Wissenschaft mit der von der Komplexität der Aufgaben, weil die humane Lösung globaler Probleme im Menschheitsinteresse liegt.

Die Technologisierung der Wissenschaften und Methodologien hat eine neue Qualität erreicht, die sowohl extensiven Charakter, bezogen auf Materialien, Finanzen, Daten, Geräte, als auch intensiven Charakter durch EDV, Automatisierung der Forschung und die Revolution der Denkzeuge hat. Durch die sich herausbildende umfassende materiell-technische Basis der Forschung entwickelte sich ein neues Verhältnis von Empirie und Theorie, von speziellen und globalen Theorien. Hingewiesen sei auf die Kerntechnologie und die materiellen Grundlagen für die Forschung auf dem Gebiet der Physik hoher Energien, auf die mit großem Aufwand verbundene Weltraumforschung und auf die Entwicklung der Biotechnologien. Auch der Einsatz von Informationstechnologien setzt eine umfassende materiell-technische Basis voraus. Mit der Nutzung des technologischen Potentials ist eine Verschiebung des Verständnisses der Wissenschaft als allgemeine Arbeit zur Wissenschaft als Gemeinschaftsarbeit zu berücksichtigen. K. Marx hatte auf den Unterschied zwischen allgemeiner Arbeit, die die indirekte Kooperation der Individuen umfaßt und der Gemeinschaftsarbeit, die die direkte Kooperation der Individuen betrifft, aufmerksam gemacht.[20] Durch die Technologisierung der Wissenschaften und Methodologien bildet sich ein neues Verhältnis zwischen direkter und indirekter Kooperation heraus. Sicher ist es einseitig, nur die Rolle der kollektiven oder Gemeinschaftsarbeit zu betonen und dabei das Individuum in der Anonymität untergehen zu lassen, aber das darf nicht dazu führen, die notwendige Arbeitsteilung in der Gemeinschaftsarbeit zu vernachlässigen. Das Methodensystem der Wissenschaften ist so gereift, daß die Frage nach einer Methodologie immer wieder gestellt wird. Dabei geht es darum, einseitige Auffassungen zur Theorientwicklung über die Methodologisierung der Wissenschaftsentwicklung zurückzuweisen, wie sie etwa bei K. Popper, W. Stegmüller und J. D. Sneed auftraten. Die materialistische Dialektik ist theoretisch so auszuarbeiten, daß ihre Bedeutung als Methode und Methodologie einsichtig wird. Das Methodensystem kann als Einheit von experimenteller, logisch-mathematischer und historischer Methode gefaßt werden. Die philosophische Methodologie befaßt sich, bezogen auf die Philosophie selbst, mit der philosophischen Verallgemeinerung, dem unterschiedlichen Allgemeinheitsgrad philosophischer Aussagen, den philosophischen Hypothesen und der philosophischen Methode überhaupt.[21]

Bei der Betrachtung des Wissenschaftstyps der wissenschaftlich-technischen Revolution und der Zyklizität der Erkenntnisintegration wurde schon auf den sich vollziehenden *Übergang vom Struktur- und Prozeß- zum Entwicklungsdenken* aufmerksam gemacht. Der seit dem 19. Jahrhundert sich durchsetzenden heuristischen Verwertung des Entwicklungsprinzips bei der Herausbildung einzelwissenschaftlicher Evolutionstheorien, die durch die Entwicklung der philosophischen Entwicklungstheorie begleitet wurde, folgt nun die wissenschaftliche Fundierung des Entwicklungsprinzips durch solche Theorien wie die der Selbstorganisation von Systemen. In den Arbeiten von Prigogine wird das vorherrschende Entwicklungsdenken mit einer bestimmten philosophischen Traditionslinie verbunden, die von Aristoteles über Bergson und Hegel bis zum neuzeitlichen Verständnis der Irreversibilität und der Zeitrichtung reicht.[22] Es geht

[20] Vgl. K. Marx, Das Kapital. Dritter Band, a. a. O., S. 113 f.
[21] Vgl. H. Hörz, Marxistische Philosophie und Naturwissenschaften, a. a. O., S. 115 ff.
[22] Vgl. I. Prigogine/I. Stengers, Dialog mit der Natur, a. a. O.

um physikalische Rahmentheorien für biotische Evolution. Mancher theoretische Ansatz, wie der der Synergetik, bedarf der weiteren Ausarbeitung, um naturwissenschaftliche Einsichten und philosophische Interpretationen besser differenzieren zu können. Wichtig für die theoretische Entwicklung ist jedoch dieser Trend zum Entwicklungsdenken.

Die kurz charakterisierten wesentlichen Bedingungen gegenwärtiger Wissenschaftsentwicklung bestimmen wesentlich die philosophischen Diskussionen um die Determinanten der Wissenschaftsentwicklung.

4.3. *Anmerkungen zu Lösungsversuchen*

4.3.1. Finalisierung der Wissenschaften

Die Polemik mit einseitigen Haltungen zu den Determinanten der Theorienentwicklung währt schon lange. Mit dem Konzept der Finalisierung der Wissenschaften, auf das im ersten Kapitel kurz hingewiesen wurde, soll auf das Ziel wissenschaftlicher Erkenntnis, nämlich auf die gesellschaftliche Verwertung der Theorienentwicklung aufmerksam gemacht werden. „Finalisierung ist eine Verbindung von Theorienentwicklung und gesellschaftlicher Zwecksetzung. Darin liegt eine gewisse Revision der kategorialen Trennung von Wissenschaft und Gesellschaft, wie sie im Begriff einer autonomen, einer internen Logik folgenden Naturerkenntnis impliziert ist. Diese Zurücknahme kann selbstverständlich nicht bedeuten, daß in der orientierten Wissenschaft praktische Wertungen Wahrheitskriterien ersetzen. Externe Zwecke als Leitfaden der Theorienentwicklung ersetzen nicht objektive Geltung durch soziale Wünschbarkeit, sondern sie ersetzen wissenschaftsinterne Relevanzkriterien durch gesellschaftliche.“[23] Es ist sicher richtig, auf die Wahrheitssuche in der Theorienentwicklung und auf die objektive Geltung von wahren Erkenntnissen zu verweisen. Das reicht aber nicht aus. Wissenschaftsinterne Relevanzkriterien umfassen nicht nur die Beseitigung von Inkonsistenzen, sondern auch die Aufhebung von Antinomien in der Theorie, aber auch von Widersprüchen zwischen Theorie und Praxis. Zur gesellschaftlichen Praxis gehören Industrie und Experiment. Industrielle Probleme können zu experimentellen Fragen

[23] G. Böhme u. a., Starnberger Studien, Bd. 1: Die gesellschaftliche Orientierung des wissenschaftlichen Fortschritts, a. a. O., S. 240.

und zu theoretischen Ansätzen führen. Es ist dabei oft schwer, zwischen wissenschaftsinternen und gesellschaftlichen Relevanzkriterien zu unterscheiden. Die Testung physikalischer Erkenntnisse durch die Physikalisch-Technische Reichsanstalt in Deutschland am Ende des 19. Jahrhunderts zeigt, wie wichtig es ist, die gesellschaftliche Verwertung wissenschaftlicher Erkenntnisse selbst wissenschaftlich zu bewerten. Es werden also wissenschaftsinterne Relevanzkriterien mit herangezogen, wenn es um die gesellschaftliche Verwertung von Erkenntnissen geht.

Dieser Zusammenhang wird in der Entwicklung der Wissenschaften deutlich. Für die Entwicklung der Theorie spielt einerseits die Mathematisierbarkeit bestehender theoretischer Ansätze eine Rolle, weil über die Darstellungs- und heuristische Funktion der Mathematik sich neue Ausdrücke ergeben, deren Existenz und Interpretation experimentell zu überprüfen ist. So zeigte die Generalisierung der klassischen Mechanik durch Lagrange und Hamilton Wege zum weiteren Ausbau der Theorie. Andererseits sind die erreichten experimentellen Ergebnisse wichtig für die Präzisierung theoretischer Standpunkte. So wurde im 18. Jahrhundert und schon früher in der Philosophie der Gedanke von der Erhaltung der Substanz, der Materie usw. geäußert. Hegel verwies auf die Erhaltung der Bewegungsgröße. Es bedurfte jedoch erst eines gewissen Standes der experimentellen Untersuchungen über den Energieverlust bei Reibung, über die Wärme und ihre Beziehung zur mechanischen Kraft, ehe im 19. Jahrhundert der Energieerhaltungssatz formuliert werden konnte. Solange experimentell keine qualitativ verschiedenen Energieformen der lebendigen Kraft, wie es oft hieß, bekannt waren, deren innerer Zusammenhang experimentell zugänglich war, hatte die Idee von der Erhaltung geringe Bedeutung für die physikalische Erkenntnis. Sie wurde aber im Zusammenhang mit den Dampfmaschinen und ihrer Entwicklung eine wichtige Triebkraft für weitere experimentelle und theoretische Untersuchungen.

In der Entwicklung der Thermodynamik zeigte sich auch der Zusammenhang zwischen experimentellen, theoretischen und philosophischen Überlegungen. So schrieb J. C. Maxwell: „Als im Laufe des achtzehnten Jahrhunderts eine Menge neuer Erscheinungen entdeckt wurden, welche sich auf die Wirkungen der Wärme auf die Körper bezogen, während gleichzeitig die Kenntnis von den chemischen Wirkungen der Substanzen sich erweiterte, führte man das Wort 'Caloricum' ein, um die Wärme als meßbare Größe zu bezeichnen. So lange man nur diese Bedeutung mit dem Wort verbindet, kann man es mit Nutzen anwenden; allein die Form des

Wortes verführt leicht, es mit den Bestrebungen der damaligen Chemiker, neue, 'imponderable Stoffe' zu finden, in Verbindung zu bringen; und so kam es, daß das Wort Caloricum nicht mehr Wärme als solche, sondern Wärme als ein unzerstörbares, unwägbares Fluidum bezeichnete, welches in die Poren der Körper eindringt, sie ausdehnt, schmilzt und schließlich in Dampf verwandelt, indem es sich mit den Substanzen in bestimmten Mengen verbindet, auf diese Weise latent wird und erst wider zutage tritt, wenn sich der Zustand des Körpers wieder ändert. In der Tat, als das Wort Caloricum einmal eingeführt war, so begann man sehr bald damit die Idee an etwas Stoffliches zu verbinden, das allerdings vermutlich viel feinerer Natur sein möchte, als die damals gerade entdeckten Gase."[24] Hier wird sowohl auf die theoretische Durchdringung experimenteller Ergebnisse als auch auf die vorherrschenden philosophischen Ideen aufmerksam gemacht, die mit der klassischen Objektauffassung zur Interpretation der Wärmeerscheinungen mit Hilfe des Wärmestoffs führten. Obwohl diese Auffassung von Rumford, Davy, Young und vorher schon von Lomonossov kritisiert wurde, vertrat sie Carnot noch 1824. Erst in den dreißiger Jahren faßte er dann die Wärme als eine bestimmte Form der Bewegung.

Philosophische Ideen können also fördernd, wie die Idee der Erhaltung und die Kausalitätsauffassung bei der Aufstellung des Gesetzes von der Erhaltung der Kraft durch R. Mayer und H. Helmholtz, als auch hemmend, wie die Idee des Wärmestoffs, die wissenschaftliche Entwicklung beeinflussen. Wichtig für die experimentelle und theoretische Arbeit ist auch noch der Stand des Gerätebaues, weil experimentelle Erkenntnisse notwendig die ständige Weiter- und Neuentwicklung von Geräten verlangen. Damit wird aber besonders die Beziehung innerwissenschaftlicher Faktoren zur gesellschaftlichen Entwicklung deutlich. Die Entwicklung wissenschaftlicher Geräte hängt auch in entscheidendem Maße von der Entwicklung der Industrie und ihren Möglichkeiten zur Geräteproduktion und zur Produktion von Teilen ab.

Betrachten wir deshalb die gesellschaftlichen Faktoren, so ist in erster Linie die gesamte Volkswirtschaft zu nennen, die durch ihre Bedürfnisse entscheidenden Einfluß auf die theoretische und experimentelle Entwicklung hat. Das wird in der Geschichte der Wissenschaft deutlich, wenn wir etwa an die Kenntnisse über die Anwendung des Dampfes im Altertum denken und an seine umfangreiche Erforschung im Zusammenhang mit der Notwendigkeit neuer Pro-

[24] J. C. Maxwell, Theorie der Wärme, Breslau 1877, S. 6 f.

duktivkräfte für Bergbau, Spinnerei usw. Die Gesellschaft wirkt aber auch über ökonomische, politische und ideologische Faktoren auf die Entwicklung der Wissenschaft ein. Sie stellt Mittel zur Verfügung, baut Einrichtungen, stimuliert durch materielle und ideelle Anerkennungen und bestimmt so das Bild der Wissenschaft in der öffentlichen Meinung. Die Gesellschaft ist zugleich der Abnehmer wissenschaftlicher Erkenntnisprodukte, indem sie in der verschiedensten Weise zur Befriedigung materieller und geistiger Bedürfnisse genutzt werden.

Eine wichtige Rolle für die Wissenschaft spielt die herrschende Weltanschauung, die einerseits die Ergebnisse der Wissenschaften selbst berücksichtigen muß und andererseits den Einfluß der Gesellschaft auf das Denken und Handeln des Wissenschaftlers repräsentiert. Auf diese dabei vorliegenden komplizierten Beziehungen zwischen Weltanschauung und Wissenschaft kann hier nicht näher eingegangen werden. Beeinflußt wird die Wissenschaftsentwicklung durch individuelle Faktoren, wie die Fähigkeit bestimmter Wissenschaftler, Zusammenhänge zu sehen, Experimente aufzubauen und zu deuten. Sicher gibt es dabei bestimmte Tendenzgesetze, nach denen unter bestimmten Umständen, wenn die theoretischen und experimentellen Ergebnisse für neue Entdeckungen ausreichen und gesellschaftliche Bedürfnisse vorhanden sind, die Persönlichkeit auftritt, die die Möglichkeit der Entdeckung verwirklicht. Heisenberg meinte dazu, „daß die Individuen im Grunde weitgehend ersetzbar sind. Wenn Einstein nicht die Relativitätstheorie entdeckt hätte, so wäre sie früher oder später von anderen, vielleicht von Poincaré oder Lorentz formuliert worden. Wenn Hahn nicht die Uranspaltung gefunden hätte, so wären vielleicht einige Jahre später Fermi oder Joliot auf dieses Phänomen gestoßen. Ich glaube, man schmälert die große Leistung des Einzelnen nicht, wenn man dies ausspricht. Daher kann man auch dem Einzelnen, der den entscheidenden Schritt wirklich tut, nicht mehr Verantwortung für seine Folgen aufbürden als allen anderen, die ihn vielleicht auch hätten tun können. Der Einzelne ist von der geschichtlichen Entwicklung an die entscheidende Stelle gesetzt worden, und er hat den Auftrag, der ihm hier gegeben war, auch ausführen können; mehr nicht. Er wird dadurch etwas mehr Einfluß auf die spätere Ausnutzung seiner Entdeckung gewinnen können als andere."[25] Was für die Tendenzgesetze der Wissenschaftsentwicklung gilt, nämlich die mögliche Ersetzbarkeit eines Individuums durch ein anderes, kann nicht für die

[25] W. Heisenberg, Der Teil und das Ganze, München 1969, S. 266.

moralische Haltung des Einzelnen gelten. Er ist, ob er Entdeckungen macht oder nicht, nicht als moralisches Subjekt austauschbar, denn er trägt für sein Verhalten die Verantwortung. Deshalb hat jeder einzelne Wissenschaftler die Pflicht, sich seiner persönlichen Verantwortung stets bewußt zu sein.

Für die Determinanten der Wissenschaftsentwicklung spielt zwar die Finalisierung durch Produktverwertung eine wichtige Rolle, das haben auch die angeführten Überlegungen nicht entkräften können und wollen, sie bestimmt aber die Wissenschaftsentwicklung nicht allein.

4.3.2. Doppelte Determiniertheit der Erkenntnis

Mit der These von der doppelten Determiniertheit der Erkenntnis durch den Gegenstand und sozialökonomische Faktoren sollen die wesentlichen Determinanten der Erkenntnis überhaupt und somit auch der wissenschaftlichen Erkenntnis hervorgehoben werden.[26] Dieses Konzept hat Ähnlichkeit mit den Positionen, die von externen und internen Faktoren ausgehen. Nur werden die internen Faktoren, die innere Logik der Theorienentwicklung und die Antinomienbeseitigung sowie die theoretische Reifung einer Disziplin auf den Gegenstand reduziert. Die externen Faktoren werden mit den sozialökonomischen Faktoren identifiziert. Es gilt also auch für diese Konzeption, wie für alle entsprechenden, daß die Beziehungen zwischen externen und internen Faktoren ohne die wesentliche Rolle der Persönlichkeit als Mittler betrachtet werden, also der eigentliche Prozeß der Theorienentwicklung durch Persönlichkeiten außerhalb der Betrachtung bleibt. Der mit der doppelten Determiniertheit der Erkenntnis gegebene theoretische Ansatzpunkt ist deshalb weiter auszuarbeiten. Das könnte vor allem durch die Unterscheidung von Erkenntnisprozeß und Erkenntnisresultat geschehen. Dabei wären die Phasen der Theorienentwicklung und ihre gesellschaftliche Beeinflussung zu differenzieren. So ist die sozialökonomische Determination konkreter Zielfestlegungen und der Lösung von Zielkonflikten, bestimmter Orientierungen der Technologieentwicklung, der Arbeitsweise und der weltanschaulichen Interpretation von Erkenntnissen unbedingt zu berücksichtigen. Nur haben die verschiedenen Determinanten in unterschiedlichen Etappen der Theorienentwicklung unterschiedliches Gewicht. Die gesellschaftliche Bewertung und

[26] Vgl. D. Wittich/K. Gößler/K. Wagner, Marxistisch-leninistische Erkenntnistheorie, Berlin 1978.

Verwertung von Theorien muß die Relevanzkriterien der Nützlichkeit, der Sittlichkeit und Schönheit auf der Grundlage der Wahrheitserkenntnis berücksichtigen. Es sind also die Hauptdeterminanten für folgende Etappen zu bestimmen: Herausbildung der Theorie über Ideen, Hypothesen und Forschungsprogramm; Ausgestaltung der Theorie durch theoretische Reife der entsprechenden Disziplin; gesellschaftliche Bewertung des erreichten Erkenntnisstandes; Verwertung der Erkenntnisse durch Technologien.

Dabei werden unterschiedliche Hauptdeterminanten sichtbar: Objektive Wahrheit ist mit der Gegenstandsdetermination des Erkenntnisresultats verbunden. Durch Entsubjektivierung der Theorie im gesellschaftlichen Bewußtsein wird gerade die objektive Wahrheit herausgehoben. Es geht um die Beantwortung der Grundfrage der Philosophie nach dem Primat im Verhältnis von Materie und Bewußtsein. Objektive Wahrheit ist Adäquatheit zwischen Erkenntnisresultat und Erkenntnisgegenstand, der objektiv-real existiert. Damit ist der prinzipiell materialistische Standpunkt zur Determination der Erkenntnis charakterisiert.

Der wissenschaftliche Erkenntnisprozeß ist durch die Entwicklung der Produktivkräfte (Produktionsbedürfnisse, Geräte), der Produktionsverhältnisse (gesellschaftliche Forderungen, Mittelvergabe, Steuerung des wissenschaftlich-technischen Fortschritts), den wissenschaftsinternen Gerätebau, die Ausbildung, die Atmosphäre u. a. bedingt. Diese Erkenntnisdialektik wird im Verhältnis von relativer und absoluter Wahrheit deutlich. Es sei hier von der Polydetermination des Erkenntnisprozesses gesprochen, um deutlich zu machen, daß das System der Determinanten dafür ausgearbeitet werden muß.

Die gesellschaftliche Bewertung von Erkenntnisresultaten und Erkenntnisprozessen erfordert selbst wieder wissenschaftliche Analysen. Entscheidend sind jedoch die sozialökonomisch determinierten gesellschaftlichen Werte als Grundlage der Bewertung. Sie sind durch existierende Weltbilder als Einheit von veranschaulichten wissenschaftlichen Erkenntnissen, Anforderungen an die Wissenschaft, persönlichen und gesellschaftlichen Erfahrungen, weltanschaulichen Auffassungen und Handlungsorientierungen bestimmt, in denen Wertvorstellungen enthalten sind. Diese gesellschaftlichen und individuellen Wertvorstellungen sind in ihrer Adäquatheit zu den gesellschaftlichen Werten als Einheit von objektiven Erfordernissen und gesellschaftlichen Idealen zu bestimmen.

Die gesellschaftliche Bewertung ist oft mit der gesellschaftlichen Verwertung von Erkenntnissen verbunden. Bringt eine Theorie praktischen Nutzen, dann ist ihre gesellschaftliche Verwertung zugleich

Grundlage ihrer Anerkennung als Theorie. Voraussetzung der Verwertung kann die Aufnahme solcher Theorien in Lehrbücher sein, weil sie dann als Bestandteil des Weltfundus der Wissenschaften gelehrt und genutzt werden können.

Die These von der doppelten Determiniertheit der Erkenntnis ist also auf ihre Tragfähigkeit zu überprüfen. Sie sollte die Differenzierung zwischen Erkenntnisresultat und Erkenntnisprozeß, die Rolle der Persönlichkeit in der wissenschaftlichen Erkenntnis und die Bedeutung gesellschaftlicher Bewertung und Verwertung wissenschaftlicher Erkenntnisse berücksichtigen.

4.3.3. Strukturalismus, Empirismus und Soziologismus

In der nicht-marxistischen Wissenschaftstheorie sind drei Arten des Herangehens an die Theorienentwicklung zu unterscheiden: Empirismus, Strukturalismus und Soziologismus. Damit wird die Vielfalt von Theorien bewußt reduziert, um auf einige wesentliche Aspekte der Problematik verweisen zu können.

Der *Empirismus* nimmt Theorien als Klassen von Aussagen, von denen durch empirische Prüfung die Wahrheit oder Falschheit festgestellt werden kann. In der Form des kritischen Rationalismus von Popper ist die Theorienentwicklung wesentlich durch die Sequenz: Problemformulierung, vorläufige Lösung, Fehlerbeseitigung und neue Problemformulierung bestimmt. Entscheidend ist für ihn die Falsifikation von Aussagen. Damit wird, wie schon betont, die konstruktive Induktion, wie bei der Quantenmechanik, und die Einsicht in die gesetzmäßige Struktur von Datenmengen, wie bei der Herausbildung von Eichfeldtheorien, nicht berücksichtigt. Diese Einengung existiert bei Carnap und anderen Empiristen nicht. Sie betrachten Theorien als Mengen von Aussagen mit logischen Beziehungen, die in einer formalen Sprache ausgedrückt werden können. Diese Aussagenkonzeption von Theorien (statement-view) wird von den Strukturalisten kritisiert, weil sie ein Produkt des Wunschdenkens sei, eine gegebene Theorie in einer präzis bestimmten künstlichen Sprache auszudrücken. Das wird als das Carnap-Programm der Axiomatisierung der Theorie mit einer formalen Sprache bezeichnet.

Dem entgegen steht das *strukturalistische Herangehen.* Mit ihm soll das Suppes-Programm durchgeführt werden. So faßt W. Stegmüller im Sinne von Suppes Theorien nicht als Menge empirischer Einzelaussagen, sondern als Strukturgebilde (non-statement-view). Stegmüller repräsentiert mit seinen Arbeiten zur Wissenschaftstheorie den mengentheoretischen Ansatz zur Axiomatisierung der Struktur empirischer Theorien.[27] Die Inhalte einer empirischen Theorie werden als Modelle einer abstrakten Struktur angesehen. Sie sind Bestandteil einer Klasse mengentheoretischer Relationen, die mit Mitteln der informellen mengentheoretischen Axiomatisierung erfaßt werden. Es werden theoretische und nichttheoretische Relationen unterschieden. Die nichttheoretischen Strukturen können erfaßt werden, ohne die Aussagen der Theorie über sie zu berücksichtigen. Damit ist das semantische Problem beseitigt. Übrig bleibt die Frage nach der Grammatik einer Theorie, die unabhängig von der konkreten Theorie als Grundstruktur verschiedener empirischer Theorien existiert. In diesem Sinne vergleicht Stegmüller seine Art, wissenschaftstheoretische Probleme zu lösen, mit dem Herangehen des unter dem Namen Nicolaus Bourbaki publizierenden französischen Mathematikerteams. Es soll die allgemeine Struktur gefunden werden, um die konkreten Theorien als Modelle dieser Struktur zu erfassen. In der von Sneed ausgearbeiteten Metatheorie existiert jede Theorie als geordnetes Paar (K, I), mit K als begrifflicher Struktur der Theorie und dem Anwendungsbereich I. Elemente von I lassen sich als Modelle von K interpretieren. Mit Hilfe eines Kriteriums der Theoritizität werden die in K enthaltenen Begriffe in sprachunabhängiger Weise ausgezeichnet. Begriffe (Größen) sind dann theoretisch für eine Theorie T, wenn zu deren Anwendung (Messung) vorausgesetzt werden muß, daß schon eine andere Anwendung der Theorie erfolgreich war. Damit wird das Problem der Korrespondenzregeln in der Aussagenkonzeption umgangen. Das ist aber nur möglich, weil die empirische Bestätigung oder Widerlegung von Theorien als nichtrelevant für die non-statement-Konzeption angesehen wird. Das Verifikationsproblem existiert jedoch weiter.

Der *Soziologismus* umfaßt den Psychologismus und Historismus ebenso wie die Konzeption der Finalisierung der Wissenschaften. Er steht der strukturalistischen Sicht im Wege, weil er die Rolle der Determinanten der Theorienentwicklung betont, die in der Konzeption von Stegmüller und Sneed außerhalb der Untersuchung bleiben. Wenn Stegmüller deshalb zu seinen Untersuchungen über die Theoriendynamik feststellt, daß seine Absicht nicht darin bestand, Kuhns Paradigmenwechsel korrekt zu formulieren, sondern darin, das Bourbaki-Programm der Strukturuntersuchungen für die Wissenschaftstheorie zu verwirklichen, dann ist das sicher verständlich. Er wollte, wie er feststellt, keine neue Interpretation von Kuhn

[27] Vgl. W. Stegmüller, The structuralist view of theories, Berlin (West) – Heidelberg – New York 1979.

geben. Da jedoch Kuhn mit seinem Paradigmenwechsel das Paradigma als zu analysierendes Phänomen selbst nicht weiter in seine Bestandteile auflöst und den historischen Prozeß des Übergangs von einem Paradigma zum anderen theoretisch nicht in seinen Komponenten erfaßt, sondern den Übergang nur konstatiert, schlägt der Historismus Kuhns in den Strukturalismus Stegmüllers um. Man kann nämlich das Paradigma *A* als Paar *K*, *I* erfassen und hat dann mit dem Übergang zum Paradigma *B* die Struktur *K* ganz oder teilweise aufzugeben und die Struktur *K* für *B* zu bestimmen. Damit bleiben beide Programme bei der Phänomenbeschreibung, weil sie Theoriengehalt und Theoriendynamik nur global erfassen, aber nicht in der historischen Vielfalt analysieren. In der dialektisch-materialistischen Sicht der Theorienentwicklung finden sich Ansätze nichtmarxistischer Wissenschaftstheorie in ihrem rationellen Kern wieder. Die Theorie wird als Widerspiegelung objektiv-realer Beziehungen und Gesetze eines Erkenntnisobjekts durch ein System von Gesetzesaussagen und Aussagen über Existenz- und Wirkungsbedingungen der Gesetze gefaßt. In der Widerspiegelung wird der durch die Praxis überprüfbare Zusammenhang mit der objektiven Realität betont. Ohne die erkenntnistheoretischen Schwierigkeiten vernachlässigen zu wollen, die die Relativität des Praxiskriteriums, die komplexe Erfassung von Determinanten des Erkenntnisprozesses und auch die gesellschaftliche Wertung und Verwertung von Theorien betreffen, muß die strukturalistische Konzeption als zu stark eingeengte Sicht der Theorienentwicklung angesehen werden. In ihr ist die Kluft zwischen Erkenntnistheorien und historisch-konkreten Erkenntnisprozessen zu groß. Die rationale Rekonstruktion der Wissenschaftsgeschichte durch Wissenschaftstheorien und die empirische Fundierung der Theorie durch Fallstudien und umgekehrt sind nicht mehr zu bewältigen. Die Einsichten des Empirismus und Soziologismus werden vom Strukturalismus mißachtet. Trotzdem bleibt das vom Strukturalismus erkannte Problem der inneren Strukturierung der Theorie, der Reifung wissenschaftlicher Disziplinen als Untersuchungsgegenstand bestehen. Die vom Soziologismus mehr oder weniger klar berücksichtigten Determinanten der Wissenschaftsentwicklung, wie Stand der Produktivkraftentwicklung, Rolle der gesellschaftlichen Verhältnisse und Anforderungen, Einfluß von Persönlichkeiten, Kenntnisse des experimentellen und theoretischen Entwicklungsstandes durch kreative Wissenschaftler und weltanschauliche Bedingungen, bestimmen wesentlich die Theorienentwicklung. Wenn Prognosen aus den wissenschaftstheoretischen Überlegungen gewonnen werden sollen, dann sind diese Determinanten in ihrem konkret-historischen Gewicht disziplinspezifisch zu untersuchen und zu werten. Das vom Empirismus aufgeworfene Problem der Verifizierung oder Falsifizierung von Theorien ist auf der Grundlage dialektisch-materialistischer Einsichten in den Erkenntnisprozeß und die Determinanten der Theorienentwicklung zu lösen.

4.4. System der Determinanten

Die bisherigen Überlegungen führen dazu, für die Struktur des Determinantensystems folgende Aspekte zu beachten: Es wurde schon auf die *Etappen der Theorienentwicklung* hingewiesen. Ein Beispiel kann das noch einmal plausibel machen. So hatte A. Wegener seine Idee von der Kontinentaldrift bereits 1904, stellte die entsprechende Hypothese 1911 auf und entwickelte daraus in den folgenden Jahren ein Forschungsprogramm, welches zu theoretischen Erkenntnissen führte, die Mitte der zwanziger Jahre unseres Jahrhunderts als profilierte Meinung in die Diskussion eingingen.[28] Es fehlte jedoch die notwendige Ausgestaltung der Theorie. Durch den Tod von Wegener 1930 erlangte die Theorie nicht die entsprechende Reife. Damit war auch vorerst der Prozeß der Durchsetzung der Theorie unterbrochen. Erst mit der globalen Plattentektonik setzte in den sechziger Jahren eine Wiederaufnahme der Ideen von Wegener ein. Die gesellschaftliche Bewertung wechselte von der Ablehnung dieser Theorie zu ihrer Anerkennung als Bestandteil einer umfassenderen Theorie. Nun erfolgte auch die gesellschaftliche Verwertung etwa in der Erdbebenforschung.

Es existiert eine *Theorienhierarchie.* Sie besteht aus allgemeinen und besonderen (speziellen) Theorien. Für komplexe Lösungen ist es erforderlich, disziplinär erarbeitete Kenntnisse zusammenzufügen, um die verschiedenen Aspekte des komplexen Problems zu erfassen. Einsichten in Beziehungen und Gesetze der Natur, der Gesellschaft und des Bewußtseins werden zu Technologien ausgearbeitet. Sie umfassen Regeln und Verfahren zur Beherrschung der natürlichen und gesellschaftlichen Umwelt sowie des menschlichen Verhaltens. Zur Theorienhierarchie gehören Meß- und Methodenhierarchie. Sie umfassen ebenfalls das Verhältnis der Philosophie und Mathematik zu den anderen Wissenschaften. Sie bilden sich im Wissenschaftsprozeß heraus und unterliegen seinen Veränderungen.

[28] Vgl. H. Hörz, Alfred Wegener als Wissenschaftler seiner Zeit – erkenntnistheoretische Überlegungen, in: Zeitschrift für geologische Wissenschaften, 3/1982, S. 301 ff.

Die Hauptprozesse der Wissenschaftsentwicklung sind qualitative Umwälzungen als wissenschaftliche Revolutionen. Zu ihnen gehören in unserem Jahrhundert die Relativitäts- und Quantentheorie, die Entwicklung der Molekularbiologie auf der Grundlage des erkannten genetischen Codes und die noch erfolgende Untersuchung der Mechanismen geistiger Tätigkeit. Wissenschaftliche Revolutionen sind die Kernprozesse des wissenschaftlichen Fortschritts. Sie sind nicht identisch mit der Entstehung neuer Theorien. Wissenschaftliche Revolutionen umfassen die Änderung der theoretischen Grundstruktur einer wissenschaftlichen Disziplin durch Veränderung der Ausgangsaxiome und Neubestimmung der Grundgesetze. Das wiederum hat Einfluß auf andere Wissenschaften. Die interne Theorienentwicklung einer wissenschaftlichen Disziplin hat deshalb nicht den Charakter einer wissenschaftlichen Revolution. Sonst müßten die Ausgangsaxiome und Grundgesetze anderer Wissenschaften mit betroffen sein. Wissenschaftliche Revolutionen führen weiterhin zu wesentlichen Auswirkungen auf die gesellschaftliche Praxis durch neue Prinziplösungen und zur Änderung des Weltbildes (Paradigmenwechsel).

Wenn das System der Determinanten untersucht wird, dann geht es darum, die Etappen der Theorienentwicklung und die Theorienhierarchie in die Grundprozesse der Theorienentwicklung, eben in die wissenschaftlichen Revolutionen einzuordnen, wobei die Spezifik jedes wissenschaftlichen Fortschritts zu beachten ist. Damit geben die wissenschaftlichen Revolutionen den Rahmen für das System der Determinanten. Die Integrationsebenen für die Determinantenbestimmungen unterscheiden sich danach, ob es sich um die Entwicklung einer Disziplin, einer Theorie oder um die Leistungen eines Wissenschaftlers handelt. Dabei sind wesentliche *Faktorengruppen* als Determinanten der Wissenschaftsentwicklung in ihrer Wechselwirkung zu beachten, die den Rahmen für alle weiteren Determinanten im System ergeben. Es sind dies m. E. drei Gruppen. Diese Determinanten der Wissenschaftsentwicklung *D (W)* sind die gesellschaftliche Entwicklung *(G)*, die innerwissenschaftlichen Beziehungen *(W)* und die Wissenschaftlerpersönlichkeit *(P)*; weshalb gilt: $D(W) = G + W + P$.

Bei der gesellschaftlichen Entwicklung *(G)* geht es nicht einfach um externe, auf die Wissenschaftsentwicklung einwirkende Faktoren, sondern um einen konstitutionellen Bestandteil der Wissenschaft. Wissenschaft kann nur betrieben werden, wenn produziert wird, wenn elementare Lebensbedürfnisse befriedigt werden. Die Gesellschaft ist mit ihren Bedürfnissen *(B)* ideeller Auftraggeber der Wissenschaft, ob bewußt oder unbewußt durch den Wissenschaftler zur Kenntnis genommen. Sie setzt ökonomische, politische und ideologische Mittel zur Stimulierung der Wissenschaft ein *(M)* und ist der Konsument wissenschaftlicher Ergebnisse *(K)*. Deshalb gilt für die Gesellschaft als Determinante: $G = G(B, M, K)$.

Die innerwissenschaftliche Entwicklung ist durch den Stand der Theorie *(T)*, welche Bereiche sie erklärt, wieweit sie mathematisiert oder quantifiziert ist, wie ihre weltanschaulichen, erkenntnistheoretischen und methodologischen Grundlagen beschaffen sind, und die Ergebnisse der Experimente *(E)*, die von den Geräten abhängen, bestimmt. Die Determinante Wissenschaft besteht also wesentlich aus: $W = W(T, E)$.

Die Wissenschaftlerpersönlichkeit, ob als Individuum oder Angehöriger eines Kollektivs, muß sich durch die Kenntnis der Wissenschaftsentwicklung *(W)* auszeichnen, Fähigkeiten zur schöpferischen Arbeit und Fertigkeit in der wissenschaftlichen Methode *(F)* besitzen und die Mittel zur wissenschaftlichen Arbeit haben. Es gilt also: $P = P(W, M, F)$.

Die Persönlichkeit, d. h. der Forscher, aber auch Organisator, Leiter und Popularisator, ob als Person, Kollektiv oder in Arbeitsteilung, ist ein wesentliches Bindeglied in der dialektischen Beziehung zwischen Gesellschaft und Wissenschaft. Sie nutzt die Vielfalt ökonomischer, politischer und ideologischer Mittel, um die in der Wissenschaftsentwicklung sich ausdrückenden gesellschaftlichen Kurz- oder Langzeitbedürfnisse mit Hilfe ihrer Fähigkeiten und Fertigkeiten zu befriedigen. Aber auch die anderen Determinanten sind nicht unabhängig voneinander. Der Einsatz politischer und ideologischer Mittel ist nicht von der Rolle politischer und philosophischer Theorien zu trennen. Die experimentelle Tätigkeit hängt auch mit ihren Geräten von der Entwicklung der Industrie ab. Man kann generell festhalten, daß die Determinanten sich gegenseitig bestimmen: $G = G(W, P)$; $W = W(G, P)$; $P = P(G, W)$.

Daraus geben sich auch bestimmte dialektische Widersprüche, die nur kurz charakterisiert werden sollen. Nehmen wir z. B. den Widerspruch $G(B, M) \rightarrow W \rightarrow G(K)$. Die Gesellschaft meldet Bedürfnisse an und stellt entsprechende Mittel zur Verfügung, aber die Resultate der Wissenschaftsentwicklung werden von der Gesellschaft als Konsument nicht abgenommen. Das kann sicher verschiedene Ursachen haben. Die Ergebnisse können den Bedürfnissen nicht entsprechen, oder ihre Verwendung erfordert neue Investitionen. Vielleicht wird auch ihre Bedeutung nicht gesehen. Ein anderer Fall liegt vor, wenn wissenschaftliche Voraussetzungen zur Lösung eines

Problems da sind, aber die schöpferische Idee zur konkreten Lösung fehlt. Der Widerspruch tritt also an der Stelle $W \rightarrow P$ auf. Handelt es sich um eine Forderung der Gesellschaft, die erfüllt werden muß, um die Produktion zu garantieren, so hat der Widerspruch die Form $P \rightarrow G$. Aufgabe unserer Theorie muß es sein, diese Widersprüche im Produktions- und Reproduktionsprozeß der Wissenschaftsentwicklung genauer zu bestimmen.

Im wesentlichen verläuft die Wissenschaftsentwicklung nach dem Schema: $G(B, M) \rightarrow W \rightarrow P \rightarrow G(K)$. Sicher gibt es auch Teilaspekte dieses Prozesses, die von der Wissenschaft wesentlich ausgehen, ohne daß die gesellschaftlichen Bedürfnisse entscheidend sind. Trotzdem stellt auch hier die Gesellschaft Mittel zur Verfügung. Es geht also um den Prozeß $G(M) \rightarrow W \rightarrow P \rightarrow G(K)$. Auch die Theorienentwicklung allein kann nicht ohne gesellschaftliche Mittel vor sich gehen. Deshalb gilt nur sehr eingeschränkt: $W = W(T_1 \wedge T_2; E_1 \wedge E_2)$. Teilprozesse der Wissenschaftsentwicklung (bezogen auf die Theorienentwicklung, denn bei der Persönlichkeitsentwicklung ist es schwer, selbst bei der Analyse von gesellschaftlichen Einflüssen zu abstrahieren) müssen in den Gesamtprozeß eingeordnet werden. Das hat auch Bedeutung für die Gesetze der Wissenschaftsentwicklung, die die verschiedenen Determinanten als Aspekte enthalten müssen, wenn sie den Gesamtprozeß erfassen.

Es wird damit deutlich, daß die Determinanten der Wissenschaftsentwicklung selbst für einen bestimmten Wissenschaftstyp nicht einfach unter allgemeinen Merkmalen unhistorisch zusammengefaßt werden können. Es gilt bei der Untersuchung der Gesetze der Wissenschaftsentwicklung die Hierarchie der Determinanten und den Wechsel der Hauptdeterminanten in verschiedenen Entwicklungsetappen der Theorienentwicklung zu berücksichtigen. Die Determinanten sind in ihrer Allgemeinheit und Spezifik mit Fallstudien, logisch-methodologischen Untersuchungen und mit theoretischer Verallgemeinerung von empirischem Material herauszuarbeiten. Das Determinationsgefüge ist für folgende Prozesse der Theorienentwicklung zu untersuchen: Idee, Hypothese, Forschungsprogramm, Theorie; theoretische Reifung und innere Strukturierung der Theorie; Durchsetzung von Theorien; gesellschaftliche Bewertung und Verwertung von Theorien. In jeder Phase der Theorienentwicklung können Ansätze für neue Ideen entstehen. Es geht also keineswegs darum, daß erst die gesellschaftliche Verwertung von Theorien den Zyklus von der Idee bis zur Theorie neu in Gang setzt.

Die Untersuchungen zum System der Determinanten sind mit Überlegungen zur Methodologie zu verbinden. Es geht um Hinweise zur Wissenschaftsorganisation. Dabei zeigt die Vielfalt der Determinanten, daß es sicher kein Schema für die Wissenschaftsorganisation gibt. Auch die Entwicklung heuristischer Ansätze verlangt die Berücksichtigung des Zufalls als eines Bestandteils der Gesetzmäßigkeit.

4.5. *Gesetze der Wissenschaftsentwicklung*

4.5.1. Gesetzesaspekte

Aus den bisherigen Darlegungen ergibt sich ein Entwicklungsgesetz, das wesentlich die Tendenz zum Fortschritt wissenschaftlicher Erkenntnis bestimmt, aber zugleich zeigt, daß es keine einfache Erweiterung des Wissens ist, was Wissenschaftsentwicklung ausmacht. Es handelt sich um das Gesetz des zyklischen Charakters der Wissenschaftsentwicklung als Typenwandel und als Erkenntnisintegration. Dieses Gesetz umfaßt den bisher abgelaufenen Großzyklus von der Wissenschaftsentstehung bis zur eigentlichen Rolle der Wissenschaft und kann sich in einem neuen Großzyklus der wissenschaftlich-technischen Revolution zeigen, der jedoch noch nicht überschaubar ist. Die Schwierigkeit bei der Erkenntnis von Entwicklungsgesetzen besteht darin, daß der Entwicklungszyklus so weit ausgestaltet sein muß, daß sich die höhere Qualität, die Endphase des Zyklus, als relatives Ziel schon herausgebildet hat.

Die Ausbildung der Grundfunktionen der Wissenschaft ist ebenfalls gesetzmäßig, d. h. sie ist Bestandteil des mit dem charakterisierten Großzyklus verbundenen Gesetzessystems. Bei den weiteren Gesetzen, die noch behandelt werden, geht es um den Entwicklungsmechanismus der Wissenschaften, um den Beitrag der Disziplinen, der erst gesetzmäßig die Wissenschaftsentwicklung beeinflussen konnte, als die Voraussetzungen zur Entwicklung von Disziplinen im Wissenschaftstyp der industriellen Revolution vor allem für die Natur- und für die Technikwissenschaften da waren. Mit der wissenschaftlich-technischen Revolution entstand dann das Gesetz von der wachsenden Komplexität der Aufgaben und Entscheidungssituation, während die sich verschieden herausbildenden Tendenzen der Mathematisierung und Humanisierung der Wissenschaften nun ihre gesetzmäßige Dialektisierung hervorbringen.

Um speziell die Gesetzesformulierungen darlegen zu können, sind vorher Positionen zur Gesetzesauffassung und zu den Gesetzesaspekten in ihrer Bedeutung für die Wissenschaftsentwicklung zu bestimmen.

Gesetze sind allgemein-notwendige, d. h. reproduzierbare und wesentliche, den Charakter der Erscheinung bestimmende objektive Zusammenhänge zwischen Strukturen und Prozessen, die erkannt und formuliert werden. Unter objektiv wird Subjektunabhängigkeit verstanden. Objektive Gesetze der Wissenschaftsentwicklung sind solche allgemein-notwendigen und wesentlichen Zusammenhänge, die sich im Handeln der Menschen als subjektunabhängig, nicht beeinflußbar erweisen. Dabei ist zwischen Gesetz und Tendenz zu unterscheiden. Wenn sich die Entwicklung der Wissenschaft gesetzmäßig von der experimentell-beschreibenden zur theoretisch-erklärenden Stufe vollzieht, dann setzt sich ein solches Gesetz im Handeln der Menschen als Tendenz durch, obwohl die Handlungen der Wissenschaftler einander nicht entsprechen, Meinungsstreit erforderlich ist, Experimente verschieden gedeutet werden, auf theoretische Erklärungen experimentelle Beschreibungen usw. folgen. Auch die Mathematisierung vollzieht sich als widersprüchlicher Prozeß des Für- und Gegeneinanders, der Versuche zur Mathematisierung, des Scheiterns einzelner Versuche, der Entwicklung der Mathematik usw. Tendenz heißt also nicht direkte Veränderung in jedem Zeitabschnitt, in jedem Wissenschaftsgebiet allein in dieser Richtung. Das gilt für die Tendenz der schnellen Praxiswirksamkeit, die Tendenz der Höherentwicklung des Wissens über wissenschaftliche Revolutionen, die Tendenz der Integration usw. Diese Tendenzen, die in ihrem inneren Zusammenhang untersucht werden müssen, sind nicht in einzelnen Gebieten isoliert voneinander zu finden, sondern aus dem inneren Zusammenhang der Gesetze aufzudecken; sie werden im Wissenschaftssystem notwendig verwirklicht, sind also im Handeln zu berücksichtigen. Ist das Handeln gegen sie gerichtet, hemmt es die Entwicklung. Gesetzmäßigkeiten sind Gesetzessysteme, die allgemeine und besondere, grundlegende und abgeleitete, koexistierende und entgegengesetze Struktur- und Entwicklungsgesetze umfassen. Gesetze (Gesetzessysteme) der Wissenschaftsentwicklung haben eine innere Struktur. Sie besteht aus der notwendig sich verwirklichenden Möglichkeit, also der gesetzmäßigen Tendenz und dem Möglichkeitsfeld für zugeordnete Tendenzen und Gegentendenzen. Verschiedene Tendenzen realisieren sich bedingt zufällig mit einer bestimmten Wahrscheinlichkeit.

Zu den *Kriterien* des wissenschaftlichen Fortschritts gehört erstens das weitere Entdecken objektiver Wahrheiten über komplexere und kompliziertere Beziehungen und Gesetze in Natur, Gesellschaft und Bewußtsein. Dieser Fortschritt kann nur an den gegenwärtigen, durch die Praxis bestätigten Theorien überprüft werden, die frühere Theorien als Grenzfälle umfassen, sie ergänzen oder aufheben. Zweitens kann der wissenschaftliche Fortschritt an dem Stand der Technik und der Entwicklung neuer Technologien gemessen werden, soweit er auf die Ausnutzung von theoretischen Erkenntnissen zur Schaffung künstlicher Systeme, synthetischer Stoffe usw. zurückgeht. Drittens ist die wissenschaftliche Erforschung gesellschaftlicher Prozesse, ihrer Geschichte, ihrer Determinanten eine wesentliche Voraussetzung für die Leitung und Planung der Gesellschaft, einschließlich der Wissenschaft. Insofern sind die Ergebnisse der Leitung gesellschaftlicher Prozesse, sei es die Produktion, Verteilung und Konsumtion materieller Güter, die Entwicklung der Persönlichkeit, Bildung und des Gesundheitswesens, Ausdruck des wissenschaftlichen Fortschritts. Viertens kann der gesellschaftliche Fortschritt gemessen werden an der Befriedigung der materiellen und kulturellen Bedürfnisse der Menschen in einer Gesellschaftsordnung. Da Wissenschaft und Technik diese Bedürfnisse schneller, qualitativ besser, produktiver befriedigen lassen, ist auch der gesellschaftliche Fortschritt mittelbar ein Maß für den wissenschaftlichen Fortschritt.

Die *Entwicklungsmechanismen* der Wissenschaft umfassen die wechselseitige Befruchtung von experimenteller und theoretischer Arbeit, den Übergang von der indirekten Kooperation zur Gemeinschaftsarbeit, das Wechselspiel von erkenntnis- und praxisorientierter Forschung, die Dialektik von Mathematisierung und Humanisierung der Wissenschaften.

Der integrative Charakter von Gesetzen der Wissenschaftsentwicklung, der innere Zusammenhänge der Wissenschaften *(W)*, gesellschaftlichen Determinanten *(G)* und Auswirkungen auf das Handeln der Menschen *(P)* umfaßt, bringt uns dazu, von Aspekten der Gesetze zu sprechen, die sich jeweils auf einen dieser integrativen Zusammenhänge beziehen. Nehmen wir als Beispiel das oft diskutierte Verhältnis von Integration und Differenzierung. Als Tendenz formuliert, bedeutet dies das Auftreten integrativer Zusammenhänge in der Spezialisierung. So gibt es durch das Entstehen allgemeiner Theorien, durch die philosophische Deutung der Erkenntnisse, durch die Entwicklung von Grenzwissenschaften, wie etwa der Bionik, viele solcher untergeordneter Tendenzen in der Spezialisierung und Differenzierung. Damit wird, was als erster Aspekt bezeichnet werden kann, der dialektische Zusammenhang von Erkenntnissen charakterisiert.

Es gibt einen zweiten Aspekt dieses Gesetzes, der die gesellschaftlichen Determinationsfaktoren des Zusammenhanges der Erkenntnisse berücksichtigt, den Integrationsprozeß der Wissenschaft als gesellschaftlichen Prozeß versteht und seine Auswirkungen in der Wissenschaftsorganisation hat. Es geht eben beim Verhältnis von Integration und Spezialisierung nicht nur um den integrativen Zusammenhang von Spezialwissen, sondern auch um die für die gesellschaftliche Produktion wichtigen Integrationsbeziehungen verschiedener objektiver Bereiche. Das erkannte physikalische oder chemische Gesetz hat gesellschaftliche Bedeutung, wenn es bei der Konstruktion von Maschinen usw. ausgenutzt wird. Das bisher relativ isoliert erforschte Gesetz muß dazu im Zusammenhang mit anderen Gesetzen gesehen werden, um eine neue Maschine, ein neues Arzneimittel, ein neues Haushaltsgerät usw. zu produzieren. Die Multivalenz physikalischer und chemischer Erkenntnisse wird hier aufgehoben, um sie in bestimmte, für den Menschen notwendige Integrationsbeziehungen einzuordnen. Dadurch entsteht gesellschaftlich notwendige Integration durch Komplexion spezialisierten Wissens.

Ein dritter Aspekt des Gesetzes betrifft nun die Wissenschaftler selbst, die Entwicklung ihrer schöpferischen Fähigkeiten und Voraussetzungen für die Lösung der gestellten Spezial- oder Integrationsprobleme. Es geht ja nicht nur um die Wissenschaftsorganisation von Kollektiven zur Lösung gesellschaftlich bedeutsamer Probleme, die disziplinär oder interdisziplinär sein können, sondern auch um jeden einzelnen Wissenschaftler, der auf die sich aus dem Tendenzgesetz des integrativen Zusammenhangs spezialisierten Wissens ergebenden Konsequenzen vorbereitet sein muß. Das hat Bedeutung für die Aus- und Weiterbildung, für die ständige Spezialisierung des Wissenschaftlers, für seine eigene Haltung zur Spezialisierung und Integration und für die gesellschaftliche Bewertung von speziellen oder Integrationserkenntnissen. Bereits in der Ausbildung des Spezialisten müssen deshalb Integrationstendenzen sichtbar gemacht werden. Der Wissenschaftler muß sich selbst Rechenschaft über mögliche Beziehungen zu Nachbarwissenschaften, über Analogien, über philosophische Verallgemeinerungen usw. geben. Nur wenn er selbst an Integrationstendenzen mitarbeitet, ist er für die interdisziplinäre Arbeit nicht nur bereit, sondern auch zu ihr fähig.

Es sollte auf diese drei wesentlichen Aspekte der objektiven Gesetze der Wissenschaftsentwicklung deshalb hingewiesen werden, weil sie manchmal getrennt betrachtet und nicht in der inneren Einheit als Aspekte eines Gesetzes gesehen werden. Die Entwicklung der Wissenschaft ist kein innerwissenschaftliches Problem, das ohne Berücksichtigung der gesellschaftlichen Determinanten gelöst werden könnte. Die innerwissenschaftlich bedingte Entwicklung ist gesellschaftlich determiniert, was jedoch nicht aufhebt, daß der Zusammenhang, die Veränderung und Entwicklung des Wissens ein relativ selbständiger Aspekt der Gesetze der Wissenschaftsentwicklung ist, ebenso wie die gesellschaftlichen Determinanten und die daraus sich ergebenden Konsequenzen für die Wissenschaftsorganisation. Gesetze der Wissenschaftsentwicklung betreffen immer handelnde Menschen, die als Wissenschaftler die Entwicklung hemmen oder vorantreiben. Obwohl sie die objektiven Gesetze nicht aufheben können, beeinflussen sie die Entwicklung der Wissenschaften. Das geht intensiver, wirksamer, wenn die Gesetze bekannt sind und die Konsequenzen daraus für das eigene Verhalten, für die Aus- und Weiterbildung der Wissenschaftler gezogen werden. Eben das ist der dritte Aspekt der objektiven Gesetze. Das Gesetz ist also eine Funktion der Determinanten der Wissenschaftsentwicklung: $f[D(W)] = f(G, W, P)$.

Bisher wurden die Gesetze der Wissenschaftsentwicklung als Gesetze betrachtet, die den Prozeß charakterisieren. Es ist jedoch wichtig, die Frage zu stellen, ob es neben Struktur- und Bewegungsgesetzen auch Entwicklungsgesetze der Wissenschaft gibt, die den gesetzmäßigen Zusammenhang von der Ausgangsqualität bis zur höheren Qualität bestimmen. Man kann die Entwicklung der Wissenschaft in ihrer allseitigen Herausbildung von der Spekulation zur wissenschaftlichen Erklärung und praktischen Überprüfung der Theorien als Entwicklungszyklus betrachten. Offensichtlich können solche Entwicklungsgesetze nur im Zusammenhang mit den Grundgesetzen der Dialektik formuliert werden. Sie enthalten z. B. für die Wissenschaftsentwicklung die notwendige Herausbildung der höheren Qualität als Negation der Negation, d. h., die Ausgangsqualität wird in neuen Qualitäten dialektisch negiert, wobei eine dieser neuen Qualitäten den durch Entwicklungskriterien auszuweisenden Charakter einer höheren Qualität hat. Die höhere Qualität muß qualitativ besser und quantitativ umfangreicher die Funktion der Ausgangsqualität erfüllen. Wenn wir den Prozeß der Entwicklung von der Spekulation zur Wissenschaft betrachten, dann kann die höhere Qualität des Entwicklungszyklus erst auf einer hohen Stufe der Entwicklung, wenn alle Bedingungen für die Herausbildung der höheren Qualität vorhanden sind, bestimmt werden. Entwicklungsgesetze werden deshalb als Struktur- und Bewegungsgesetze für bestimmte Etappen erkannt und erst dann als Entwicklungsgesetz formuliert.

Es ist interessant, daß Marx bei der Untersuchung des Gesetzes vom tendenziellen Fall der Profitrate zuerst das Gesetz als solches betrachtete, dann die entgegenwirkenden Ursachen untersuchte, um dann auf die Entfaltung der inneren Widersprüche des Gesetzes einzugehen. Dabei wies er nach, daß es undialektisch ist, nur einzelne Tendenzen als Gesetz zu bestimmen, ohne ihren inneren und notwendigen Zusammenhang mit anderen Tendenen zu berücksichtigen. „Also dieselbe Entwicklung der gesellschaftlichen Produktivkraft der Arbeit drückt sich im Fortschritt der kapitalistischen Produktionsweise aus einerseits in einer Tendenz zu fortschreitendem Fall der Profitrate, und andrerseits in beständigem Wachstum der absoluten Masse des angeeigneten Mehrwerts oder Profits; so daß im ganzen der relativen Abnahme des variablen Kapitals und Profits eine absolute Zunahme beider entspricht."[28] Marx kritisierte die Ökonomen, die den Fall der Profitrate und das Wachstum der Masse des Profits auf verschiedene Ursachen zurückführen und die durch eine Ursache hervorgerufene objektive Einheit von Gegensätzen, also den dialektischen Widerspruch nicht begreifen wollen.

Die aus verschiedenen Beispielen abgeleitete Tendenz muß daraufhin untersucht werden, ob die Ursachen für diese Tendenz auch entgegengesetzte, scheinbar ihr widersprechende Tendenzen hervorbringt. Auf diese Problematik machte J. Kuczynski aufmerksam, wenn er gegen die verbreitete Auffassung polemisierte, daß die Umsetzung der Erfindungen in die laufende Produktion viel schneller als in früheren Zeiten geschieht. Er hob hervor, daß die publizierten Tabellen keine Beweise enthalten, da sie nicht die Entdekkungen enthalten, die noch nicht in die Produktion eingeführt sind. Außerdem seien in der Vergangenheit einerseits Entdeckungen schneller in die Praxis umgesetzt worden, wie das Beispiel von Archimedes zeige, anderseits ging oft die technische Praxis der Entstehung des wissenschaftlichen Prinzips voraus.

Kuczynski folgerte daraus: „Gerade weil es kein solches Gesetz der Beschleunigung der Umsetzung von Wissenschaft in Technik gibt, das es nur zu fördern gilt, sind auch in der sozialistischen Gesellschaft so große Anstrengungen für die möglichst schnelle Umsetzung von Wissenschaft in Technologie und von Technologie in Technik notwendig."[30] Da kein Gesetz der gesellschaflichen Entwicklung sich ohne die entsprechenden Bedingungen, d. h. die objektiven und subjektiven Faktoren, durchsetzt, wäre die Schlußfolgerung auch angebracht, wenn es sich um ein Gesetz handeln würde.

[29] K. Marx, Das Kapital. Dritter Band, a. a. O., S. 233.
[30] J. Kuczynski, Wissenschaft heute und morgen, Berlin 1973, S. 24.

Aber das Problem der Gesetzeserkenntnis ist in diesem Falle nicht dadurch gelöst, daß die einen behaupten, es sei eins, und die anderen, es sei keins. Offensichtlich geht es hier um verschiedene Tendenzen der Wissenschaftsentwicklung, die mit der wissenschaftlich-technischen Revolution verbunden sind. Ursachen dafür sind das wachsende Potential an Wissenschaftlern und Einrichtungen, die Verbesserung der wissenschaftlichen Geräte und die wachsende interdisziplinäre Arbeit, die den Fundus an Entdeckungen über die Beziehungen und Gesetze der objektiven Realität erweitern.

Diese Tatsache wird oft mit der Informationsexplosion umschrieben, ohne zu beachten, daß das tiefere Eindringen in das Wesen der objektiv-realen Prozesse durch die Gesetzeserkenntnis nicht mit der quantitativen Anhäufung von Wissen gleichzusetzen ist, sondern qualitative Umschläge durch Theorienbildung umfaßt. Mit neuen bestätigten Theorien über die Beziehungen und Gesetze der objektiven Realität wächst das Potential der von der Gesellschaft multivalent nutzbaren wissenschaftlichen Erkenntnisse. Das beschleunigt sicher auch bestimmte Umsetzungen wissenschaftlicher Erkenntnisse in die Produktion, da durch die wachsende Volkswirtschaft größere Bedürfnisse an neuen Produktionsmethoden, Stoffen usw. vorhanden und auch die Möglichkeiten zur schnelleren Überführung wissenschaftlicher Erkenntnisse in die Produktion gegeben sind. Das wachsende Potential wissenschaftlicher Erkenntnisse führt aber auch dazu, daß Kapazitäten usw. nicht ausreichen, um das ganze Potential auf seine Bedeutung für die Produktion untersuchen zu können. Daraus ergibt sich die Forderung, sich mehr um die Überführung wissenschaftlicher Erkenntnisse in die Produktion zu kümmern. Die Tendenz zur schnelleren Überführung ist durch das wachsende Potential an Erkenntnissen auch mit der Tendenz verbunden, daß viele Potenzen nicht genutzt werden. Hinzu kommt, daß viele wissenschaftliche Erkenntnisse wegen der multivalenten Nutzbarkeit durch die Überführung in die Produktion nicht aus dem Bestand nutzbarer wissenschaftlicher Erkenntnisse verschwinden. So zeigt die Biotechnologie, daß vorhandene biologische Grundlagenkenntnisse nun unter dem Aspekt technischer Nutzbarkeit überprüft werden, obwohl sie vielleicht schon in der Landwirtschaft oder an anderen Stellen genutzt werden.

Mit diesem Beispiel soll nur auf die Problematik der Gesetzeserkenntnis verwiesen werden. Es lohnt sich, intensiver den Zusammenhang verschiedener Tendenzen der Wissenschaftsentwicklung und ihrer Ursachen zu betrachten, um die Gesetze als innere Zusammenhänge von scheinbar sich widersprechenden, aber aus den gleichen

Ursachen entstehenden Tendenzen zu begreifen. Insofern sind viele der bisher in der Literatur anzutreffenden Gesetzesformulierungen oft nur Tendenzen, deren Ursachen noch genauer zu bestimmen sind. So wirkt sich auch die wachsende Zahl von Wissenschaftlern, das steigende Wissenschaftspotential auf die Vergrößerung des Wissens aus. Dieser Prozeß ist jedoch nicht nur quantitativ bestimmt, sondern mit qualitativen Umschlägen verbunden. Eine Vielzahl publizierter experimenteller Erkenntnisse erhielt mit ihrer Einordnung in eine Theorie ihren Platz im systematisierten Wissen und verlor ihren selbständigen Charakter, andere hypothetische Ansätze werden nun auf lange Zeit vergessen.

4.5.2. Gesetze: Formulierungen und Inhalt

Bisherige Analysen zeigen, daß für die gegenwärtige Wissenschaftsentwicklung vier Gesetze von grundlegender Bedeutung sind, die, wie schon angedeutet, dem Entwicklungsgesetz vom zyklischen Charakter der Wissenschaftsentwicklung in verschiedenem Maße zugeordnet sind. Sie erfassen den Entwicklungsmechanismus, den Beitrag der Disziplinen und spezifische gesetzmäßige Zusammenhänge im Wissenschaftstyp der wissenschaftlich-technischen Revolution. Ihre Formulierungen, d. h. erkannte gesetzmäßige Zusammenhänge auf der Grundlage objektiver Gesetzmäßigkeit, sind: (1) das Gesetz vom Wechsel evolutionärer und revolutionärer Phasen der Wissenschaftsentwicklung; (2) das Gesetz der ungleichmäßigen experimentellen und theoretischen Entwicklung der Wissenschaftsdisziplinen; (3) das Gesetz von der Integration des Wissens und der wachsenden Komplexität wissenschaftlicher Aufgaben mit praktischer Relevanz; (4) das Gesetz von der Dialektisierung der Wissenschaften als Einheit von Mathematisierung und Humanisierung.

Das *Gesetz vom Wechsel evolutionärer und revolutionärer Phasen der Wissenschaftsentwicklung* erfaßt den Entwicklungsmechanismus als Anhäufung experimentellen und theoretischen Wissens in verschiedenen Disziplinen, die wissenschaftliche Revolutionen vorbereitet, deren Eintritt eine neue Qualität der Wissenschaftsentwicklung darstellt und die Ausformung der Grundideen und ihre praktische Verwertung verlangt. Das hat Auswirkungen auf die Determinanten der Wissenschaftsentwicklung in evolutionären und revolutionären Etappen. Wissenschaftliche Revolutionen sind die Knotenpunkte der Wissenschaftsentwicklung. Zu ihnen gehören die Leistungen von Kopernikus, Galilei, Kepler und Newton zur Begründung der Physik, die Darwinsche Entwicklungstheorie, die Aufdeckung der Grundgesetze der Gesellschaftsentwicklung durch Marx, die Relativitäts- und Quantentheorie und die Entdeckung des genetischen Codes. Vor uns steht die Einsicht in die Mechanismen schöpferischen Verhaltens. Wissenschaftliche Revolutionen sind die Kernprozesse des wissenschaftlichen Fortschritts. Sie sind nicht einfach identisch mit der Entstehung neuer Theorien. Wissenschaftliche Revolutionen umfassen die Änderung der theoretischen Grundstruktur einer wissenschaftlichen Disziplin durch Veränderungen der Ausgangsaxiome und Neubestimmung der Grundgesetze. Das wiederum hat Einfluß auf andere Wissenschaften. Sie führen zu wesentlichen Auswirkungen auf die gesellschaftliche Praxis durch neue Prinziplösungen und zur Änderung des Weltbildes.

Wenn das System der Determinanten für die Wissenschaftsentwicklung untersucht wird, dann geht es darum, die Etappen spezifischer Theorienentwicklung und die Theorienhierarchie als Einheit von globalen und lokalen Theorien, von Natur-, Technik- und Gesellschaftstheorien, von weltanschaulichen, erkenntnistheoretischen und methodologischen Positionen in die Grundprozesse der Theorienentwicklung, eben in die wissenschaftlichen Revolutionen, einzuordnen. Dabei ist die Spezifik jedes wissenschaftlichen Fortschritts zu beachten. Die wissenschaftlichen Revolutionen geben den Rahmen für das System der Determinanten. Die Integrationsebenen für die Determinantenbestimmungen unterscheiden sich danach, ob es sich um die Entwicklung einer Disziplin, einer Theorie oder um die Leistungen eines Wissenschaftlers handelt.

Im Determinantengefüge sind also die Rangfolge zwischen wissenschaftlichen Revolutionen, disziplinären und technologischen Entwicklungen, dem Entstehen neuer Theorien und dem theoretischen Fortschritt in Teilbereichen zu beachten. Neben dieser Rangfolge existiert für jeden Aspekt das Verhältnis von wesentlichen und unwesentlichen Faktoren. Außerdem erfolgt in den Etappen die Präzisierung der Determinanten sowie ihre Spezifizierung durch wechselnde Hauptdeterminanten.

Beginnen wir mit dem Determinationsgefüge wissenschaftlicher Revolutionen. Dabei existieren drei Determinationslinien. Die erste umfaßt das Theoriendefizit, das als Forderung zur wissenschaftlichen Erklärung wirkt. Ein solches Theoriendefizit kann lange anhalten. Es wird über philosophische Erklärungen konstatiert, als Welträtsel formuliert und als Orientierung wissenschaftlicher Forschung dann wirksam, wenn Chancen zur theoretischen und praktischen Problemlösung existieren. Eine zweite Hauptlinie betrifft die gesellschaftlichen Forderungen. Sie können wissenschaftliche Forschung stimulieren, aber Problemlösungen nicht direkt beeinflussen. Sie wirken als objektive Interessen, als formulierte Bedürfnisse und als direkte Steuerungsvorgaben mit Mitteln und Personal. Durch die anfangs charakterisierten Bedingungen der Wissenschaftsentwicklung wird deutlich, daß die Bedeutung der gesellschaftlichen Forderungen weiter wächst. Sie lassen stets einen Spielraum für die Eigeninitiative der Wissenschaftler. Er kann für die Problemlösungen nur genutzt werden, wenn durch Ausbildung, Atmosphäre und entsprechende technische Mittel und personelle Reserven die wissenschaftliche Problemlösung vorangetrieben werden kann. Die dritte Determinationslinie betrifft die Wissenschaftlerpersönlichkeit. Sie verarbeitet das theoretische Vor- und Umfeld zu neuen Theorien. Dabei sind für wissenschaftliche Revolutionen die persönlichen Determinanten wie Neugier, Prestigesucht usw. untergeordnet, während die Existenz solcher Persönlichkeiten entscheidend ist.

Nehmen wir die den wissenschaftlichen Revolutionen ein- und untergeordnete Theorienentwicklung, dann kommen wir zu einem Wechsel und damit zu einer Aufgliederung der Hauptdeterminanten. Beginnen wir (a) mit der Sequenz Idee, Hypothese, Forschungsprogramm, Theorie. Um eine brauchbare Idee zu finden, sind der Spürsinn des Forschers, seine Kenntnis der Probleme und die Bereitschaft, sich zu wundern, entscheidend. Die Idee muß dann zur Hypothese ausgearbeitet werden, was die Fähigkeit zur Formulierung einer wissenschaftlich begründeten Vermutung über einen nicht bekannten Sachverhalt, die experimentell und theoretisch überprüft werden kann, voraussetzt. Wird damit (b) ein experimentell und theoretisch abarbeitbares Forschungsprogramm formuliert, dann ist die soziale Unterstützung für dieses Forschungsprogramm die entsprechende Hauptdeterminante. Für die Annahme des Programms sind Befürworter zu gewinnen, die in der Lage sind, Hemmnisse zu beseitigen. Dabei ist die hemmende Rolle von monopolisierten Meinungen zu berücksichtigen. Hat (c) die Arbeit am Forschungsprogramm zur Theorie geführt, dann tritt das Problem der gesellschaftlichen Bewertung und Verwertung auf. Hauptdeterminanten für die Durchsetzung einer Theorie sind ihr Einbau in die Ausbildung, ihre gesellschaftliche Verwertung und das Sozialprestige ihrer Verteidiger. Der Prozeß der Durchsetzung der Theorie ist (d) zugleich mit dem der inneren Ausgestaltung der Theorie, ihrer Reifung verbunden. Als Bewertungskriterien für eine Theorie gibt H. Hertz die Zulässigkeit, die Wahrheit und die Zweckmäßigkeit an.[31] Die

[31] Vgl. H. Hertz, Die Prinzipien der Mechanik in neuem Zusammenhange dargestellt, in: H. Hertz, Gesammelte Werke, Bd. 3, Leipzig 1895.

Zulässigkeit verlangt die Berücksichtigung logischer Regeln und die Beseitigung logischer Widersprüche. Die Wahrheit ist durch empirische Untersuchung festzustellen. Die Zweckmäßigkeit ist an Einfachheit und Schönheit gebunden. Für die Ausgestaltung der Theorie existieren offensichtlich andere Hauptdeterminanten als für die Herausbildung der Theorie und für ihre Durchsetzung. Entscheidend für die (e) gesellschaftliche Bewertung und Verwertung sind dann gesellschaftliche Werte und Wertvorstellungen, wobei im Vordergrund der praktische Nutzen steht.

Das Gesetz vom Wechsel evolutionärer Phasen umfaßt die Phasen der Entstehung der Theorie mit ihren Bedingungen, die wissenschaftliche Revolution, die Reife der Theorie, die gesellschaftliche Bewertung und die gesellschaftliche Verwertung.

Das *Gesetz der ungleichmäßigen experimentellen und theoretischen Entwicklung der Wissenschaftsdisziplinen* drückt aus, daß es spezifische Beiträge jeder Wissenschaftsdisziplin in einer bestimmten Entwicklungsetappe zur Wissenschaftsentwicklung gibt, die vom konkreten Stand experimenteller und theoretischer Forschung dieser Disziplin in einer bestimmten Etappe abhängig sind. Hatte die klassische Physik das Ideal exakter Wissenschaft bis zum 19. Jahrhundert bestimmt, so galten die Sprach- und Literaturwissenschaften als Ausdruck des Humanismus. Die Psychologie zeigte die Verflechtung von Natur- und gesellschaftswissenschaftlichen Erkenntnissen vor allem im 20. Jahrhundert. Die Relativitätstheorie präzisierte die Raum-Zeit-Auffassungen, und die Molekularbiologie erfaßte das Verhältnis von Information und Evolution. Die statistische Denkweise wurde wesentlich durch die Quantentheorie beeinflußt. Die Einheit von theoretischer und experimenteller Tätigkeit realisiert sich im gesellschaftlichen Erkenntnisprozeß, in dem die Integration spezialisierter Tätigkeiten erfolgt. Aber das reicht nicht aus. Experimentelle Tätigkeit schließt stets theoretische mit ein, und theoretische Tätigkeit muß die experimentellen Ergebnisse und Beobachtungsresultate berücksichtigen. Die Einsicht in die Dialektik der Erkenntnis zwingt uns dazu, sowohl gegen den platten Empirismus zu polemisieren, als auch übertriebenes Spekulieren, dem aus der Verallgemeinerung experimenteller Ergebnisse gewonnene sinnvolle wissenschaftliche Fragestellungen fehlen, zurückzuweisen.

Gegen beide Extreme wenden sich die Wissenschaftler. So wird betont, daß nichts für die Praxis besser sei als eine gute Theorie. Es kann jedoch auch festgestellt werden, daß eine schlechte Theorie vergeht, ein gelungenes Experiment aber bleibt. Auf ihm bauen immer wieder neue Interpretationsversuche auf. Denken wir etwa an die entscheidende Rolle des Michelson-Experiments für die Äther-Diskussion, an den photoelektrischen Effekt, an die Compton-Streuung und die Beugung von Elektronenstrahlen an Kristallen für die Entwicklung der Quantentheorie. Eine gute Theorie ist durch experimentelle Ergebnisse bestätigt und in der Praxis nutzbar. Ob deshalb in einer bestimmten Wissenschaft in einem Lande die Anstrengungen besonders auf experimentellem oder theoretischem Gebiet liegen müssen, kann nicht durch erkenntnistheoretische Überlegungen allein geklärt werden. Dazu bedarf es einer Analyse des Standes der Wissenschaftsentwicklung, der gesellschaftlichen Bedürfnisse und der möglichen einsetzbaren materiellen und geistigen Potenzen.

Experimentelle Tätigkeit und Beobachtung liefern eine Vielzahl von Daten. Dabei hilft die elektronische Datenverarbeitung, sie zu speichern. Ihre Auswertung setzt jedoch voraus, daß es sich um wesentliche, d. h. den Charakter des untersuchten Objektes oder Prozesses bestimmende Daten, handelt. Um zu bestimmen, was wesentlich ist, sind theoretische Vorstellungen erforderlich, die hypothetisch mögliche experimentelle und Beobachtungsresultate im Zusammenhang erklären. Solche Hypothesen sind aus den bisherigen Theorien und Experimenten durch schöpferische Leistungen zu gewinnen. Die Sorge mancher Wissenschaftler, durch das Datensuchen den schöpferischen Aspekt der Wissenschaftsentwicklung zu vernachlässigen, ist deshalb zu verstehen. Sicher macht erst eine bestimmte Menge von Daten in der Erscheinung das Wesen deutlich, läßt erst sie Hinweise auf Gesetzmäßigkeiten zu. Aber die theoretische Analyse von Daten, ihre Erklärung durch eine Theorie ist ein wichtiger Schritt der Wissenschaftsentwicklung, der zu weiteren gezielten Experimenten führen kann.

In der Geschichte zeigte sich die ungleichmäßige Entwicklung der Disziplinen. Entscheidend bei der Herausbildung der Physik waren die Rolle des Experiments und die Mathematisierung. Chemie und Biologie entwickelten sich als Wissenschaften mit der experimentellen Fundierung der Theorien und der besseren Nutzung mathematischer Mittel. In den Gesellschaftswissenschaften wird die mathematische Modellierung heute ebenfalls genutzt.

Die Theorienbildungsprozesse sind nicht mit der Mathematisierung zu identifizieren. Die Theorie durchläuft verschiedene Entwicklungsstadien, von der qualitativen erläuternden Erklärung von Prozessen über ihre quantitative Messung bis zu ihrer Fomalisierung. Entscheidend für den Nutzen einer Theorie ist die in ihr enthaltene Gesetzeserkenntnis, zu der auch die Existenzbedingungen des Gesetzes gehören. Solche Gesetze können als qualitative Regeln erfaßt sein oder schon in mathematischen Gleichungen dargestellt werden. Es wäre sicherlich verkehrt, die nicht-formalisierte qualitative Analyse in der Wissenschaftsentwicklung zu unterschätzen. Jedoch darf die Mathematik nicht auf die Darstellungsfunktion eingeschränkt werden. Die heuristische Funktion der Mathematik erfüllt sich in doppeltem Sinne, sowohl durch die Anregungen für das mathematische Denken als auch durch die mathematische Darstellung theoretischer Vorstellungen, was zu nicht interpretierten Ausdrücken führen kann, wie die Elektronentheorie von Dirac mit ihrer theoretischen Vorhersage des Positrons zeigte, oder Widersprüche in der Theorie aufdeckt, deren Bedeutung zu klären ist. Es geht also bei der Mathematisierung nicht nur um die Beherrschbarkeit großer Datenmengen und quantitativer Beziehungen, nicht nur um ihre Darstellungsfunktion, sondern auch um die heuristische Funktion für die Theorienbildung und für die theoretisch gelenkte experimentelle Tätigkeit.

Die experimentelle Tätigkeit hat verschiedene Formen. Seinem Wesen nach ist das Experiment ein von Menschen organisierter objektiver Analysator der Wirklichkeit, um ein Erkenntnisziel zu erreichen. Die im Experiment analysierten Wesensmomente werden theoretisch synthetisiert. Die Naturwissenschaften haben die experimentelle Methode umfangreich entwickelt. Sie wird auch für die naturwissenschaftlichen Grundlagen der Psychologie genutzt. Zur Untersuchung von Verhaltensweisen und Fähigkeiten des Menschen dienen Tests.

Wird der Test als experimentelle Überprüfung des Individuums auf Existenz oder Fehlen bereits erkannter gesellschaftlich relevanter Verhaltensweisen angesehen, dann ist er in die betrachteten Beziehungen zwischen Experiment und Theorie einzuordnen. Der Test erfolgt als Experiment in Modellfällen, die wesentliche Bedingungen repräsentieren, aber nicht mit der Wirklichkeit identisch sind. Insofern ist die Eignung der Person für den Test ebenso zu beachten wie die Eignung der Modellfälle zur Simulation wirklicher Prozesse. Einseitigkeiten bestimmter Tests müssen durch ein System von Tests ausgeglichen werden. Vor allem erfolgt der Test unter bestimmten theoretischen Voraussetzungen, die in die Auswertung wiederum eingehen. Zu ihnen gehören Einsichten in die Theorie der Persönlichkeit und die Gesetzmäßigkeiten gesellschaftlichen Verhaltens, aus denen die gesellschaftlich relevanten Verhaltensweisen abgeleitet werden. Wie bei jeder Methode, so ist auch bei den Tests die Methodenkritik wesentlich, wenn mit ihrer Durchführung und ihrem Ergebnis Entscheidungen über Menschen verbunden sind.

Die Gesellschaftswissenschaften weisen eine gewisse Spezifik der experimentellen Methode auf. Eine entscheidende Rolle im philosophischen und gesellschaftswissenschaftlichen Denken spielen sicher das Gedankenexperiment und die Untersuchung von Modellfällen, die theoretisch verallgemeinert den Erfahrungsaustausch bei der Gestaltung gesellschaftlicher Beziehungen bereichern. Für Experimente in gesellschaftlichen Teilbereichen sind die Phasen der experimentellen Vorbereitung, d. h. die Ausarbeitung der experimentell zu überprüfenden Frage und die gedankliche Vorbereitung des Experiments durch die Bestimmung der konstanten und variablen Faktoren, zu berücksichtigen. Darüber hinaus spielen im gesellschaftlichen Bereich zwei weitere Faktoren eine Rolle: der Komplex der variablen Faktoren und die Dauer des Experiments. So können im gesellschaftlichen Bereich, da es um Menschen, um den Aufwand an lebendiger Arbeit und um die Persönlichkeitsentwicklung geht, nicht beliebig viele Parameter konstant gehalten werden. Um trotzdem zu analysierten Wesensmomenten mit Hilfe des Experiments zu kommen, ist großer theoretischer Aufwand zur Bestimmung der gesetzmäßigen Beziehungen zwischen den variablen Parametern erforderlich. Das hat wiederum Auswirkungen auf die Dauer solcher Experimente, die notwendig ist, um echte experimentelle Ereignisse als Grundlage theoretischer Überlegungen und praktischer Veränderungen zu erhalten.

Das Gesetz der ungleichmäßigen experimentellen und theoretischen Entwicklung der Wissenschaftsdisziplinen hat zwei Aspekte. Der *historische Aspekt* verweist auf die Reife der Disziplinen bei der Anwendung der experimentellen Methode und bei der Mathematisierung, wobei die Spezifik des Erkenntnisgegenstands beachtet werden muß. Der *systematische Aspekt* betrifft den unterschiedlichen Beitrag zur Wissenschaftsentwicklung durch wissenschaftliche Revolutionen, allgemeine Denkweisen und neue Methoden.

Das *Gesetz von der Integration des Wissens und der wachsenden Komplexität wissenschaftlicher Arbeit mit praktischer Relevanz* bestimmt wesentlich die Wissenschaftsentwicklung in der wissenschaftlich-technischen Revolution. Es drückt die Verflechtung der Wissenschaften bei der Lösung gesellschaftlich bedeutsamer Aufgaben aus. So entsteht eine neue Verbindung zwischen disziplinärem Grundwissen und der Lösung komplexer Probleme. Gesellschaftlich bedeutsam sind originelle wissenschaftliche Lösungen, die bei technischer Realisierung hohen gesellschaftlichen Nutzen bringen, in der Technologie einen internationalen Vorsprung sichern und zu exportfähigen Produkten führen. Dazu ist interdisziplinäres Forschen zu den Bedürfniskomplexen erforderlich. Es geht um die rationelle Nutzung der Energie, das Erschließen neuer Energiequellen und die effektive Verwertung traditioneller Energieträger; um die Rohstoffnutzung und -substitution sowie die Gestaltung rationeller Materialkreisläufe; um die humane Gestaltung der Umwelt; um die gesunde Ernährung; um die Erhöhung der Volksgesundheit und um die sozialistische Persönlichkeitsentwicklung.

Es ist also die Aneignung disziplinären Grundwissens so zu sichern, daß die Lösung komplexer Probleme möglich wird. Es geht um den Erwerb komplex nutzbaren Wissens. Dabei sind die Disziplinen nicht in Komplexe aufzulösen. Das zeigen Erfahrungen mit komplexen Forschungsrichtungen und darauf aufbauenden Ausbildungszielen. Es gibt keine Optimierer der Lebensprozesse, wohl aber Biologen, Verhaltenswissenschaftler, Geowissenschaftler, Ökonomen und andere, die sich mit solchen Probleme befassen. Die dialektische Struktur der materiell einheitlichen Welt verlangt disziplinäres Erforschen der Gesetzmäßigkeiten niedriger und höher entwickelter Bewegungsformen, der Komplexe von Bewegungsformen, der Struktur und Verhaltensweise von Systemen. Trotz der Existenz integrativer Wissenschaftsdisziplinen entstehen komplexe Lösungen nur durch das wissenschaftlich begründete Zusammenfügen von disziplinär erarbeiteten Teilerkenntnissen. Physik greift in die Energie- und Rohstoffproblematik ein. Chemie hat Bedeutung für Produktionstechnologie, aber auch für Ernährung, Gesundheit und Mode. Man könnte viele Bezugspunkte herstellen. Vor allem aber ist der Mensch selbst als gesellschaftliches Wesen in seiner individuellen Ausprägung zu begreifen.

Das Gesetz hat zur Haupttendenz auch Gegentendenzen. Sie betreffen nicht nur die notwendige Entwicklung von Spezialwissen, sondern auch die mögliche Entartung von Forschung durch Datensammeln ohne Verallgemeinerung oder Spekulation ohne empirische Basis.

Die Integration von Spezialwissen wird durch die Lösung komplexer Aufgaben erzwungen. Es müssen natürliche, technologische, kulturelle und soziale Faktoren in ihrer Wechselwirkung und Priorität begriffen werden. Die Multivalenz physikalischer und chemischer Erkenntnisse wird aufgehoben, um sie in bestimmte, für den Menschen notwendige Integrationsbeziehungen einzuordnen. Dadurch entsteht gesellschaftlich notwendige Integration spezialisierten Wissens.

Das Gesetz von der Integration des Wissens und der wachsenden Komplexität wissenschaftlicher Aufgaben mit praktischer Relevanz erfaßt eine Haupttendenz der wissenschaftlich-technischen Revolution. Sie hat Auswirkungen auf die Wissenschaftsplanung, die Wissenschaftsorganisation, die Ausbildung und Forschung.

Das *Gesetz der Dialektisierung als Einheit von Humanisierung und Mathematisierung der Wissenschaften* erfaßt den Zusammenhang zweier entgegengesetzter Tendenzen, auf deren Entwicklung noch gesondert einzugehen ist. Die Mathematisierung der Wissenschaften mit ihren Tendenzen zur Axiomatisierung der Theorienbildung, mit ihrer Anwendung mathematischer Modelle und der Nutzung der elektronischen Datenverarbeitung ist eine wesentliche Richtung der Wissenschaftsentwicklung. Sie dient dazu, Technologien zu entwickeln, mit denen der Mensch Freiheitsgewinn erzielt. Die Entwicklung von Technologien ist also ein Teil der Humanisierung der Wissenschaften. Alternative Lösungen zum wissenschaftlich-technischen Fortschritt schränken die Schöpferkraft des Menschen auf gelöste Probleme ein, drängen Spitzenentwicklungen von Wissenschaft und Technik, die Hilfe für den Menschen bringen, zurück und abstrahieren von der revolutionären Rolle der Produktivkraftentwicklung. Die Humanisierung der Wissenschaften zeigt sich vor allem in der Komplexität von Aufgabenstellungen, die interdisziplinäre Arbeit verlangen. Mit disziplinären Erkenntnissen, unter Einsatz aller mathematischen Möglichkeiten, sind die Bedürfniskomplexe für den Menschen wissenschaftlich zu durchdringen. Es ist die Sorge um den Menschen, die der Mathematisierung der Wissenschaften entgegengestellt wird. So gibt es gegen die Anwendung der Datenverarbeitung in der Medizin Bedenken, weil der Patient nicht mehr als Mensch aus Fleisch und Blut betrachtet würde. Man könnte weitere Bedenken gegen die Computerisierung des Menschen anführen. Sie wären berechtigt, wenn die Mathematisierung der Wissenschaften nicht mit der Humanisierung der Wissenschaften einher ginge. Dort wo der Mensch aus dem Kalkül verschwindet, muß das antihumane Verhalten bekämpft werden. Aber die Kritik darf nicht die Wissenschaftsentwicklung treffen. Sie muß sich gegen antihumane gesellschaftliche Verhältnisse richten, die menschliche Interessen nur dem Profitstreben herrschender Kreise unterordnen; aber auch gegen das Verhalten der Wissenschaftler, die sich ihrer humanen Verantwortung nicht bewußt sind und gegen sie handeln. Wissenschaft kann gesellschaftliches Handeln orientieren, aber nicht ersetzen. Um wissenschaftlich begründete Handlungsanweisungen zu erhalten, müssen alle Möglichkeiten der Wissenschaftsentwicklung ausgeschöpft werden.

4.6. Fazit

Wird der statistische Charakter der Gesetze der Wissenschaftsentwicklung berücksichtigt, dann ist die Einheit von Haupttendenzen, untergeordneten Tendenzen und Gegentendenzen über Möglichkeitsfelder und die stochastische Verteilung für die Verwirklichung von Möglichkeiten zu erklären. Die neuen Bedingungen, unter denen sich Wissenschaft in der Gegenwart entwickelt und die Rolle der Wissenschaftlerpersönlichkeit als Mittler zwischen gesellschaftlichen Anforderungen und Wissenschaftsentwicklung, bestimmen den Wirkungsmechanismus der Gesetze. Kein Gesetz tritt in Reinheit auf. Es hat bestimmte Erscheinungsformen, die es zu erkennen gilt. Auf sie wirken hemmende und fördernde Faktoren der Wissenschaftsentwicklung, wie Schulenbildung, Meinungsmonopolisierung u. a.

Die bisherigen Ausführungen machen Konsequenzen deutlich:

Erstens: Die Determinanten der Wissenschaftsentwicklung sind in ihrer Allgemeinheit und Spezifik mit Fallstudien, logisch-methodologischen Untersuchungen und mit theoretischer Verallgemeinerung von empirischem Material weiter auszuarbeiten, um die konzeptionellen Überlegungen zum Determinantensystem, zu Bedingungen und Gesetzen zu präzisieren.

Zweitens: Das Determinationsgefüge ist für folgende Prozesse der Theorienentwicklung genauer zu untersuchen: Ideen, Hypothesen, Forschungsprogramm, Theorie; theoretische Reifung und innere Strukturierung der Theorie; Durchsetzung von Theorien; gesellschaftliche Bewertung und Verwertung von Theorien.

Drittens: Die Untersuchungen zum System der Determinanten sind mit Überlegungen zur Methodologie zu verbinden. Nur so sind Hinweise zur Wissenschaftsorganisation zu erhalten. Die Vielfalt der Determinanten zeigt, daß es sicher kein Schema für die Wissenschaftsorganisation gibt, wohl aber existieren grundlegende Tendenzen und typische Verhaltensweisen, die ein Ziel erreichen lassen, wenn die Bedingungen existieren oder geschaffen werden. Auch die Entwicklung heuristischer Ansätze verlangt die Berücksichtigung des Zufalls als eines Bestandteils der Gesetzmäßigkeit.

Viertens: Das Verhältnis von Wissenschaft und Humanismus ist in seinem historischen Wandel und als wesentliche Determinante für weltanschauliche Haltungen der Wissenschaftsentwicklung in der Gegenwart genauer zu analysieren. Damit können die allgemeinen Aussagen zu den Bedingungen und Gesetzen der Wissenschaftsentwicklung für das Verhältnis von Mensch und Natur, von Menschen und Technik sowie von Wissenschaft und Mensch präzisiert werden.

III. Wissenschaft und Humanismus

Wissenschaft und Technik haben hervorragende Möglichkeiten geschaffen, um materielle und kulturelle Bedürfnisse besser befriedigen zu können. Im Gegensatz dazu stehen die negativen Auswirkungen auf Mensch und Umwelt. Werden die gesellschaftlichen Ursachen dieser negativen Tendenzen nicht erkannt, dann erscheint die wissenschaftlich-technische Revolution als Grund von Katastrophen. Das Humanpotential der Wissenschaften wird negiert. Das äußert sich in kritischen Stimmen zur Wissenschaft, in der Forderung nach Alternativ- und Betroffenenwissenschaften, nach Verzicht auf Wissenschaft und nach humaner Kontrolle der Wissenschaftsentwicklung. Die Grundfunktionen der Wissenschaft sind unter imperialistischen Bedingungen nur deformiert erfüllbar. Spitzenleistungen von Wissenschaft und Technik sind mit qualitativ neuen antihumanen Wirkungen gekoppelt. Das führt zur Frage, ob das Verhältnis von Wissenschaft, Mensch, Natur und Technik human gestaltet werden kann.

Die Wissenschaft wird an humanen Maßstäben gemessen. Die analysierende, zergliedernde Denkweise soll durch eine ökologische Ganzheitsbetrachtung ergänzt werden, mit der der Mensch im Mittelpunkt der Theorienentwicklung steht. Als Auslöser vieler Auseinandersetzungen um Wissenschaft und Humanismus wirken aber die Probleme der Naturbeherrschung und der Technologieentwicklung. Forderungen sind die Gestaltung einer menschenfreundlichen Umwelt und die humane Nutzung der Ergebnisse der wissenschaftlich-technischen Revolution. Sie entsprechen der dialektischen Einheit von Effektivität und Humanität, die durch gesellschaftliche Krisen zerstört wird. Auch das Verhältnis von Wissenschaft und Humanismus hat sich gewandelt. Die Menschheit kann als konstruktive Interessengemeinschaft Ergebnisse der wissenschaftlich-technischen Revolution nutzen, um Katastrophen zu verhindern und das Humanpotential der Wissenschaften auszuschöpfen.

Eine dialektische Theorie der Wissenschaftsentwicklung hat deshalb das von der Wissenschaft beeinflußte Natur- und Technologieverständnis, das in seiner gesellschaftlichen Determiniertheit wieder auf die Wissenschaft zurückwirkt, im Zusammenhang mit der Zyklizität und dem Typenwandel zu prüfen, um Beiträge für humane Lösungen zu erarbeiten. Naturauffassung und Technologieanforderungen haben sich in der Geschichte gewandelt. Im jeweiligen Mensch-Natur-Verhältnis, in der konkret-historischen Beziehung des Menschen zur Technik findet der Mensch seine eigene Widersprüchlichkeit als Ensemble gesellschaftlicher Verhältnisse ausgedrückt. Es ist also die Frage zu beantworten, warum mit der Ökologie ein neues Wissenschaftsverständnis verlangt wird, und wie Technologien zu humanen Herrschaftsmitteln der Menschen werden können. Diese Problematik ist direkt mit dem wissenschaftlichen Verständnis des Menschen verbunden. Darum ist die im Wissenschaftstyp der wissenschaftlich-technischen Revolution enthaltene Forderung nach einer Synthese von Natur- und Gesellschaftserkenntnissen zum wissenschaftlichen Verständnis des Menschen zu erfüllen. Dabei wirkt sich die Dialektik von Effektivität und Humanität auch auf das Wissenschaftsverständnis, vor allem auf die zu erreichende Einheit ihrer gegensätzlichen Tendenzen der Mathematisierung und Humanisierung aus.

So ist Gegenstand dieses Kapitels das wissenschaftliche Verständnis des Mensch-Natur-Verhältnisses, der Mensch-Technik-Beziehung und die Einheit von Mathematisierung und Humanisierung der Wissenschaften als Grundlage dafür, daß der Mensch tatsächlich, wie in der Ökologie als komplexer Denkweise gefordert, konstituierender Bestandteil wissenschaftlicher Theorie wird, um so, wissenschaftlich begründet, humane Forderungen an Naturbeherrschung, Technologieentwicklung und gesellschaftliche Bedingungen für die Persönlichkeitsentfaltung stellen zu können.

1. Bringt Ökologie ein neues Wissenschaftsverständnis?

1.1. Die Problematisiernng der Naturauffassung

Umfangreiche Diskussionen um das Mensch-Natur-Verhältnis in Geschichte und Gegenwart, unter dem Stichwort „Ökologie“ zusammengefaßt, finden in allen Bevölkerungsschichten und in allen geographischen Bereichen statt. Internationale Umweltkonferenzen bemühen sich um völkerrechtlich bindende Vereinbarungen zum Schutz der natürlichen Umwelt des Menschen. Strategische Lösungen globaler Probleme, wie die Beseitigung des Hungers auf der Welt, die effektive und humane Nutzung der Naturressourcen, die Einschränkung der Umweltverschmutzung und eine sinnvolle Verbindung von Naturerhaltung und Naturgestaltung, werden gefordert. Wissenschaft muß Grundlagen dafür liefern, um Wasser-, Luft- und Bodenqualität mit ihrer Nutzung zu verbessern. Die Ursachen des Waldsterbens werden zwar noch genauer erforscht, aber es sind doch schon Maßnahmen eingeleitet worden und weiter einzuleiten, um die Wälder zu schützen. Mögliche schädliche Auswirkungen einer breiten Nutzung der Kernenergie gilt es zu verhindern. Das ökologische Programm ist umfangreich. Es ist von einer Problematisierung des Naturverständnisses begleitet, die dazu zwingt, das Mensch-Natur-Verhältnis in seinen historischen und politischen Dimensionen genauer zu untersuchen, um theoretische Grundlagen für die Naturgestaltung aus philosophisch-weltanschaulicher Sicht mit der dialektischen Theorie der Wissenschaftsentwicklung zu erhalten.

Die Beziehung zwischen Naturverständnis und Naturbeherrschung tritt immer mehr in den Mittelpunkt weltanschaulicher Auseinandersetzungen. Dafür gibt es verschiedene Gründe. Teilweise werden für gesellschaftlich determinierte Krisen des Kapitalismus Ursachen in der Art der Naturbeherrschung gesucht. Mit Sorge verfolgen viele Humanisten die Entwicklung naturwissenschaftlicher Grundlagen für die Konstruktion und Produktion von Massenvernichtungswaffen. Der wissenschaftlich-technische Fortschritt in seinen Auswirkungen auf die natürliche Umwelt, wie Chemisierung der Natur, Verminderung der Bodenfruchtbarkeit und Baumsterben, wird kritisiert. Es wird von ökologischen Krisen gesprochen und ein eingeengtes Naturverständnis beklagt. Im Naturbegriff drückt sich stets das Mensch-Natur-Verhältnis in seinen konkret-historischen Bedingungen aus. Die Naturauffassung entwickelt sich mit den Beziehungen des Menschen zur Natur. Das zeigt auch das Naturverständnis der Klassik, d. h. des Wissenschaftstyps der industriellen Revolution, und das der Moderne, d. h. des Wissenschaftstyps der wissenschaftlich-technischen Revolution als zwei großen Epochen der Naturauffassung.

Die Klassik reflektierte das wachsende Selbstbewußtsein der Menschen gegenüber der Natur als Reaktion auf die Entwicklung der kapitalistischen Produktivkräfte, die vollzogene Emanzipation der Naturwissenschaften von der Philosophie und die wachsende Herrschaft des Menschen über die Natur. *Die Moderne* ist durch die widersprüchlichen Arten der Naturbeherrschung mit der kapitalistischen Profitproduktion und der sozialistischen humanen Gestaltung, durch den neuen Wissenschaftstyp und das Verständnis des Menschen als Naturwesen bestimmt. Aus dieser Widersprüchlichkeit ergeben sich Probleme, die es zu analysieren gilt.

Die Rolle natürlicher Bedingungen gesellschaftlicher Existenz des Menschen, wie Rohstoffe, Energie, Bevölkerungsentwicklung, Umwelt, werden in ihrer Bedeutung erkannt. Ein Umdenken zur Problematik der Naturbeherrschung vollzieht sich. Die Art dieser Herrschaft wird nach ihrer humanen oder antihumanen Zielfunktion bewertet. Natur als unerschöpfliche Ressource menschlicher Tätigkeit wird in Frage gestellt. Es entsteht Angst vor ökologischen Schäden, die den Menschen in seiner Existenz bedrohen. Gesellschaftliche Krisen des Imperialismus werden vor allem durch bürgerliche Ideologen auf das Mensch-Natur-Verhältnis projiziert. Nachdenken über die Natur ist deshalb gefordert, um unsere weltanschaulichen Positionen in dieser brisanten Auseinandersetzung bestimmen zu können.

Das Naturverständnis vieler Humanisten widerspiegelt gegenwärtig die Krise des kapitalistischen Systems mit seinem Raubbau an der Natur. Es wird auf den Umweltverfall verwiesen. Die Stabilität des Ökosystems werde vor allem dadurch beeinträchtigt, daß beispielsweise für kurzfristigen Nutzen neue Chemikalien eingesetzt werden, die schwere biotische Folgeerscheinungen haben könnten. Philosophische Ideen widerspiegeln dabei in spezifischer Weise gesellschaftliche Interessen. Der Mensch geht nicht in bestimmter Weise mit der Natur um, weil er bestimmte Ideen hat, sondern diese Ideen erfassen die durch die gesellschaftlichen Verhältnisse gegebenen Möglichkeiten der Auseinandersetzung des Menschen mit der Natur. So wird der Naturbegriff im Zusammenhang mit der kapitalistischen Profitproduktion auf die gestaltbare, verfügbare Natur eingeengt. Es sind jedoch auch ideelle Gegenbewegungen zu betrachten, die diese eingeengte Naturauffassung kritisieren. Sie setzen der Mathematisierung die Humanisierung der Wissenschaft entgegen, betonen die Unerschöpflichkeit der Natur und führen bis zu romantischen Illusionen über die Rückkehr des Menschen in die Natur. Das eingeengte Naturverständnis wird dann problematisch, wenn die Folgen des Raubbaus an der Natur offensichtlich werden.

Diskussionen über den Naturbegriff reflektieren gegenwärtig verschiedene Tendenzen. Sie erfassen die Krise des eingeengten Naturverständnisses, das der kapitalistischen Profitproduktion geschuldet ist. Dazu kommen politische Kritiken an den etablierten Gesellschafts- und Wissenschaftsprogrammen hochindustrialisierter kapitalistischer Länder, die als ökologische Probleme ausgedrückt werden. Einbezogen in die Diskussion sind auch sozialistische Programme zur

Gestaltung einer menschenfreundlichen natürlichen Umwelt. Die Auseinandersetzung um das Naturverständnis in den Naturwissenschaften selbst wird gefordert. Die philosophische Diskussion um die Entwicklung der Quantentheorie hatte darauf aufmerksam gemacht, daß der Mensch nicht die Natur „an sich" untersucht, sondern die Natur in seiner gegenständlichen Auseinandersetzung selbst gestaltet. Die Wechselwirkung zwischen Meßgerät und Objekt im Experiment wurde dialektisch-materialistisch als objektive Wechselwirkung der Elementarobjekte mit ihrer Umgebung erkannt. Die Natur konnte nicht mehr als Summe isolierter Naturobjekte mit wenigen Grundeigenschaften begriffen werden, sondern sie erwies sich als unerschöpfliche Mannigfaltigkeit von Objekten, Prozessen und Beziehungen mit Genese- und Strukturzusammenhängen, mit Struktur- und Entwicklungsniveaus. Damit gewann die dialektisch-materialistische Einsicht in die Unerschöpflichkeit der Materie eine konstruktive Bedeutung gegen die enge Naturauffassung, weil sie im Naturverständnis Platz schuf für Weite, Schönheit, Unerforschtes und Schöpfertum.

Es erscheint manchmal in kapitalistischen Ländern so, als ob die politische Diskussion um die gesellschaftlichen Beziehungen der Menschen zueinander durch eine philosophische Diskussion über die antihumane Naturgestaltung durch den Menschen abgelöst würde. In entsprechenden Auseinandersetzungen werden „Naturfreunde" und „Naturfeinde", Befürworter und Gegner der Ökologie, Naturschützer und Naturzerstörer unterschieden. Aber der Schein trügt. „Umweltbewußtsein ist zum Augenöffner oder auch Katalysator für alle Schwachstellen, Brüche und Risse in unserer Industriekultur geworden. Eine neue Empfindsamkeit gegenüber Mitmensch und Natur ist moralischer Gradmesser für Gesprächsbereitschaft und Offenheit der Politik gegenüber Zukunftsproblemen geworden."[1] Wie in einem Fokus treffen sich in der Umweltproblematik die verschiedensten weltanschaulichen Positionen zu den Grundproblemen unserer Zeit. Engagierte Friedenskämpfer verlangen berechtigt die Sicherung des Friedens als Grundbedingung zur Lösung ökologischer Probleme. Gegenwärtige Naturgestaltung soll der humanen Verantwortung für zukünftige Generationen gerecht werden.

Als Reaktion auf Technizismus und einseitigen Rationalismus entsteht jedoch nicht selten eine romantische Verklärung, die Naturbeherrschung durch Naturschutz allein ersetzen will, und es kommt zu einer Blüte lebensphilosophischer Konzeptionen. Im Ergebnis

[1] G. Kunz (Hrsg.), Die ökologische Wende, München 1983, S. 8.

solcher Diskussionen wird das Naturverständnis zwar problematisiert, aber Programme zur Umweltgestaltung werden kaum begründet. Trotzdem ist diese philosophische Auseinandersetzung für das wachsende Problembewußtsein wichtig.

Die Breite der Problematik reicht von der Geschichte in die Gegenwart, von den Naturwissenschaften über die Technik und Ökologie bis zur Soziologie, von der Zweck- und Werteproblematik bis zur Legitimation gegenwärtiger naturwissenschaftlicher Forschung.[2] Berechtigt ist die Feststellung, daß der Naturbegriff immer mehr eingeengt wurde. Natur habe ihre Selbständigkeit gegenüber der menschlichen Praxis verloren, stellt J. Mittelstraß fest, da sie zur bloßen „Umwelt" degeneriert sei.[3] „Seit dem 19. Jahrhundert herrscht in den Wissenschaften von der Natur ein Verständnis vor, in dessen Rahmen als Natur nur noch auftritt, was Gegenstand einer auf Anwendungen bezogenen empirischen Gesetzeswissenschaft ist."[4] D. Böhler bemerkt, daß die „Folgelasten einer bloß technischen Einstellung zur Natur drückend" werden[5] und W. v. Engelhardt will durch seine Betrachtungen der romantischen Naturforschung Anregungen geben, um das Verhältnis von Mensch und Natur zu begreifen.[6] Die Natur soll wieder in ihrer Selbständigkeit begriffen werden, wie sie von der Antike verstanden wurde.

Solche kritischen Überlegungen zum eingeengten Naturbegriff der Gegenwart und die Forderung, Philosophiegeschichte zu beachten, sind bemerkenswert. Leider existiert in diesen Betrachtungen kein Gesamtentwurf, der das Mensch-Natur-Verhältnis in der Geschichte als dialektische Negation der Negation von der Unterordnung des Menschen unter die Natur, über die Natur als Feind des Menschen bis zur Gestaltung einer menschenfreundlichen Umwelt untersucht. Auch spielen prinzipielle Überlegungen dialektischer Materialisten zum Mensch-Natur-Verhältnis keine Rolle.

Problematisch ist die Forderung von B. Balla, eine Soziologie der Knappheit auszuarbeiten. Er spricht von einem massiven Widerspruch zwischen den Prozessen der Knappheitsmehrung und allgemein anerkannten optimistischen gesellschaftlichen Vorstellungen, die eine definitive Aufhebung der Knappheit anstreben. Die moderne Soziologie sei in einer Epoche des Aufbruchs zu den Ufern einer Gesellschaft ohne Knappheit entstanden. Es wäre jedoch erforder-

[2] Vgl. F. Rapp, Naturverständnis und Naturbeherrschung, a. a. O.
[3] Vgl. ebenda, S. 69.
[4] Ebenda, S. 37.
[5] Ebenda, S. 70.
[6] Vgl. ebenda, S. 96.

lich, die Traditionen soziologischen Denkens zur Knappheit zu berücksichtigen. „Aus dieser ihrer verdeckten Tradition heraus könnte die Soziologie dann dazu beitragen, für eine Welt bleibender Knappheit vor dem Hintergrund eines angemessenen Naturbezuges adäquate Muster für Theorie und Praxis sozialen Handelns zu entwerfen. Dies wäre dann zugleich ein weiteres Beispiel für die positive Seite der Knappheit."[7] Bei diesen Überlegungen wird die mögliche Effektivitätssteigerung durch moderne Technologien im Sinne humaner Ziele nicht beachtet. Es ist einseitig, nur die Knappheit bestimmter Rohstoffe zu betonen und zu vergessen, daß neue Prinziplösungen zur Nutzung anderer Rohstoffe führen können, ökologische Zyklen gestalten lassen und abfallarme Produktion gewährleisten. Mit der Herausbildung der Bio- und Informationstechnologien, mit der Entwicklung neuer Produktionstechnologien unter Einsatz der Mikroelektronik, mit der Automatisierung ganzer Produktionszweige sind neue Effektivitätspotenzen entstanden. Das Problem ist komplexer, als daß es mit der These von der Verknappung erfaßt werden könnte. Es geht um den Gedanken von Marx, daß die Menschen den Umgang mit der Natur auf rationelle Weise, aber unter den ihrer menschlichen Natur würdigsten und adäquatesten Bedingungen vollziehen. Diesem Gedanken kommt die Überlegung von Rapp, wie man „zu der eigentlich erstrebenswerten, humanen Zielsetzungen dienenden Technik" kommt, entgegen.[8] Es geht um die humane Gestaltung des wissenschaftlich-technischen Fortschritts, die Erhaltung und Gestaltung einer menschenfreundlichen natürlichen Umwelt, verbunden mit dem Verständnis von der Unerschöpflichkeit und Schönheit der Natur.

Metatheoretische Überlegungen zum Naturverständnis und zur Naturbeherrschung werden oft nicht bis zur Analyse gesellschaftlicher Determinanten spezifischer Naturbeherrschung weitergeführt. Es fehlen dann Betrachtungen zur gegenwärtigen Naturbeherrschung unter konkreten gesellschaftlichen Verhältnissen. Das führt dazu, daß das Verhältnis von Effektivität und Humanität abstrakt, wenn auch philosophisch nicht uninteressant, angegangen wird. So wird z. B. von Ch. Hubig über Zweckrationalität des Handelns, auch im Umgang mit der Natur, philosophiert und festgestellt: „Instrumentalität oder Wertrationalität sind die beiden konkurrierenden Instanzen, unter denen Zwecke gebildet werden können: entweder von den Mitteln aus, qua Anpassung an die Systemzwänge im funktionalen Sinne,

[7] Ebenda, S. 226.
[8] Ebenda, S. 160.

oder von den Werten aus, mit allen utopischen Erfordernissen, die dies mit sich bringt."[9] Die Konsequenz dieser Überlegungen wäre, Werte als Bedeutungsrelationen von Sachverhalten für den Menschen unter konkret-historischen Bedingungen der gesellschaftlichen Auseinandersetzung des Menschen mit der Natur zu begreifen und so die Ursachen für Wertewandel in Entwicklungstendenzen der gegenwärtigen Produktivkräfte und Produktionsverhältnisse aufzudekken. Das geschieht nicht.

Auf eine interessante Entwicklung macht W. van den Daele aufmerksam. Er stellt fest, daß die Institutionen der freien Forschung in den letzten Jahren unter öffentliche Kritik geraten seien. Die Fortschritte der Erkenntnis hätten die Voraussetzungen verändert, unter denen Freiheit der Forschung in der Vergangenheit sozial akzeptiert worden sei. Das beträfe die Vereinbarkeit des Erkenntnisfortschritts der Naturwissenschaft mit den kulturellen und sozialen Wertvorstellungen der Gesellschaft, die zu einem akuten Problem geworden sei. Außerdem erweitere der Fortschritt der Wissenschaft ständig die Möglichkeiten, Forschung auf vorgegebene soziale Ziele hin zu orientieren.[10] Die Praxisrelevanz der Wissenschaft wird diskutiert. Der Verfasser dieses Beitrags gehört zu den Begründern der Finalisierungskonzeption der Wissenschaften. Sie wurde schon kritisch betrachtet. Mir scheint, daß der Prozeß der Vergesellschaftung von Wissenschaft und der Verwissenschaftlichung von Gesellschaft auch unter ökologischen Gesichtspunkten genauer analysiert werden muß. Dabei sind die unterschiedlichen Grundfunktionen der Wissenschaft zu berücksichtigen. Es geht eben nicht nur um Legitimationsprobleme, sondern um die Herausbildung eines neuen Wissenschaftstyps, der die Einheit der genannten Grundfunktionen repräsentiert.

Das problematisierte Naturverständnis verweise auf die aus den gegenwärtigen Lebensumständen erwachsende Orientierungskrise, die durch den Umgang des Menschen mit der Natur bestimmt sei, stellt F. Rapp fest.[11] Grund dafür seien das neuzeitliche mechanisch-mathematische Naturverständnis und die Idee der technischen Naturbeherrschung. Der wichtige Hinweis auf Gesellschaftstheorien als Ausdruck realer Mensch-Natur-Beziehungen fehlt. So dient die Feststellung von der Orientierungskrise nicht als Ausgangspunkt weiterer Überlegungen, um die gesellschaftlichen Ursachen aufzudecken. Es werden zwar wichtige Phänomene beschrieben, philosophische Über-

[9] Ebenda, S. 185.
[10] Vgl. ebenda.
[11] Vgl. ebenda, S. 7.

legungen metatheoretisch formuliert, aber Philosophie als weltanschauliche Lebens- und Entscheidungshilfe artikuliert sich nicht ausreichend. So bleibt eine Reflexion über das Problembewußtsein in bestimmten weltanschaulichen Haltungen zur Thematik des wissenschaftlich-technischen Fortschritts. Das ist interessant. Aber damit sind erst bestimmte theoretische Ansatzpunkte fixiert, um das Verhältnis von Naturverständnis und Naturbeherrschung weiter zu untersuchen.

Über Natur redet man in den Ökologiediskussionen viel, was den Naturbegriff nur noch mehr verdunkelt. Dabei wird vergessen, daß es sich bei der Auseinandersetzung des Menschen mit der Natur um eine lange und wechselvolle Geschichte handelt. Auch ökologische Krisen gab es schon. Es wird deshalb berechtigt die Frage gestellt, ob wir und was wir aus der Geschichte für die Bewältigung gegenwärtiger Umweltprobleme lernen können.[12] Darauf gibt es in der hier betrachteten Arbeit keine einheitliche Antwort. Wir finden historische Betrachtungen zu kulturellen und technischen Entwicklungen mit dem Schlußappell, Fehler zu vermeiden, die „mit den Begriffen Gigantismus, Ressourcenerschöpfung, Umweltzerstörung und Inhumanisierung zu umschreiben sind."[13] Die Geschichte lehrt, „was den Zwängen des Naturhaushalts unterliegt und was der Mensch selbst tun muß, um im Rahmen der verschiedenartigen Menschengruppen sein Leben gestalten zu können."[14] Über die Natur des Menschen wird philosophiert und die Entscheidungsfreiheit beschworen. Forderungen nach „ökologischer Marktwirtschaft", „ökologischer Ethik" und nach „ökologischem Recht" werden erhoben.

Ein Gedanke durchzieht alle diese Beiträge, nämlich die Naturbedingtheit menschlichen Verhaltens. Keiner der Autoren, seien es Natur- oder Kulturtheoretiker, vertraut den natürlichen Evolutionsstrategien als Problemlösungen allein, aber auch keiner verfällt in einseitige Soziologisierungstendenzen, indem er die Naturabhängigkeit des Menschen leugnet. Deshalb kann der Herausgeber im „Vorwort" feststellen: „Leider wurde es jedoch in den letzten Jahrzehnten zunehmend bedrängend klarer, daß aller zivilisatorisch-geschichtliche Fortschritt kein Hinausschreiten über die Natur war, auch nicht – so sehr es auf den ersten Blick so scheinen mag – ein Wegschreiten von ihr, sondern nur ein sich ständig steigernder Akt der Ausschreitung gegen sie, ein kraftvoller und durchaus imponierend erfolg-

[12] Vgl. H. Markl (Hrsg.), Natur und Geschichte, München – Wien 1983.
[13] Ebenda, S. 187.
[14] Ebenda, S. 169.

reicher Versuch, ihre Fesseln zu dehnen, ohne sie doch dabei je sprengen zu können."[15]

Es ist sicher nicht zu bedauern, daß der Technizismus, der den Naturbegriff auf die vom Menschen beherrschte technisch verfügbare Umwelt begrenzte und ihre Unerschöpflichkeit und Schönheit vernachlässigte, unter dem Druck ökologischer Probleme aufgegeben werden mußte. An seine Stelle kann als neues Orientierungswissen kein illusionärer Romantizismus treten, der Naturerhaltung gegen die ständig mit der wissenschaftlich-technischen Revolution sich erweiternde Naturgestaltung setzt. Ökologie hat strategische Programme zur Gestaltung einer menschenfreundlichen Umwelt unter konkreten gesellschaftlichen Verhältnissen zu begründen, um die Dialektik von Effektivitätssteigerung und Humanitätserweiterung so beherrschen zu lernen, daß die Beziehungen des Menschen zur Natur in ihrer Nützlichkeit, Sittlichkeit und Schönheit aus Verantwortung für zukünftige Generationen entsprechend unseren Erkenntnissen und Möglichkeiten optimiert werden.

Die konstruktive Lösung philosophischer Probleme der Ökologie könnte durch zwei Tendenzen behindert werden, die in den Debatten um die Umwelt als weltanschauliches Problem zu bemerken sind. Die erste löst die Umwelt in ihre spezifischen Bestandteile der verschiedensten Art, wie biotische und abiotische Faktoren, Beziehungen von Organismen und Lebensgemeinschaften, Wasser, Luft und Festland, Wald und Wüste, Bodenfruchtbarkeit und Erosionen auf. Daraus kann die Gefahr der Zersplitterung dann entstehen, wenn die Analyse von Wesensmomenten in den Umweltbeziehungen nicht zur Synthese in der Ökologie wird, um globale oder regionale Systeme in ihren ökologischen Gesetzen zu erkennen und diese Erkenntnis zur Grundlage sachkundiger Entscheidungen zu machen. Die zweite Tendenz besteht in der Politisierung der Umweltdebatte, die im Extrem zur Kritik an jedem Umwelteingriff, zur emotionalisierten Wissenschaftsfeindlichkeit und zur Behauptung von der prinzipiellen Entgegensetzung von Effektivität und Humanität in der wissenschaftlich-technischen Revolution führt. Als Ursache der Umweltzerstörung werden dabei nicht die imperialistische Profitproduktion und das Erbe des Kolonialismus, der Raubbau an der Natur in der antagonistischen Klassengesellschaft erkannt, sondern der wissenschaftlich-technische Fortschritt erscheint als Grund der Umweltschäden. Dieser Tendenz kann nur Sachlichkeit entgegengesetzt werden.

15 Ebenda, S. 7.

Durch spezifische Forschung und ihre ökologische Synthese kann eine wichtige Voraussetzung dafür geschaffen werden, die weltanschauliche Klarheit über die prinzipiell unterschiedliche Umweltpolitik von Sozialismus und Kapitalismus zu vertiefen. Prinzipiell steht der sozialistischen Gestaltung einer menschenfreundlichen Umwelt die auf Raubbau an der Natur orientierte Profitpolitik des Imperialismus entgegen. Hinzu kommt, daß die Entwicklungsländer zur Lösung ihrer Umweltprobleme kostengünstige Verfahren brauchen, die der natürlichen und kulturellen Spezifik des Landes entsprechen. Die konstruktive Lösung der durch die gegenwärtigen Bedingungen entstandenen Probleme im Mensch-Natur-Verhältnis ist eingeordnet in die humane Lösung globaler Probleme, Freiheitsgewinn der Persönlichkeit durch gesellschaftlichen Fortschritt im Frieden zu erreichen.

1.2. Das Umweltsyndrom und seine materialistisch-dialektische Analyse

1.2.1. Zur Entstehung des Umweltsyndroms

Umweltprobleme haben den Menschen immer beschäftigt. Sie drangen vor allem in sein Bewußtsein, wenn sich Möglichkeiten der Lösung abzeichneten. Seit dem Beginn des 14. Jahrhunderts spricht man von der Luftverschmutzung als einem sozialen Problem. Aber auch über die Verschmutzung der Bodenumwelt wurde geklagt sowie über die größere Sterberate in den Städten. Wissenschaftlich-technische Neuerungen wurden mit dem Argument kritisiert, es würden nichtwiedergutzumachende Umweltschäden angerichtet. So mußte sich im 16. Jahrhundert G. Agricola mit dem Argument auseinandersetzen, daß das Schürfen nach Erzen zur Vernichtung von Wäldern, Feldern und Tieren führe, die Flüsse vergifte und die Fische töte.[16]

Einen Höhepunkt erreichte die Auseinandersetzung um die Rolle der Wissenschaften im 18. Jahrhundert in Frankreich. Einer der bedeutenden englischen Essayisten dieser Zeit, O. Goldsmith, machte in seinem 1762 erschienenen Werk „Der Weltbürger" darauf aufmerksam, daß die Philosophen Europas durch einen Streit in zwei Lager geteilt seien. „Man stritt darüber, ob Künste und Wissen-

[16] Vgl. G. Bayerl, Materialien zur Geschichte der Umweltproblematik, in: Technologie und Politik. Das Magazin zur Wachstumskrise, Bd. 16, Hamburg 1980, S. 184.

schaften der Menschheit eher förderlich oder schädlich seien."[17] Von den einen werde die Nützlichkeit der Wissenschaften hervorgehoben, das Vergnügen am Bildungserwerb und der förderliche Einfluß des Wissens auf die praktische Moral. „Diejenigen, die die entgegengesetzte Ansicht vertreten, betonen das Glück und die Unschuld der unkultivierten Völker, die ohne Bildung leben; zählen die zahlreichen Laster auf, die nur in den zivilisierten Nationen zu finden sind; führen den Druck, die Grausamkeit und das Blutvergießen ins Feld, die notwendig sind, um die zivilisierte Gesellschaft zusammenzufügen, und bestehen auf der glücklichen Gleichheit der Bedingungen einer barbarischen Gesellschaft, die der unnatürlichen Unterwerfung unter eine höher gestellte Verfassung vorzuziehen sei."[18] Mit interessanten Argumenten wurde gezeigt, daß die unterschiedlichen Bedingungen beachtet werden müssen, unter denen Menschen leben. Der Genuß rege unsere Neugier an, was zu vermehrter wissenschaftlicher Forschung führe, um neue Bedürfnisse zu befriedigen. Aber schon das gelte nicht für alle, denn Unwissenheit sei das Glück der Armen.

Ausgelöst hatte den Streit J.-J. Rousseau mit seiner 1750 von der Akademie zu Dijon preisgekrönten Abhandlung über die Frage: Hat das Wiederaufleben der Wissenschaften und Künste zur Besserung der Sitten beigetragen? Seine These lautete: „Wenn unsere Wissenschaften schon durch das unnütz sind, was sie zum Gegenstand haben, so sind sie noch viel gefährlicher durch die Wirkung, die sie erzielen."[19] Wissenschaften seien Zeitverschwendung, würden das Gute behindern, den Luxus fördern und die verhängnisvolle Ungleichheit der Menschen erweitern. Die politisch progressive Forderung, Bedingungen für die Gleichheit der Menschen zu schaffen, war mit einer Kritik der Wissenschaften verbunden, die zu bissigen Kommentaren Anlaß gab. So schrieb Voltaire an Rousseau 1755: „Ich habe Ihr neues Buch gegen das Menschengeschlecht empfangen ... Niemals hat man so viel Geist auf die Bemühung verwandt, uns wieder zu Tieren zu machen; man kriegt ordentlich Lust, auf allen Vieren zu gehen, wenn man Ihr Buch liest."[20]

M. Grimm kommentierte 1754 die Kulturkritik von Rousseau mit der Bemerkung, daß das Problem ungeklärt geblieben sei. „Der Mißbrauch der Wissenschaften und Künste hat ganz zweifellos auf Erden viele schlimme Übel erzeugt: Wie aber sollte man diesem

17 O. Goldsmith, Der Weltbüger, Leipzig – Weimar 1977, S. 353.
18 Ebenda.
19 J.-J. Rousseau, Frühe Schriften, Leipzig 1965, S. 46.
20 Zitiert in: R. Wendorff, Zeit und Kultur, a. a. O., S. 284.

Mißbrauch begegnen? Soll man dem Menschen den Gebrauch der Dinge verbieten, die sie mißbrauchen können? In diesem Falle müßte man ihnen alles verbieten, da sie ja mit allem Mißbrauch treiben; man müßte aus ihnen also Tiere, ja seelenlose Wesen machen."[21] Tatsächlich bleibt der Mensch immer schöpferisch, denn Verbote verstoßen gegen sein Wesen, sich seine Existenzbedingungen selbst zu schaffen. Offensichtlich ist, was schon damals erkannt wurde, aber heute oft vergessen wird, daß nicht der wissenschaftlich-technische Fortschritt am Niedergang der Sitten, am Verfall der Werte, am antihumanen Gebrauch seiner Ergebnisse schuld ist. Nicht die Forderung nach der Begrenzung des wissenschaftlich-technischen Fortschritts hilft uns weiter, sondern nur die Antwort auf die Frage nach seinen Zielen, die Programme seiner humanen Gestaltung ergibt.

Wenn es die gesellschaftlichen Verhältnisse sind, unter denen der Mensch lebt, die er selbst gestaltet, welche den humanen Gebrauch der wissenschaftlichen Erkenntnisse befördern oder hemmen, dann gilt es über die Ursachen nachzudenken, warum Wissenschaftsentwicklung für den Menschen schädlich sein kann. So schrieb M. Grimm: „Wenn die Wissenschaften so schädlich sind, brauchen die Menschen sie nicht zu entwickeln; wenn es nicht nötig ist, sie zu entwickeln, brauchen sie nicht zu sprechen; wenn sie nicht sprechen müssen, brauchen sie auch nicht nachzudenken, brauchen sie also keine Vorstellung von Tugend oder Laster zu haben usw. Nun ist aber die Fähigkeit, nachzudenken, einerseits tatsächlich der Quell aller Übel, andererseits dem Menschen wesenseigen. Und wer Mensch sagt, sagt auch: Wesen, das nachdenkt; und der erste Gedanke hat alle anderen gezeugt. Ganz offensichtlich hat also Herr Rousseau den Status des Menschen und des Tieres nicht auseinandergehalten: Das Tier ist sich immer gleich und unveränderlich, der Mensch ist seiner Natur zufolge tausend guten oder üblen Veränderungen unterworfen, die auch keine Philosophie aufzuhalten im Stande wäre."[22] Soviel war also den Verteidigern der Wissenschaftsentwicklung klar, daß Freiheitsgewinn der Persönlichkeit nur mit ihr und nicht gegen sie zu erreichen ist. D'Alembert bemerkte deshalb, selbst wenn man der Wissenschaft Schädlichkeit zugestehen würde, so wäre ihre Vernichtung kein Gewinn für uns."[23] Die theoretische Lehre aus der Kontroverse ist, nicht durch Ignoranz der Wissenschaften werden Probleme gelöst. Wer gegenwärtig fordert, auf die Ergebnisse der

[21] M. Grimm, Paris zündet die Lichter an, Leipzig 1977, S. 77.
[22] Ebenda, S. 79.
[23] J. d'Alembert, Einleitende Abhandlung zur Enzyklopädie, Berlin 1958, S. 127.

wissenschaftlich-technischen Revolution zu verzichten, um Umweltschäden zu vermeiden, der schränkt die schöpferischen Fähigkeiten des Menschen auf bereits gelöste Probleme ein, behindert die Persönlichkeitsentwicklung und hemmt die Herausbildung sinnvoller materieller und kultureller Bedürfnisse und ihre Befriedigung. Deshalb gilt für manche gegenwärtige Auseinandersetzung auch das, was ein Beobachter damals feststellte: „Dieser Streit, der bereits zu viel spekulativer Stumpfsinnigkeit geführt hat, wurde mit äußerster Heftigkeit und ... mit nur geringem Scharfsinn geführt."[24]

Interessant ist, daß die Enzyklopädisten, die die Rolle der Wissenschaften gegenüber der Ignoranz verteidigten, indem sie auf deren positive Wirkungen verwiesen, die Gesellschaftskritik nicht radikal bis zur Idee von der gesellschaftlichen Gleichheit der Menschen führten. Es ist deshalb bemerkenswert, wenn Romain Rolland schreibt: „Voltaire und seine großen Helfershelfer Diderot, d'Alembert, Holbach, Helvetius haben, erpicht auf die Zerstörung der alten Gesellschaft, ihrer Vorurteile und ihrer Mißbräuche, in erster Linie die negative Seite des neuen Geistes verkörpert. Sie waren Meister der freien, kritischen und spottsüchtigen Vernunft. Rousseau, er allein, repräsentiert die konstruktive Seite, das Bekenntnis zum neuen Glauben; er ist der Verkünder der Republik. Auf ihn beruft sich die französische Revolution."[25] Seine Wissenschaftskritik, obwohl Grundlage der Gesellschaftskritik, trat hinter die revolutionären Ideen zurück.

In ökologischen Diskussionen der Gegenwart wird er unterschiedlich interpretiert. Manche folgen seiner Wissenschaftskritik und dem Ruf: Zurück zur Natur! Andere warnen davor: „Ein 'Zurück zur Natur' kann nicht das Gebot der Stunde sein, es wäre auch nicht im Sinne eines recht verstandenen Rousseau, der sich sehr wohl darüber im klaren war, daß der Naturzustand und das ihn begleitende Menschenbild nicht den verbindlichen Maßstab für die Beurteilung des zivilisierten Lebens liefern können."[26] Mag der Streit um Rousseau doch noch neue Nuancen ergeben, die Auseinandersetzungen um das Mensch-Natur-Verhältnis haben gezeigt: Nicht der wissenschaftlich-technische Fortschritt bringt den Niedergang der Sitten, den Verfall der Werte, den antihumanen Gebrauch seiner Ergebnisse mit sich. Gesellschaftliche Verhältnisse sind es, unter denen der Mensch lebt, die er selbst gestaltet, die den humanen

[24] O. Goldsmith, Der Weltbürger, a. a. O., S. 353.

[25] J.-J. Rousseau, Der Gesellschaftsvertrag. Eingeleitet von Romain Rolland, Rudolstadt 1953, S. 5.

[26] H. Markl (Hrsg.), Natur und Geschichte, a. a. O., S. 287.

Gebrauch der wissenschaftlichen Erkenntnis befördern oder hemmen. Kritik an Umweltschäden ist deshalb zugleich Aufforderung, die Ursachen dafür in gesellschaftlichen Kräften zu suchen, deren ökonomische und politische Ziele Umweltzerstörung zum Inhalt haben.

Gegenwärtig weist das Verhältnis des Menschen zur Natur qualitativ neue Dimensionen auf. Zwar haben früher Pest und Pocken, ungenügende hygienische Maßnahmen, Urbanisierung und Bergbau, Abholzen der Wälder und Monokulturen die Bevölkerung dezimiert, Umweltschäden hervorgebracht und zukünftige Generationen vor viele Probleme gestellt, aber gegenwärtig hat sich ein Umweltsyndrom herausgebildet. Es reicht von einem möglichen globalen Vernichtungskrieg mit Massenvernichtungswaffen über Energie-, Rohstoff-, Ernährungs- und Gesundheitsprobleme bis zur umfassenderen Persönlichkeitsentwicklung oder ihrer Deformation durch neue Technologien und zur notwendigen humanen Gestaltung einer natürlichen Umwelt. Es zeichnet sich durch seine Globalität, sein Vernichtungspotential, seine Langzeitschäden und seine Komplexität aus.

Mit der *Globalität,* d. h. den Gefahren für die Menschheit insgesamt, ist eine engere Verflechtung von Globalem und Lokalem verbunden. Regionale Schäden können globale Auswirkungen haben, und globale Gefahren heben lokale Lösungen nicht auf. Gerade das macht die Notwendigkeit konsensfähiger Positionen zur Lösung globaler Probleme deutlich. Umweltschäden sind keineswegs durch Staatengrenzen beschränkt. Trotz unterschiedlicher strategischer Orientierungen von Gesellschaftssystemen sind Gemeinsamkeiten humaner Naturgestaltung völkerrechtlich zu sanktionieren und politisch zu fundieren.

Das durch den wissenschaftlich-technischen Fortschritt entwickelte *Katastrophen- und Vernichtungspotential* wächst weiter. Mit der wissenschaftlich-technischen Revolution kann der Mensch zwar immer mehr zum schöpferischen Gestalter und Kontrolleur seiner Arbeits- und Lebensweisen werden, aber auch zur Deformation der Persönlichkeit, zu irreparablen Umweltschäden und zur Naturzerstörung beitragen. Der Verzicht auf Wissenschaft und Technik ist illusionär. Er richtet sich gegen das schöpferische Wesen des Menschen, der sich gerade vom Tier dadurch unterscheidet, daß er seine Existenzbedingungen selbst produziert und bewußt umgestaltet. Deshalb ist dem Katastrophenpotential das bei weitem nicht ausgeschöpfte Humanpotential von Wissenschaft und Technik entgegenzusetzen.

In der Verantwortung für zukünftige Generationen sind *Langzeitschäden,* soweit prognostizierbar, einzudämmen. Die *Komplexi-*

tät der zusammenwirkenden Faktoren, kennzeichnend für ein Syndrom, verlangt interdisziplinäre Arbeit, Systemanalyse und Synthese analysierter Wesensmomente.

Gerade die Komplexität ökologischer Systeme erschwert die Prognose von Langzeitschäden und damit die Wahrnehmung der Verantwortung. Es wäre deshalb völlig verkehrt anzunehmen, daß wir die Lösung ökologischer Probleme wenigstens theoretisch schon bewältigt hätten. Verantwortungsbewußt handeln heißt, ökologische Forschung konsequent voranzutreiben, den ökologischen Spielraum zukünftiger Generationen nicht durch die Vernichtung von Arten, die Verwüstung von Landstrichen, die Verschwendung von Wasser, Boden und Luft unzulässig einzuengen und im Zweifelsfall die Offenheit der Zukunft zu beachten. Sicher kann nicht mit dem Hinweis auf die ökologische Zukunft gegenwärtige Hilfe bei der Befriedigung wesentlicher Bedürfnisse unterlassen werden. Unsere Verantwortung für die Zukunft ist unbestimmt, die für die Gegenwart aber klar dadurch bestimmt, daß Hunger zu beseitigen und Humanitätsgewinnn zu erreichen ist.

Dabei spielt die Komplexität des Phänomens Umwelt eine große Rolle für verantwortungsbewußtes Handeln. So wird auf solche Beispiele verwiesen, wie „die unökologisch angesetzten Fangquoten, wie sie die peruanische Fischereiwirtschaft zum Erliegen brachte oder die unreflektierte Entwicklungshilfe für den afrikanischen Sahelgürtel, wo die durch Insektizideinsatz zunächst begrüßte Erhöhung des Viehbestandes, der daraus resultierende Wassermangel, die daraufhin angelegten Tiefwasserbrunnen, der dadurch absinkende Grundwasserspiegel und der Rückgang des Pflanzenwuchses, das dadurch bedingte Überweiden des Graslandes bis zu den Wurzeln und die hierdurch wieder veränderte Rückstrahlung auf das Klima – um einmal so ein Netzwerk zu nennen, wo die gutgemeinte Hilfe die Hungerkatastrophen nicht etwa aufgehoben, sondern nur verschärft hat – all diese unter Hinzuziehung von hochdotierten Experten. Aber eben von solchen, wie sie unsere Ausbildung im großen und ganzen produziert: nämlich von Experten über Einzelbereiche, jedoch nicht solchen über das Systemverhalten, über das Wechselspiel zwischen diesen."[27] Das Umweltsyndrom kann nicht beseitigt werden, wenn nur Teile analysiert und angegangen werden. Es ist in der Gesamtheit seiner wesentlichen Faktoren zu erforschen und als Komplex zu heilen.

[27] F. Vester, Plädoyer für ein neues Denken, in: G. Kunz (Hrsg.), Die ökologische Wende, a. a. O., S. 152.

1.2.2. Grundlagen materialistisch-dialektischer Analyse

Die philosophische Analyse des Umweltsyndroms hat verschiedene Aspekte zu beachten. Entscheidend dabei ist der *philosophische Materialismus,* der die Tatsachen in ihrem eigenen und in keinem fantastischen Zusammenhang betrachtet. Ökologische Probleme sind keine Scheinprobleme. Nur durch konkrete Analysen sind die Fragen nach den Mechanismen ökologischer Prozesse und den daraus sich ergebenden Gefahren zu beantworten. Das gesellschaftliche Sein ist in seinen verschiedenen Aspekten, dem geographischen Milieu, dem Menschen als Naturwesen, den für die Art und Weise der Produktion materieller Güter entscheidenden Produktionsverhältnissen, den imperialistischen Krisenerscheinungen und den konstruktiven sozialistischen Lösungen zu erforschen.[28]

Umweltphänomene haben ihre *Geschichte.* Das historische Herangehen zeigt, daß bei ökologischen Untersuchungen der Mensch kein abstraktes Wesen ist, der einer sich verändernden Natur gegenübersteht. Sein Verhältnis zur Natur hat auch in der Geschichte verschiedene Seiten. Raubbau an der Natur rief stets romantische Gegenbewegungen hervor. Als Haupttendenz menschlicher Naturgestaltung ergibt sich jedoch, daß der Mensch durch sein schöpferisches Verhalten, seine Werkzeugproduktion und seine bewußte gegenständliche Auseinandersetzung mit der Natur sich aus der Natur heraushob, als gesellschaftliches Wesen die Natur zu seinen Zwekken veränderte, um seine Existenzbedingungen selbst zu produzieren. Diese Phase war der Kampf des Menschen gegen die Natur, in der er sich von den Naturzwängen insoweit befreien konnte, als er der Natur nun als selbständiges Wesen gegenübertrat. Mit der dialektischen Negation des Menschen als Naturwesen entstand auf der Grundlage der Arbeitsteilung, des Privateigentums an Produktiosmitteln und der Entwicklung der Produktivkräfte die Möglichkeit, die Natur auszubeuten. Mit der stürmischen Entwicklung der Produktivkräfte im Kapitalismus und der auf Maximalprofit orientierten imperialistischen Produktion materieller Güter spitzte sich der Raubbau an der Natur so zu, daß demokratische Gegenbewegungen auf die globalen Gefahren für die Menschheitsentwicklung aufmerksam machten. Der Sozialismus, mit seinem Ziel einer humanen Gestaltung der natürlichen Umwelt, ist die dialektische Negation der Negation zu einer neuen Mensch-Natur-Union.

Umweltpolitik basiert auf den Produktionsverhältnissen, denn Po-

[28] Vgl. R. Löther, Mit der Natur in die Zukunft, a. a. O.

litik ist stets komprimierter Ausdruck der Ökonomik, die durch den Charakter des Eigentums an Produktionsmitteln bestimmt ist. So stehen sich kapitalistische Umweltpolitik, deren Rahmen durch die Profitmaximierung bestimmt ist, und die auf die Erhöhung des materiellen und kulturellen Lebensniveaus des Volkes gerichtete sozialistische Umweltpolitik prinzipiell entgegen. Dabei kann es unter bestimmten Bedingungen zur Deformation dieser prinzipiellen Orientierungen kommen. So gibt es Humanitätsbegrenzungen für sozialistische Umweltpolitik durch die Existenz des Imperialismus, der mit politischen Maßnahmen, Embargopolitik u. a. den Sozialismus zu schädigen versucht.

Der Imperialismus muß dagegen auf sozialistische Umweltpolitik reagieren und Maßnahmen ergreifen, die seinem Wesen nicht entsprechen. Hinzu kommt, daß die Umweltprobleme zur Verschärfung der Widersprüche im Imperialismus selbst führen können, denn Umweltindustrie ist profitabel. Im Profitinteresse wird deshalb die Auseinandersetzung um den Einsatz von Technologien zum Umweltschutz geführt. Außerdem können natürliche Profitquellen in Gefahr geraten. Auch die Auswirkungen demokratischer Umweltbewegungen sind zu berücksichtigen. So wird nach kapitalistischen Lösungen für das Umweltproblem auf politische Weise gesucht. In dieser Richtung liegen auch Diskussionen um die ökologische Marktwirtschaft.

Deformationen sozialistischer Umweltpolitik entstehen zwar in erster Linie durch die Existenz des Kapitalismus, dessen Krisenerscheinungen und gegen den Sozialismus gerichtete Maßnahmen, die die Planmäßigkeit sozialistischer Entwicklung beeinträchtigen können. Hinzu kommt jedoch, daß Unklarheiten über den Zusammenhang von Strategie, Stufenprogramm und Eigeninitiative zu Hemmnissen führen können, wenn weltanschauliche Unklarheiten die Lebens- und Entscheidungshilfe auf diesem Gebiet beeinträchtigen. Dann kann berechtigte Basiskritik nicht in erforderliche Initiativen umschlagen. Es besteht sogar die Gefahr, Umweltprobleme als Vehikel zur politischen Kritik zu nutzen. Gibt es einseitige Haltungen oder gar Unterschätzungen der Umweltprobleme in Entscheidungsgremien, dann werden sie nach den Mechanismen sozialistischer Demokratie planwirksam. Es ist also wichtig, das ökonomisch Machbare im wissenschaftlich-technischen Fortschritt zur Durchsetzung der sozialistischen Umweltstrategie in den Plänen festzuschreiben, um einerseits die strategische Aufgabe nicht in der Lösung von Tagesproblemen untergehen zu lassen und andererseits Illusionen über die schnelle Lösung der Umweltprobleme zurückzuweisen.

1.3. *Naturbegriff und Ökologie*

In den Umweltdebatten wird von Wissenschaftlern begriffliche Klarheit gefordert. „Es ergibt sich von selbst, daß nirgends mehr und lauter von Natur – der des Menschen und der seiner Umwelt – geredet wird, als in den hitzigen Debatten über die ökologischen Probleme unserer Zeit. Zugleich erscheint darin besonders unsere neuere geschichtliche Entwicklung mitunter als einziger Irrweg aus einer maßlos idyllisierten und grotesk verzeichneten 'Natürlichkeit' in eine historische Sackgasse, die zum Untergang zu führen droht. Selbst wer die dabei heiß erörterten Probleme nicht im geringsten verniedlichen will, wird nicht umhin können zu bemerken, daß solches unbefangene Hantieren und Drauflosschlagen mit den Begriffen 'Natur' und 'Natürlichkeit' oft mehr vernebelt als klärt und damit der Suche nach Auswegen und Lösungen wenig dienlich sein kann."[29] Der Mensch beherrscht die Natur mit Hilfe von Technik und Technologie, indem er sie für seine Zwecke nutzt, um seine Existenzbedingungen zu produzieren. Dabei ist die Art dieser Herrschaft abhängig vom Stand der Produktivkräfte, von der Entwicklung der Wissenschaft und den gesellschaftlichen Verhältnissen.

Mit der stürmischen Entwicklung der Produktivkräfte im Kapitalismus wurden die Unerschöpflichkeit der Natur und ihre Schönheit in technizistischen Auffassungen vernachlässigt. In ihnen war die Natur die technisch verfügbare natürliche Umwelt des Menschen. Dagegen gibt es romantische Positionen, die die Industrialisierung und den Raubbau an der Natur kritisieren und die Forderung an den Menschen erheben, sich wieder in die Natur einzugliedern und lieber Effektivitätsverluste bzw. Humanitätseinschränkungen in Kauf zu nehmen. In der Gegenwart geht es darum, den Naturbegriff von seiner historisch beschränkten Einseitigkeit zu befreien, weil sonst die ökologische Diskussion zusätzlich durch Wortstreitereien belastet wird. Worte sind Signale für Begriffe, die Zusammenfassung von Erfahrungen sind. Worte ermöglichen so die Kommunikation, aber nur dann, wenn gleiche Begriffsinhalte gemeint sind. Sie ist erschwert, weil sich die sozialen Erfahrungen der Kommunikationspartner meist unterscheiden. Deshalb ist es wichtig, mit den Worten die Begriffe und die Theorien zu beachten, deren Bestandteil sie sind. Der Naturbegriff hat sich nicht nur gewandelt, sondern hat gegenwärtig auch verschiedene Inhalte. Sie unterscheiden sich durch die in ihnen reflektierten Begriffe.

[29] H. Markl (Hrsg.), Natur und Geschichte, a. a. O., S. 8.

Natur ist (a) Materie als objektive Realität, die außerhalb und unabhängig vom menschlichen Bewußtsein existiert. Zu ihr gehören die materiellen Grundlagen menschlicher Existenz und der Mensch als Naturwesen ebenso, wie die unerschöpfliche kosmische Weite und strukturelle Vielfalt aller Elementarobjekte. In der Gegenüberstellung zur Gesellschaft ist Natur (b) Ursprung und materielle Existenzbedingung gesellschaftlicher Existenz des Menschen, der sie entsprechend seinen Bedürfnissen verändert. Gegenüber Technik und Technologie ist Natur (c) Ressource zur Befriedigung von Lebensbedürfnissen, Rohstoffreservoir, Objekt der Umgestaltung. Da unsere Umgebung nicht mehr aus reiner unberührter Natur besteht, sondern von Technik durchdrungene, technisierte Natur ist, wird Technik oft als zweite Natur bezeichnet. Dabei werden Kultur und Natur entgegengesetzt, wobei letztere (d) vom Menschen unbeeinflußte materielle Umwelt ist.

Die Umwelt als die Gesamtheit der materiellen Einflußfaktoren auf den Menschen in ihren stofflichen, energetischen und informationellen Aspekten reicht von der unerschöpflichen Weite des Kosmos und der Vielfalt von Elementarteilchenstrukturen über die direkten Einwirkungen unseres Sonnensystems auf die Erde bis zu den Wechselbeziehungen der Organismen untereinander und zu ihren anorganischen Existenzbedingungen. Naturbegriff und Umweltbegriff sind umfangsgleich, unterscheiden sich aber in ihren inhaltlichen Intentionen. Der Naturbegriff umfaßt die Totalität des Geschehens, das Werden des Existierenden und das Wesen des Seienden. Seine Einschränkungen erhält der Naturbegriff, der als Totalität mit dem Materiebegriff identisch ist, durch seine Gegenüberstellung zu Gesellschaft, Mensch, Technik und Kultur. Der Umweltbegriff schließt dagegen immer aus der Totalität der Beziehungen gerade den Organismus aus, dessen direkte oder indirekte Einflußgrößen er charakterisiert.

Philosophie hat *Begriffsanalysen* zu leisten. Wir wissen, daß der Ökologiebegriff selbst einem Wandel unterliegt. 1866 durch Haeckel in die Biologie eingeführt, bezeichnete Ökologie die Wissenschaft von den Beziehungen der Organismen zur umgebenden Außenwelt.[30] 1877 kam K. Möbius zum Begriff der Biozönose (Lebensgemeinschaft) durch Erforschung der Ökologie einer Austernbank. 1896 unterschied der Botaniker C. Schröter zwischen Autoökologie, dem Beziehungsgefüge von Einzelorganismus und Umwelt, und Syn-Öko-

30 Vgl. J. Ritter/K. Gründer, Historisches Wörterbuch der Philosophie, Bd. 6, Basel – Stuttgart 1984, Stichwort Ökologie, Sp. 1146–1149.

logie, dem Verhältnis von Lebensgemeinschaft und Umwelt. Die Ökologie als Lehre vom gesamten Lebensgeschehen in der Natur schließt gegenwärtig die vom Menschen durchgeführten Veränderungen der Biosphäre ein, was, nach W. Wernadski, zur Bezeichnung Technosphäre oder gar Neosphäre führt, um die neue Qualität der Biosphäre als gestaltete Umwelt auszudrücken.[31] Es existiert damit eine angewandte Ökologie. Auch in der Psychologie spielten Ökologieprobleme eine Rolle. So schrieb W. Hellpach, ausgehend von seinen Arbeiten zur umweltabhängigen Psyche, über den Unterschied von natürlicher, sozialer und kultureller Umwelt. K. Lewin, der in den 20er Jahren die Einheit von Innen- und Außenbedingungen untersuchte, benutzte 1944 den Ausdruck „psychologische Ökologie". Die Begriffsanalyse muß die Ansätze philosophischer Analyse des Mensch-Natur-Verhältnisses von Aristoteles bis Marx beachten, aber auch die Rolle der marxistisch-leninistischen Psychologie mit der Betonung der Tätigkeit berücksichtigen. Als Hauptaufgabe der Ökologie wird genannt, „die Gesetzmäßigkeiten in Ökosystemen aufzuklären, sich also vorwiegend mit biologischen Systemen überorganismischer Größenordnung zu befassen."[32] Auch dabei spielt das Verhältnis des Menschen zur Umwelt eine entscheidende Rolle. Darüber hinaus befaßt sich die Humanökologie mit „der Struktur und Funktion der vom Menschen in zunehmendem Maße veränderten Natur."[33]

Man kann aus philosophischer Sicht, wenn wir die bisherigen Überlegungen zusammenfassen, drei Ebenen ökologischer Diskussion unterscheiden:

Erstens: Es gibt eine philosophisch-ideologische, emotional aufgeladene Kritik an der Umweltverschmutzung, an imperialistischen Wertvorstellungen der profitablen Ausbeutung der Natur. Es handelt sich um Ökologiebewußtsein, das Problembewußtsein über die Beziehungen des Menschen zur Natur, über mögliche langfristige Schäden und notwendige Lösungen umfaßt. Um auf dieser Ebene diskutieren zu können, sind konstruktive Lösungen ökologischer Probleme ebenso erforderlich, wie die Auseinandersetzung mit weltanschaulichen Unklarheiten über das Mensch-Natur-Verhältnis. Kern der politisch-ideologischen und weltanschaulichen Auseinandersetzung ist die Forderung nach humaner Lösung globaler Probleme, in die die Umweltprobleme eingeordnet sind.

31 Vgl. R. Löther, Mit der Natur in die Zukunft, a. a. O., S. 83 f.
32 R. Schubert (Hrsg.), Lehrbuch der Ökologie, Jena 1984, S. 18.
33 H.-A. Freye, Humanökologie, Jena 1985, S. 15.

Zweitens: Ökologie ist eine Art des komplexen Herangehens an die Wirklichkeit. Dabei wird der Mensch zum konstituierenden Bestandteil jeder Theorienentwicklung. Als Gegentendenzen zu dieser Art ökologischen Denkens erweisen sich der Technizismus, der technische Entwicklungen unabhängig von ihren Auswirkungen auf die Beziehungen des Menschen zur Natur fördert. Einseitig verstandene Analyse, Statistik und Mathematisierung der Wissenschaften nivellieren den Menschen aus der Theorienentwicklung heraus. Das wird vermieden, wenn es gelingt, die Mathematisierung der Wissenschaften mit der Tendenz zur Humanisierung der Wissenschaften dialektisch zu verbinden. Die Entwicklung von Effektivitätsmitteln dient der Humanitätserweiterung dann, wenn sie gezielt auf die Erhöhung des materiellen und kulturellen Lebensniveaus des Volkes und auf den Freiheitsgewinn der Persönlichkeit gerichtet ist.

Drittens: Ökologische Forschung befaßt sich mit dem Beziehungsgefüge von Einzelorganismen, Lebensgemeinschaften und Umwelt. Sie untersucht das Verhältnis von Mensch und Natur, Psyche und Technik. Diese Forschungen müssen detailliert für bestimmte Lebensräume, für bestimmte Zeithorizonte durch die verschiedenen ökologischen Disziplinen erfolgen. Die wissenschaftliche Analyse ist Grundlage begründeter Synthese und verhilft zur weltanschaulichen Klarheit. Deshalb sind alle drei Ebenen der Ökologie miteinander verflochten, beeinflussen sich gegenseitig und zwingen dazu, die Verflechtung von globalen und lokalen, von Kurz- und Langzeitwirkungen, von Forschungs- und weltanschaulichen Problemen zu beachten.

1.4. Der ökologische Grundwiderspruch

Das Umweltsyndrom umfaßt eine Reihe dialektischer Widersprüche. Dazu gehören die Beziehungen von Einzelorganismus und Umwelt, zwischen den Organismen in Lebensgemeinschaften, zwischen Mensch und Natur, zwischen Technik und Kultur u. a. Es ist deshalb die Frage zu stellen, ob es einen ökologischen Grundwiderspruch gibt. Dazu bemerkte K. Marx: „Wie der Wilde mit der Natur ringen muß, um seine Bedürfnisse zu befriedigen, um sein Leben zu erhalten und zu reproduzieren, so muß es der Zivilisierte, und er muß es in allen Gesellschaftsformen und unter allen möglichen Produktionsweisen. Mit seiner Entwicklung erweitert sich dies Reich der Naturnotwendigkeit, weil die Bedürfnisse; aber zugleich erweitern sich die Produktivkräfte, die diese befriedigen. Die Freiheit in diesem Gebiet kann nur darin bestehn, daß der vergesellschaftete Mensch, die assoziierten Produzenten, diesen ihren Stoffwechsel mit der Natur rationell regeln, unter ihre gemeinschaftliche Kontrolle bringen, statt von ihm als von einer blinden Macht beherrscht zu werden; ihn mit dem geringsten Kraftaufwand und unter den ihrer menschlichen Natur würdigsten und adäquatesten Bedingungen vollziehn. Aber es bleibt dies immer ein Reich der Notwendigkeit. Jenseits desselben beginnt die menschliche Kraftentwicklung, die sich als Selbstzweck gilt, das wahre Reich der Freiheit, das aber nur aus jenem Reich der Notwendigkeit als seiner Basis aufblühn kann."[34] Marx verbindet die notwendige Auseinandersetzung des Menschen mit der Natur, um seine Bedürfnisse befriedigen zu können, mit der Entwicklung der Produktivkräfte, die sowohl neue Bedürfnisse hervorbringen, als auch die Mittel, um sie zu befriedigen. Philosophisch relevanter Kern der Ökologie ist deshalb die historisch-konkrete Auseinandersetzung gesellschaftlich organisierter Menschen mit der Natur, um Bedürfnisse zu befriedigen.

Der ökologische Grundwiderspruch ist in der notwendigen Bedürfnisbefriedigung der Menschen begründet. Er ist die Einheit zweier Gegensätze. Auf der einen Seite gibt es Entwicklungszyklen der Natur, in die der Mensch als Naturwesen eingepaßt ist. Auf der anderen Seite stehen Entwicklungszyklen des gesellschaftlich organisierten Menschen, für den die Natur Existenzbedingung ist. Beide Seiten existieren in ständiger Wechselwirkung. Sie bedingen sich gegenseitig. Nur für die wissenschaftliche Analyse können sie getrennt werden. Der Mensch in seiner Einheit als Natur- und als gesellschaftliches Wesen verkörpert selbst die Einheit dieser Gegensätze. Der ökologische Grundwiderspruch, der sich unter konkrethistorischen gesellschaftlichen Verhältnissen entwickelt, der auszuhalten und zu lösen ist, lautet: Die notwendige Ausnutzung der Naturressourcen zur bewußten Gestaltung der Existenzbedingungen des Menschen führt zur qualitativen Veränderung natürlicher Entwicklungszyklen durch den Menschen. Die Lösung des Grundwiderspruchs erfolgt stets unter spezifischen natürlichen und gesellschaftlichen Bedingungen. Seine humane Lösung wird erst mit der dialektischen Negation der Negation des Mensch-Natur-Verhältnisses in einer neuen Mensch-Natur-Union im Sozialismus und Kommunismus möglich, weil Natur nicht mehr nur Profitquelle ist, sondern selbst human gestaltet wird. Die Ökologie schafft mit Analysen, Prognosen und Handlungsanweisungen theoretische Grundlagen zur

[34] K. Marx, Das Kapital. Dritter Band, a. a. O., S. 828.

zeitweiligen humanen Lösung. Der ökologische Grundwiderspruch selbst kann nicht beseitigt werden. Er setzt sich neu nach jeder konkreten Lösung. Nur wird die Lösung des Grundwiderspruchs nach der Überwindung des Klassenantagonismus vor allem ein wissenschaftlich-technisches Problem, um effektive Lösungen auf humane Weise umsetzen zu können. Ökologie schafft damit auch wissenschaftliche Grundlagen für strategische Orientierungen der Naturgestaltung, für umweltpolitische Entscheidungen und für Masseninitiativen.

K. Marx betonte, daß der Mensch seine Einflußsphären auf die Natur ständig erweitere, weil seine Bedürfnisse wachsen. Damit erhält der ökologische Grundwiderspruch Einfluß auf immer mehr Seiten des gesellschaftlichen Lebens. Die Lösung dieses Grundwiderspruchs verlangt die Beherrschung der dialektischen Beziehungen von Effektivität und Humanität. K. Marx verwies darauf, daß der Mensch seine Wesenskräfte nicht entfalten könne, wenn er seine Bedürfnisse nicht befriedige. Für letzteres brauche er die Natur. Er muß also auch in ökologische Kreisläufe eingreifen. Im Rahmen natürlicher und gesellschaftlicher Entwicklungszyklen kommt es zur Deformation ökologischer Kreisläufe und möglicherweise zu ihrer Beseitigung. Eine illusionäre Lösung dieses Grundwiderspruchs würde nun darin bestehen, allein auf Naturschutz zu bauen. Die notwendige Gestaltung der Natur schließt jedoch Erhaltung von ökologischen Kreisläufen, soweit dies möglich ist, ein, erfordert aber vor allem die Gestaltung neuer ökologischer Zyklen. Die Entwicklung von Technologien bestimmt die Möglichkeiten zur Lösung des ökologischen Grundwiderspruchs. „Die angewandte Ökologie der Zukunft wird dafür Sorgen tragen müssen, daß die quantitative Expansion von Wissen und Produktivität eine human-ökologische Rückkopplung erfährt."[35] Eine kontrollierte Technologieentwicklung wird deshalb gefordert. Neue Technologien verursachen nicht nur ökologische Schäden, sondern enthalten auch Potenzen zum ökologieentsprechenden Gebrauch.

Ökologische Erfordernisse betreffen direkt das Verhältnis von Natur und Technik und die Entwicklung von Technik und Technologien. Auch sie haben ihre Geschichte. Durch das Nutzen günstiger Naturbedingungen entstanden in der Urgesellschaft der Ackerbau und die Viehzucht. Dazu wurden technische Geräte entwickelt. Mit der Nutzung und der Erzeugung des Feuers, der Erfindung von Pfeil und Bogen, der Herstellung keramischer Erzeugnisse und der An-

[35] H.-A. Freye, Humanökologie, a. a. O., S. 415.

wendung von Metall entwickelte der Mensch seine Fähigkeiten und Fertigkeiten als Produktivkraft. Es kam zur natürlichen und später zur gesellschaftlichen Arbeitsteilung. Die Werkzeugherstellung wurde zu einer spezifischen Tätigkeit. In den vorkapitalistischen Gesellschaftsformationen spielte die Nutzung der natürlichen Ressourcen durch Berg- und Ackerbau eine entscheidende Rolle für die Entwicklung der Produktivkräfte. Die Naturausbeutung durch Technik wurde perfektioniert. In der kapitalistischen Produktionsweise erreichte der Raubbau an der Natur seinen Höhepunkt. Gleichzeitig wurde mit der industriellen Revolution die Technikentwicklung beschleunigt, der Maschinenbau entwickelte sich und es entstanden Produktionstechnologien. Technologieentwicklung und Entwicklung der Naturwissenschaften beeinflußten sich gegenseitig und hatten Auswirkungen auf die Naturgestaltung. Menschliche Tätigkeiten wurden durch Geräte nicht mehr nur verstärkt, sondern es kam zum Ersatz der Produktivkraft Mensch durch Maschinen. Naturausbeutung mit Technik und selbständige Entwicklung der Produktion von Technik wurden zu einem Gegensatz von Natur und Technik.

Die Art der Naturbeherrschung ist also abhängig vom Stand der Produktivkräfte, der Entwicklung der Wissenschaft und den gesellschaftlichen Verhältnissen. F. Engels betonte, daß wir uns nicht zu sehr mit unseren menschlichen Siegen über die Natur schmeicheln sollten, denn für jeden solchen Sieg rächt sie sich an uns: „So werden wir bei jedem Schritt daran erinnert, daß wir keineswegs die Natur beherrschen, wie ein Eroberer ein fremdes Volk beherrscht, wie jemand, der außer der Natur steht – sondern daß wir mit Fleisch und Blut und Hirn ihr angehören und mitten in ihr stehn, und daß unsre ganze Herrschaft über sie darin besteht, im Vorzug vor allen anderen Geschöpfen ihre Gesetze erkennen und richtig anwenden zu können."[36]

K. Marx hatte auf die gesellschaftlichen Bedingungen zur Lösung des ökologischen Grundwiderspruchs verwiesen. Er forderte die rationelle Naturgestaltung auf humane Weise durch die frei assoziierten Produzenten. So bildet sich durch die Verbindung der Ergebnisse der wissenschaftlich-technischen Revolution mit den Vorzügen des Sozialismus eine neue Mensch-Natur-Union heraus. In ihr tragen Technologien als humane Herrschaftsmittel des Menschen zur Gestaltung einer menschenfreundlichen Umwelt bei. Naturerkenntnis wird Grundlage zur Naturbeherrschung auf humane Weise. Das macht die Berücksichtigung ökologischer Erfordernisse, die Einheit

[36] F. Engels, Dialektik der Natur, a. a. O., S. 453.

von humaner Naturgestaltung und Naturschutz zum strategischen Ziel. Dazu ist die Beziehung des Menschen zur Natur so zu optimieren, daß Nützlichkeit, Sittlichkeit und Schönheit als wesentliche Aspekte gesellschaftlicher Werte einander nicht entgegenstehen. Die Entwicklung der Technik ist, bei Beachtung ihrer Erfordernisse, an die Naturbedingungen anzupassen, um ökologischen Erfordernissen gerecht zu werden.

Besondere Bedeutung hat dabei die Gestaltung von Bedürfnissen. Mit der Befriedigung von Bedürfnissen entstehen neue. K. Marx betonte, daß mit der Entwicklung der Produktivkräfte auch die Möglichkeiten wachsen, diese neuen Bedürfnisse zu befriedigen. Nun ergibt sich daraus ein neues Problem. Bedürfnisse können ausgefallene Formen annehmen, wobei ihre Befriedigung die Entwicklung neuer Produktionstechnologien verlangt. Im Kapitalismus sind solche Bedürfnisse Anlaß, wenn sie bei kapitalkräftigen Bevölkerungskreisen auftreten, sie im Interesse des Profits zu befriedigen. Im Sozialismus muß der Sinn von Bedürfnissen mitdiskutiert werden. Als Orientierung gilt der Freiheitsgewinn der Persönlichkeit. Jeder Mensch muß seine produktiven Kräfte entfalten können und den Reichtum seiner Persönlichkeitseigenschaften entwickeln. Es ist deshalb die Frage zu stellen, wie Bedürfnisbefriedigung und Persönlichkeitsentwicklung zusammenhängen. Über Werte, Normen, Leitbilder sind sinnvolle Bedürfnisse zu gestalten. Das würde helfen, das die Naturzerstörung fördernde spontane Kopieren von Modetrends bei der Bedürfnisbefriedigung einzuschränken, ohne den Einfluß von Mode vernachlässigen zu wollen. Sie sollte selbst umweltfreundlich gestaltet werden.

So wirft die spezifisch sozialistische Lösung des ökologischen Grundwiderspruchs neue Probleme auf. Sie betreffen die ökologischen Anforderungen an die Theorienentwicklung, an den wissenschaftlich-technischen Fortschritt und an die Gestaltung der Bedürfnisse. Eben in diesem Sinne ist Ökologie mehr als die Erforschung der Beziehungen zwischen Organismus und Umwelt. Sie ist wissenschaftliche Grundlage zur humanen Gestaltung der natürlichen Umwelt durch den Menschen unter konkret-historischen gesellschaftlichen Bedingungen und somit von großer Bedeutung für die gesellschaftliche Praxis, für die strategische Orientierung des Handelns und für die Verantwortung gegenwärtiger Generationen für die Zukunft.

Ende der 60er und Anfang der 70er Jahre trat eine Tendenzwende im ökologischen Bewußtsein ein. Dabei ging es keineswegs nur um die Beziehungen des Menschen zur Natur. Diskutiert wurde über den Nutzen der Wissenschaft, über die moralische Verantwortung der Wissenschaftler, über die humane Gestaltung des wissenschaftlich-technischen Fortschritts, über die sozial-ökonomischen Auswirkungen der wissenschaftlich-technischen Revolution, über die Lebensfähigkeit von Gesellschaftssystemen unter den gegenwärtigen Bedingungen. Vorgeschlagene Lösungen für Umweltprobleme wurden danach bewertet, ob ernste Absichten zur Erweiterung der Humanität beim Einsatz neuer Effektivitätsmittel bestehen.

Im 1968 erschienenen Buch „Blick ins nächste Jahrzehnt", das auf Urania-Konferenzen 1966/67 basierte, wurde festgestellt, daß sich die ökologische Auffassung immer stärker durchsetze.[37] Es sei die schleichende Bedrohung zu beachten, die durch die Entwicklung der Wissenschaft erst heraufbeschworen werden könne, wozu „die Verseuchung der Luft durch Abgase, die Verunreinigung des Wassers, die Abführung von Abfällen aus Kernreaktoren, die Chemisierung der Natur" gehören.[38] Es waren erste Ansätze zur Problemsicht, verbunden mit den Diskussionen um das Naturschutzgesetz 1954 und später um das Landeskulturgesetz 1970. Noch wurde die Arbeit „Der stumme Frühling" von R. Carson, 1963 in München erschienen, kaum ernst genommen. Wd. Eichler bemerkt: „Umweltschutz ist heute in aller Munde, aber das ist noch nicht lange so. Als ich 1947 begann, die Harmlosigkeit des DDT für den Menschen zu bezweifeln, warf man mir vor, ich könne meine Bedenken nicht stichhaltig beweisen."[39] Inzwischen sind viele interessante Publikationen zu dieser Problematik erschienen.[40]

Dabei hat sich auch das Problembewußtsein entwickelt. 1965 erschien das Buch des Physikers W. Fucks „Formeln zur Macht" mit Prognosen über Völker, Wirtschaft, Potentiale mit der Feststellung, daß Macht das Produkt aus Bevölkerung und Produktion sei. Den

[37] Vgl. E. Neef, Die geographischen Wissenschaften heute und morgen, in: P. A. Thießen u. a., Blick ins nächste Jahrzehnt. Entwicklungswege der Wissenschaften, Berlin 1968, S. 210.

[38] Vgl. H. Hörz, Zu den Beziehungen zwischen Philosophie und Naturwissenschaft, in: P. A. Thießen u. a., Blick ins nächste Jahrzehnt, a. a. O., S. 249.

[39] Wd. Eichler, Gift in unserer Nahrung, Greven 1982, S. 7.

[40] Vgl. H. Paucke, Im Spiegel unserer wissenschaftlichen Publizistik, in: Einheit, 11/1984.

Einwand, daß Rohstoffe und Energie sein Ergebnis beeinflussen könnten, ließ der Verfasser nicht gelten. Er betonte, daß die Verfügbarkeit der Rohstoffe wachse und Kernreaktoren genügend Energie liefern werden.[41] Mehr als zehn Jahre später erklärte der Zellbiologe C. D. Darlington, „daß ein hoher Konsum, ein hoher Lebensstandard, der große Triumph der industriellen Revolution und der kapitalistischen Welt unsere Umwelt schädigen und jenes künftige Erbe vergeuden und auslaugen."[42]

Im ersten Bericht an den Club of Rome hieß es: „Wenn die gegenwärtige Zunahme der Weltbevölkerung, der Industrialisierung, der Umweltverschmutzung, der Nahrungsmittelproduktion und der Ausbeutung von natürlichen Rohstoffen unverändert anhält, werden die absoluten Wachstumsgrenzen auf der Erde im Laufe der nächsten hundert Jahre erreicht."[43] Die Überlegungen des Club of Rome haben selbst eine Entwicklung durchgemacht. Sie begannen mit Nullwachstum, gingen über gelenktes qualitatives Wachstum, über die Änderung der Wirtschaftsordnung, über das Lernen, über die Überwindung des Nord-Süd-Konflikts bis zur Umwertung der Werte. Gefordert wird eine kulturelle Revolution, die sich nicht als gesellschaftliche Revolution, sondern als Bewußtseinsänderung des Menschen vollzieht. Aber es ist nicht das Bewußtsein der Menschen, das ihr Sein, sondern das gesellschaftliche Sein, das ihr Bewußtsein bestimmt, wie der Marxismus-Leninismus lehrt. Deshalb sind die weltanschaulichen Probleme, die das Mensch-Natur-Verhältnis in der Gegenwart betreffen, auf marxistisch-leninistischer Grundlage zu lösen.[44]

Das ökologische Bewußtsein in den kapitalistischen Ländern hat verschiedene Aspekte. Bevor auf ihren Kern, der in ihrer politischen und historischen Dimension besteht, eingegangen werden kann, sollen noch einige Phänomene charakterisiert werden. Sicher ist es richtig, wenn festgestellt wird: „Es gibt kein dem Menschen angeborenes, instinktiv richtiges ökologisches Verhalten, lediglich Rudimente, die sich jedoch auf eine völlig andere Umwelt beziehen."[45] Deshalb ist die Forderung berechtigt, ein ökologisches Bewußtsein

[41] Vgl. W. Fucks, Formeln zur Macht, Stuttgart 1965, S. 131.

[42] C. D. Darlington, Die Wiederentdeckung der Ungleichheit, Frankfurt/M. 1980, S. 359.

[43] D. Meadows u. a., Die Grenzen des Wachstums, Hamburg 1973, S. 17.

[44] Vgl. H. Hörz, Mensch contra Materie. Berlin 1976; R. Löther, Mit der Natur in die Zukunft, a. a. O.

[45] M. Siebker, Ökologie als zentrale Zukunftsaufgabe, in: G. Kunz (Hrsg.), Die ökologische Wende, a. a. O., S. 271.

zu entwickelt. Nur haben die Hinweise auf die unterschiedlichen Lösungsformen des ökologischen Grundwiderspruchs bereits gezeigt, daß es nicht unhistorisch sein kann. Es geht nicht um das Verhältnis eines abstrakten Menschen zu einer sich entwickelnden Natur. Auch kann es keinen abstrakten Humanismus geben, der unabhängig vom Stand der Produktivkräfte existiert.

Zum ökologischen Bewußtsein in kapitalistischen Ländern, das sich in den letzten fünfzehn Jahren entwickelt hat, wird gerechnet:

„– daß die Vorstellungen der Bevölkerung über gesellschaftliche Prioritäten von denen der offiziellen Politik völlig abweichen (Gesundheit, Umweltschutz, Bildung statt industrieller Expansion, Rüstung, Autobahnbau),
– daß das Vertrauen in staatliche und wirtschaftliche Institutionen und ihre Experten abnimmt, die Mehrheit seit etwa zehn Jahren eher Mißtrauen empfindet,
– daß das Vertrauen in eine bessere oder auch nur leidlich gute Zukunft ganz entsprechend abnimmt, mehr noch bei der Jugend als bei den Älteren,
– daß die Vorstellungen über die Rolle von Wissenschaft und Technik in unserer Gesellschaft zutiefst widersprüchlich geworden sind: einerseits erscheinen sie als die letzten Säulen unserer Zivilisation, andererseits empfindet man sie als zunehmend unmenschlich, bedrohlich und lebensentfremdend.“[46] Ökologie wird deshalb als zentrale Zukunftsaufgabe gesehen.

Die Lösungsansätze für ökologische Probleme, von Spezialwissenschaftlern und Philosophen vorgetragen, enthalten Hinweise auf die Geschichte des Umweltdenkens und auf Veränderungen im Naturverständnis.[47] Dabei tauchen Forderungen nach einer ökologischen Ethik, nach Naturalisierung der Natur und nach ökologischem Denken in den Wissenschaften auf. Ungenügend werden jedoch die gesellschaftlichen Determinanten des Raubbaus an der Natur in der kapitalistischen Profitproduktion gesehen. Die Warnung von O. Goldsmith ist zu beachten: „Bei jeder theoretischen Erwägung muß unsere Neugier zuerst durch die Erscheinung der Dinge geweckt werden, ehe sich unser Verstand den Strapazen einer Untersuchung der Ursachen unterzieht.“[48] Nur wird über die Erscheinungen schon sehr viel diskutiert. Es ist eine aktuelle Forderung an die philosophische Vernunft, tiefer in die Ursachen für die Tendenz-

[46] Ebenda, S. 272.
[47] Vgl. H. Markl (Hrsg.), Natur und Geschichte, a. a. O.
[48] O. Goldsmith, Der Weltbürger, a. a. O., S. 355.

wende in den weltanschaulichen Diskussionen um das Mensch-Natur-Verhältnis einzudringen.

Ich möchte einige Gründe dafür angeben, warum gerade Ende der 60er und in den 70er Jahren das Problembewußtsein für das Mensch-Natur-Verhältnis wuchs. Sicher lohnt es sich, weiter darüber nachzudenken.

Aus *politisch-ökomischer Sicht* wurde die Kluft zwischen der auf Wachstum orientierten Politik sozialistischer Länder und den Krisenerscheinungen im Imperialismus immer deutlicher. Auf der einen Seite ging es um die Einheit von Wirtschafts- und Sozialpolitik, darum, durch die Verbindung der Vorzüge des Sozialismus mit den Ergebnissen der wissenschaftlich-technischen Revolution umfangreiche Sozialprogramme zu verwirklichen. Auf der anderen Seite brachte im Imperialismus die wissenschaftlich-technische Revolution Massenarbeitslosigkeit, intensivierte Ausbeutung und Deformation der Persönlichkeit mit sich. Bürgerliche Ideologen erklärten: Bevölkerungsexplosion, Rohstoffknappheit, Energieprobleme, Umweltverschmutzung führen zu einer allgemeinen Krise des Mensch-Natur-Verhältnisses. Ursachen für gesunkenes, Minus-, Null- oder gedämpftes Wachstum wurden nicht in den imperialistischen Produktionsverhältnissen, in der Verflechtung von allgemeiner und zyklischer Krise, gesehen, sondern in erschöpften Rohstoffen.

In der *politisch-ideologischen Auseinandersetzung* zwischen sozialistischer und imperialistischer Ideologie erschien die Umweltproblematik als das globale Problem Nummer 1. Sie wurde als systemübergreifend den Erfolgen in der Entspannungspolitik durch die sozialistischen Länder entgegengestellt. 1978 benutzte der damalige Bundespräsident der BRD W. Scheel in seiner Eröffnungsrede vor dem Weltkongreß für Philosophie in Düsseldorf die Argumentation, daß wichtiger als andere Konflikte die Umweltkatastrophe sei, denn die Umweltgefährdung sei durch das Sinken eines sozialistischen oder kapitalistischen Tankers gleich groß. Ende der 70er Jahre, im Zusammenhang mit der beginnenden Raketenstationierung in Westeuropa und der Hochrüstungspolitik der USA und der NATO, wurde im weltanschaulichen Bewußtsein deutlich, daß die Erhaltung und Sicherung des Friedens das globale Problem Nummer 1 ist. Frieden ist Voraussetzung zur Lösung von Umweltproblemen, Abrüstung setzt materielle und personelle Potenzen frei, die zur Gestaltung einer menschenfreundlichen natürlichen Umwelt genutzt werden können, und Rüstungskonversion ist notwendig, um langwierige Umweltschäden zu vermeiden.

Die *Wissenschaftsentwicklung* hat sowohl negativ als auch positiv zur Entwicklung des Umweltbewußtseins beigetragen. Illusionen über die schnelle Lösung des Energieproblems durch Kernfusion gehören sicher zu den negativen Wirkungen. Obwohl Prognosen stets mit Vorsicht zu genießen sind, ist es wichtig, alternative Strategien zu entwickeln. Auch das analytische Zerlegen von Gesamtheiten, das Algorithmisieren von Prozessen, die entstehende Datenfülle u. v. m. wurden kritisiert. Ganzheitsdenken wurde gefordert. Die Wiederaufnahme des Streits zwischen Newton und Goethe war Ausdruck unterschiedlicher Tendenzen des Analysierens und Synthetisierens, der Zerlegung in die Teile und der Einordnung ins Komplexe.[49] Im Ergebnis kam es zu der positiven Forderung an die Wissenschaft: Der Mensch muß integrierender Bestandteil wissenschaftlicher Theorienentwicklung sein. Ökologisches Denken wurde zum Synonym für komplexes Denken.[50] Das entsprach der Tendenz der Wissenschaftsentwicklung, den Übergang vom Struktur- und Prozeßdenken zum Entwicklungsdenken zu vollziehen.

Der *technische Fortschritt* war mit negativen Auswirkungen auf Mensch und Natur verbunden. Es kam zu Überlegungen von der post-industriellen Gesellschaft, die den Gegensatz von Sozialismus und Imperialismus überwinden sollte, weil sie bei der Gestaltung der wissenschaftlich-technischen Revolution auf gleiche Probleme stoße, weshalb die Unterschiede in den Produktionsverhältnissen kaum noch eine Rolle spielen würden. Sozialismus und Imperialismus hätten die gleichen Probleme in der Auseinandersetzung des Menschen mit der Natur zu lösen. Solche konvergenztheoretischen Überlegungen fördern das Umweltbewußtsein auch als einen illusionären theoretischen Versuch, mit den ökomischen, politischen und ideologischen Auseinandersetzungen zwischen Imperialismus und Sozialismus fertig zu werden.

Das Ende der 60er Jahre beginnende Eintreten vieler *Entwicklungsländer* in die internationale Arena zwang dazu, ihre Probleme zu reflektieren. Wachsende Bevölkerung, Nahrungssorgen, mangelnder Gesundheitszustand, technologische Rückständigkeit ließen manche bürgerlichen Ideologen den sozialen Kern der Probleme vergessen.

Die Besinnung auf das Mensch-Natur-Verhältnis ist also nur verständlich, wenn man die globalen Entwicklungsprobleme der Menschheit berücksichtigt. Sie selbst lösten umfangreiche Forschungen aus, was die Kenntnis ökologischer Gefahren ebenfalls wieder verstärkte.

49 Vgl. H. Hörz, Marxistische Philosophie und Naturwissenschaften, a. a. O., S. 586 f.

50 Vgl. F. Capra, Wendezeit. Bausteine für ein neues Weltbild, Bern – München – Wien 1983.

Die revolutionäre Entwicklung der Produktivkräfte erfordert in neuen Dimensionen Rohstoffe und Energien zur Fertigung der Produkte, zur Erhaltung und Erhöhung des erreichten Lebensniveaus und zur Gestaltung einer menschenfreundlichen Umwelt. Die natürlichen Ressourcen müssen rationell genutzt werden, um Voraussetzungen für die revolutionäre Entwicklung der Produktivkräfte zu erhalten. Dabei kann die Beherrschung der Natur zu ökologischen Schäden führen. Es geht um die Erhaltung der Bodenfruchtbarkeit, um die Reinheit des Wassers und der Luft, um die Auswirkungen der Chemisierung. Die Beseitigung ökologischer Schäden verlangt Aufwendungen für wissenschaftliche Forschungen und für die Entwicklung kostengünstiger Umwelttechnologien.

Die Unerschöpflichkeit der Natur ist nicht mit der Unerschöpflichkeit der natürlichen Ressourcen, der Rohstoffe, der Energie unter konkreten Bedingungen des wissenschaftlich-technischen Fortschritts gleichzusetzen. Aber die Unerschöpflichkeit der Materie ist zugleich eine Herausforderung an Wissenschaft und Technik, neue Ressourcen in einem bestimmten Land zu einer bestimmten Zeit bei einem bestimmten Stand des wissenschaftlich-technischen Fortschritts zu erschließen. Die Entwicklung kostengünstiger umweltfreundlicher Verfahren macht Materialökonomie nicht nur zu einem ökonomischen, sondern auch zu einem ökologischen Gebot. Wissenschaft muß sich mit der besseren Verwertung von Rohstoffen, mit ihrer Wiederverwendung, mit der Nutzung existierender Energiequellen und dem Erschließen neuer Energieformen befassen. Die Erhaltung der natürlichen Ressourcen für die Weiterentwicklung der Produktivkräfte ist ein Kernproblem bei der Gestaltung einer menschenfreundlichen Umwelt. Dabei hat die gegenwärtige umfangreiche internationale Ökologiediskussion eine historische und eine politische Dimension, die sich in den Forderungen politischer Bewegungen nach Naturschutz und Demokratie ausdrücken. Damit werden auf neue Weise, unter neuen Bedingungen die Diskussionen des 18. Jahrhunderts wieder aufgenommen. Neben dem tieferen theoretischen Verständnis für die Entwicklung von Wissenschaft und Technik gibt es nun reale Möglichkeiten, die Ergebnisse der wissenschaftlich-technischen Revolution als materiell-technische Basis für die Entwicklung des Sozialismus und Kommunismus zu nutzen.

Die *historische Dimension* betrifft die durch die wissenschaftlich-technische Revolution mögliche und im Sozialismus und Kommunismus zu verwirklichende neue Mensch-Natur-Union, die die humane

Gestaltung des wissenschaftlich-technischen Fortschritts erfordert. Damit vollzieht sich im langwierigen historischen Prozeß der Auseinandersetzung des Menschen mit der Natur eine dialektische Negation der Negation. Mit der Entwicklung der Produktivkräfte gelang es dem Menschen, seine Unterordnung unter die Natur als Naturwesen dialektisch zu negieren und zur Herrschaft über die Natur in immer größerem Umfang zu kommen. Profitmaximierung fordert im Kapitalismus Raubbau an der Natur. Die Entwicklung ökologischer Bewegungen hat jedoch dazu geführt, daß auch im Kapitalismus die Notwendigkeit erkannt wird, die natürlichen Ressourcen der Profitproduktion zu erhalten. Zugleich erweist sich die Entwicklung kostengünstiger Verfahren des Umweltschutzes als wesentliche Profitquelle. Außerdem muß auf demokratische Forderungen zur humanen Umweltgestaltung reagiert werden. So kommt es zu einer „Deformation" kapitalistischer Umweltpolitik, die zwar prinzipiell auf Natureroberung orientiert ist, aber ebenfalls ökologischen Anforderungen entsprechen muß. Die dialektische Negation der Negation im Mensch-Natur-Verhältnis vollzieht sich, wenn im Sozialismus und Kommunismus die menschenfreundliche Gestaltung der natürlichen Umwelt dazu führt, die natürlichen Bedingungen menschlicher Existenz zu erhalten und human zu gestalten. Die Herausbildung der neuen Mensch-Natur-Union basiert nicht auf der Unterordnung des Menschen unter die Natur, sondern auf besseren Einsichten in die Beziehungen und Gesetzmäßigkeiten der Natur und auf der humanen Gestaltung des wissenschaftlich-technischen Fortschritts. Naturbeherrschung ist nicht Natureroberung. Das ist ein langwieriger und komplizierter Prozeß, in dem neue Potenzen zur menschenfreundlichen Gestaltung der natürlichen Umwelt entstehen. Es wäre völlig verfehlt anzunehmen, daß Jahrhunderte lange antiökologische Politik in wenigen Jahrzehnten korrigiert werden könnte. Auch die Entwicklung antihumaner Technologien kann nur in einem komplizierten Prozeß durch die humane Gestaltung neuer Technologien mit persönlichkeitsfördernden Arbeitsinhalten abgelöst werden. Es gibt keinen Grund, sich der Mängel zu schämen oder die vorhandenen Erfolge ungerechtfertigt aufzubauschen. Das Wesen ökologischer Anforderungen im Sozialismus ist deshalb: Effektivitätssteigerung durch Gestaltung eines rationellen Stoffwechsels mit der Natur zur Befriedigung menschlicher Bedürfnisse; Gestaltung einer menschenfreundlichen natürlichen Umwelt durch Erhaltung existierender und Gestaltung neuer ökologischer Zyklen; strategische Programme zum gezielten Abbau ökologischer Schäden und zur Bewahrung der natürlichen Ressourcen menschlicher Existenz;

Analyse innerer Entwicklungsgesetze natürlicher Evolution, um künstliche Evolution von Naturprozessen für menschliche Zwecke nutzen zu können; Nutzung der technisch-technologischen Effektivitätsmittel nicht als Selbstzweck zur Naturausbeutung, sondern zur Humanitätserweiterung durch Erhöhung des materiellen und kulturellen Lebensniveaus des Volkes. Es geht also um die konkrete Ausarbeitung des Humanismus als Zielfunktion, Bewertungskriterium und Anforderungsstrategie im Mensch-Natur-Verhältnis, um bei der Entwicklung von Technik und Technologien den höchsten Wert zu erreichen: Freiheitsgewinn der Persönlichkeit durch gesellschaftlichen Fortschritt im Frieden.

Die *politische Dimension* der Ökologiediskussion richtet sich gegen antiökologische Maßnahmen mit der Forderung nach demokratischer Kontrolle für die Entwicklung neuer Techniken und Technologien. Wenn Profitmaximierung die Hauptursache der Umweltverschmutzung ist, dann muß sich die politische Kritik ökologischer Bewegungen gegen deren gesellschaftliche Grundlagen und darauf aufbauende Gesellschafts- und Wissenschaftsprogramme richten. Weltanschauliche Probleme entstehen jedoch dann, wenn diese Dimensionen nicht klar erkannt werden. Wird, wie das manche Theoretiker in kapitalistischen Ländern tun, die wissenschaftlich-technische Revolution als Grundlage der Umweltverschmutzung angesehen, dann richtet sich die politische Kritik gegen alle diejenigen, die eine Option auf die wissenschaftlich-technische Revolution anmelden. Deshalb ist es wichtig, in der historischen Dimension die gesellschaftlichen Determinanten des gegenwärtigen Mensch-Natur-Verhältnisses zu beachten. Einseitige Haltungen entstehen auch dadurch, daß gegenwärtige Schwierigkeiten bei der Bewältigung ökologischer Probleme in sozialistischen Ländern der strategischen Zielsetzung entgegengehalten werden. Damit wird die historische Dimension verkannt, was politische Bündnisse erschwert.

Den Marxisten wird vorgeworfen, den „ökologischen Marx" so lange übersehen zu haben, weil die schwierigen theoretischen Gedanken „die meisten Sozialaktivisten nur mit Mühe nachvollziehen können, weil sie sich lieber für simplere Streitfragen einsetzen. ... Ökologisches Wissen ist subtil und schwer als Motivation für gesellschaftlichen Aktivismus zu nutzen, da der Respekt vor anderen Arten – beispielsweise Walen, Bäumen oder vom Aussterben bedrohten Insekten nicht genug revolutionären Elan verleiht, um menschliche Institutionen zu ändern."[51] In ähnliche Richtungen gehen Vorwürfe

[51] Ebenda, S. 227.

von Soziobiologen, die den Marxismus als Soziobiologie ohne Biologie betrachten. Sie erzeugen ein Bild vom Marxismus, das politischen Pragmatismus, ungenügenden theoretischen Tiefgang und Strategielosigkeit für das Mensch-Natur-Verhältnis zum Ausdruck bringen soll. Dem kommt ein eingeschränktes Politikverständnis entgegen, das die Lösung von Tagesfragen nicht mit Zukunftsbewußtsein verbindet. Tatsächlich ist Pragmatismus strategiefeindlich. Er ordnet die täglich zu lösenden Aufgaben nicht in den Zusammenhang ein, der durch das Ziel gegeben ist, Effektivitätssteigerung zur Humanitätserweiterung zu nutzen. Die beste Kritik an antimarxistischen Auffassungen besteht in der konstruktiven Lösung der durch die gegenwärtigen Bedingungen entstandenen Probleme im Mensch-Natur-Verhältnis. Der Marxismus-Leninismus umfaßt Ökologie, eingeordnet in eine Gesellschaftstheorie, die programmatisch die gesellschaftlichen Bedingungen für eine neue Mensch-Natur-Union skizziert und damit wissenschaftlich begründete Anleitung für ökologisches Handeln unter den gegenwärtigen Bedingungen ist.

1.7. Fazit

Umweltbewußtsein ist nicht neu, es hat historische Wurzeln. Die marxistisch-leninistische Philosophie begründet die Dialektik von Effektivität und Humanität, indem sie auf die notwendige Effektivitätssteigerung durch die Entwicklung der Produktivkräfte und für die mögliche Humanitätserweiterung durch Spezialprogramme verweist. Erst mit dem Sozialismus entstand die Möglichkeit, den rationellen Stoffwechsel mit der Natur auf humane Weise in Angriff zu nehmen, weil das Ziel der Produktion nicht Maximalprofit, sondern die Erhöhung des materiellen und kulturellen Lebensniveaus des Volkes ist.[52]

Ökologische Probleme sind Bestandteil der globalen Probleme der Menschheitsentwicklung. Sie sind grenzüberschreitend, bedürfen also völkerrechtlicher und zwischenstaatlicher Regelungen. Ökologie ist immer mit Ökonomie verbunden.[53] Was gesellschaftlich wünschenswert und durchsetzbar, was human vertretbar ist, muß auf seine Realisierbarkeit überprüft werden, um ökonomisch machbar zu sein. Dazu sind entsprechende Voraussetzungen zu schaffen. Öko-

[52] Vgl. E. K. Fjodorow, Die Wechselwirkung zwischen Natur und Gesellschaft, Berlin 1974.

[53] Vgl. Ökologie contra Ökonomie?, in: Marxistische Blätter, 3/1983.

logie ist als Herausforderung an jeden zu begreifen, seinen Beitrag zur Lösung globaler Probleme zu leisten, deren humaner Gehalt im Freiheitsgewinn der Persönlichkeit durch gesellschaftlichen Fortschritt im Frieden besteht.

Humanität ist stets konkret-historisch zu bestimmen. Sie ist abhängig von der Entwicklung der Produktivkräfte und der Ausgestaltung der Produktionsverhältnisse. Deshalb müssen ökologische Forderungen stets auf der Analyse von ökonomischen Strukturen, politischen Machtverhältnissen und ideologischen Reflexionen existierender Interessen basieren. Trotz aller Probleme und Schwierigkeiten stehen sich prinzipiell der auf Profitproduktion orientierte Raubbau an der Natur im Imperialismus und die auf eine menschenfreundliche Gestaltung der natürlichen Umwelt gerichtete sozialistische Strategie entgegen.

Ökologie ist mit einem neuen Wissenschaftsverständnis verbunden, das den Anforderungen des Wissenschaftstyps der wissenschaftlich-technischen Revolution entspricht. Es geht um Ganzheitsdenken, das den Menschen zum konstituierenden Bestandteil der Wissenschaft macht. Das ist Grundlage für die humane Beherrschung der Natur, für die Einheit von Naturerkenntnis und Naturgestaltung. Die dialektische Analyse führt dabei nicht nur zur Hervorhebung der Gegensätze in der Naturbeherrschung durch unterschiedliche Gesellschaftsordnungen, sondern auch zur Begründung der notwendigen Kooperation. Es ergeben sich konsensfähige Positionen zur Ökologieproblematik, d. h. möglicher Minimalkonsens unter denen, die eine humane Gestaltung des Mensch-Natur-Verhältnisses fordern. Dazu gehören: Erstens: Naturgestaltung ist für die Befriedigung von Grundbedürfnissen durch den Menschen erforderlich. Es kann also nicht darum gehen, Naturgestaltung anzunehmen oder abzulehnen, sondern darum, der humanen Verantwortung durch die Gestaltung einer menschenfreundlichen Umwelt unter konkreten gesellschaftlichen Verhältnissen gerecht zu werden, also den ökologischen Grundwiderspruch systemspezifisch auf humane Weise zu lösen. Zweitens: Theoretische und praktische Anstrengungen sind darauf zu richten, den Humanismus, der Freiheitsgewinn der Persönlichkeit durch gesellschaftlichen Fortschritt im Frieden fordert, für die Naturgestaltung als Ziel, Anforderungsstrategie und Bewertungskriterium fruchtbar zu machen. Drittens: Um die Frage nach den ökologischen Anforderungen an Technikentwicklung und Verhaltensweisen beantworten zu können, sind analytische und synthetische ökologische Forschungen zu entwickeln. Sachkundige Entscheidungen sind Voraussetzung für die durch Effektivitätssteigerung zu erreichende Humanitätserweiterung. Viertens: Die bereits erreichte Dimension der Umweltschäden und das existierende Katastrophenpotential machen die Kooperation aller Humanisten, unabhängig von Weltanschauung, politischer Haltung und Systemzugehörigkeit, erforderlich.

2. Technologien als Herrschaftsmittel des Menschen?

2.1. Sinn und Wesen der wissenschaftlich-technischen Revolution

Die Beschleunigung des wissenschaftlich-technischen Fortschritts führt zur Verwissenschaftlichung und zur Technisierung aller Lebensbereiche. Es kommt zur Roboterisierung der Industrie, zur Computerisierung des gesellschaftlichen Lebens und zur Mathematisierung der Wissenschaften. Deshalb ist die Frage aktuell, ob und in welcher Beziehung Technologien Herrschaftsmittel des Menschen sind, worin also der Sinn und das Wesen der wissenschaftlich-technischen Revolution bestehen. Zur Beantwortung sind Ergebnisse der wissenschaftlichen und technischen Entwicklung theoretisch und praktisch zu bewältigen, die Denk- und Verhaltensweisen des Menschen direkt betreffen. Auf drei Entwicklungstendenzen soll vor allem hingewiesen werden, weil sie die Frage danach verständlich machen, ob Technologien Herrschaftsmittel des Menschen sind.

Erstens tritt der Mensch mit Industrierobotern und Prozeßsteuerung aus dem technologischen Fertigungsprozeß heraus. Während er vorher mit seinen Fähigkeiten und Fertigkeiten in den technologischen Prozeß ein- und ihm untergeordnet war, steht er nun als Kontrolleur außerhalb dieses Prozesses. Er bedient sich so neuer Effektivitätsmittel zur Produktion materieller Güter, zur Steuerung und Regelung gesellschaftlicher Prozesse, zur Informationsverarbeitung und zur Kommunikation, was aber auch zu einer neuen Form geistiger und körperlicher Deformation der Persönlichkeit führen könnte. Das führt zu der Frage: Beherrscht der Mensch die von ihm geschaffenen Effektivitätsmittel oder wird er von ihnen beherrscht?

Zweitens werden Analogien zwischen menschlichen Tätigkeiten und Technologien entwickelt, wobei der Mensch gegenüber der künstlichen Intelligenz in spezialisierten Tätigkeiten weniger effektiv ist. In utopischen Zukunftsvisionen technologischer Entwicklung wird manchmal die Überlegenheit künstlich intelligenter Wesen gegenüber dem Menschen beschworen. Man muß sich also fragen: Wird die menschliche Intelligenz durch die künstliche übertroffen?

Drittens wird über Technologien zur Verbesserung des Menschen diskutiert. Biotechnologien schaffen die Voraussetzung dafür, daß gezielte Eingriffe in menschliche Keimzellen mit dem Ziel, das genetische Programm zu verändern, um genetische Defekte zu beseitigen, möglich werden. Wissenschaftliche Möglichkeiten in ihrer technologischen Realisierbarkeit beantworten aber nicht die Frage: Ist der Mensch verbesserungsbedürftig?

Diese Entwicklungstendenzen, die sich in der flexiblen Automatisierung von Produktionsprozessen, in der Entwicklung von Informationstechnologien und im Ausbau der Biotechnologien bis zur Humangentechnik zeigen, zwingen dazu, die genannten Fragen als konkreten Ausdruck der Frage nach dem Sinn der wissenschaftlich-technischen Revolution zu beantworten.

Sinnfragen sind philosophische Fragen. Sie betreffen die Aufgabe der Philosophie, als weltanschauliche Lebens- und Entscheidungshilfe, als Orientierungswissen über Werte und Ideale wirksam zu werden. Nicht selten wird von einem Wertewandel gesprochen, den die wissenschaftlich-technische Revolution erzwinge. Statt Wachstum soll es um Entwicklung, statt Spontaneität um Planung, statt Effektivität um Humanität gehen. Pessimistische und optimistische Varianten zum zukünftigen Einfluß der neuen Technologien auf die Humanität werden vorgetragen. Basis einer humanen Wertehierarchic ist jedoch der Grundwert: Freiheitsgewinn der Persönlichkeit durch gesellschaftlichen Fortschritt im Frieden. An ihm ist das Humanpotential moderner Technologien und seine konkret-historische Ausschöpfung zu messen.

Es geht deshalb darum, solche Technologien zu entwickeln, die dem humanen Grundwert entsprechen. In die Auseinandersetzung zwischen den verschiedenen Gesellschaftsformationen sollte der Wettbewerb um humane Techologien einbezogen werden. Die Überlegenheit einer Gesellschaftsordnung über die andere muß sich in der Befriedigung materieller und kultureller Bedürfnisse aller Glieder der Gesellschaft mit Hilfe fortgeschrittener Effektivitätsmittel ausdrücken. *Die Beschleunigung des wissenschaftlich-technischen Fortschritts in der wissenschaftlich-technischen Revolution ist dann sinnvoll, wenn mit humanen Technologien Effektivitätssteigerung zur Erweiterung der Humanität genutzt wird.*

Es könnte als ein Widerspruch erscheinen, wenn als Grundwert der Freiheitsgewinn der Persönlichkeit durch gesellschaftlichen Fortschritt im Frieden genannt wird und Technologien als Herrschaftsmittel des Menschen betrachtet werden. Notwendig ist deshalb die Unterscheidung zwischen humanen und antihumanen Herrschaftsmitteln, etwa zwischen Produktiv- und Destruktivkräften, zwischen Massenvernichtungswaffen und neuen Energiequellen. Dazu wird nicht selten argumentiert, daß militärische Forschung auch Nutzen für die zivile Wissenschaft habe. Dagegen ist erstens die Frage zu stellen, ob der Nutzen, z. B. bei der Militarisierung des Weltraums, den möglichen Schaden rechtfertigt. Zweitens sind moderne Destruktivkräfte oft nur schwer produktiv nutzbar. Der Konversionsaufwand ist groß. Drittens muß es Möglichkeiten geben, Krieg und militärische Forschung überhaupt zu beseitigen.

Es ist also zu präzisieren, was unter Herrschaft, auch des Menschen über seine Umwelt, zu verstehen ist. Herrschaft ist eine konkret-historische dreistellige Relation zwischen Subjekt, Objekt und Ziel. Das Herrschaftsobjekt wird durch das Herrschaftssubjekt so beeinflußt, daß das Ziel erreicht werden kann. Handelt es sich bei den Herrschaftsobjektiven selbst wieder um Menschen, dann unterscheiden wir zwischen verschiedenen Herrschaftsformen, zwischen Demokratie und Diktatur. In der Diktatur wird das Herrschaftsobjekt gegen seinen Willen manipuliert, um das Herrschaftsziel zu erreichen. In der Demokratie konstituiert sich das Herrschaftsobjekt selbst als Herrschaftssubjekt, um seine eigenen Verhältnisse besser beherrschen zu können. Herrschaft bedeutet also nur dann Unterdrückung, wenn ökonomische Verhältnisse die Entfremdung in der Gesellschaft fördern und antagonistische Klassenbeziehungen zur Diktatur der Minderheit über die Mehrheit führen. Gesellschaftliches Eigentum an Produktionsmitteln ermöglicht die Durchsetzung eines Gesamtziels nach einem Gesamtplan mit ein m Gesamtwillen. Sind Herrschaftsobjekte selbst keine Menschen, sondern Natur und Technik, dann verlangt die humane Beherrschung dieser Objekte Einsichten in die Wirkungsmechanismen der objektiven Gesetze, Kenntnis langfristiger Wirkungen, um keine Zerstörung dieser Objekte zuzulassen und Langzeitwirkungen auf den Menschen zu berücksichtigen. Ohne ihre Kenntnis ist der Mensch spontanen zufälligen Wirkungen ausgeliefert. Er herrscht nicht, sondern er wird beherrscht.

Freiheit kann deshalb als die humane theoretische und praktische Beherrschung der natürlichen und gesellschaftlichen Umwelt und des eigenen Verhaltens durch den Menschen über das Eindringen in die gesetzmäßigen Wirkungsmechanismen natürlicher und gesellschaftlicher Prozesse sowie kultureller Entwicklungen, darauf gegründeten sachkundigen Entscheidungen und des ihnen entsprechenden Handelns verstanden werden. Freiheitsgewinn ist also zugleich Herschaftsgewinn in demokratischer und humaner Weise. Es ist stets zwischen Unterdrückung und Selbstbeherrschung, zwischen antihumaner Effektivität und Effektivitätsgewinn zur Humanitätserweiterung, zwischen Raubbau an der Natur und Gestaltung einer menschenfreundlichen Umwelt, zwischen Diktatur der Minderheit über die Mehrheit und realer Demokratie zu unterscheiden. Die wissenschaftlich-technische Revolution bietet neue Möglichkeiten, Technologien als humane Herrschaftsmittel zu nutzen, um Freiheitsgewinn der Persönlichkeit durch gesellschaftlichen Fortschritt im Frieden zu erreichen.

Das *Wesen der wissenschaftlich-technischen Revolution* besteht in der neuen Stellung des Menschen als Produktivkraft. Mit ihr wird er, wenn er durch soziale Revolution den Antagonismus in der Gesellschaft überwindet, immer mehr zum schöpferischen Gestalter und Kontrolleur seiner Arbeits- und Lebensweise. Mit der wissenschaftlich-technischen Revolution entsteht die materiell-technische Basis des Sozialismus und Kommunismus. Der Mensch tritt aus dem eigentlichen Fertigungsprozeß materieller Güter heraus und übernimmt, verbunden mit dem Einsatz „künstlicher Intelligenz“, Steuerungs- und Regelungsfunktionen. Die Revolution der Werkzeuge wird so durch die Revolution der Denkzeuge ergänzt. Vom Nachahmer der Natur wird der Mensch zum Konstrukteur biotischer Systeme im Rahmen der Naturgesetze. Der mit der wissenschaftlich-technischen Revolution verbundene qualitativ neue Wissenschaftstyp hat Auswirkungen auf die Entwicklung von Technik und Technologie. Sie zeigen sich im Zwang zur Technologie, in der Erweiterung des Technologieverständnisses von Produktionstechnologien auf Gesellschafts- und Bewußtseinstechnologien, in der qualitativ neuen materiell-technischen Basis, im Einsatz der Wissenschaft als Produktiv-, Kultur- und Human/Sozialkraft und in neuen Anforderungen an die Wissenschaftlerpersönlichkeit. Es wird zur dringenden Aufgabe, Forschungs- und Produktionsstrategien noch besser aufeinander abzustimmen. Interessant ist es, mit dem jetzigen Erkenntnisstand die Frage nach den Etappen der wissenschaftlich-technischen Revolution und damit nach Phasen in einem neuen Großzyklus wissenschaftlich-technischer Entwicklung neu zu beantworten. Ein wesentlicher qualitativer Einschnitt in der Entwicklung von Wissenschaft und Technik wurde durch den Ausbau der Mikroelektronik als Basistechnologie in den 70er Jahren erreicht. Das hatte und hat Auswirkungen auf die Roboterisierung der Industrie, da mit Programmsteuerung und flexibler Automatisierung durch Industrieroboter neue Möglichkeiten für das Heraustreten des Menschen aus dem eigentlichen Fertigungsprozeß materieller Güter und für die Übernahme von Steuerungs- und Regelungsfunktionen auch unter Nutzung der Optoelektronik entstanden. Hinzu kommt die Computerisierung des gesellschaftlichen Lebens durch Automatisierung der Büroarbeit, durch Entwicklung der Informationstechnologien für neue Bildungsformen, durch die Bedeutung der Heimelektronik für die Freizeitgestaltung und die Erleichterung von Dienstleistungen durch Zweiweg-Video-Text. Auch die Wissenschaft erhält eine neue materiell-technische Basis für die Automatisierung von Experimenten, für die Datenaufbereitung, die Textwiedergabe und die computergestützte Arbeit, wobei CAD-CAM-Systeme Auswirkungen auf alle Bereiche gesellschaftlicher Tätigkeit haben.

Neue Etappen in der wissenschaftlich-technischen Revolution sind sicher mit qualitativ neuartigen Basistechnologien verbunden. In der ersten Etappe, die vor der Nutzung der Mikroelektronik lag, ist die Anwendung der Wissenschaft für neue technologische Prinziplösungen entscheidend, die sich in der damaligen Form der Automatisierung, der komplexen Mechanisierung manifestierten, aber auch die Entwicklung der Kerntechnik und die Anwendung der Kybernetik betrafen. Die gegenwärtige Etappe ist durch flexible Automatisierung auf der Grundlage der Mikroelektronik unter Nutzung von Industrierobotern und mit Programmsteuerung verbunden. Hinzu kommt die Entwicklung der „künstlichen Intelligenz“ als Revolution der Denkzeuge und der Ausbau der Biotechnologien auf der Grundlage von Gentechnologien, durch die der Mensch vom Nachahmer der Natur immer mehr zum Konstrukteur biotischer Systeme wird.

Stellt man nun die Frage nach weiteren Etappen der wissenschaftlich-technischen Revolution, dann ist es erforderlich, jetzt schon existierende oder zu erwartende Basistechnologien zu betrachten, die zur Grundlage für ein neues Verhältnis des Menschen zur Natur, für seine neue Stellung als Produktivkraft entscheidend sind. So zeichnet sich eine nächste Etappe mit der weiteren Entwicklung der Denkzeuge, auf der Grundlage der Entwicklung der „künstlichen Intelligenz“, der Informationstechnologien, der Computer höherer Generationen, ab. „Künstliche Intelligenz“, massenhaft eingesetzt, erleichtert schöpferische Arbeit und ersetzt Routinearbeit. Das wird zu weiteren Veränderungen der Arbeits- und Lebensweise führen, wodurch der Mensch noch mehr zum schöpferischen Gestalter seiner Lebensbedingungen wird. Damit wird die weltanschaulich-philosophische Frage verbunden, ob nicht die künstliche der natürlichen Intelligenz überlegen sei und es so zur Herrschaft der Roboter über den Menschen kommen könnte. Es ist zu berücksichtigen, daß gegenwärtige schöpferische Tätigkeit der Menschen stets zukünftige Arbeit künstlicher Intelligenz ist. Außerdem sind künstliche intelligente

Systeme in Spezialfunktionen dem Menschen überlegen. Das ermöglicht es gerade, den Menschen von aufwendigen Routinearbeiten, von gefährlichen Tätigkeiten zu befreien. Dabei bedeutet Intelligenz die Fähigkeit, theoretische und praktische Probleme, die unter bestimmten materiellen und kulturellen Bedingungen entstehen, zu lösen.

Prinzipiell gilt, daß der Mensch als gesellschaftliches Gesamtsubjekt stets intelligenter als die von ihm geschaffenen Systeme ist. Das prinzipielle Argument dazu lautet: In einer Hierarchie von Intelligenzleistungen, in der der Besitz einer erklärenden Theorie über ein bestimmtes Systemverhalten eine höhere Intelligenzstufe als das Systemverhalten selbst darstellt, ist der Mensch, der eine solche erklärende Theorie braucht, um künstliche intelligente Systeme zu entwickeln, stets um eine Stufe intelligenter als die von ihm geschaffenen Systeme. Das betrifft auch künstliche Intelligenzen, die sich selbst reparieren, organisieren, reproduzieren und neue künstliche Systeme hervorbringen. Für sie braucht der Mensch, um sie gestalten zu können, eine Theorie der Selbstorganisation, Selbstreproduktion und der Entwicklung künstlicher Systeme. Das prinzipielle Argument hebt jedoch die Verantwortung der Menschen nicht auf, mit den von ihnen geschaffenen Herrschaftsmitteln humane Zwecke zu erreichen. Jeder technische Selbstlauf kann zur Deformation der Persönlichkeit, zu antihumanen Auswirkungen führen. Ungeklärt ist, ob und wie sich das soziale Wesen des Menschen, seine Einsicht in die objektive Dialektik, seine freien Entscheidungen mit Risiko und seine Ideale, Werte und Normen mit künstlicher Intelligenz simulieren lassen.

In einer weiteren Etappe der wissenschaftlich-technischen Revolution dürfte es zu einer Verflechtung von Bio- und Informationstechnologien kommen. So kann eine wissenschaftliche Revolution auf dem Gebiet der Forschungen zu den Mechanismen geistiger Tätigkeit, die weitere Beherrschung der Gentechnologien und die Untersuchung der Struktur und Funktion sowie Entwicklung lebender Organismen zur Herstellung qualitativ neuartiger Biocomputer führen, aber auch das gezielte Einwirken auf die biotische Realisierung genetischer Programme oder gar die gezielte Veränderung genetischer Programme betreffen. Was sich heute schon andeutet, wird dann zur entscheidenden Aufgabe. Experimente mit und am Menschen müssen die Integrität der Persönlichkeit achten, was bedeutet, den persönlichen und gesellschaftlichen Nutzen zu erkennen, das Risiko zu minimieren, Entscheidungsfreiheit der Betroffenen zu gewährleisten und das Verantwortungsbewußtsein der Beteiligten zu erhöhen.

Während bisher die Weltraumforschung wesentlich zur Lösung irdischer Aufgaben unter spezifischen Bedingungen eines kosmischen Laboratoriums beiträgt, wird ihre weitere Entwicklung dazu führen, neue Lebensbereiche zu erschließen. Das könnte zu einer Präzisierung der These von Engels führen, in der er vom großen Kreislauf des Entstehens und Vergehens aller Qualitäten, auch des menschlichen Lebens, spricht. Zukünftige Generationen würden den kosmischen Raum erobern, mit anderen vernunftbegabten Wesen, falls sie existieren, Verbindung aufnehmen und Lebewesen auf andere kosmische Systeme exportieren. Das wäre dann sicher nicht nur eine neue Etappe der wissenschaftlich-technischen Revolution, sondern eine neue wissenschaftlich-technische Revolution selbst, weil nicht mehr auf der Grundlage irdischer Technologien die Existenzbedingungen der Menschen verbessert werden, sondern neue Lebensräume und damit Existenzbedingungen erschlossen werden.

Wer den Eindruck gewinnt, bei der Diskussion um neue Etappen der wissenschaftlich-technischen Revolution oder gar um weitere wissenschaftlich-technische Revolutionen ginge es allein um philosophische Spekulationen, der irrt deshalb, weil bestimmte Entwicklungstendenzen, wie der massenhafte Einsatz der Informationstechnologien, der weitere Ausbau der Biotechnologien, die Nutzung von Erkenntnissen der Psychophysik und die Lösung der Aufgaben der Raumforschung heute schon existieren und in ihrer Ausgestaltung weitergedacht werden müssen. Das schließt Tendenzbrüche nicht aus. Auch aus anderen, nicht genannten Wissenschaften können Grundlagen für wissenschaftliche Revolutionen entstehen, die im Ergebnis zu neuen Basistechnologien und damit zu neuen Etappen der wissenschaftlich-technischen Revolution führen. Insbesondere die tektonischen Vorgänge, aber auch die Chemismen lebender Systeme und die Entwicklungsgesetze von Natur und Gesellschaft können weiter erforscht und sicher technologisch verwertet werden.

2.2. Die Entwicklung der Technologie und die Spezifik der Technikwissenschaften

Die Entwicklung der Technologie als Wissenschaft vollzog sich im 18. und 19. Jahrhundert im Zusammenhang mit der industriellen Revolution. Der Produktionsprozeß wurde theoretisch in seine Bestandteile zerlegt, um effektiver den technologischen Prozeß gestalten zu können. Praktische Produktionserfahrungen und naturwissenschaftliche Erkenntnisse lieferten die empirische und theoretische

Grundlage für die Entwicklung der Technologie. Dabei wurde Technologie zuerst als Gewerbelehre entwickelt. An den Universitäten Halle und Frankfurt/O. wurde sie seit 1727 im Rahmen der Staatswissenschaften gelehrt. Der Begründer der Gewerbekunde oder Technologie J. Beckmann, Professor der ökonomischen Wissenschaften in Göttingen, vertrat die Auffassung: „Gelehrte werden Gewerbe erheben helfen.“[1] Beckmann unterschied zwischen allgemeiner und spezieller Technologie und forderte die wissenschaftliche Untersuchung spezifischer technologischer Prozesse. „Die Verbindung von Wissenschaft, Lehre, experimenteller und Produktionspraxis wurde von Beckmann als Vorteil für das Studium erkannt und durchzusetzen gesucht. Beispielsweise wurden in seinen Vorlesungen Modelle von Pflügen, Werkzeug und Maschinen, Proben von Materialien, Waren, Samen und Holzarten demonstriert; mit den Hörern wurden Werkstätten und Manufakturen in der näheren Umgebung und auf Reisen in den Harz besucht“.[2] Die Staatswissenschaften entwickelten sich danach immer mehr zur Theorie und Methode rechtlicher Normierung, weshalb die Forderung nach wissenschaftlicher Fundierung neuer Technologien in dieser Richtung nicht erfüllt werden konnte.

Die Gründung wissenschaftlicher Einrichtungen zur Ausbildung von Ingenieuren hatte große Bedeutung für die Entwicklung der Technologie. Die stürmische Produktivkraftentwicklung und die Festigung der politischen Macht durch die Bourgeoisie verlangte die wissenschaftliche Befriedigung ökonomischer und politischer Bedürfnisse durch ausgebildete Ingenieure. So erfolgte an der 1794/95 gegründeten École polytechnique in Paris die wissenschaftliche Grundausbildung für Kriegs-, Brücken- und Straßenbau-, Vermessungs-, Berg- und Schiffsbauingenieure. Technologie wurde als mathematisch und physikalisch fundierte technische Tätigkeit, als angewandte Naturwissenschaft gelehrt. Die Forderung der Zeit, praktische Erfahrungen und wissenschaftliche Erkenntnisse im Interesse der Produktivkraftentwicklung zu vereinigen, setzte sich in der Gründung weiterer Hochschulen fort. So entstanden zu Beginn des 19. Jahrhunderts polytechnische Institute in Prag, Wien, Karlsruhe, München, Dresden, Stuttgart und Hannover.

In Deutschland versuchte man den Vorsprung, den die Entwicklung der Technik in England und den USA erreicht hatte, wieder aufzuholen. F. Reuleaux, der Begründer der modernen Kinematik

[1] Vgl. F. Klemm, Technik. Eine Geschichte ihrer Probleme, Freiburg – München 1954, S. 244.

[2] G. Banse/S. Wollgast (Hrsg.), Biographien bedeutender Techniker, Ingenieure und Technikwissenschaftler, Berlin 1983, S. 95 f.

und Getriebelehre- ab 1864 Professor für Maschinenkunde am Gewerbeinstitut für Berlin (ab 1876 technische Hochschule), bezeichnete 1876 die deutschen Industrieprodukte auf der Weltausstellung in Philadelphia als „billig und schlecht", während die deutsche Industrie auf der Pariser Weltkonferenz 1900 für die hohe Qualität ihrer Technik anerkannt wurde.[3]

Bekannt waren die hervorragenden Leistungen in der naturwissenschaftlichen Forschung und Ausbildung in Deutschland und besonders in Berlin in der zweiten Hälfte des 19. Jahrhunderts. Mit dem Spürsinn des Industriellen erkannte W. Siemens ebenso wie H. v. Helmholtz u. a., daß der Übergang von der Dampf- zur Elektrotechnik neue Möglichkeiten für den wissenschaftlich-technischen Fortschritt erschloß. Siemens betonte, „daß die elektrische Beleuchtung nur den Übergang zu der sozial viel bedeutenderen elektrischen Kraftübertragung bildet."[4] Die 1888 gegründete Physikalisch-Technische Reichsanstalt bot die Möglichkeit, in Zusammenarbeit mit der Industrie physikalische Erkenntnisse in ihrer technischen Bedeutung zu testen.

Es war der dialektische Widerspruch zwischen den Erfordernissen stürmischer Produktivkraftentwicklung beim Übergang vom Kapitalismus der freien Konkurrenz zum Monopolkapitalismus und den an Privatinitiative orientierten Produktionsverhältnissen mit ihren dem Konservatismus verpflichteten weltanschaulichen Haltungen zu lösen, um eine solche, für die Verbindung von Wissenschaft und Produktion wichtige Einrichtung wie die Physikalisch-Technische Reichsanstalt zu schaffen. Für die Wissenschaftsentwicklung wie für die Technik hatte das Problem international anerkannter elektrischer Maße an Bedeutung gewonnen. Es konnte nicht in Liebhaberlaboratorien oder in Universitätseinrichtungen gelöst werden, was die Bedeutung der Physikalisch-Technischen Reichsanstalt zeigt. Diese machte erkenntnisorientierte Forschung ohne Ausbildungsdruck möglich, schuf eine wichtige Verbindung zwischen Wissenschaft, Technik und Produktion und ist ein interessantes historisches Beispiel für die effektive Verbindung von erkenntnis- und praxisorientierter Forschung.[5]

Die technologische Verwertung von Ergebnissen naturwissenschaftlicher Grundlagenforschung war Bestandteil der Entwicklung der

[3] Vgl. F. Klemm, Technik. Eine Geschichte ihrer Probleme, a. a. O., S. 251.

[4] Ebenda, S. 368.

[5] Vgl. H. Hörz/A. Laaß, Hermann von Helmholtz und die Physikalisch-technische Reichsanstalt. Vortrag zum internationalen Kongreß für Wissenschaftsgeschichte 1985 (Manuskript).

Technologie als Wissenschaft selbst. So erfolgte die Begründung des wissenschaftlichen Maschinenbaus durch F. Redtenbacher, der seit 1841 Professor und seit 1857 Direktor der Polytechnischen Schule in Karlsruhe war. Er betonte: „Mit den Prinzipien der Mechanik erfindet man keine Maschine, denn dazu gehört, nebst dem Erfindungstalent, eine genaue Kenntnis des mechanischen Prozesses, welchem die Maschine dienen soll. Mit den Prinzipien bringt man keinen Entwurf der Maschine zustande, denn dazu gehören Zusammensetzungssinn, Anordnungssinn und Formensinn. Mit den Prinzipien der Mechanik kann man keine Maschine wirklich ausführen, denn dazu gehören praktische Kenntnisse der verarbeiteten Materialien und eine Gewandtheit in der Handhabung der Werkzeuge und Behandlung der Hilfsmaschinen."[6] Redtenbacher betonte die Einheit von mechanischen Prinzipien, praktischem Konstruieren und manueller Arbeit.

Die Entwicklung der Technologie als Wissenschaft ist durch Differenzen im Verhältnis von Empirie und Theorie gekennzeichnet. So erklärte Tredgold 1800: „Die Stabilität eines Bauwerks ist umgekehrt proportional der Gelehrsamkeit seines Baumeisters."[7] Im Märzheft der „Zeitschrift des Vereins deutscher Ingenieure" von 1857 findet sich die Bemerkung eines Maurermeisters, daß in jedem Zweig der Technik Regeln, Erfahrungen und Kunstgriffe existieren, welche kein Lehrbuch, keine Technologie erwähne und kein Professor seinen Schülern mitteile. Er entschuldigte sich dafür, daß er in einer Ingenieurzeitschrift solche empirischen Fakten erwähne[8]. F. Redtenbacher meinte 1858, daß in Deutschland „wissenschaftliche Einsicht das mangelnde Geld und die eingeschränkte Erfahrung ... ersetzen" muß.[9] Technologie als Wissenschaft hat die Empirie theoretisch zu fundieren und die theoretischen Einsichten in Beziehungen und Gesetze der Natur zu nutzen, um technische Lösungen zu erreichen.[10]

6 Zit. nach: F. Klemm, Technik. Eine Geschichte ihrer Probleme, a. a. O., S. 327.

7 Zit. nach: H. Göldner, Probleme der fertigkeitsmäßigen Beurteilung tragender Konstruktionen, Berlin 1978, S. 38 (Sitzungsberichte der AdW der DDR, 7 N/1978).

8 Vgl. E. Guttmann, Skizzen aus dem Gebiet der bürgerlichen Baukunst, in: VDI-Zeitschrift, 3/1857.

9 Zit. nach: W. Treue, Das Verhältnis der Universitäten und technischen Hochschulen zueinander und ihre Bedeutung für die Wirtschaft, in: Forschungen zur Sozial- und Wirtschaftsgeschichte, Bd. 6 (1964), S. 227.

10 Vgl. G. Banse, Empirie und Theorie in Ingenieurtätigkeit und Technikwissenschaft (Manuskript).

K. Marx reflektierte theoretisch die Entwicklung der Technologie als wesentlichen Aspekt der industriellen Revolution. Er stellte fest: „Die große Industrie zerriß den Schleier, der den Menschen ihren eignen gesellschaftlichen Produktionsprozeß versteckte und die verschiednen naturwüchsig besonderten Produktionszweige gegeneinander und sogar dem in jedem Zweig Eingeweihten zu Rätseln machte. Ihr Prinzip, jeden Produktionsprozeß, an und für sich und zunächst ohne alle Rücksicht auf die menschliche Hand, in seine konstituierenden Elemente aufzulösen, schuf die ganz moderne Wissenschaft der Technologie."[11] Marx ordnete die Entwicklung der Technologie in seine polit-ökonomischen und philosophischen Überlegungen ein. Die wesentlichen Punkte seiner Überlegungen sind: Die Industrie ist das wirkliche geschichtliche Verhältnis des Menschen zur Natur und zur Naturwissenschaft. Er hob damit philosophisch die Trennung von Mensch und Natur auf und machte die durch die Industrie repräsentierte konkret-historische Naturbeherrschung zum Gegenstand philosophischer Überlegungen. Dabei zeigte er, daß die Wissenschaft immer mehr zur unmittelbaren Produktivkraft wird. Er erkannte den Zwang zur Technologie, der mit der Verwissenschaftlichung der Produktionstätigkeit für die Naturwissenschaften auftrat. Marx war jedoch kein Technokrat. Er betonte, daß der Mensch mit seinen Fähigkeiten und Fertigkeiten die Hauptproduktivkraft ist. Da die Menschen zur Auseinandersetzung mit der Natur materielle gesellschaftliche Verhältnisse eingehen, Produktionsverhältnisse, sind diese, nach Marx, in ihrer determinierenden Rolle für die Produktivkraftentwicklung und den wissenschaftlich-technischen Fortschritt zu untersuchen. Er zeigte, wie sie in ihrer konkreten Gestalt zu hemmenden oder fördernden Faktoren der Wissenschafts- und Technikentwicklung werden können.

Die Technologie hatte sich Ende des 19. Jahrhunderts in den Bildungseinrichtungen etabliert und war als wissenschaftliche Fundierung der Produktionsprozesse anerkannt. Wenn wir deshalb die historische Entwicklung begrifflich zusammenfassen wollen, um den gegenwärtigen Stand der Diskussion zur Technologie zu charakterisieren, dann ist zwischen Technik, Technologie und Technikwissenschaften zu unterscheiden. Das ergibt sich daraus, daß der Technologiebegriff heute nicht mehr auf die Produktionstechnologien begrenzt ist. Informationstechnologien sind Bewußtseinstechnologien und spielen für Bildung und Freizeitgestaltung eine wichtige Rolle. Gentechnologien enthalten Möglichkeiten für das menschliche Indi-

[11] K. Marx, Das Kapital. Erster Band, a. a. O., S. 510.

viduum, auftretende Genschäden zu kompensieren. Die technischen Wissenschaften betreiben selbst wieder erkenntnis- und praxisorientierte Forschung. Hinzu kommt, daß Technologie, lange Zeit nur im Sinne der Regeln und Verfahren im Rahmen bestehender Technik verstanden, heute immer mehr als Umwandlung von Erkenntnissen über Beziehungen und Gesetze in Natur, Gesellschaft und Bewußtsein zu Herrschaftsmitteln des Menschen erfaßt werden muß. Es geht also keineswegs nur um die bestehende Technik, sondern vor allem um die entstehende Technik. Sinnfragen und Bewertungsprobleme betreffen deshalb auch die humane Gestaltung des wissenschaftlich-technischen Fortschritts und nicht allein, wie das in der Technologiefolgenbewertung erscheint, den gezielten Einsatz existierender Technik, die weniger beeinflußbar ist.

Bei der begrifflichen Differenzierung ist zu beachten, daß Technik im engeren und im weiteren Sinne verstanden wird. Technik im engeren Sinne umfaßt Maschinen und Maschinensysteme, Aggregate, ablaufende Prozesse in den vom Menschen geschaffenen künstlichen Systemen. In diesem Sinne verstanden ist Technik das Resultat menschlicher Tätigkeit, das als materialisierte Idee mit ihren energetischen, stofflichen und informationellen Prozessen objektiv-realer Gegenstand wissenschaftlicher Analyse durch die Technikwissenschaften ist. Von dieser Technik im engeren Sinne ist Technologie dadurch zu unterscheiden, daß sie den gezielten Umgang des Menschen mit der existierenden Technik und vor allem die Gestaltung neuer Technik betrifft. Technik im weiteren Sinne schließt dagegen Technologie ein. Das theoretische Problem besteht dann darin, daß innerhalb der Technik wiederum unterschieden werden muß zwischen dem objektiv-realen Verlauf technischer Prozesse, wobei der Mensch als Produktivkraft eingegliedert sein kann, und der Gestaltung neuer Technik. Außerdem wird mit diesem weiten Begriff der Technik, der Technologie mit umfaßt, die neue Qualität der Gesellschafts- und Bewußtseinstechnologien ungenügend erfaßt. Selbstverständlich ist es möglich, am weiten Begriff der Technik festzuhalten. Für meine Betrachtungen gilt jedoch folgende Differenzierung: *Technik* ist die Gesamtheit der vom Menschen geschaffenen Artefakte zur Beherrschung der natürlichen, gesellschaftlichen und kulturellen Umwelt und des eigenen Verhaltens. *Technologie* ist die Umsetzung von Entdeckungen der verschiedenen Wissenschaften in Erfindungen als Regeln und Verfahren für die Entwicklung neuer und das Funktionieren bestehender Technik. Technologie hat als praktisches und theoretisches Herrschaftsmittel des Menschen Doppelcharakter. Sie umfaßt die Gesamtheit der Fähigkeiten und Fertigkeiten der Ingenieure und Facharbeiter bei der praktischen Gestaltung des technologischen Prozesses, weshalb sie durch Erfahrung fundiert ist und theoretisch erklärtes praktisches Herrschaftsmittel ist. (Das betrifft nicht die Einordnung des Menschen in technische Prozesse, die Durchführung von Routinearbeiten.) Technologie hebt als Lehre von den technischen Prozessen stets die aktive gestalterische Rolle des Menschen hervor. Die Betonung der Technologie als praktischem Herrschaftsmittel verweist auf die Möglichkeit, den technischen Prozeß zu rationalisieren, ihn effektiver zu gestalten und Neuerervorschläge aus der praktischen Kenntnis heraus zu unterbreiten. Darin drückt sich auch die Spezifik der Technologie für bestimmte technische Prozesse aus. Wissenschaftliche Grundlage der Technologie als praktisches Herrschaftsmittel ist das durch Verallgemeinerung praktischer Erfahrungen und Vergleich spezieller Technologien entstandene theoretische Herrschaftsmittel, nämlich die Technologie als Wissenschaft. Sie verallgemeinert praktische Erfahrungen bei der rationelleren Gestaltung existierender Technik und nimmt Anregungen zur Entwicklung neuer Technik aus der gesellschaftlichen Praxis auf. Sie regt zugleich dazu an, Technik nie als Zustand, sondern als Entwicklungsaufgabe zu betrachten. *Technikwissenschaften* untersuchen Beziehungen und Gesetze der Technik und Technologie in ihren allgemeinen und spezifischen Seiten. Die Technikwissenschaften haben, wie alle anderen Wissenschaften, das Problem zu lösen, wie wissenschaftliche Erkenntnisse nutzbringend in der gesellschaftlichen Praxis verwertet werden. Alle Wissenschaften, also Natur-, Gesellschafts-, Human-, Struktur- und Technikwissenschaften, unterliegen dem Zwang zur Technologie. Es geht um die Praxisrelevanz erkenntnisorientierter Forschung und um die Verwertung praxisorientierter Forschung. *Schlüsseltechnologien* (Basis- oder Hochtechnologien) sind eine qualitativ neue Stufe der Produktivkraftentwicklung in der wissenschaftlich-technischen Revolution, die es ermöglichen, Produkte mit hohen Gebrauchswerteigenschaften material- und energiesparend, unter weitgehendem Ersatz menschlicher Routinearbeit, massenhaft und flexibel zu produzieren. Sie gestatten einen hohen Grad der Beherrschung von Komplexität und Zufall.

Die Diskussion um das Verhältnis von Natur- und Technikwissenschaften führt zur Frage, ob es spezifische technische Gesetze und technikwissenschaftliche Theorien gibt. Die von den Technikwissenschaften untersuchten Gesetze haben (a) komplexen Charakter, d. h. sie erfassen das spezifische Zusammenwirken von natürlichen, kulturellen und gesellschaftlichen Faktoren in der menschlichen Tätigkeit (Entwicklung, Konstruktion, Fertigung, Verwertung), was ihre spezifische Systemstruktur ausmacht, und enthalten (b) in ihrem Wirkungsmechanismus Zielfunktionen, d. h. das Möglichkeitsfeld jedes objektiven Gesetzes, das zum integrativen Charakter der Technikgesetze gehört, wird durch gesetzte Zwecke eingeschränkt. Es gibt deshalb keine von den anderen Wissenschaften unabhängige technikwissenschaftliche Theorie, wohl aber spezifische Theorien der Technikwissenschaften. Die Auseinandersetzung um diese philosophischen Positionen wird weiter geführt.

Mancher Streit ergibt sich daraus, daß der historische Aspekt der Entwicklung der Technikwissenschaften ungenügend beachtet wird. Da die Technikwissenschaften als theoretische Verallgemeinerung der Ingenieurtätigkeit, bei technischer Verwertung von Ergebnissen der Naturwissenschaften, entstanden, wird ihre Praxisorientierung manchmal der Erkenntnisorientierung der Naturwissenschaften entgegengestellt. Naturwissenschaften, das gilt aber auch für Gesellschaftswissenschaften, werden aus der Geschichte heraus wesentlich so verstanden, als ob die Analyse theoretischer Probleme und praktischer Erfahrungen aus Neugier zur Gesetzeserkenntnis führte. So könnte man aus dieser historischer Entwicklung heraus einen Gegensatz konstruieren, der den Naturwissenschaften wesentlich die Wahrheitssuche und den Technikwissenschaften wesentlich die Effektivitätserweiterung zuschreibt. Der Wissenschaftstyp der wissenschaftlich-technischen Revolution enthält jedoch für alle Wissenschaften den Zwang zur Technologie. Insofern kann zwar historisch ein gewisses Primat der Praxisorientierung und des Effektivitätsgewinns für die Technikwissenschaften und der Wahrheitssuche und der Erkenntnisorientierung für die Naturwissenschaften anerkannt werden. Für die Gegenwart gilt jedoch, da alle Wissenschaften erkenntnis- und praxisorientierte Forschung betreiben, die Einheit von Wahrheitssuche und Effektivitätsgewinn.

Trotzdem ist es möglich, wenn man die dialektischen Beziehungen zwischen Technik- und Naturwissenschaften berücksichtigt, gewisse Unterschiede in systematischer Hinsicht herauszuarbeiten. So ist der *Komplexitätsgrad* für beide unterschiedlich bestimmt. In den Technikwissenschaften ergibt sich die Komplexität des zu erkennenden Objekts wesentlich aus der gesellschaftlichen Verwertbarkeit der zu erreichenden Forschungsergebnisse. Obwohl auch die Technikwissenschaften bei der Lösung komplexer Aufgaben bestimmte Integrationsebenen unberücksichtigt lassen können, ist das Ziel technikwissenschaftlicher Forschung dann erreicht, wenn das komplexe technische Objekt in seinen wesentlichen Beziehungen erkannt ist. In den Naturwissenschaften wird dagegen die Komplexität des Erkenntnisobjekts durch das Erkenntnisziel bestimmt. Die einzige philosophische Gefahr besteht darin, daß wissenschaftlich berechtigte Reduktionen von komplexen Objekten durchgeführt werden, aber dann versucht wird, das Verhalten des Gesamtobjekts durch die Ergebnisse über Teilaspekte zu erklären.

Technikwissenschaften und Naturwissenschaften unterscheiden sich auch in der *Idealisierung* ihrer Erkenntnisobjekte. Naturwissenschaften können mit wissenschaftlich berechtigten Reduktionen Naturprozesse „in Reinheit“ untersuchen. In den Technikwissenschaften sind die wesentlichen Faktoren durch die folgende gesellschaftliche Verwertung der Erkenntnisobjekte bestimmt. Die *experimentelle Tätigkeit* der Naturwissenschaftler ist darauf gerichtet, das Experiment als objektiven Analysator der Wirklichkeit zu nutzen, während die Technikwissenschaftler mit Prototypen und Pilotstationen eine objektive Synthese von Elementen durchführen, die als Kriterium der Wahrheit dient. So ist der *Gegenstand* der Naturwissenschaften das idealisierte komplexe Objekt, das der erkenntnisorientierten Forschung unterliegt, um neue Beziehungen und Gesetze aufzudekken. Das schließt nicht aus, daß Naturwissenschaften mit dem Zwang zur Technologie technikwissenschaftliche Verfahren und Methoden nutzen. Die Technikwissenschaften untersuchen idealisierte komplexe Tätigkeiten oder artifiziellen Tätigkeitsersatz.

Das hat Auswirkungen auf die *Gesetzeserkenntnis*. In den Naturwissenschaften geht es um die innere Struktur objektiver Gesetze und Gesetzessystem entsprechend der statistischen Gesetzeskonzeption. In den Technikwissenschaften wird eine zielorientierte Auswahl aus dem Möglichkeitsfeld mit Normcharakter vorgenommen. Die aus der Gesetzeserkenntnis der Naturwissenschaften sich ergebende Frage, was getan werden könnte, wird in den Technikwissenschaften zur Frage präzisiert: Was ist zur Beherrschung der natürlichen gesellschaftlichen und kulturellen Umwelt zu tun? Deshalb müssen Technikwissenschaften trotz der Spezifik ihrer Theorien die Erkenntnisse anderer Wissenschaften einbeziehen. Wenn Technologien die Umsetzung von Erkenntnissen der Natur-, Gesellschafts- und Technikwissenschaften in Erfindungen sind, dann muß die Technikwissenschaft sich mit den Ergebnissen der Natur- und Gesellschaftswissenschaften, der Human- und Strukturwissenschaften befassen, um ihre Spezifik auf dieser Grundlage zu bestimmen. Anders ausgedrückt: Alle Wissenschaften liefern durch die Analyse ihrer Objekte Voraussetzungen dafür, daß gezielt Technologien entwickelt werden können. Technologien sind deshalb die zweckorientierte Nutzung spezifischer, in den objektiven Natur- und Gesellschaftsgesetzen enthaltenen Möglichkeiten, die unter bestimmten Bedingungen realisiert werden, wobei die Spezifik der von den Technikwissenschaften untersuchten Gesetze gerade in den Wechselbeziehungen der von den anderen Wissenschaften isoliert untersuchten Möglichkeiten besteht.

2.3. Probleme der Technologiebewertung

Bei der Diskussion um die Determinanten der Technologieentwicklung und ihrer sozialökonomischen Folgen taucht immer wieder die Frage auf, ob sich die wissenschaftlich-technische Revolution in allen Gesellschaftsordnungen gleich vollziehe. Diese Frage ist mit nein zu beantworten, wie die Erläuterung einiger Phänomene zeigt, die sicher weiter analysiert werden müssen.

In vielen Beratungen und Dokumenten zur Wissenschafts- und Technologieentwicklung wird auf die technologische Lücke zwischen hochindustrialisierten Ländern und Entwicklungsländern aufmerksam gemacht. Das ist ein Unterschied in der Technologieentwicklung, der seine Ursachen im Kolonialismus und Neokolonialismus sowie in den ökonomischen, politischen und ideologischen Determinanten der Geschichte dieser Länder hat. Es ist ein historisch entstandener Unterschied, der überwunden werden wird. Die Art und Weise, mit der die technologische Lücke geschlossen wird, hängt von der Produktionsweise des Landes ab, die sich herausbildet, wobei die Gesamtheit der Produktionsverhältnisse wesentlich den Charakter des Lösungsprozesses bestimmt. Das wiederum hat Auswirkungen auf die Entwicklungshilfe, weil unterschiedliche ökonomische, politische und ideologische Interessen der internationalen Kooperationspartner berücksichtigt werden müssen.

Auch in den hochentwickelten Industrieländern werden die Ergebnisse der wissenschaftlich-technischen Revolution unterschiedlich genutzt, und es existieren entgegengesetzte Strategien bei der humanen Gestaltung des wissenschaftlich-technischen Fortschritts. Das zeigt sich in der unterschiedlichen Beherrschung der Dialektik von Effektivität und Humanität. In den durch Profitproduktion charakterisierten kapitalistischen Ländern bringt die wissenschaftlich-technische Revolution im Zusammenhang mit den ökonomischen Mechanismen und politischen Herrschaftsverhältnissen Arbeitslosigkeit, Kurzarbeit und intensivierte Nutzung der Produktivkraft Mensch mit sich, wobei hohe Effektivität auf Kosten der Werktätigen erreicht wird. Effektivität steht deshalb prinzipiell der Humanitätserweiterung entgegen.

Garantieren sozialistische Länder soziale Sicherheit, vor allem das Recht auf Arbeit und die Sicherung eines Arbeitsplatzes, dann kann Effektivitätsgewinn nicht auf Kosten der Werktätigen erreicht werden. Effektivitätsformen, wie die Einsparung von Arbeitsplätzen durch Entlassung von Werktätigen, ohne zugleich Sorge für den künftigen Arbeitsplatz zu tragen, werden prinzipiell abgelehnt. Es geht also darum, spezifische sozialistische Effektivitätsformen zu entwickeln, die mit neuen Technologien zur Humanitätserweiterung führen. Statt Anarchie und Konkurrenz im Kapitalismus geht es im Sozialismus um Planwirtschaft, Wettbewerb und Kontrolle der Planaufgaben und Wettbewerbsverpflichtungen. Die prinzipielle Entgegensetzung der Fähigkeiten des Menschen als Produktivkraft zu seiner Persönlichkeitsentwicklung im Kapitalismus führt auch zu einer Trennung von Karriere- und Lebenshilfe. Der Sozialismus überwindet diese Trennung und schafft Voraussetzungen dafür, das menschliche Individuum in seiner Einheit als Produktivkraft und Persönlichkeit sich entwickeln zu lassen.

Die charakterisierten Phänomene haben Auswirkungen auf Prognosen und strategische Überlegungen für die weitere Entwicklung der wissenschaftlich-technischen Revolution unter konkreten gesellschaftlichen Verhältnissen. So entstehen weltanschauliche Probleme bei der Einschätzung der Technologieentwicklung, wenn die Ergebnisse der wissenschaftlich-technischen Revolution als Ursache für Persönlichkeitsdeformation und Naturzerstörungen angesehen werden. Dann richtet sich die politische Kritik gegen jede Option für die wissenschaftlich-technische Revolution. Das führt z. B. dazu, daß „linke“ Kritiker den sozialistischen Ländern und den imperialistischen Monopolen gemeinsam die Umweltverschmutzung zur Last legen. Dabei werden gegenwärtige Schwierigkeiten bei der Lösung von Umweltproblemen in sozialistischen Ländern zu prinzipiellen Konflikten des Menschen mit der Natur erhoben. Die ungenügende Einsicht in die historische Dimension und ihre gesellschaftliche Determination führt zu weltanschaulichen Unklarheiten bei der Suche nach politischen Bündnispartnern.

Die revolutionären Entwicklungen in Wissenschaft und Technik machen es unbedingt erforderlich, die Technologiebewertung auf das Entstehen neuer Technologien zu orientieren, obwohl auch die Bewertung existierender Technologien in ihren sozialökonomischen Auswirkungen von Bedeutung ist. Wenn jedoch der Mensch immer mehr zum schöpferischen Gestalter und Kontrolleur seiner Arbeits-

und Lebensweise wird, dann hat das Konsequenzen. Es geht nicht mehr in erster Linie darum, spontan Technologien zu schaffen, um dann negative Folgen bewußt zu begrenzen, soweit das die gesellschaftlichen Verhältnisse zulassen, sondern die humane Gestaltung neuer Technologien ist gefordert. Dabei gibt es für hochentwickelte Industrieländer und die Entwicklungsländer, die ihre Industrien ausbauen wollen und müssen, keinen separaten Trampelpfad, der um die wissenschaftlich-technische Revolution herumführt. Jedoch ist der Weg der wissenschaftlich-technischen Revolution breit genug, um die Frage nach der gesellschaftlichen Zielsetzung für Technologieentwicklung und ihrer humanen Vertretbarkeit so beantworten zu können, daß unterschiedliche Technologieentwicklungen daraus konzipiert werden können. Damit ist eine Anforderung an Wissenschaft und Politik formuliert, Technologien nicht nur als Effektivitätsmittel zu betrachten, sondern humane Arbeitsinhalte mitzugestalten. Dabei gibt es Unsicherheiten in der Technologiebewertung, die vor allem die Entwicklung der Bio- und Informationstechnologien betreffen.

In den Diskussionen in unserem Land hat sich die weltanschauliche Auseinandersetzung um die Entwicklung der Biotechnologien auf die Frage nach der Manipulierung menschlicher Keimzellen zugespitzt.[12] Im Extrem stehen sich zwei profilierte Meinungen entgegen, wobei einerseits mit den menschlichen Keimzellen auf eine biologische Grenze für die Manipulierung verwiesen wird, während andererseits die Integrität der Persönlichkeit bei jedem Einwirken des Menschen auf die natürlichen Bedingungen seiner eigenen Existenz geachtet wird.[13] Die Auffassung, die sich auf die Integrität der Persönlichkeit beruft, verweist darauf, daß biologische Grenzen willkürlich gesetzt werden können, wobei nicht einsichtig ist, warum gerade die menschlichen Keimzellen eine solche Grenze darstellen sollten, denn auch Transplantationen, die Verwendung von Psychopharmaka und jede andere Eiwirkung auf den Menschen könnte die Forderung legitimieren, eine biologische Grenze für Eingriffe am Menschen zu setzen. Die Forderung nach Integrität der Persönlichkeit hat dagegen bei Experimenten mit und am Menschen zum Inhalt, daß die Ergebnisse der Experimente zum Wohle des Menschen genutzt werden. Dabei ist der persönliche und gesellschaftliche Nutzen solcher Experimente zu analysieren, Risikomini-

[12] Vgl. E. Geissler/W. Scheler (Hrsg.), Genetic engineering und der Mensch, Berlin 1981.

[13] Vgl. E. Geissler/H. E. Hörz/H. Hörz, Eingriffe in das Erbgut des Menschen?, in: Wissenschaft und Fortschritt, 5/1980, S. 189 ff.

mierung durchzuführen und die Entscheidungsfreiheit aller Betroffenen zu garantieren sowie das Verantwortungsbewußtsein aller Beteiligten zu erhöhen. Diese Anforderungen zeigen, daß es nicht nötig ist, mit scheinhumanen Argumenten den wissenschaftlich-technischen Fortschritt zu stoppen. Eben das könnte dazu führen, daß neue Erkenntnisse, die dem Wohl des Menschen dienen, nicht gesucht werden. Deshalb ist das humane Argument, das die Nichtantastbarkeit menschlicher Keimzellen betont, wahrscheinlich auch von der weltanschaulichen Position geprägt, daß der Mensch die Krone der Schöpfung sei, die nicht angetastet werden dürfe.

In der Auseinandersetzung um diese Positionen wird von Politologen der BRD die Zuweisung von Humanismus und Antihumanismus so vorgenommen, als ob die Position von der Integrität der Persönlichkeit eine „allein wachstumsorientierte, technikfixierte Einstellung gegenüber Wissenschaft und Forschung" sei, „nach der jede wissenschaftliche Erkenntnis allein durch ihre Existenz einen Fortschritt bedeutet und gemacht werden soll, was gemacht werden kann".[14] Dem wird dann die fortschrittsskeptische Position, die letzten Endes eine biologische Grenze annimmt, als humane Position entgegengesetzt.

Die Charakteristik beider Standpunkte in dieser Art geht am Wesen der Sache vorbei, weil sie die Auffassung, die mit der Achtung der Integrität der Persönlichkeit den wissenschaftlich-technischen Fortschritt betont, nicht in ihren selbst gesetzten Grenzen, nämlich der humanen Vertretbarkeit, sieht und deshalb als antihuman bezeichnet. Dagegen läßt die Auffassung von der Existenz einer biologischen Grenze keine Begründung aus der Humanität erkennen.

Die einseitige Darlegung wissenschaftlicher Positionen hat jedoch offensichtlich politische Gründe. So wird von zwei Optionen für beide Extrempositionen gesprochen. Mit der technikfixierten Einstellung sollte der Mensch an veränderte Lebensbedingungen angepaßt werden. Dazu müßten humane Grundwerte verändert werden. Es besteht jedoch kein Grund, den humanen Grundwert, Freiheitsgewinn der Persönlichkeit durch gesellschaftlichen Fortschritt im Frieden zu erreichen, dann zu verändern, wenn der wissenschaftlich-technische Fortschritt auch auf dem Gebiet der Humangenetik zur Erweiterung der Humanität werden kann. Dagegen wird für die

[14] R. Hohlfeld/H.-B. Nordhoff, Probleme gesellschaftlicher Entwicklung und die Rolle der humanen wissenschaftlichen Forschung in der DDR, Köln – Marienburg 1983, S. 141 ff. (Deutschland-Archiv).

fortschrittsskeptische Position eine notwendige Veränderung der Produktionsverhältnisse prognostiziert. Gemeint ist damit sicher, daß die sozialistische Option auf wachsenden Volkswohlstand aufgegeben werden müsse. Sie gehört jedoch zu den prinzipiellen strategischen Zielen sozialistischer Wirtschaftspolitik, die Humanitätserweiterung durch Effektivitätssteigerung erreichen will. So haben auch die Auseinandersetzungen um Humanismus und Antihumanismus bei der Bewertung der Biotechnologien ihre politisch-ideologischen Determinanten.

Bei Informationstechnologien wächst erst das Problembewußtsein, weil die Konsequenzen ihrer Entwicklung für Bildungsstrategien und die Ausbildung von Persönlichkeitsqualitäten ungenügend überschaut werden. Da es sich dabei um Bewußtseinstechnologien handelt, weil Informationen das gesamte gesellschaftliche Leben durchdringen, regeln und steuern, entstehen neue weltanschauliche Probleme.[15] Zwei Indizien sollen das verdeutlichen, nämlich die Trennung von Information und Ereignis und die Rolle von Entscheidungen im Mensch-Maschine-Dialog.

Informationen sind im gesellschaftlichen Leben eine eigene Wesenheit geworden, denn Informationstechnologien ermöglichen die raum-zeitliche Verkürzung der Informationsprozesse. Menschen werden über Ereignisse informiert, die sie selbst nicht analysieren können, deren Existenz jedoch ihre eigenen Entscheidungen beeinflußt. Das führt zur philosophischen Frage nach dem Wahrheitskriterium für Informationen. Wahrheitssuche wird zu einem komplexen Problem. Wie kann etwas über die Wahrheit ausgesagt werden, wenn das Ereignis selbst nicht überprüfbar ist? Dazu ist folgendes zu beachten: Meist gibt es über das Ereignis unterschiedliche, manchmal widersprechende Informationen. Die raum-zeitliche Verkürzung der Information ist zugleich mit Informationsfülle durch viele Informationskanäle gekoppelt. Die Informationen sind deshalb durch Einordnung in eine Theorie auf ihre innere Konsistenz zu überprüfen. Die Theorie befaßt sich mit wesensgleichen und analogen Ereignissen. Das Ereignis wird also mit der Theorie in Zusammenhänge eingeordnet. Hinzu kommt, daß Informationen stets als bewertete Information weitergegeben werden. Es ist also wichtig, die Wertungsinstanzen zu berücksichtigen. Meist liegen Erfahrungen mit diesen Wertungsinstanzen vor. Es ist nun möglich, Ergebnisse der Theorie

[15] Vgl. H. Scheel/W. Lange (Hrsg.), Zur Bedeutung der Information für Individuum und Gesellschaft. Berichtsband der wissenschaftlichen Konferenz zum Leibniz-Tag der Akademie der Wissenschaften der DDR, Berlin 1983.

und der Wertung in der eigenen praktischen Tätigkeit zu überprüfen. Informationstechnologien heben also die Möglichkeit nicht auf, die Wahrheit von Informationen zu überprüfen, sie verweisen jedoch deutlicher als vorhergehende erkenntnistheoretische Konsequenzen der Technologieentwicklung auf die Komplexität der Wahrheit und ihren relativen Charakter, der durch die Relativität des Kriteriums der Wahrheit, nämlich der praktischen Überprüfung der Konsequenzen von Theorien, ergänzt wird.

Mit der Computerisierung des gesellschaftlichen Lebens wird sich der Mensch-Maschine-Dialog weiter entwickeln. Dabei ist es wichtig, daß mit Hilfe künstlicher Intelligenz Entscheidungen erleichtert, aber nicht abgenommen werden. Eingesetzte Erkennungsmechanismen sind jedoch Entscheidungsgrundlage. So führt die Herabsetzung der Vorwarnzeit bei der Stationierung neuer Atomraketen, die als Erstschlagwaffen eingesetzt werden können, dazu, daß notwendige politische Entscheidungen zwischen Erst- und Zweitschlag nicht mehr getroffen werden können. Signalsysteme lösen automatisch, was auch Zufälle nicht ausschließt, Maßnahmen und Gegenmaßnahmen aus. Es wäre jedoch wichtig, nicht dem Computer allein zu vertrauen, gerade dort, wo grundlegende Interessen des Menschen betroffen sind. Es ist also stets zu überlegen, wann Entscheidungen im Mensch-Maschine-Dialog unbedingt erforderlich sind. Das ist dann der Fall, wenn Havarien auftreten, bei denen automatisch der Prozeß gestoppt wird, aber der Mensch entscheiden muß, wie die Havarien zu beseitigen sind und wie der Prozeß dann weitergeht. Zu berücksichtigen sind vor allem Tendenzwenden, die auch mit einem Wertewandel einhergehen können. Solche Tendenzwenden sind nur schwer einzuprogrammieren. Sie erfordern neue Zielsetzungen durch den Menschen im Programm. Zu beachten sind Stufenprogramme in der Durchsetzung von Strategien, weil dabei Knotenpunkte für Entscheidungen auftreten, die neue Entscheidungen verlangen. Vor allem aber sind dort Entscheidungsmöglichkeiten zu sichern, wo Gefahr für den Menschen eintreten kann. Das Beispiel eines globalen Vernichtungskrieges mit Massenvernichtungswaffen zeigt nur die Spitze des Eisberges.

Technologien sind humane Herrschaftsmittel des Menschen, wenn sie als Produktivkräfte dem Freiheitsgewinn der Persönlichkeit dienen. Sie sind antihuman, wenn sie den Freiheitsgewinn durch gesellschaftlichen Fortschritt im Frieden hemmen oder ihm sogar entgegengesetzt sind.

Seit der differenzierten Entwicklung wissenschaftlicher Disziplinen im Zusammenhang mit der stürmischen Veränderung der Produktivkräfte im Kapitalismus, wodurch die Wissenschaft immer mehr zur unmittelbaren Produktivkraft wird, spielt die Produktionsweise eine wesentlich determinierende Rolle für die Wissenschaftsentwicklung. Mit der wissenschaftlich-technischen Revolution entstehen neue Züge für den wissenschaftlich-technischen Fortschritt, weil nun alle Wissenschaften unter dem Zwang zur Technologie stehen und Technologie nicht nur Produktionstechnologien umfaßt, sondern Regeln und Verfahren zur Gestaltung menschlicher Tätigkeiten überhaupt.

Daraus entstehen Anforderungen an die Entwicklung von Wissenschaft und Technik im derzeitigen Reifestadium der wissenschaftlich-technischen Revolution unter sozialistischen Bedingungen. So ist die qualitativ neue Wechselwirkung von erkenntnis- und praxisorientierter Forschung zu beachten. Sie drückt sich auch in der Feststellung aus, daß sich das Verhältnis von Entdeckungen und Erfindungen qualitativ gewandelt hat. Es gibt keine scharfe Trennung zwischen reiner und angewandter Forschung. Grundlagenforschung umfaßt nicht nur die Entdeckung neuer Beziehungen und Gesetze der Natur, der Gesellschaft und des Bewußtseins, sondern auch Grundlagen für die Lösung technischer Aufgaben und die Entwicklung neuer Technologien, für die Steuerung und Regelung natürlicher, gesellschaftlicher, technischer, allgemein kultureller Prozesse. Wohl aber ist es möglich, in allen Wissenschaften eine relative Unterscheidung zu treffen, ob es sich um erkenntnis- oder praxisorientierte Forschung handelt. Bei der Erkenntnisorientierung wird der Rahmen festgelegt, der ergebnisträchtige Gebiete umfaßt. Es hängt vom Spürsinn des Forschers ab, von seiner Fähigkeit, sich den Zufall zu organisieren, ob er Erfolg hat.

In der erkenntnisorientierten Forschung dürfte es unmöglich sein, Forschungsergebnisse vorher in ihren Umrissen zu charakterisieren. Schon gar nicht kann in Pflichtenheften das Ergebnis ausgewiesen werden. Erkenntnisorientierte Forschung, deshalb auch als Initiativforschung betrieben, bedarf der Richtungsplanung. Hervorragende Forscherpersönlichkeiten und Kollektive haben die Möglichkeit, erfolgversprechende Richtungen zu erforschen. Dagegen verlangt die praxisorientierte Forschung Ziel-(Objekt-)Planung. Das für die gesellschaftliche Praxis wichtige Ergebnis ist in seinen Parametern, soweit möglich, zu bestimmen, wobei die Forschung Wege suchen muß, um dieses Ziel zu erreichen. Sowohl für die erkenntnis- als auch für die praxisorientierte Forschung ist es wichtig, das Weltniveau auf dem entsprechenden Gebiet zu kennen.

Weltniveau sind die Ideen, die in den Spitzenkollektiven auf diesem Gebiet diskutiert werden, wobei die konkrete Form ihrer Realisierung noch unklar ist. Um dieses Weltniveau zu erkennen und, wenn möglich, mitzubestimmen, ist Kommunikation mit diesen Spitzenkollektiven erforderlich, was eigene wissenschaftliche Autorität voraussetzt. Dabei kann die Systemauseinandersetzung zwischen Imperialismus und Sozialismus zu Kommunikationshemmnissen aus politischen Gründen führen. Es ist wichtig, um die Autorität der Wissenschaftler in sozialistischen Ländern zu erhöhen, die internationalen Potenzen der sozialistischen Wissenschaftskooperation besser zu nutzen.

Wissenschaftliche Einrichtungen, die eine besondere Verantwortung für die Grundlagenforschung in der erkenntnis- und praxisorientierten Forschung haben, müssen Anforderungen der gesellschaftlichen Praxis, der Volkswirtschaft auf ihre strategische Bedeutung prüfen, um sowohl der Forderung nach Dienstleistungen für die Erhaltung der Produkt- und Verfahrensqualität zu entsprechen, wissenschaftlich begründete Verbesserungen einzuführen, aber vor allem der Anforderung gerecht zu werden, die für verschiedene Zweige der Industrie wichtigen Erneuerungsraten einzuhalten. Wissenschaftlich-technische Revolution ist auf die Erneuerung gesellschaftlicher Tätigkeiten gerichtet, was große Anstrengungen verlangt.

Dabei bedingt praxisorientierte Forschung auch eine forschungsorientierte Praxis. Obwohl die Zeithorizonte beider unterschiedlich sind, ist die Abstimmung von Forschungs- und Produktionsstrategien auf effektive Weise dann möglich, wenn praxisorientierte Forschung ihre Ergebnisse in den vorgegebenen Zeiten bringt und forschungsorientierte Praxis Rerserven hat, um neue Prinziplösungen mit Zeit- und Effektivitätsgewinn einführen zu können. Die unterschiedlichen Zeithorizonte betreffen die erkenntnisorientierte Forschung mit strategischem Charakter, die über Programmzeiträume von 15 bis 20 Jahren hinausreicht. Programme werden in Fünfjahrplänen präzisiert, während Einjahrespläne keine Forschungspläne, sondern Realisierungspläne für vorher durchgeführte Forschungen sind. Um die Verbindungen von praxisorientierter Forschung und forschungsorientierte Praxis noch enger zu gestalten, sind Überlegungen wichtig, wie effektive Organisationsformen der Verbindung von Wissenschaft und Produktion, z. B. Akademie-Industrie-Komplexe usw., aussehen müssen. Besondere Bedeutung gewinnt der Austausch von Kaderpotentialen, weil Forscher aus der Industrie, wenn sie in

Akademieeinrichtungen arbeiten, die erkenntnis-, aber auch die praxisorientierte Forschung positiv beeinflussen können, während die Übernahme von Forscherpersönlichkeiten und von Kollektiven aus der Akademie in die gesellschaftliche Praxis der konsequenten Verwirklichung einer praxisrelevanten Forschung dienen kann.

Um die dem Wissenschaftstyp der wissenschaftlich-technischen Revolution entsprechenden Anforderungen verwirklichen zu können, ist Denken in gesellschaftlichen Dimensionen erforderlich. Das Festhalten am disziplinären Denken, das disziplinübergreifenden Hypothesen entgegensteht, schadet der Lösung komplexer Aufgaben ebenso, wie Ressortdenken in der gesellschaftlichen Praxis. Unter der Forderung, das ökologische Denken zu entwickeln, wird der dem Wissenschaftstyp der wissenschaftlich-technischen Revolution entsprechende Grundsatz vertreten, den Menschen selbst immer mehr zum konstituierenden Bestandteil der Theorienentwicklung zu machen.

Das führt auch zur Problematik der Triebkräfte des wissenschaftlich-technischen Fortschritts, die in einer dialektischen Theorie stets mit dialektischen Widersprüchen, ihrer Entfaltung und Lösung verbunden sind. Lösungstendenzen sind zu erforschen. Weltanschauliche Triebkräfte der Entwicklung von Technik und Technologie im Sozialismus umfassen verschiedene Faktoren. Die wesentlichen dabei, die zugleich eine Rangfolge darstellen, sind: Friedenssicherung; Bedürfnisbefriedigung; Wettbewerb mit dem Kapitalismus; rationelle Gestaltung des Stoffwechsels mit der Natur auf humane Weise. Es gilt Strategien zu entwickeln, um Mobilität, Zeit- und Effektivitätsgewinn, schöpferische Leistungen zu fördern.

Die Forderung nach dem Mut zum Risiko ist mit dem politisch-moralischen Schutz bei Mißerfolg und der wissenschaftlich-ökonomischen Absicherung des Risikos zu verbinden. So sind Innovationen möglich. Dabei ist das Risiko selbst zu differenzieren. Es gibt das Risiko, das sich aus objektiven Gesetzmäßigkeiten ergibt. Jedes objektive Gesetz enthält mit seinem Möglichkeitsfeld die bedingt zufällige Verwirklichung von Möglichkeiten mit einer bestimmten Wahrscheinlichkeit. Dieses gesetzmäßige Risiko geht jeder in seinen Handlungen ein. Davon zu unterscheiden ist das Verhaltensrisiko, das die Haltung zum gesetzmäßigen Risiko betrifft. Wem der Mut zum Risiko fehlt, wer sich gerne rückversichert, minimiert das Verhaltensrisiko insofern, als er aus dem gesetzmäßigen Risiko eine solche Verhaltensstrategie auswählt, deren Erfolg absehbar ist.

Mut zum Risiko sollte jedoch eine grundlegende Eigenschaft eines Wissenschaftlers sein, denn er muß in Neuland vorstoßen, unabhängig davon, ob er praxis- oder erkenntnisorientierte Forschung betreibt. Sich Aufgaben stellen, deren Lösung kompliziert ist, schließt ein höheres Verhaltensrisiko ein. Das ist jedoch ebenfalls zu kalkulieren. So müssen die materiellen und personellen Bedingungen, aber auch die gesellschaftlichen Kräfte eingeschätzt werden, die zur Erfüllung der Aufgabe existieren. Hinzu kommt der Elan der beteiligten Kollektive, die Fähigkeit hervorragender Wissenschaftlerpersönlichkeiten und der Wille, Schwierigkeiten zu überwinden. Zum Verhaltensrisiko kommt das zufällige Risiko, das durch mögliche Begleitbedingungen, durch die Summation hemmender Ereignisse zum Nichteintreten des Erfolgs führen kann. Deshalb sind Reserven einzuplanen, die das Zufallsrisiko beherrschen lassen.

Die Risikoeinschätzung unterscheidet sich stets danach, ob sie bei der Inangriffnahme der Aufgabe oder nach Ablauf des Termins, der für die Aufgabe existierte, getroffen wird, unabhängig davon, ob dann die Aufgabe gelöst oder nicht gelöst ist. Es geht deshalb um die Einschätzung des Risikos zu dem Zeitpunkt, in dem Erfahrungen mit der zu lösenden Aufgabe noch fehlen. Das Risiko exisiert so lange, bis das Ereignis eingetreten ist oder sein Nichteintreten nachgewiesen werden kann. Dann gibt es Gewißheit. Absicherung des Risikos macht nicht die Voraussage, die Kalkulation zur Gewißheit, sondern berücksichtigt mit Verhaltensstrategien den möglichen positiven oder negativen Ausgang.

Der Streit um den Begriff Innovation ist nicht abgeschlossen. In seiner unspezifischen Bedeutung von „Neuerung" wird das Wort im Französischen bereits seit dem 13., im Englischen seit dem 16. Jahrhundert benutzt.[16] In den letzten Jahrzehnten drückt es vor allem technologische und wirtschaftliche Neuerungen aus. Zusammenfassend zur Literatur wird festgestellt, daß der Innovationsbegriff zwei Kriterien aufweist: „1. Das Moment der Neuheit. 2. Ein institutionell-sozialer Zusammenhang dieses Neuen, d. h. es muß eingeführt, genutzt, angewandt, institutionalisiert werden. Mit anderen Worten: Der Innovationsbegriff hat zwei Dimensionen: Eine materielle oder substanzielle (Art, Inhalt der Innovation) und eine sozialorganisatorische (Kontext der Hervorbringung, Durchführung, Verbreitung)."[17] Auch über Innovationsmotive wird schon lange diskutiert. So werden die Lust am Erfinden, die Absicht, bestimmte Erfolge zu erzielen, und der Erwerbstrieb von Sombart genannt. Zum Kapitalismus

[16] Vgl. J. Ritter/K. Gründer (Hrsg.), Historisches Wörterbuch der Philosophie, Bd. 4, Basel – Stuttgart 1976, Stichwort: Innovation.

[17] F. R. Pfetsch, Innovationsforschung in historischer Perspektive – ein Überblick, in: Technikgeschichte, Bd. 45 (1978), S. 118 f.

stellte er fest: „Das einzige Bedürfnis, das in unserer Wirtschaftsverfassung rational befriedigt wird, weil es Grund der Erfindung ist, dieser vorausgeht, sie bewirkt, ist das Profitstreben des kapitalistischen Unternehmens."[18] Profitproduktion im Kapitalismus macht auch die Innovationsfähigkeit von Persönlichkeiten zur Ware. Das ist Bestandteil der kapitalistischen Trennung des Individuums in Produktivkraft und Persönlichkeit. Im Mittelpunkt von Innovationen im Sozialismus steht die Erhöhung des materiellen und kulturellen Lebensniveaus des Volkes als humanes Ziel der Effektivitätssteigerung.

Als Innovation im weiteren Sinne kann man jede schöpferische Leistung von der neuen Idee als Grundlage von Forschungsprogrammen über die technologische Verwertung und die Gestaltung effektiver Organisationsformen bis zur neuen Technologie bezeichnen, Innovationen im engeren Sinne betreffen die Verbreitung von Erfindungen. Sie setzen Innovationen im weiteren Sinne, nämlich Entdeckungen und Erfindungen voraus. Erfindungen sind technische Aggregate und Verfahren, Maschinen und Computer, Gestaltungsweisen und Reaktionsmechanismen. Sie sind durch technische Anforderungen bedingt, bedürfen der technologischen Verwertung erkannter wissenschaftlicher Prinziplösungen und müssen nach Auswahl bestimmter Technologien in Pilotstationen oder Prototypen realisiert sein. Diese Innovationen im weiteren Sinne schaffen die Voraussetzung für Innovationen im engeren Sinne durch die Einführung der Erfindungen in die Produktion als Neuerung. Wird die Neuerung vom Konsumenten genutzt, dann geht es um die Verbreitung dieser Neuerung, die auch mit einer Verbesserung verbunden sein kann.

K. Marx verwies auf die Kosten, die mit Innovationen dann verbunden sind, wenn Erfindungen erstmals in die Produktion eingeführt werden. Er stellte für den Kapitalismus fest: „Dies geht soweit, daß die ersten Unternehmer meist Bankrott machen und erst die spätern, in deren Hand Gebäude, Maschinerie etc. wohlfeiler kommen, florieren."[19] Der Sozialismus übernimmt diese Kosten, weil sie dazu führen, Bedürfnisse besser befriedigen zu können. Es ist jedoch wichtig, Innovationen im weiteren Sinne zu Innovationen im engeren Sinne dadurch zu machen, daß Neuerungen Allgemeingut, also allgemein genutzt werden. Das rechtfertigt dann auch die um-

[18] W. Sombart, Der moderne Kapitalismus, Bd. 5, München – Leipzig 1916, S. 96.

[19] K. Marx, Das Kapital. Dritter Band, a. a. O., S. 114.

fangreichen Einführungskosten. Deshalb muß Innovationsdenken nicht nur auf die Neuerung, sondern auch auf die Verbreitung der Neuerung gerichtet sein. Es ist wichtig, weiter darüber nachzudenken, wie philosophische Bildung schöpferische Leistungen fördern kann. Da der Mensch seinem Wesen nach schöpferisch ist, weil er als einziges Lebewesen seine Existenzbedingungen selber produziert und die Gesetze seines eigenen Erkennens und Handelns aufdeckt, muß die schöpferische Fähigkeit des Menschen nicht theoretisch erklärt werden, wohl aber müssen Bedingungen angegeben werden, wenn schöpferische Leistungen fehlen. Lehr- und lernbare Bedingungen des Schöpfertums sind die Entwicklung der Neugier, was zur Problemformulierung dann führt, wenn man sich über Widersprüche zwischen Theorie und Praxis und in der Theorie wundert. Problemformulierung verlangt Methoden zur Problemlösung, zu denen auch Verständnis für die Heuristik gehört. Außerdem ist es immer wichtig, rechtzeitig zu lernen, Schwierigkeiten zu überwinden, weil neue Ideen sich nicht im Selbstlauf durchsetzen.

Aus den bisherigen Überlegungen sind Konsequenzen für die humane Gestaltung neuer Technologien zu ziehen:

Erstens: Die Dialektisierung der Wissenschaften umfaßt auch die Mathematisierung und Humanisierung der Wissenschaften als entgegengesetzte Tendenzen. Die Tendenz zur Mathematisierung, die sich in der Anwendung der Statistik, in der Entwicklung von Algorithmen, im Ausbau der Informationstechnologien, in der Automatisierung von Experimenten zeigt, führt zu neuen Effektivitätsmitteln, die den Stoffwechsel des Menschen mit seiner Umwelt rationeller gestalten lassen, aber auch antihumane Konsequenzen mit sich bringen können. Das betrifft die Nutzung dieser Effektivitätsmittel ohne Erweiterung der Humanität, die Mißachtung des Menschen als Störfaktor von Organisationsprinzipien und das Hemmen von Eigeninitiative und Schöpfertum durch Ausschalten von Entscheidungen an wichtigen Stellen. Mit der Humanisierung der Wissenschaften wird der Mensch als konstituierender Bestandteil der Theorienentwicklung und der theoretisch fundierten Praxis betrachtet. Technologien dürfen nicht zur Selbstbefriedigung dienen und Bürokratie ist kein Selbstzweck. Die Wechselwirkung von Mathematisierung zur Entwicklung von Effektivitätsmitteln und Humanisierung zur Erweiterung des Wohlbefindens ist zu organisieren.

Zweitens: Die wissenschaftlich-technische Revolution mit der Revolution der Informationsprozesse und der Mechanismen geistiger Tätigkeit verlangt Überlegungen zu zukünftigen Bildungsstrategien. In Auseinandersetzung mit Tendenzen der Technokratie und der

Expertokratie sind solche Denk- und Verhaltensweisen zu entwickeln, die moralische Qualitäten, wie hohes Verantwortungsbewußtsein, mit Fähigkeiten zum Umgang mit der neuen Technik verbinden und schöpferische Leistungen ermöglichen. Dabei muß durch wissenschaftliche Untersuchungen bestätigt werden, ob es zwei Grundtypen der Aneignung der Wirklichkeit beim Menschen gibt. Man kann die Wirklichkeit begreifen, indem man Begriffe bildet oder indem man zugreift, d. h. gegenständlich sich mit der Wirklichkeit auseinandersetzt. Es kann also Individuen geben, die sich vorwiegend logisch-deduktiv oder vorwiegend empirisch-induktiv mit der Wirklichkeit befassen. Der logisch-deduktive Typ nutzt Gesetzeserkenntnis und Bildung von Begriffsklassen, um mit den Wirkungsmechanismen der Gesetze die Wirklichkeit zu begreifen. Der empirisch-induktive Typ leitet aus seinen sozialen Erfahrungen, zu denen praktische Tätigkeit des Menschen als Produktivkraft und gesellschaftliches Wirken als Persönlichkeit gehören, sein gesetzmäßiges Verständnis der Wirklichkeit ab. Wenn solche Grundtypen existieren, dann müssen zukünftige Bildungsstrategien im Zusammenhang mit der Entwicklung neuer Technologien diese Aspekte berücksichtigen. Dabei ist die Effektivität der Bildung bei Berücksichtigung der Einheit von Produktivkraft und Persönlichkeit im Individuum zu erhöhen.

Drittens: Die humane Gestaltung des wissenschaftlich-technischen Fortschritts verlangt, Deformation der Persönlichkeit nicht zuzulassen. Treten mit der Existenz von Informations(Bewußtseins-)technologien als Bestandteil der psychischen Umweltverschmutzung Denkstrukturen auf, die das menschliche Zusammenleben behindern, dann sind diese Denkstrukturen aufzubrechen. So wird in Auseinandersetzung mit der materialistischen Dialektik nicht selten in folgender Richtung gedacht: Dialektik ist ein Denkschema, das Schöpfertum behindert, weshalb Dialektik als unwissenschaftlich angesehen wird. Diese Denkstruktur, nicht selten als Auseinandersetzung mit der philosophischen Begründung sozialistischer Gesellschaftsentwicklung aus politischen Gründen entstanden, kann die wissenschaftliche Auseinandersetzung behindern. Da sich die materialistische Dialektik selbst dialektisch entwickelt, ihre allgemeinen Aussagen mit neuem Material der Wissenschaften und neuen praktischen Erfahrungen präzisiert und Hypothesen zur Überprüfung ausarbeitet, ist diese einseitige Denkstruktur aufbrechbar. Außerdem bietet die wissenschaftlich-technische Revolution die Möglichkeit, die Unterordnung des Menschen unter den technologischen Prozeß aufzuheben. Damit sind humane Arbeitsinhalte bei hoher Effektivität gefordert. Die Entwicklung der Persönlichkeit verlangt, solche Deformationsfaktoren zu beseitigen, wie die Technokratie, die der humanen Bildung, die Oberflächlichkeit von Wissen, die der Gesetzeserkenntnis, und das Primat des Verordnungsweges, das der Eigeninitiative entgegensteht.

Viertens: Humanismus ist Ziel, Bewertungskriterium und Anforderungsstrategie für die Entwicklung neuer Technologien. Als *Ziel* stellt er den Menschen als Individuum in den Mittelpunkt bei der Erhöhung des materiellen und kulturellen Lebensniveaus des Volkes. Es ist die konsequente Fortsetzung der von Marx und Engels entwickelten Auffassung: „An die Stelle der alten bürgerlichen Gesellschaft mit ihren Klassen und Klassengegensätzen tritt eine Assoziation, worin die freie Entwicklung eines jeden die Bedingung für die freie Entwicklung aller ist.“[20] Der Humanismus als *Bewertungskriterium* verlangt, daß jede Technologieentwicklung an diesem Ziel gemessen, präzisiert, korrigiert oder beschleunigt wird. Dabei sind für spezifische Technologien spezielle Kriterien abzuleiten. Das gilt auch für die Präzisierung solcher Kriterien wie die Integrität der Persönlichkeit für Biotechnologien und die Persönlichkeitsentwicklung für Informationstechnologien. Als *Anforderungsstrategie* verlangt der Humanismus die Entwicklung von Technologien als humanen Herrschaftsmitteln mit neuen Arbeitsinhalten, die auch dazu führen, bisherige Technologien zu ersetzen und antihumane Herrschaftsmittel zu verdrängen.

3. Mathematisierung und Humanisierung der Wissenschaften

3.1. Mathematisierung als philosophisches Problem

Mathematische Modellierung wird immer umfassender von den Wissenschaften, einschließlich der Bio- und Gesellschaftswissenschaften, dort genutzt, wo es sinnvoll ist. Computer sind in allen Bereichen des gesellschaftlichen Lebens zur Informationsverarbeitung eingesetzt. Zu beobachten ist eine Tendenz zur Axiomatisierung von Theorien. Das sind alles Erscheinungen, die mit der Mathematisierung der Wissenschaften verbunden sind und die zu philosophischen Problemen führen, die den Sinn der Mathematisierung, ihre Bedeutung für den Menschen betreffen. Allgemeiner geht es dabei um die

[20] K. Marx/F. Engels, Manifest der kommunistischen Partei, in: MEW, Bd. 4, Berlin 1959, S. 482.

Dialektik von Effektivität und Humanität, denn die Mathematisierung der Wissenschaften, wenn wir im weiteren Sinne darunter die Verwertung mathematischer Erkenntnisse zur Darstellung und heuristischen Entwicklung von wissenschaftlichen Einsichten, zur Entwicklung von Technologien und zur Modellierung von Systemverhalten als Grundlage sachkundiger Entscheidungen verstehen, ist ein wesentliches Mittel zur Effektivitätssteigerung. Sie dient der Programmsteuerung, dem Einsatz von Industrierobotern, der rationellen Arbeitsorganisation ebenso, wie der Optimierung gesellschaftlicher Beziehungen, der Verbesserung des Gesundheitsschutzes, und sie unterstützt intellektuelle Arbeit durch die Automatisierung von Experimenten, durch die Rationalisierung von Routinearbeit und fördert damit schöpferische Leistungen. Mathematisierung der Wissenschaften kann so als der theoretische Kern wissenschaftlich fundierter Effektivitätssteigerung verstanden werden. Obwohl die Mathematisierung der Wissenschaften schon lange vor sich geht, hat sie nun eine neue Qualität durch die Verwendung ihrer Rationalitätskriterien bei der Rationalisierung der Arbeits- und Lebensweise erreicht.

Humanität ist die Entwicklung und Erweiterung sozialer Existenzformen, in denen der Mensch seine produktiven Fertigkeiten nutzen und seine schöpferischen Potenzen entfalten kann, in denen er sozial gesichert, im Rahmen der durch Gesellschafts- und Wissenschaftsentwicklung bestimmten Möglichkeiten seine materiellen und kulturellen Bedürfnisse befriedigen kann. Im Sozialismus verlangt Humanität deshalb die Erhöhung des materiellen und kulturellen Lebensniveaus des Volkes. Effektivitätsgewinn dient der Humanitätserweiterung. Jeder Verlust an Effektivität ist Humanitätsverlust. Werden materielle und geistige Potenzen ungenügend genutzt, dann wird die Erhöhung des materiellen und kulturellen Lebensniveaus gehemmt. Mehr noch. Das Interesse an effektiver Arbeit läßt nach. Insofern hat Effektivitätsverlust auch Auswirkungen auf die Persönlichkeitsentwicklung. Werden verantwortungsbewußte Entscheidungen und schöpferische Leistungen ungenügend gefordert, dann wird damit die Persönlichkeitsentwicklung gehemmt. Effektivitätssteigerung ist also das Mittel, um das Ziel der Humanitätserweiterung zu erreichen. Diese Ziel-Mittel-Dialektik ist ein grundlegendes philosophisches Problem, denn es geht um den Sinn des Lebens, um den Sinn wissenschaftlicher Arbeit. Humanisierung der Wissenschaften verlangt, den Menschen als konstituierenden Bestandteil der Theorienbildung in seiner Einheit als Produzent und Konsument der materiellen und kulturellen Güter zu berücksichtigen.

Nur so ist wissenschaftlich begründete humane Zielstellung gesellschaftlichen Handelns zu erreichen. Mit der Mathematisierung der Wissenschaften ist die Rationalisierung menschlicher Effektivitätsmittel verbunden, mit der Humanisierung der Wissenschaften die Analyse der Handlungsziele, die Begründung humaner Gesellschaftsprogramme.

Wird die Mathematisierung der Wissenschaften Selbstzweck, dann birgt sie Gefahren für die Humanisierung des gesellschaftlichen Lebens in sich, die wissenschaftlich untersucht werden müssen, wenn der Tendenz zur Humanisierung der Wissenschaften entsprochen wird. Die Automatisierung von Experimenten kann z. B. schnell zur Datenfülle führen, ohne schöpferische Leistungen zu befördern. Wissenschaft hat aber die Aufgabe, neue Beziehungen und Gesetze der Natur, der Gesellschaft und des Bewußtseins zu entdecken und sie zu Erfindungen zu nutzen, um Technologien als humane Herrschaftsmittel des Menschen zu entwickeln. Dabei kann die Mathematisierung der Wissenschaften zu einem heuristischen Mittel werden, um durch mathematische Darstellung des erreichten theoretischen Standes und durch mathematische Modellierung zu nicht interpretierten mathematischen Ausdrücken zu kommen, deren Analyse die Theorienentwicklung fördert. Mathematische Modellierung kann aber auch zur theoretischen Spielerei ausarten, ohne zur Lösung von Problemen beizutragen. Mögliche Gefahren für die Humanisierung entstehen dann, wenn die Ergebnisse mathematisierter Wissenschaftsentwicklung einseitig genutzt werden. Deshalb ist die Roboterisierung der Industrie und Computerisierung des gesellschaftlichen Lebens so durchzuführen, daß die Arbeitsinhalte die Persönlichkeitsentwicklung fördern. Auch das Arzt-Patient-Verhältnis darf nicht auf Laboranalysen reduziert werden, sondern ist auf Lebenshilfe zu orientieren. Es ist also stets das theoretisch zu erarbeitende humane Ziel der Mathematisierung der Wissenschaften, nämlich der Freiheitsgewinn der Persönlichkeit, wesentlicher Bestandteil der Humanisierung des gesellschaftlichen Lebens, als Gegenstand der Humanisierung der Wissenschaften zu beachten. Das prinzipielle philosophische Problem der Mathematisierung und Humanisierung der Wissenschaften, die Dialektik von Effektivität und Humanität, ist mit einer Reihe weiterer weltanschaulicher, erkenntnistheoretischer und methodologischer Probleme verbunden. Ich möchte dabei folgende Fragen herausgreifen und eine Antwort versuchen: Was kann Mathematik? Wie ist das Verhältnis von Philosophie und Mathematik? Welche Tendenzen der weiteren Entwicklung gibt es?

3.1.1. Was kann Mathematik?

R. Courant stellt sicher berechtigt fest: „Die Frage 'Was ist Mathematik?' kann nicht durch philosophische Allgemeinheiten, semantische Definitionen oder journalistische Umschreibungen befriedigend beantwortet werden."[1] Er meint, um die Mathematik verstehen zu können, muß man sich mit ihrer Substanz vertraut machen. Er stellt fest: „Wie so oft gesagt wird, zielt die Mathematik auf fortschreitende Abstraktion, logische Strenge, axiomatische Deduktion und immer größere Verallgemeinerung."[2] Diese Position betrachtet er jedoch als einseitig, weil die Mathematik kein Monopol auf Abstraktion habe. Er betont die Rolle von Konstruktion, Induktion und Kombination sowie Intuition in der Mathematik. „Zwar bildet die deduktive Methode, die von scheinbar dogmatischen Axiomen ausgeht, im Mathematikunterricht ein abgekürztes Verfahren für das Erfassen eines großes Gebietes, aber die konstruktive, sokratische Methode, die vom Speziellen zum Allgemeinen führt, und dogmatischen Zwang scheut, stellt einen sicheren Weg zum unabhängigen, produktiven Denken dar."[3] Deduktion solle durch Intuition ergänzt werden und die fortschreitende Verallgemeinerung nicht das Detail vernachlässigen. „Die Wechselwirkung zwischen Allgemeinheit und Individualität, Deduktion und Konstruktion, Logik und Imagination – das ist das fundamentale Wesen der Mathematik."[4] Damit wird gegen einseitige Auffassungen der Mathematik polemisiert, die sie allein auf Abstraktion und Deduktion reduzieren wollen. Dahinter steckt der materialistische Gedanke, den W. I. Lenin bei Hegel hervorhob, der die Kategorien der Logik mit der menschlichen Praxis verbindet: „Die praktische Tätigkeit des Menschen mußte das Bewußtsein des Menschen milliardenmal zur Wiederholung der verschiedenen logischen Figuren führen, damit diese Figuren die Bedeutung von Axiomen erhalten konnten."[5] Sicher ist es oft nicht leicht, den empirischen Ursprung theoretischer Axiome festzustellen. Hinzu kommt, daß eine vulgärsoziologische Erklärung mathematischer Axiome aus der gesellschaftlichen Praxis allein, einseitig die Rolle der Induktion und Konstuktion hervorheben würde,

[1] R. Courant, Die Mathematik in der modernen Welt, in: M. Otte (Hrsg.), Mathematiker über die Mathematik, Berlin (West) – Heidelberg – New York 1974, S. 183.

[2] Ebenda, S. 184.

[3] Ebenda.

[4] Ebenda, S. 185.

[5] W. I. Lenin, Philosophische Hefte, a. a. O., S. 181.

was wiederum zur Vernachlässigung der Deduktion führen könnte.

„Wir werden oft gefragt", so stellte H. Poincaré fest, „wozu die Mathematik gut ist, und ob die feinen Konstruktionen, die ganz und gar unserem Geiste entstammen, nicht künstlich und Kinder unserer Launen sind."[6] Er polemisierte gegen diejenigen, die nur den reinen Nutzen im Auge haben. Er fragte, ob sie nicht über dem Nutzen den Genuß vergessen, den Kunst und Wissenschaft vermitteln können. Außerdem betonte er, daß eine nur auf Anwendung gerichtete Wissenschaft unmöglich sei, denn „Wahrheiten sind nur fruchtbar, wenn eine mit der anderen verkettet ist. Wenn man sich nur an diejenigen hält, von denen man einen unmittelbaren Erfolg erwartet, so fehlen die verbindenden Glieder, und es ist keine Kette mehr."[7] Die Wissenschaft habe wesentliche Beiträge zur Erkenntnis der Natur geleistet, so argumentiert er, was durch die Himmelsmechanik und die mathematische Physik bewiesen sei. Die Mathematik habe jedoch nicht nur Beiträge zur Erkenntnis der Natur zu leisten, sondern ein dreifaches Ziel. „Sie soll ein Instrument zum Studium der Natur liefern. Sie hat aber auch ein philosophisches und, ich möchte sagen, ein ästhetisches Ziel. Sie soll dem Philosophen helfen, die Begriffe der Zahl, des Raumes und der Zeit zu vertiefen. Überdies aber bereitet sie ihren Jüngern ähnliche Genüsse, wie die Malerei und die Musik".[8]

Man könnte weitere Beispiele dafür bringen, daß vor einer einseitigen Auslegung mathematischer Erkenntnisse gewarnt wird. Einen Ansatz, um die Frage nach dem Wesen der Mathematik beantworten zu können, bietet die Untersuchung der Geschichte der Mathematik, denn die moderne mathematische Theorienentwicklung ist das Ergebnis ihrer eigenen Geschichte. Die in der historischen Entwicklung nacheinander sich herausbildenden Stufen mathematischer Theorienentwicklung sind heute, in neuer Qualität, Bestandteil der Mathematik. So kann man die Suche nach effektiven Rechenverfahren der Babylonier und Ägypter in moderner Form beim Einsatz von Computern finden. Erschien es mit den Programmen von D. Hilbert und F. Klein manchem Philosophen und Mathematiker so, als ob die Entwicklung der Mathematik und die Lösung von Grundlagenproblemen die eigentliche Mathematik seien, so verlangt gerade die Mathematisierung der Wissenschaften und die Nutzung ihrer Ergebnisse in Technologien die Verarbeitung von Daten

[6] H. Poincaré, Der Wert der Wissenschaft, Leipzig – Berlin 1921, S. 104.
[7] Ebenda. [8] Ebenda, S. 105.

in effektiven Rechenprogrammen. Aber auch die gegenwärtige Tendenz zur Axiomatisierung hat ihre historischen Vorläufer in den Arbeiten von Euklid. Die Mathematik erwies sich nicht nur als Rechenkunst, sondern als beweisende Wissenschaft, die in der Lage ist, die innere Konsistenz ihrer Theorien zu zeigen. Dabei nutzte sie auch, wie das Beispiel des Aristarch von Samos zeigt, die Verallgemeinerung von Beobachtungen, um mathematische Probleme zu stellen und zu lösen. Außerdem stellte Archimedes den Zusammenhang zwischen Mathematik und Technologie her. Eine neue Qualität erreichte die Entwicklung der Mathematik mit der Infinitesimalrechnung, in der sich praktische Bedeutung und theoretische Lösungen miteinander verbanden, und die den Weg zur Klärung innermathematischer Grundlagenprobleme frei machte. Es kam zu neuen Überlegungen zum Funktionsbegriff und zur Forderung, allgemeine Lösungen für Gleichungen anzugeben. Auf der Grundlage von Cantors allgemeinem Mengenbegriff wurde die Struktur abstrakter algebraischer Systeme untersucht. War die Erdmessung mit dem dreidimensionalen Raum und den Veränderungen in der Zeit verbunden, so zeigte die Relativitätstheorie die Raum-Zeit-Union. In der Topologie wurden abstrakte Räume untersucht, womit der Raumbegriff immer mehr zur Widerspiegelung der Vielfalt objektiv-realer Strukturelemente genutzt wurde.[9] Die gegenwärtige Mathematik entwikkelt sich immer mehr zu einer Strukturwissenschaft, die ideelle Strukturen in Systemen untersucht, unabhängig von ihrer konkreten realen Existenz.

Die Mathematik erweist sich als eine Form der theoretischen Aneignung der Wirklichkeit. Sie ist die Wissenschaft von den möglichen formalisierbaren Strukturen ideeller Systeme.[10] Der Hinweis auf die Möglichkeit verweist darauf, daß Denkmöglichkeiten in der Mathematik reale Möglichkeiten in der objektiven unerschöpflichen Realität sein können. Durch die Verbindung mathematischer Theorien mit Einsichten in Beziehungen und Gesetze der Natur, der Gesellschaft und des Denkens durch andere Wissenschaften ist es möglich, die Verwirklichung dieser Möglichkeiten zu überprüfen. In diesem Sinne hat die Mathematik keine selbständige Existenz, wenn es um die Erkenntnis verwirklichter Möglichkeiten geht. Eine Erklärung für die Existenz einer Wissenschaft von den möglichen Strukturen könnte darin bestehen, daß mathematisches Denken durch die Struktur unseres Bewußtseins geprägt ist, denn das Bewußtsein

[9] Vgl. H. Hörz, Materiestruktur, a. a. O.
[10] Vgl. H. Hörz, Marxistische Philosophie und Naturwissenschaften, a. a. O.

ist in der Lage, die Wirklichkeit nicht nur abzubilden, sondern sie auch theoretisch zu schaffen.[11]

Die Spezifik der Mathematik wäre sicher nicht zu erkennen, wenn man sie auf die Untersuchungen möglicher Strukturen allein orientieren würde. Sie befaßt sich mit den möglichen *formalisierbaren* Strukturen ideeller Systeme. Die Formalisierbarkeit hat bestimmte Voraussetzungen. Zu ihr gehört eine klare, einheitliche Begriffsbildung, die die Verwendung von Symbolen für Begriffe ermöglicht. Die mit den Begriffen erfaßten Erscheinungen und Gegenstände müssen zählbar, meßbar oder wenigstens durch Vergleich qualitativ aufweisbar und ihre Eigenschaften skalierbar sein. Wurde früher manchmal die Mathematik auf die wissenschaftliche Betrachtung quantitativer Beziehungen reduziert, dann zeigt die philosophische Analyse die dialektische Einheit von Quantität und Qualität im Maß. Formalisierbarkeit verlangt weiter, daß die Einsicht in bestehende Zusammenhänge als Relationen erkannt werden, die in Funktionen erfaßbar sind. Auch die Erweiterung des Funktionsbegriffs von Euler über Dirichlet bis Cantor zeigt, daß die Mathematik eine Entwicklung durchmacht, die sicher noch nicht abgeschlossen ist.

Der Strukturbegriff drückt nichts anderes aus als die Existenz nicht-identischer Elemente von Systemen, die in Beziehung zueinander stehen und durch Vergleich in ihrer Grundqualität charakterisiert werden können. Der Hinweis auf die ideellen Systeme, mit denen sich die Mathematik beschäftigt, umfaßt sowohl idealisierte, d. h. durch Abstraktion aus empirischen Erfahrungen gewonnene, als auch erdachte Strukturen.

Mir erscheint es günstig, zwischen der Mathematik im engeren und im weiteren Sinne zu unterscheiden. Mathematik im engeren Sinne betrifft die Darstellung wissenschaftlicher Erkenntnisse mit mathematischen Theorien, Modellen und Funktionen. Sie umfaßt die Lösung definierter Grundlagenprobleme in der Mathematik. Unter Mathematik im weiteren Sinne kann man deduktive schöpferische Leistungen verstehen, die im Spiel mit Begriffen neue mögliche Strukturen ideeller Systeme entdecken, ohne ihre Formalisierbarkeit, d. h. den funktionalen Zusammenhang symbolisierter Entitäten, bereits nachweisen zu können. Es handelt sich deshalb um Mathematik im weiteren Sinne, weil die Formalisierung oft ein Problem der weiteren Entwicklung der Mathematik selbst ist. Mathematik kann so, als wissenschaftliche Grundlage der Mathematisierung, die rationale Wirklichkeitsaneignung effektivieren.

[11] Vgl. LW, Bd. 38, S. 203.

3.1.2. Philosophie und Mathematik

Wodurch zeichnet sich das Verhältnis von Mathematik und Philosophie aus? Offensichtlich unterscheiden sie sich nicht in ihrem Allgemeinheitsgrad bei der Analyse von Systemen. Beide untersuchen allgemeine Beziehungen und Gesetze. Gerade diese Allgemeinheit ermöglicht es, Mathematik und Philosophie als allgemeine Wissenschaftssprache für interdisziplinäre Vorhaben zu benutzen, in denen sich die spezifische Sprache zur Erfassung des Gegenstandes erst herausbildet. Die Spezifik von Mathematik und Philosophie zeigt sich in der Abstraktionsrichtung. Auch dafür ist es interessant, die Tendenzen in der Geschichte der Philosophie und Mathematik zu analysieren, die einerseits Mathematik zu einer allgemeinen Welttheorie machen, wobei auch die menschlichen Aktivitäten berechenbar sind, während andererseits die Philosophie als Erkenntnis des Wesens der Mathematik dieser als der Erkenntnis der Erscheinung übergeordnet wird. Während in der Traditionslinie von Plato, Leibniz, Newton, Kant und Bourbaki die Mathematik zur Krone der Wissenschaft wird, kann man in der Linie von Aristoteles über Goethe und Hegel bis zur Philosophie von Heidegger feststellen, daß mathematische Erkenntnisse kritisch betrachtet werden. Der Mathematik wird vorgeworfen, daß sie den Menschen vernachlässige, nicht human sei. So zeigen auch die historischen Kontroversen, auf die im nächsten Abschnitt eingegangen wird, die Entgegensetzung von Mathematisierung und Humanisierung der Wissenschaften.

Im Ergebnis solcher Untersuchungen ergibt sich, daß die Mathematik allgemeine Seinsstrukturen durch das Auffinden möglicher formalisierbarer Strukturen in ideellen Systemen entdeckt, während die Philosophie allgemeine Sinnfragen beantwortet, die mit der Entwicklung gesellschaftlicher Werte verbunden sind. Philosophie ist stets theoretische Grundlage von Weltanschauungen. Sie beantwortet die Fragen nach dem Ursprung und der Existenzweise der Welt, nach der Quelle des Wissens, nach der Stellung des Menschen in der Welt, nach dem Sinn des Lebens und dem Charakter des gesellschaftlichen Fortschritts. Ihre Abstraktionsrichtung ist dadurch geprägt, Antworten auf die genannten Fragen zu erhalten. Mathematik dagegen verallgemeinert in anderer Richtung. Sie kann die gesellschaftlichen Werte konkret-historischer Individuen vernachlässigen. Ihre Erkenntnis ist auf allgemeine Seinsstrukturen orientiert. Damit ergänzen sich Philosophie und Mathematik bei der Erkenntnis und Veränderung der Wirklichkeit.

Durch die Lösung weltanschaulicher, erkenntnistheoretischer und methodologischer Probleme trägt die Philosophie zur Entwicklung der Mathematik bei. Für die philosophische Begründung mathematischen Denkens haben vor allem die Fragen nach dem Widerspiegelungscharakter der Mathematik, nach dem Verhältnis von Dialektik und Mathematik und nach der Rolle der Praxis Bedeutung.

Die Widerspiegelung objektiv-realer Strukturen in der Mathematik ist keineswegs nur ein passives Aufnehmen des objektiv Vorgeformten im Bewußtsein. Indem sie mögliche formalisierbare Strukturen ideeller Systeme untersucht, schafft sie theoretische Grundlagen zur Darstellung objektiv-realer Strukturen im Bewußtsein, ohne dabei stehen zu bleiben. Sie nutzt durch das Spiel mit Begriffen nach logischen Möglichkeiten den gedanklichen Reichtum denkmöglicher formalisierbarer Strukturen aus und bewährt sich so in der Praxis. Ihre Widerspiegelungsfunktion ist stets eine Einheit von Darstellungsfunktion und heuristischer Funktion.

Durch die Widerspiegelung objektiv-realer Strukturen in mathematischer Form dringt die objektive Dialektik der Natur, der Gesellschaft und des Bewußtseins auch in die Mathematik ein. Mathematikentwicklung folgt dem objektiven Zwang zur Dialektik in der Wissenschaftsentwicklung überhaupt.

Ein Beispiel dafür sind die Rolle der Stochastik und das Eindringen in die Dialektik von Notwendigkeit und Zufall. Die gesellschaftliche Anerkennung und die theoretische Fundierung mathematischer Überlegungen zum Zufall sind eng mit dem philosophischen Verständnis des Zufalls verbunden. Es ist dabei bemerkenswert, daß in der Zeit der Vorherrschaft des mechanischen Determinismus intensiv an Problemen der Wahrscheinlichkeitstheorie gearbeitet wurde; aber die Anwendungsmöglichkeiten dieser Theorie wurden entweder unterschätzt und kaum genutzt, oder sie wurden dort gesucht, wo sie, wie in der Gesellschaft, auf nicht genügend ausgearbeitete wissenschaftliche Theorien trafen. Erfolge in der Ballistik, der kinetischen Gastheorie usw. wurden mit philosophischer Vorsicht aufgenommen, weil das Ziel wissenschaftlichen Forschens nicht in der Entdeckung statistischer Systemgesetze, sondern im Aufsuchen gesetzmäßiger dynamischer Elementbeziehungen gesehen wurde. Die objektive Existenz des Zufalls hat sich theoretisch in der Mathematik dadurch manifestiert, daß die mathematische Theorie über den Zufall immer besser und umfassender ausgearbeitet wurde und wird. Interessant ist dabei, daß mechanische Fragestellungen immer mehr unter stochastischem Aspekt behandelt werden müssen. Die Entwicklung der Wahrscheinlichkeitstheorie, der mathematischen Statistik erweist sich als ein tieferes

Eindringen der Mathematik in die objektive Dialektik von Gesetz und Zufall.[12]

Das tiefere theoretische Eindringen in die objektive Dialektik mit Hilfe mathematischer Theorien ist sicher noch ungenügend untersucht. Mit Fallbeispielen könnte besser nachgewiesen werden, wie die objektive Dialektik dazu zwingt, dogmatische mathematische Positionen zur Strenge mathematischer Beweise, zur exakten Erfassung der Mengenbeziehungen aufzugeben. Die mathematische Modellierung unscharfer Mengen, von Prozessen und Entwicklungen, von Qualitätsumschlägen zwingen dazu, dialektische Zusammenhänge zu berücksichtigen. Darüberhinaus ist die Arbeit des Mathematikers Ausdruck der Dialektik des Erkenntnisprozesses in seiner Einheit von induktiven und deduktiven, analytischen und synthetischen, empirischen und theoretischen Arten des Herangehens an die theoretische und praktische Beherrschung der Wirklichkeit. Auch in der Entwicklung theoretischer Positionen durch Mathematiker zum Wesen, zum Gegenstand der Mathematik und zur Arbeitsweise des Mathematikers zeigt sich die Dialektik. Die dialektisch-materialistische Erkenntnistheorie umfaßt den rationellen Kern der platonischen und formalen Sicht der Mathematik. Die Existenz formalisierbarer Strukturen idealer Objekte, die von schöpferischem Bewußtsein geschaffen werden, wird anerkannt, aber zugleich der empirische Ursprung und ihre notwendige praktische Bewährung betont. Die Systematisierung und Ausgestaltung mathematischer Systeme ist ein wichtiger Beitrag, um theoretische Voraussetzungen für die Darstellung objektiv-realer Strukturen zu schaffen. Es geht also stets um die Überprüfung von Denkmöglichkeiten, die sich als Konsequenz aus mathematischen Darstellungen von erkannten Sachverhalten ergeben, in der gesellschaftlichen Praxis und in der Theorienentwicklung.

Die Praxis als gegenständliche Auseinandersetzung des Menschen mit seiner Umwelt ist in philosophischem Sinne Grundlage, Ausgangspunkt und Ziel der Erkenntnis sowie Kriterium der Wahrheit. Mathematik genügt so lange innermathematischen Kriterien der Widerspruchsfreiheit ihrer Theorien, so lange sie mögliche formalisierbare Strukturen ideeller Systeme betrachtet. Die Verbindung zur Praxis wird dadurch hergestellt, daß Aussagen über die objektive Realität mathematisch formuliert und in Experimenten überprüft werden. Die Praxis als Kriterium der Wahrheit bestätigt zugleich, ob die Mathematisierung der Wissenschaften so erfolgte, daß durch mathematische Modellierung wissenschaftlich fundierte Handlungs-

[12] Vgl. H. Hörz, Zufall. Eine philosophische Untersuchung, a. a. O., S. 164 ff.

weisen entstehen, deren humanes Ziel durch die Humanisierung der Wissenschaften begründet wird. Es geht also nicht einfach um die Wahrheit mathematischer Aussagen, sondern um den Nutzen der Mathematik für die theoretische und praktische Beherrschung der Wirklichkeit.

Die Mathematik als Wissenschaft entwickelt sich in Auseinandersetzung mit den Extremhaltungen des zu engen Praktizismus und der zu weit getriebenen Schöngeisterei. Es gibt keinen Königsweg der Mathematik, der entweder von den Deduktionen zu den praktischen Anwendungen oder von der Darstellung praktischer Probleme zur Theorienentwicklung allein führt. Die Dialektik von mathematischer Theorienentwicklung und praktischer Problemlösung erzwingt die Entwicklung der Mathematik als Wissenschaft. Deshalb sollte für den verantwortungsbewußten Mathematiker zur Beruhigung seines Gewissens nicht gelten, daß irgendwann und irgendwo die mathematischen Theorien ihre praktische Verwendung finden werden, sondern es gilt, bewußt das Wann durch das Wie zu erzwingen. Es ist klar, daß das nicht leicht ist. Aber diese Forderung macht es dem Mathematiker zur Pflicht, mögliche Anwendungen zu überdenken. Es ist eine praktische Herausforderung an seine theoretische Arbeit. Die Philosophie kann dabei helfen, weltanschauliche Hemmnisse der Mathematikentwicklung, wie sie aus einseitigen Haltungen zur Mathematik entstehen, abzubauen und so weltanschauliche Triebkräfte zur Entwicklung des Schöpfertums freizusetzen. Sie muß vor allem die Frage nach dem Sinn mathematischer Arbeit und der Mathematisierung der Wissenschaften unter konkreten Bedingungen stets aufs Neue beantworten. Dabei ist der Wert der Mathematik durch ihre theoretischen und praktischen Erfolge begründet. Die Mathematik gestattet es, den geistigen Reichtum auszuschöpfen, um die Wirklichkeit besser zu beherrschen. Mit der Mathematik hat der Mensch ein Mittel, Strukturen des Seins zu erkennen, zu entwerfen und zu konstruieren, um sie zum Wohle des Menschen zu nutzen. Die praktische Bedeutung der Mathematik ist deshalb wohl kaum zu überschätzen. Dabei ist die dialektische Einheit von Mathematisierung und Humanisierung der Wissenschaften bewußt zu gestalten. So können Philosophie und Mathematik sich, trotz und wegen ihrer gegensätzlichen Abstraktionsrichtungen, gegenseitig befruchten. Dort, wo sie es tun, gewinnen Wissenschaft und Praxis. Ihr Zusammenwirken basiert auf der Einheit notwendiger Erkenntnis der Seinsstruktur und des Sinns des menschlichen Daseins als Grundlage wissenschaftlich begründeter Handlungsanweisungen zum Wohle des Menschen.

3.1.3. Tendenzen der weiteren Entwicklung

Auf drei Tendenzen der weiteren Entwicklung bei der Mathematisierung der Wissenschaften soll aufmerksam gemacht werden. Es handelt sich dabei um die Modellierung, die Technologisierung und die Dialektisierung.

Die mathematische Modellierung wird immer mehr zu einem methodischen Instrument aller Wissenschaften. Dabei ergibt sich aus den bisherigen Betrachtungen zum Verhältnis von Mathematik und Philosophie eine proportionale Abhängigkeit, die so ausgedrückt werden kann: Je mehr allgemeine Seinsstrukturen in Wissenschaftsdisziplinen untersucht werden, desto intensiver ist die Mathematisierung dieser Wissenschaften voranzutreiben. Treten Sinnfragen in den Vordergrund, dann sind philosophische Antworten zu suchen, die der Humanisierung der Wissenschaften entsprechen.

Modelle sind als wichtige Entwicklungsformen der Wissenschaften anerkannt. Wissenschaftliche Modellierung ist die Entäußerung innerer Modelle durch die praktische und theoretische Realisierung von Modellvorstellungen. Modellierung ist dem Menschen bei der Gestaltung seiner Existenzbedingungen wesenseigen. Wissenschaftliche Erkenntnisse und mathematische Methoden nutzt er dazu, die Modellierung effektiver zu gestalten. Es ist deshalb ein erkenntnistheoretischer Fehlschluß, wenn Modellierung kritisiert oder abgelehnt wird.

Besondere Bedeutung erlangt die Modellierung in den Gesellschaftswissenschaften. Dabei führen Modelle, mit denen wir unsere Gesellschaftstheorie für bestimmte Bedingungen belegen, zu interessanten Fragen an die Forschung. Man könnte das die heuristische Funktion der Modellierung in der gesellschaftswissenschaftlichen Grundlagenforschung nennen. Außerdem helfen Modelle beim Zusammenfügen disziplinär erarbeiteter Erkenntnisse zur Lösung komplexer Probleme mit gesellschaftlicher Relevanz und volkswirtschaftlicher Bedeutung. Interessant wäre es, Modelle zur bewußten psychischen Beeinflussung im Interesse der Gesundheitserziehung, der Modegestaltung oder der Bedürfnisentwicklung auszuarbeiten, um langfristiger und komplexer dem Sozialismus entsprechende Wertvorstellungen besser als nur mit den herkömmlichen Mitteln entwickeln zu können. Modelle sind ein geeignetes Mittel, um mögliche praktische Folgen theoretischer Überlegungen in ihrer Varianzbreite zu überprüfen. Dabei gehen in die Gesellschaftsmodelle stets bestimmte Zielfunktionen ein. Außerdem sind Verflechtungen zu berücksichtigen. Um mathematisch modellieren zu können, sind zwei wesentliche Voraussetzungen zu erfüllen: Erstens müssen die theoretischen Vorarbeiten so weit getrieben werden, daß die wesentlichen Parameter für das Verhalten des zu modellierenden Systems bekannt und in ihrem Zusammenwirken bestimmt sind. Erst das ermöglicht es, wesentliche Systemstrukturen in mathematischen Relationen auszudrücken. Zweitens sind die Parameter zu quantifizieren, um die Aussagekraft der Modelle zu erhöhen.

Die Technologisierung der Wissenschaftsentwicklung ist mit dem Einsatz von Informationstechnologien verbunden. Schon jetzt zwingt uns die Datenfülle, die mit den neuen Technologien auf uns zukommt, über Datenreduktionen nachzudenken. Es ist zu überlegen, was wann wozu gemessen werden soll. Informationstechnologien sind jedoch zugleich Bewußtseinstechnologien. Damit verschärft sich die weltanschauliche Fragestellung, die früher darauf hinauslief, ob die Roboter uns oder wir sie beherrschen. Gegenwärtig ermöglichen uns die Informationssysteme eine raumzeitliche Verkürzung des Informationsflusses, die Speicherung und Abrufbarkeit wichtiger Informationen und die Verarbeitung großer Datenmengen nach einem Programm. Diese Vorzüge haben auch ihre Nachteile. Information wird zur Ware, die verkauft werden kann und verkauft werden muß. Durch die Trennung von Information und Ereignis ist es wichtig, die Wahrheit von Informationen zu überprüfen. Das ist nicht leicht. Außerdem ist es möglich, in einer Informationswelt zu leben, die nur an wenigen Stellen Beziehungen zur Ereigniswelt hat. Es kann dadurch zu völligen Fehleinschätzungen realer Situationen kommen. Es ist also schon berechtigt, die Frage zu stellen, ob wir diese Bewußtseinstechnologien beherrschen oder wir von ihnen beherrscht werden.

Damit wird das generelle Problem angesprochen, wie die Dialektisierung der Wissenschaften als Einheit der Mathematisierung und Humanisierung der Wissenschaften bewußt zu gestalten ist. Der Humanismus, dessen Kern die Forderung nach Freiheitsgewinn der Persönlichkeit ist, ist auch für die Mathematisierung der Wissenschaften als Zielfunktion, Bewertungskriterium und Anforderungsstrategie konkret auszuarbeiten. Bei der Nutzung von Effektivitätsmitteln ist das humane Ziel zu beachten, zur Persönlichkeitsentwicklung beizutragen. Die Persönlichkeitsentwicklung darf nicht aus der wissenschaftlichen Theorienentwicklung herausnivelliert werden.

3.2. *Historische Kontroversen und ihre Lehren*

Philosophische Auseinandersetzungen um die Rolle der Mathematik in Geschichte und Gegenwart sind dann besser zu verstehen, wenn das Ziel der Philosophie, Sinnfragen zu beantworten und mit ihrer

Analyse der Spezialwissenschaften und der Mathematisierung die Humanisierung der Wissenschaften zu fördern, und das Anliegen der Mathematik, Seinsstrukturen durch formalisierte Denk- und Sprachstrukturen zu erfassen, in wechselseitigen Beziehungen gesehen werden. Der Wissenschaftstyp der wissenschaftlich-technischen Revolution ist die dialektische Negation der Negation des historischen Prozesses, in dem die Einheit von Sinnfragen und Seinsstrukturen, wie sie noch in der chinesischen Philosophie als Tugendlehre vorhanden war und in der griechischen Philosophie, trotz großer einheitlicher Theorien von Makro- und Mikrokosmos, schon anfing sich aufzulösen,[13] dialektisch negiert wurde. Diese dialektische Aufhebung der Einheit war erforderlich, um die Matehmatik entwickeln zu können. Eine ständige Verbindung der formalisierten Strukturen ideeller Systeme und Sinnfragen hätte, beim Stand der niedrigen Humanitätsentwicklung, zu unlösbaren Problemen geführt. Erst die Möglichkeit, Effektivitätssteigerung in gesellschaftlichen Dimensionen von Staaten und Staatengemeinschaften zur Humanitätserweiterung zu nutzen, hat auch die Voraussetzungen dafür geschaffen, durch die Dialektisierung der Wissenschaften die Einheit von Mathematisierung und Humanisierung herzustellen und so die dialektische Negation der Negation zu vollziehen.

Um diesen Prozeß besser zu verstehen, sind die Lehren historischer Kontroversen für die Gegenwart dann aufschlußreich, wenn sie Ergebnis einer dialektischen Analyse sind.

Philosophie ist Weltanschauung. Sie muß Fragen nach dem Sinn der Arbeit, nach der Rolle der Wissenschaft, nach der Bedeutung der Mathematik für das Wohl des Menschen beantworten. Dabei treten mehr Fragen auf, als sich mancher Mathematiker träumen läßt, der sein Gedankengebäude nur dem offenbart, der die Strenge logischer Formalismen und axiomatischer Systeme anerkennt.

Praktisch orientierte Mathematiker und mathematische Modelle nutzende Wissenschaftler haben nicht selten Probleme mit der mathematischen Strenge. Aus erkenntnistheoretischen Problemen können weltanschauliche Hemmnisse für die Wissenschaftsentwicklung entstehen. Renyi läßt in seinen Dialogen zur Mathematik Archimedes sagen, es müsse darauf geachtet werden, „daß die Abweichung zwischen Modell und Wirklichkeit durch sorgloses Umgehen mit der Mathematik nicht noch zusätzlich vergrößert wird."[14] Die mathematische Lösung praktischer Probleme verlangt geeignete Modelle und problem-adäquate Methoden mit Näherungen und Ungleichungen,

[13] Vgl. H. Hörz, Was kann Philosophie? Berlin 1986.

[14] A. Renyi, Dialoge über Mathematik, Berlin 1972, S. 62.

deren Theorien ebenfalls mathematisch streng sind. Philosophie interessiert sich für die Art und Weise mathematischen Arbeitens, für das Ziel mathematischer Erkenntnis. Sie hat immer den handelnden Menschen, seine Interessen, Ziele und Entscheidungen im Blick. Die Mathematik erscheint dagegen manchmal als entsubjektivierte Strukturlehre, weshalb mancher einen Gegensatz zwischen der Symbolwelt der Mathematik und dem wirklichen Menschen konstruiert. Menschliches Verhalten und Gestalten unterliegt heute selbst immer mehr der mathematischen Analyse. Damit wird die alte philosophische Frage nach der Stellung des Menschen zur Mathematik unter neuen Bedingungen wieder gestellt.

Manchmal gibt es Stimmen, die vor einer Überschätzung der Mathematik warnen. Weist man jedoch der Mathematik den ihr eigenen Platz im Konzert der Wissenschaften zu, dann ist ihre Bedeutung wohl kaum zu überschätzen. Der Philosoph ist aufgefordert, aufmerksam kontroverse Standpunkte zur Mathematik zu studieren und selbst Haltung zu ihnen zu beziehen.

Über den Zusammenhang von Philosophie und Mathematik wurde nachgedacht, seitdem beide existieren. Der griechische Philosoph und Mathematiker Pythagoras hoffte, das Wesen aller Dinge in der Zahl zu finden und so Philosophie und Mathematik auf ein Prinzip zurückführen zu können. Plato nahm seine Gedanken auf. Er forderte, keiner, der der Geometrie unkundig sei, solle in seine Philosophenschule eintreten. Nicht selten wurde vor der Überschätzung dieses Spruchs als übertriebene Wertschätzung der Mathematik gewarnt. Schopenhauer meinte, die angebliche Überschrift des platonischen Lehrsaals, auf welche die Mathematiker so stolz seien, sei ohne Zweifel dadurch motiviert, „daß Platon die geometrischen Figuren als Mittelwesen zwischen den ewigen Ideen und den einzelnen Dingen ansah".[15] Plato betrachtete die Geometrie als Vorübung, durch welche der Geist der Schüler sich an die Beschäftigung mit unkörperlichen Gegenständen gewöhnte. In diesem Sinne betonte Goethe, Platos Wort bedeute nicht etwa, „man solle ein Mathematiker sein, um ein Weltmeister zu werden": „Geometrie ist hier in ihren ersten Elementen gedacht, wie sie uns im Euklid vorliegt und wie wir sie einen jeden Anfänger beginnen lassen. Als dann aber ist sie die vollkommenste Vorbereitung, ja Einleitung in die Philosophie."[16]

Philosophie und Mathematik ergänzen einander, bedingen sich gegenseitig. Diese Haltung regt zur Geometrisierung und Mathema-

[15] A. Schopenhauer, Die Welt als Wille und Vorstellung, in: Schopenhauer, Sämtliche Werke, Bd. 2, Leipzig 1979, S. 169.

[16] J. W. v. Goethe, Maximen und Reflexionen, Leipzig 1953, S. 111.

tisierung der Philosophie an. So wollte Spinoza seine Ethik more geometrico vorlegen. Aber jeder Versuch, Philosophie mathematisch zu erfassen, hat seine Grenzen. Der Erfolg solcher Bemühungen führt stets zu einer mathematischen Theorie. Die Philosophie erweist sich dabei immer als Reservoir mathematischer Disziplinen, aber nicht als vollständig mathematisierbar.

Für Aristoteles existierte die theoretische Philosophie als Physik, Mathematik und Metaphysik. Die Physik untersucht das konkrete Objekt in seiner Bewegung. Die Mathematik hat es mit dem Unbewegten zu tun. Die Metaphysik oder erste Philosophie betrachtet die Prinzipien alles Existierenden. Die Theorie umfaßte damit empirisch fundierte Einsichten der Physik, mathematische Prinzipien und philosophische Thesen.

Mauthner weist in seinem sprachkritischen Wörterbuch der Philosophie 1914 darauf hin, daß sich das Wort Mathematik gewandelt habe. Er stellt fest: „Das Wort Mathematik ist nur durch einen zufälligen Bedeutungswandel dazu gekommen, die Größenlehre zu bezeichnen; zuerst bedeutete es das Wissen überhaupt, dann durch Jahrhunderte die Astrologie; jetzt begreift man unter Mathematik allgemein Größenlehre und Meßkunst, also den niedrigen oder höheren Kalkül und die Geometrie, obgleich feinere Köpfe längst erkannt haben, daß Geometrie bereits angewandte Mathematik sei. Reine Mathematik hat es nur mit Quantitäten zu tun, Geometrie behandelt Qualitäten des Raumes, und auch die rein mathematischen Sätze der analytischen Geometrie sind nicht vorstellbar, wenn man Raumanschauungen nicht zu Hilfe nimmt.“[17] Der Bedeutungswandel des Wortes Mathematik in Jahrhunderten ist zu berücksichtigen, wenn zu Philosophie und Mathematik gesprochen wird. Es wäre sicher interessant, ihn im einzelnen zu verfolgen. Das ergäbe nicht nur eine wissenschaftliche Analyse, sondern zugleich Einsichten in das philosophische Verständnis der Bedeutung der Mathematik in der Geschichte. Aber das soll uns jetzt nicht weiter beschäftigen.

Zum Verhältnis von Quantität und Qualität ist jedoch eine Anmerkung erforderlich. Historische Kontroversen reichen bei dieser Beziehung bis in die Gegenwart. In der Philosophie wird mit dem Maß die Einheit von Quantität und Qualität erfaßt. Die Qualität ist die Gesamtheit der wesentlichen Beziehungen eines Systems, die im Zusammenhang mit Teilsystemen oder anderen Systemen auftreten und den Unterschied zu anderen Systemen ausmachen. Verschie-

[17] F. Mauthner, Wörterbuch der Philosophie, a. a. O., Bd. 2, S. 76 f.

dene qualitativ bestimmte Erscheinungsformen eines Systems sind Ausdruck der existierenden Grundqualität.

Da Mathematik von konkreten Systemqualitäten abstrahiert, wird sie auch als Wissenschaft von Quantitäten bezeichnet. Quantitäten sind aber Maßzahlen. Gemessen werden eben stets Quantitäten bestimmter Qualitäten. Das Maß eines Systems ist die mit seiner Grundqualität verbundene qualitative Varianzbreite und die quantitative Ausdehnung aller Parameter. Um Vergleiche zwischen qualitativ unterschiedenen Systemen zu ermöglichen, werden allgemeine Äquivalente für die Maße der Systeme gebraucht, deren Messung quantitative Vergleiche des Mehr oder Weniger, bezogen auf die Qualität, ermöglicht. Solche Maße haben selbst qualitativen Charakter, d. h. sie unterscheiden sich voneinander. Die Mathematik nur als Wissenschaft von Quantitäten zu bezeichnen, würde die Einheit von Quantität und Qualität vernachlässigen, die qualitativen Unterschiede mathematischer Relationen unberücksichtigt lassen und mathematisch faßbare Qualitäten von Systemen, wie Stetigkeit, Differenzierbarkeit u. a. negieren. Der französische Mathematiker Thom bemerkt: „Vielleicht überdauert sogar in der Mathematik die Qualität und widersetzt sich jeglicher Reduzierung auf Mengen. Bourbakis alte Hoffnung, mathematische Strukturen würden sich auf natürliche Art und Weise aus einer Hierarchie von Mengen, ihren Teilmengen und ihrer Kombination ergeben, ist zweifellos nur eine Illusion."[18] Mathematik begründet das Umgehen mit allgemeinen Äquivalenten, um Maße eines Systems bestimmen zu können. Sie schließt also Qualität nicht aus, sondern ein.

Was die Kritik Thoms an der Mengentheorie betrifft, so wäre dazu viel zu sagen. Die Zeit der Euphorie ist vorbei, in der Mengentheorie als Basis jeder Mathematik angesehen wurde. Bei Bourbaki hieß es: „Vom axiomatischen Gesichtspunkt aus erscheint Mathematik so als eine Schatzkammer von abstrakten Formen, den mathematischen Strukturen; und es trifft sich so – ohne daß wir es wissen warum –, daß gewisse Aspekte der empirischen Wirklichkeit in diese Formen passen, als wären sie ihnen ursprünglich angepaßt worden."[19] Das berechtigte Vorgehen der Mengentheoretiker hatte seine Grenzen im Ausschließlichkeitsanspruch.

Mathematik vereinigt den schöpferischen Entwurf von Strukturen mit der Widerspiegelung objektiv-realer Strukturen. Das Geheim-

[18] R. Thom, „Moderne" Mathematik – ein erzieherischer und philosophischer Irrtum?, in: M. Otte (Hrsg.), Mathematiker über die Mathematik, a. a. O., S. 389.

[19] N. Bourbaki, Die Architektur der Mathematik, in: ebenda, S. 158.

nis der Verbindung von Empirie und Theorie ist für die dialektisch-materialistischen Erkenntnistheoretiker leicht zu lüften. Die potentielle Unerschöpflichkeit von Denkmöglichkeiten ist das Mittel, um die unerschöpflichen objektiv-realen Strukturen theoretisch erfassen zu können. Das Bindeglied zwischen objektiver Realität und Denken ist die Praxis. Sie dient der Angleichung der Mathematik an die Wirklichkeit als Grundlage, Ausgangspunkt und Ziel der Erkenntnis sowie als Kriterium der Wahrheit. Damit sind nicht die Fragen nach der Struktur unseres Denkens beantwortet, wohl aber die nach der praktischen Bedeutung der Mathematik. Es bedarf der formalen Ausgestaltung möglicher Strukturen ebenso, wie der aus praktischen Problemen entstehenden Forderungen an die Mathematik. Kolmogorov meinte dazu: „Das moderne Vorgehen bei der Konstruktion mathematischer Begriffe führt im wesentlichen dazu, daß die Aufgaben aus den verschiedensten Bereichen der Anwendungen logisch korrekter und gleichzeitig einfacher behandelt werden. Wenn man dieses Vorgehen nicht konsequent zu Ende führt, kann es den Zugang zu den Anwendungen schwieriger machen.“[20]

Das Verhältnis von Mathematik und Wirklichkeit und die praktische Bedeutung der Mathematik hat viele hervorragende Denker beschäftigt. Von verschiedenen Philosophen wurde dabei kontrovers zur Mathematik Stellung genommen. Kant sagt in seiner Vorrede zu der 1786 veröffentlichten Schrift „Metaphysische Anfangsgründe der Naturwissenschaft“: „Ich behaupte, daß in jeder besonderen Naturlehre nur soviel eigentliche Wissenschaft angetroffen werden könne als darin Mathematik anzutreffen ist.“[21] Solche Stellungnahmen werden oft mit dem Beispiel des Verhältnisses von Mathematik und Physik belegt. So wird von R. Rompe und H.-J. Treder betont, „in den klassischen Epochen von Mathematik und Physik bestanden enge Beziehungen zwischen den grundlegenden Entwicklungsrichtungen der Mathematik einerseits und den theoretisch-physikalischen Problemstellungen andererseits – man kann sagen, daß in jener Zeit die Physik die Mutter der mathematischen Wissenschaft war ... die Evidenz der Mathematik entsprang ihrer engen Beziehung zur Physik.“[22] Sicher bestand die enge Beziehung von Mathematik und Physik, auch erreicht sie in der modernen Physik einen neuen Höhepunkt. Aber die Entwicklung der Mathematik ist nicht aus der Geschichte der Physik allein zu erklären. Technische Pro-

[20] A. Kolmogorov, Die moderne Mathematik und die Mathematik in der modernen Schule, in: ebenda, S. 422 f.

[21] Zit. bei F. Mauthner, Wörterbuch der Philosophie, a. a. O., S. 75.

[22] R. Rompe/H.-J. Treder, Grundfragen der Physik, Berlin 1980, S. 77.

blemstellungen und interessante Aufgaben aus dem praktischen Gestalten der Umwelt, bei der Wahrscheinlichkeitstheorie das Glücksspiel und logische Fragen, aber auch innermathematische Überlegungen spielten eine Rolle.

Diderot verglich die Mathematik mit einem Spiel. So kann ein Spiel als eine unbestimmte Reihe von Problemen betrachtet werden, die nach gegebenen Bedingungen zu lösen sind. Er meinte, es gäbe keine mathematische Frage, bei der diese Definition nicht zutreffen würde. Nach ihm hat die Sache des Mathematikers in der Natur nicht mehr Existenz als die des Spielers. Auf beiden Seiten sei dies eine Frage der Übereinkunft. Diderot erzählt, daß die Mathematiker einst die Metaphysiker in Verruf brachten. Auf die Frage, was ein Metaphysiker sei, antwortete ein Mathematiker: „Das ist ein Mensch, der nichts weiß." Diderot stellt dazu fest: „Die Chemiker, die Physiker, die Naturforscher und alle, die sich der Experimentierkunst widmen, sind in ihren Urteilen nicht weniger überspannt und sind, wie mir scheint, jetzt im Begriff, die Metaphysik zu rächen und dieselbe Definition auf den Mathematiker anzuwenden."[23] Diderot verweist damit auf die Abstraktheit der Mathematik und der Philosophie. Beide erwecken den Eindruck, als ob sie von der Wirklichkeit entfernt seien. Das führte manche Empiriker dazu, die Bedeutung von Philosophie und Mathematik für die Wissenschaften gering zu schätzen. Offensichtlich liegt der Unterschied zwischen Mathematik und Philosophie nicht in ihrer Methode, von konkreten Gegenständen zu abstrahieren.

Die Bedeutung der Mathematik wurde keineswegs nur in der Lösung physikalischer Problemstellungen gesehen. Der bekannte Mathematiker und Philosoph Leibniz formulierte folgende Aufgabe: „Das einzige Mittel, unsere Schlußfolgerungen zu verbessern, ist, sie ebenso anschaulich zu machen, wie es die mathematischen sind, derart, daß man einen Irrtum mit den Augen findet und, wenn es Streitigkeiten unter den Leuten gibt, man nur zu sagen braucht: Rechnen wir!' ohne eine weitere Förmlichkeit, um zu sehen, wer recht hat."[24] Diese Überschätzung der Mathematik tritt immer wieder auf. Sie vereinigt das richtige Bestreben, der Mathematik in ihren Anwendungen keine Grenzen zu setzen mit der illusionären Vorstellung, die Mathematik sei der deus ex machina, der den Kern der Konflikte bloßlege und die absolute Wahrheit zeige.

Die Mathematik als eine universelle Methode zu sehen, mit der

[23] D. Diderot, Zur Interpretation der Natur, Leipzig 1965, S. 28 f.
[24] G. W. Leibniz, Fragmente zur Logik, Berlin 1960, S. 16.

man alle Probleme, einschließlich der gesellschaftlichen und der im Verhalten der Menschen, lösen kann, führte zu kritischen Bemerkungen anderer Denker. So betonte Goethe die in der Mathematik vernachlässigte Rolle des Menschen. Er kritisierte, daß in der Mathematik, ebenso wie in der Rhetorik, nur die Form Wert habe, der Gehalt aber gleichgültig sei. Bei ihm heißt es: „Die Mathematik vermag kein Vorurteil wegzuheben, sie kann den Eigensinn nicht lindern, den Parteigeist nicht beschwichtigen, nichts von allem Sittlichen vermag sie."[25] Über den Mathematiker meinte er: „Der Mathematiker ist nur insofern vollkommen, als er ein vollkommener Mensch ist, als er das Schöne des Wahren in sich empfindet; dann erst wird er gründlich, durchsichtig, umsichtig, rein, klar, anmutig, ja elegant wirken."[26] Der Gedanke von Leibniz, den Goethe kritisierte, enthält eine Unterschätzung zufälliger und emotionaler menschlicher Aktivitäten. Der Sinn menschlichen Daseins darf nicht einfach der Struktur des Seins untergeordnet werden. Die Mathematik erscheint bei Leibniz als universale Wissenschaft, die gesellschaftliches Verhalten ebenso berechnet, wie geometrische Konfigurationen.

Hatte Leibniz nun einfach unrecht und Goethe recht? Eine dialektische Antwort ist angebracht. Beide betonen wesentliche Aspekte der Erkenntnis, nämlich die Seinsstrukturen, erfaßt in der Mathematisierung der Wissenschaften, und den Sinn des menschlichen Daseins, verbunden mit der Humanisierung der Wissenschaften. Die Entwicklung der Gesellschaft und der Wissenschaften zeigt, daß auch gesellschaftliches Verhalten berechenbar ist. Aber dabei existieren Möglichkeitsfelder, Haupttendenzen gesellschaftlicher Entwicklung und Gegentendenzen, typisches menschliches Verhalten, Zufälle und Individualitäten. Obwohl also die Mathematik den gesellschaftlichen Bereich und menschliches Verhalten erfaßt, sind menschliche Handlungen nicht mechanisch-deterministisch zu bestimmen. Das, was sich als Resultante aus dem Kräfteparallelogramm menschlicher Handlungen ergibt, ist das gesellschaftliche Gesetz in seiner inneren komplizierten Struktur. Es umfaßt für einen längeren Zeitraum sowohl die geschichtliche Haupttendenz, die sich mit Notwendigkeit durchsetzt, als auch das Möglichkeitsfeld zufälligen typischen Verhaltens und die Übergangswahrscheinlichkeiten von einem Zustand zum anderen. Die Wahrscheinlichkeit als das Maß für die Verwirklichung von Möglichkeiten umfaßt die Dialektik von Gesetz, Notwendigkeit und Zufall. Auch gesellschaftliches Handeln des Men-

[25] J. W. v. Goethe, Maximen und Reflexionen, a. a. O., S. 103.
[26] Ebenda.

schen besitzt eine mathematische Struktur. Aber sie entspricht nicht dem mechanischen Determinismus, der die eindeutige Vorausbestimmtheit und damit Voraussagbarkeit zukünftiger Ergebnisse aus gegenwärtigen postulierte. Außerdem legt sie keine Zielfunktion menschlichen Handelns fest.

Für Kant besteht der Unterschied zwischen Philosophie und Mathematik darin, daß die Philosophie sich mit den Begriffen und die Mathematik mit der Konstruktion der Begriffe befasse.[27] Darin sieht Kant auch die Ursache dafür, daß die Mathematik nur mit den Quantitäten zu tun habe. Nur der Begriff von Größen lasse sich konstruieren. Qualitäten bedürften der empirischen Anschauung. Deshalb brauche die Philosophie die Begriffe. Mathematik könne man lehren, eben als konstruierte Begriffe, Philosophie aber nicht. Zu lehren sei nur die Art des Philosophieren. Nach Kant sind mathematische Aussagen synthetische Urteile apriori. Als Beispiel nahm er die Euklidischen Axiome. Mit der Entwicklung nichteuklidischer Geometrien konnte aber gezeigt werden, daß die Auffassung von Kant einseitig ist. Geometrie wird durch die Erfahrung begründet.

Während Kant die Philosophie nach dem Beispiel der Naturforscher und Geometer gestalten wollte, worin seine Wertschätzung der Mathematik zum Ausdruck kam, betonte Hegel den Unterschied zwischen Philosophie und Mathematik. Die Auffassung, daß sich die Mathematik nur mit Quantitäten und Größen befasse, führte ihn zu der Feststellung, daß die Bewegung des mathematischen Wissens nur auf der Oberfläche vorgehe, die Sache nicht selbst berühre, nicht das Wesen oder den Begriff erfasse und deshalb kein eigentliches Begreifen sei. Er stellte fest: „Die Evidenz dieses mangelhaften Erkennens, auf welche die Mathematik stolz ist, und womit sie sich auch gegen die Philosophie brüstet, beruht allein auf der Armut ihres Zwecks und der Mangelhaftigkeit ihres Stoffs, und ist darum von einer Art, die die Philosophie verschmähen muß."[28] Schopenhauer verschärfte die Kritik an der Mathematik durch die Feststellung: „Der einzige unmittelbare Nutzen, welcher der Mathematik gelassen wird, ist, daß sie unstete und flatterhafte Köpfe gewöhnen kann, ihre Aufmerksamkeit zu fixieren."[29]

Die Stellungnahmen gegen die Mathematik betreffen vor allem zwei Punkte. Einerseits wird die Wirklichkeitsferne betont. Den hohen Allgemeinheitsgrad ihrer Aussagen hat die Mathematik aber

27 Vgl. I. Kant, Kritik der reinen Vernunft, a. a. O., S. 744 ff.

28 G. W. F. Hegel, Phänomenologie des Geistes, Leipzig 1949, S. 37.

29 A. Schopenhauer, Die Welt als Wille und Vorstellung, in: Schopenhauer, Sämtliche Werke, Bd. 2, a. a. O., S. 170 f.

mit der Philosophie gemeinsam. Andererseits wird hervorgehoben, daß die Mathematik nicht das Wesen erfasse und den Menschen aus ihrer Betrachtung ausklammere. Dagegen wird der Philosophie gerade Wesenserkenntnis und Einsicht in menschliches Verhalten zugesprochen. In diesem Zusammenhang ist es interessant, daß D'Alembert in seiner Einleitung zur Enzyklopädie zwei Grenzen sieht, in die fast alle sicheren Erkenntnisse eingeschlossen seien. Die eine Grenze ist der Mensch, die Idee des Ich und die andere die Mathematik und zwar der Teil, „dessen Gegenstand die allgemeinen Eigenschaften der Körper, der Ausdehnung und der Größe sind."[30] Diese Gegenüberstellung von Mensch und allgemeinen Eigenschaften der Körper könnte der Ansatzpunkt sein, um das Verhältnis von Mathematik und Philosophie genauer bestimmen zu können.

Gehen wir davon aus, daß sich das geistige Leben einerseits auf die Erkenntnis der Seinsstrukturen, auf die Ordnung der Dinge orientiert und andererseits den Menschen in seinem Verhalten erfassen will, dann sind damit zwei Abstraktionsrichtungen bestimmt, die Mathematik und Philosophie betreffen. Mathematik und Philosophie entstanden gemeinsam, weil das Nachdenken über das Sein und den Sinn zusammengehört. Wird in der Verabsolutierung mathematischer Erkenntnisse der Mensch den Seinsstrukturen untergeordnet, dann entsteht die Sinnfrage an anderer Stelle. Mathematik kann so selbst zum Sinn menschlichen Daseins erklärt werden. Für Plato im Altertum und für Popper in der Gegenwart existiert eine Welt der objektiven Ideen. Die Aktivität menschlichen Schöpfertums wird zur Suche nach solchen objektiven Ideen degradiert. Sie sind nicht mehr die Schöpfungen des menschlichen Verstandes, die durch empirische Stimuli, durch Anologien und durch die Lösung innermathematischer Probleme als Denkmöglichkeiten entstehen. Die Mathematik erhält damit eine platonische Begründung. Diese ist ebenso idealistisch, wie die Behauptung, Mathematik erfasse die immaterielle Struktur des Seins, die das Materielle erst begründe, oder wie die These, Mathematik habe nichts mit der Wirklichkeit zu tun, sondern entwickle sich allein aus sich selbst.

Gegen die verschiedenen Formen des Idealismus wandte sich Engels. Er stellte fest: „Keineswegs aber befaßt sich in der reinen Mathematik der Verstand bloß mit seinen eigenen Schöpfungen und Imaginationen. Die Begriffe von Zahl und Figur sind nirgends anders hergenommen, als aus der wirklichen Welt ... Zum Zählen gehören nicht nur zählbare Gegenstände, sondern auch schon die

[30] J. d'Alembert, Einleitende Abhandlungen zur Enzyklopädie, a. a. O., S. 30 f.

Fähigkeit, bei Betrachtung dieser Gegenstände von allen ihren übrigen Eigenschaften abzusehn außer ihrer Zahl – und diese Fähigkeit ist das Ergebnis einer langen geschichtlichen, erfahrungsmäßigen Entwicklung ... Auch die scheinbare Ableitung mathematischer Größen aus einander beweist nicht ihren apriorischen Ursprung, sondern nur ihren rationellen Zusammenhang."[31] Damit hebt Engels die Beziehung zwischen Erfahrung und Mathematik hervor, betont aber auch deren rationellen Zusammenhang.

Die Mathematik entstammt der Praxis. Sie hat empirischen Ursprung. Sie ist, wie Gnedenko betont, eine historische Wissenschaft. „Viele Probleme der Mathematik, ihre Ergebnisse und Begriffe, können merkwürdig künstlich und losgetrennt vom Leben erscheinen, wenn man sie von der Position der endgültig geformten und formalisierten Auslegung angeht. Dies ändert sich aber, wenn man von der historischen Entwicklung ausgeht. Dann erlangen sie einen tiefen Lebenssinn, werden lebendig und notwendig."[32] Die Mathematik ist die Nutzung der umfangreichen schöpferischen Möglichkeiten, die das menschliche Bewußtsein bietet. John von Neumann betrachtet es als eine gute Annäherung an die Wahrheit, wenn man sagt, „daß die mathematischen Ideen in der Empirie entstehen, obwohl die Genealogie manchmal lang und dunkel ist. Wenn sie sich jedoch einmal von dorther herausgebildet haben, beginnen sie ein eigenartiges, selbständiges Leben, und man könnte den mathematischen Gegenstand am ehesten mit einem schöpferischen Gegenstand vergleichen, der fast ausschließlich ästhetischen Motivationen unterliegt, auf keinen Fall aber mit einer empirischen Wissenschaft."[33] Neumann betont aber auch die Gefahren, die dadurch entstehen können, daß sich die Mathematik von der Wirklichkeit entfernt. Sie wird dann zunehmend rein schöngeistig. Er stellt fest: „Wenn sich ein mathematischer Gegenstand sehr weit von seiner empirischen Quelle entfernt hat oder wenn mit ihm viel ‚abstrakte' Inzucht getrieben worden ist, besteht die Gefahr einer Degeneration."[34] Als Heilmittel empfiehlt er die verjüngende Rückkehr zur Quelle, nämlich das Neueinführen mehr oder weniger explizit empirischer Ideen.

[31] F. Engels, Herrn Eugen Dührings Umwälzung der Wissenschaft, a. a. O., S. 35 f.

[32] B. Gnedenko, Mathematik als geschichtliche Wissenschaft, in: Ideen des exakten Wissens, 2/1972, S. 778.

[33] J. v. Neumann, Der Mathematiker, in: M. Otte (Hrsg.), Mathematiker über die Mathematik, a. a. O., S. 45.

[34] Ebenda, S. 46.

Die Anwendung der Mathematik ist also selbst ein Stimulus für ihre theoretische Entwicklung.

Die Philosophie muß den Sinn menschlichen Daseins erfassen, während die Mathematik die Struktur des Seins erforscht. Damit wird die Feststellung plausibel, daß sich beide gegenseitig ergänzen. Eine ist durch die andere nicht aufzuheben. Der Mensch braucht Sinn und Sein, weltanschaulich begründete Handlungsweisungen und Einsichten in die Struktur der Objekte und Prozesse. Verfolgen wir den Gedanken vom philosophischen Verständnis des Sinns menschlichen Daseins und der mathematischen Erkenntnis von der Struktur des Seins weiter, dann werden viele gegenwärtige Diskussionen um das Verhältnis von Philosophie und Mathematik verständlich. Es gibt zwei gegenläufige Tendenzen, deren dialektische Einheit zu erfassen und zu gestalten ist. Das sind die Mathematisierung und Humanisierung der Wissenschaften. Ihre extremen weltanschaulichen Positionen finden sich im Scientismus und Irrationalismus.

Der Scientismus meint, mit empirischen Einsichten und logischer Sprachanalyse alle auftretenden Probleme lösen zu können. Er hat deshalb Schwierigkeiten mit der Emotionalität und Aktivität, mit der Motivation und Individualität des Menschen. So entstehen immer mehr Forderungen, den Menschen in die wissenschaftlichen Betrachtungen einzubeziehen. Darüber hinaus wird dann behauptet, der Mensch sei durch Wissenschaft nicht zu erfassen. Das führt zum Irrationalismus und zur Lebensphilosophie.

Der einseitige Rationalismus, der den Menschen nicht in seiner Kompliziertheit betrachtet, der gesellschaftliche Interessen vernachlässigt und die Auseinandersetzung von Gesellschaftssystemen nicht berücksichtigt, ist auch gegen die Humanisierung der Wissenschaften gerichtet. Er begreift die gesellschaftlichen Entwicklungsgesetze und damit das Verhalten des Menschen nicht. Der Mensch und sein gesellschaftliches Verhalten erscheinen als nicht berechenbarer Faktor. Globale Modelle der Weltentwicklung werden erarbeitet, aber wenn die zu Grunde liegende Gesellschaftstheorie problematisch ist, dann werden auch die Modelle zu keinem brauchbaren Resultat führen. Scientismus und Irrationalismus erfassen die gegenwärtige Wissenschaftsentwicklung nicht adäquat. Während der Irrationalismus die Humanisierung der Wissenschaften zur Negation der Wissenschaften treibt, diskreditiert der Scientismus die Wissenschaften mit der Mathematisierung als Zaubermittel zur Lösung aller gesellschaftlichen Probleme.

In Auseinandersetzung mit dem Scientismus und Irrationalismus ist die dialektische Einheit der Mathematisierung und Humanisierung der Wissenschaften zu gestalten. Das soll als Dialektisierung der Wissenschaften deshalb bezeichnet werden, weil damit die objektive Tendenz der Wissenschaftsentwicklung erfaßt wird, die Erkenntnis der Seinsstrukturen mit der Beantwortung von Sinnfragen zu verbinden. Zugleich sei auf die notwendige Gestaltung dieses Dialektisierungsprozesses verwiesen, weil Mathematisierung als Grundlage der Effektivitätssteigerung kein Selbstzweck ist. Wir brauchen Produkte mit hohem Gebrauchswert, die mit niedrigen Kosten (Energie, Materialverbrauch, lebendige Arbeit) produziert werden und deren Technologie uns einen internationalen Vorsprung sichert, um anspruchsvolle Sozialprogramme durchsetzen zu können. Damit ist die Forderung nach Effektivität zugleich eine Anforderung an jeden Bürger, an jedes Kollektiv und jede Leitung, den daraus erwachsenden Pflichten zur Arbeitsdisziplin, zur Arbeitsorganisation und zum Einsatz materieller und geistiger Reserven gerecht zu werden. Die Erhöhung der Effektivität setzt die fortschreitende Mathematisierung voraus. Das hat Konsequenzen für die weltanschauliche Haltung zur Mathematisierung. Humanisierung und Mathematisierung stehen einander nicht entgegen. Das hat auch Auswirkungen auf Bildungsstrategien und Weiterbildungskonzeptionen. Soll Effektivität kein Schlagwort sein, dann geht es um den Einsatz mathematischer Modelle, um die ökonomischen Kennziffern für den wissenschaftlich-technischen Fortschritt und um berechenbare Entwicklungskriterien für die größere sozialökonomische Wirksamkeit des wissenschaftlich-technischen Fortschritts.

Neben den prinzipiellen weltanschaulichen Fragen zum Verhältnis von Effektivität und Humanität unter bestimmten gesellschaftlichen Verhältnissen gibt es auch erkenntnistheoretische und methodologische Probleme der Wissenschaftsentwicklung, die von der Philosophie zu berücksichtigen sind. Sie betreffen die Humanisierung und Mathematisierung der Wissenschaften im engeren Sinne. So stellt der Physiker W. Heitler der Hauptrichtung der Wissenschaftsentwicklung, die er im Analysieren, Atomisieren, Meßinstrumente ablesen, Daten verarbeiten und intellektuellen Abstrahieren sieht, eine andere entgegen, die den Menschen berücksichtigt. Von der Hauptrichtung sagt er: „Diese Wissenschaftsrichtung entfernt sich mehr und mehr vom Leben und vom Menschen ... Sie will die Lebewesen nach ihrem Ebenbild formen und macht aus ihnen Uhrwerksmechanismen. Sie will auch den Menschen in ihr Schema zwängen und versucht, ihn hinter die Gitter eines unfreien seelenlosen und morallosen Daseins zu bringen, das womöglich das Dasein des Roboters sein soll.“[35]

35 W. Heitler, Der Mensch und die naturwissenschaftliche Erkenntnis, Braunschweig 1965, S. 92.

Angst vor dem Roboterdasein, vor der seelenlosen Welt der Computer, vor einem Gesellschaftsmechanismus, der durch Knöpfchendruck ausgelöst wird, existiert vor allem in den von Krisen geschüttelten Ländern mit Inflation und Arbeitslosigkeit. Die Krisen werden zwar von bestimmten Ideologen als Auswirkungen des wissenschaftlich-technischen Fortschritts deklariert, haben jedoch gesellschaftliche Ursachen, die es zu erforschen gilt.

Man könnte weitere Bedenken gegen die Computerisierung des Menschen anführen. Sie wären berechtigt, wenn die Mathematisierung der Wissenschaften nicht mit der Humanisierung der Wissenschaften einherginge. Dort, wo der Mensch aus dem Kalkül verschwindet, muß das antihumane Verhalten bekämpft werden. Aber die Kritik darf nicht die Wissenschaftsentwicklung treffen. Sie muß sich gegen antihumane gesellschaftliche Verhältnisse richten, die menschliche Interessen nur dem Macht- und Profitstreben herrschender Kreise unterordnen. Sie muß sich gegen das Verhalten der Wissenschaftler richten, die sich ihrer humanen Verantwortung nicht bewußt sind und gegen sie handeln. Wissenschaft kann gesellschaftliches Handeln orientieren, aber nicht ersetzen. Um wissenschaftlich begründete Handlungsanweisungen zu erhalten, müssen alle Möglichkeiten der Wissenschaftsentwicklung ausgeschöpft werden. Das betrifft sowohl die Mathematisierung als auch die Humanisierung der Wissenschaften.

3.3. Der Mensch als Gegenstand der Wissenschaften

Mit dem Wissenschaftstyp der wissenschaftlich-technischen Revolution entsteht die Aufgabe, eine synthetische Theorie des Menschen zu schaffen, in die die Erkenntnisse aller Wissenschaften einfließen. In diesem Sinne ist die programmatische Feststellung zu verstehen, daß der Mensch eine bio-psycho-soziale Einheit sei.[36] Dieses Programm gilt es zu bearbeiten. B. G. Ananjev stellte fest: „Die Vereinigung der Naturwissenschaften und Gesellschaftswissenschaften für die Erkenntnis der historischen Natur des Menschen, wie sie von Marx und Engels vorausgesagt wurde, stellt eine Besonderheit der gegenwärtigen Wissenschaftsentwicklung dar."[37] Es geht um die Überwindung der für den Wissenschaftstyp der industriellen Revolution charakteristischen Trennung wissenschaftlicher Einsichten in Natur und Kultur, um die Kritik naturalistischer und vulgärsoziologistischer Konzeptionen.

[36] Vgl. Der Mensch als biopsychosoziale Einheit (Umfrage), in: DZfPh, 2/1985.
[37] B. G. Ananjew, Der Mensch als Gegenstand der Erkenntnis, Berlin 1974, S. 7.

Im Mittelpunkt steht dabei das Verhältnis von natürlichen und gesellschaftlichen Faktoren für Gesellschafts- und Individualentwicklung. Zwei Aspekte sollen davon herausgegriffen werden, um deutlich zu machen, wie die heuristischen Potenzen einer dialektischen Theorie der Wissenschaftsentwicklung zu nutzen sind, um weltanschauliche und erkenntnistheoretische Probleme zu lösen. Einerseits geht es um die viel diskutierte Rolle der Natur für die Persönlichkeitsentwicklung, die zu soziobiologischen Forschungsprogrammen geführt hat. Andererseits hat sich die Diskussion um Leben und Sterben im Zusammenhang mit den Ergebnissen der wissenschaftlich-technischen Revolution erweitert, was humane Positionen verlangt.

3.3.1. Natur und Persönlichkeitsentwicklung

Um die Beziehungen zwischen natürlichen und gesellschaftlichen Faktoren in der Entwicklung der menschlichen Persönlichkeit gab es stets heftige Auseinandersetzungen. Das ist auch heute so. Extreme Haltungen, wie Biologismus und Vulgärsoziologismus behindern die wissenschaftliche Forschung und leiten die gesellschaftliche Orientierung für die Entwicklung der Persönlichkeit fehl.

Gegen diese extremen Haltungen richtete sich die Charakteristik des Menschen als biosoziale Einheit. Sie ist jedoch mehr ein heuristisches Forschungsprogramm als schon komplexe Synthese disziplinär erarbeiteter Forschungsresultate über die natürlichen und gesellschaftlichen Faktoren menschlicher Verhaltensweisen. Die bloße Summation getrennt untersuchter natürlicher und gesellschaftlicher Faktoren kann zum Eklektizismus führen. Es geht jedoch um das Wesen menschlicher Existenz. Der Mensch ist als Ensemble konkret-historischer gesellschaftlicher Verhältnisse in seiner Einheit von natürlichen und gesellschaftlichen, emotionalen und rationalen, bewußten, unterbewußten und unbewußten Faktoren in individueller Ausprägung zu erfassen. Die Geschichte der Wissenschaften und der weltanschaulichen Auseinandersetzungen um die Bedeutung natürlicher Faktoren für die Persönlichkeitsentwicklung liefert interessantes Material für eine philosophische Analyse.

In der Diskussion um die Bedeutung der Natur für die menschliche Persönlichkeit vermengen sich historische und aktuelle Probleme. Um Positionen dazu beziehen zu können, sollen wesentliche Probleme als historisch entstandene Paradoxien formuliert werden.

Die Entwicklung des Menschen vom Tier zur souveränen Persönlichkeit ist ein komplizierter historischer Prozeß. Das Naturwesen Mensch gestaltet bewußt in gesellschaftlichen Beziehungen die eigenen natürlichen, gesellschaftlichen und psychischen Existenzbedingungen. Er erkennt die Determinanten des eigenen Erkennens und Handelns. Auf der Grundlage sachkundiger Entscheidungen kann er frei handeln. Freiheit ist dabei nicht Einsicht in die Notwendigkeit, sondern die theoretische und praktische humane Beherrschung der natürlichen und gesellschaftlichen Umwelt sowie des eigenen Verhaltens durch den Menschen auf der Grundlage umfassender Kenntnisse über die Beziehungen und Gesetze der Natur, der Gesellschaft und des Bewußtseins. Auf der Grundlage seines Wissens entwickelt der Mensch Technologien. Dabei entstanden verschiedene Paradoxien im Verhältnis von natürlichen und gesellschaftlichen Faktoren, deren Lösung nicht leicht ist. Obwohl eine ausführliche Erörterung notwendig wäre, möchte ich wesentliche Paradoxien nur kurz charakterisieren. Zu ihnen gehören ontologische, gnoseologische, axiologische, soziale, kulturelle und methodologische Paradoxien.

Die *ontologische Paradoxie* betrifft das Leib-Seele-Problem. Der Leib wurde als natürlicher Körper begriffen, während die Seele als Inbegriff aller nicht-natürlichen Eigenschaften und Fähigkeiten des Menschen verstanden wurde. Schon bei Aristoteles wurde diese Unterscheidung genutzt, um aus der Herrschaft der Seele über den Leib die Herrschaft des Menschen über das Tierreich, der Männer über die Frauen, der Herren über die Sklaven zu begründen. Zur Paradoxie wird dieses Verhältnis, wenn der Leib die Seele beherrscht. Das umfaßt viele Erscheinungsformen. Körperliche Schmerzen können den Willen zur Tat brechen. Alkoholismus, Rauschgiftsucht und körperlicher Verfall beeinträchtigen die Leistungsfähigkeit des Menschen. Der Sinn des Lebens wird in Frage gestellt. Sinnerfülltes Leben zeichnet aber gerade den Menschen gegenüber dem Tier aus. Es gibt viele Beispiele, wie Persönlichkeiten mit körperlichen Gebrechen, in komplizierten Verhältnissen, ein sinnerfülltes Leben führten. Sie leisteten ihren Beitrag zur humanen Lösung konkret existierender Probleme ihrer Zeit. Das ist ein Sieg der Seele über den Leib, des gesellschaftlichen Wesens Mensch über die Natur. Die Seele eines Menschen umfaßt dabei die aus der Kenntnis der natürlichen und gesellschaftlichen Determinanten sich ergebenden Motivationen auf der Grundlage freier Entscheidungen für die bewußte Gestaltung der Umwelt. Wem der Ausdruck Seele nicht gefällt, der mag dafür Psyche einsetzen, denn Psyche ist die Gesamtheit der durch Widerspiegelung und Selbstbewußtsein bestimmten Verhaltensregulationen. Dabei handelt es sich um dasselbe komplexe Phänomen, das die Emotionen, Motivationen, Entscheidungen und bewußten Handlungen des Individuums in seiner Ganzheit charakterisiert. Immer mehr

Ärzte erkennen heute, daß psychische Schäden organische Leiden hervorrufen können, daß aber auch die Psyche, darunter der Wille, entscheidend zur Beherrschung von Krankheiten ist.

Die *gnoseologische Paradoxie* umfaßt das Verhältnis von Nativismus und Empirismus. Der Nativismus betrachtet alle Eigenschaften, Verhaltensweisen des Menschen als angeboren. Der Empirismus betont die Bedeutung des Lernens, der sozialen Modifizierung genetisch-biotischer Grundlagen. In manchen Diskussionen wird dabei auf Relationen verwiesen, die das Verhältnis zwischen angeborenen Eigenschaften und erlernten Verhaltensweisen betreffen. Diese Relationen sind in ihren Zahlen nur schwer zu begründen. Ihre Diskussion zeigt jedoch, daß nativistische Positionen heute nicht mehr vertreten werden. Versuche, die unbegrenzte Bildungsfähigkeit des Menschen nachzuweisen, werden scheitern. Gründe dafür sind die Begrenztheit individuellen menschlichen Lebens, spezifische genetisch-biotische Dispositionen des Menschen, bestimmte Umwelteinflüsse, die die Bildung des Individuums lenken und beeinflussen und die Entscheidung des Individuums für spezielle Tätigkeiten. Die Paradoxie zwischen natürlich Angeborenem und sozial Erworbenem wird weiter untersucht. Die Analyse des Verhaltens von Zwillingen zeigt sowohl wesentlich gleiche, wahrscheinlich genetisch-determinierte als auch sozial bedingte unterschiedliche Verhaltensmuster. Da sicher mehr genetisch-biotische Möglichkeiten gesellschaftlichen Verhaltens existieren, als bisher realisiert sind, geht es vor allem um die Gestaltung humaner gesellschaftlicher Verhältnisse zur Entwicklung der Persönlichkeit. Die Paradoxie zwischen Angeborenem und Erworbenem sollte dadurch gelöst werden, daß Früherkennung des Angeborenen die effektive Gestaltung des Erworbenen für die Persönlichkeits- und Produktivkraftentwicklung des Individuums gestattet.

Die *axiologische Paradoxie* betrifft die Bewertung des Menschen, seine soziale Gleichheit und Ungleichheit. Es ist interessant, daß in der Auseinandersetzung mit der feudalen Ordnung, die als naturgegeben hingestellt wurde, bürgerliche Aufklärer die Rolle der Gesellschaftsverträge betonten, die Menschen als Naturwesen eingehen, um ihr soziales Verhalten zu regeln. Darin drückt sich das Selbstbewußtsein des Menschen aus, der sich als souveräne Persönlichkeit begreift. Heute bestimmen internationale Verträge, mit Sanktionen verbunden, nationale und individuelle Verhaltensweisen. Zugleich wird heute gefordert, der Mensch möge sein Wertsystem ändern, er möge den Raubbau an der Natur einstellen und seine Bedürfnisse zurückschrauben. Solche Forderungen gehen von einem Menschenbild aus, das soziale Gleichheit natürlich ungleicher Individuen voraussetzt und dabei politische und ökonomische Interessen vernachlässigt. Die Auffassungen antifeudaler Denker von der natürlichen Gleichheit der Menschen als Grundlage der sozialen Gleichheit erwies sich wissenschaftlich als nicht haltbar. Sie hatte jedoch eine progressive Funktion für die Beförderung der Humanität. Heute ist die natürliche Ungleichheit der Individuen erkannt. Die genetisch-biotischen Grundlagen menschlicher Existenz bestimmen die Unterschiede der Individuen. Daraus kann jedoch keine natürlich begründete soziale Ungleichheit abgeleitet werden.

Das führt zu der *sozialen Paradoxie* im Verhältnis von Individuum und Gesellschaft. Das menschliche Individuum ist stets ein gesellschaftliches Wesen. Es drückt jedoch gesellschaftliche Determinanten in spezifischer Weise aus. Die Skala von Verhaltensmustern ist groß. Bildungsmöglichkeiten werden genutzt oder nicht genutzt. Revolutionäre Situationen treffen auf die Bereitschaft von Individuen, sich zu engagieren oder sich nicht zu engagieren. Gesellschaftliche Bedingungen betimmen den Rahmen für die freien Entscheidungen der Persönlichkeit, während das Verhalten von Persönlichkeiten in gesellschaftlichen Klassen diesen Rahmen erweitert oder verengt. Dabei spielen natürliche Bedingungen menschlicher Existenz, wie Energie, Rohstoffe und Bevölkerungsentwicklung eine große Rolle. Aber die Ressourcen sind nicht unbegrenzt. So beherrscht der Mensch zwar die Natur immer besser, aber nur, wenn er keinen Raubbau der Natur betreibt, die natürlichen Bedingungen menschlicher Existenz erhält und effektive ökologische Kreisläufe gestaltet.

Die *kulturelle Paradoxie* ist dadurch entstanden, daß der Mensch mit umfangreichen Produktivkräften auch die Möglichkeit hervorbrachte, sich selbst zu vernichten oder in Barbarei zurückzufallen. Es existieren Massenvernichtungswaffen, Mittel zur Vergiftung der Natur, Umweltverschmutzung, ungenügende natürliche Regeneration der Ressourcen. Die Menschheit muß ihrer Verantwortung in der Gegenwart für die Gestaltung der Zukunft gerecht werden. Sie muß die kulturellen Errungenschaften nutzen, um die Natur nicht zu zerstören, sondern um eine menschenfreundliche natürliche Umwelt zu gestalten.

Die *methodologische Paradoxie* betrifft das Verhältnis von Natur- und Gesellschaftswissenschaften, die Mathematisierung und Humanisierung der Wissenschaften. Die Mathematisierung, verbunden mit Computerisierung und Roboterisierung, führt, einseitig verstanden, zum Ausschluß des Menschen aus der wissenschaftlichen Betrachtung. Zugleich ist jedoch Effektivität bei der Produktion materieller

Güter, die zur Befriedigung von Bedürfnissen notwendig ist, nur mit Hilfe moderner mathematischer Methoden zu erreichen. Also darf die Mathematisierung der Humanisierung nicht entgegengestellt werden. Humanisierung der Wissenschaften bedeutet, gesellschaftliche Werte, also Bedeutungsrelationen von Sachverhalten für den Menschen, die die Nützlichkeit, Sittlichkeit und Schönheit dieser Sachverhalte betreffen, zu berücksichtigen. Es geht um die Dialektisierung der Wissenschaften als Einheit der Tendenz zur Mathematisierung und zur Humanisierung der Wissenschaften.

Die Charakterisierung der Paradoxien ist ein Hinweis auf die Probleme, die mit der Bedeutung der Natur für die Persönlichkeitsentwicklung verbunden sind. Diese globale Sicht ermöglicht es uns, Detailuntersuchungen in den Gesamtzusammenhang zu stellen und weltanschauliche Auseinandersetzungen um das Verhältnis von Mensch und Natur besser zu begreifen. Dazu sollen einige Positionen charakterisiert werden.

1. Der Mensch ist ein konkret-historisches Ensemble gesellschaftlicher Verhältnisse, das in seiner Individualität typische und nichttypische Merkmale und Verhaltensweisen vereinigt. Sein Platz in einer bestimmten Gesellschaftsformation, in einer Gesellschaftsklasse, in formellen und informellen Gruppen, in der Familie und die Möglichkeit des Positionswechsels sind zu berücksichtigen. Deshalb verlangen die Forschungen zu den Beziehungen des Menschen zur Natur differenzierte Untersuchungen. Nicht der Mensch steht der Natur gegenüber, sondern es gibt sozialökonomisch determinierte Grundlinien des Mensch-Natur-Verhältnisses.

2. Es geht um die humane Lösung globaler Probleme der Menschheitsentwicklung. In einer Typologie der globalen Probleme steht die Erhaltung und Sicherung des Friedens an erster Stelle. Durch internationale Auseinandersetzung ist der gesellschaftliche Fortschritt durch den Kampf gegen Unterdrückung jeder Art zu garantieren. Der Freiheitsgewinn der Persönlichkeit ist nur möglich, wenn die natürlichen Determinanten menschlichen Verhaltens berücksichtigt werden und die Entwicklung der Produktivkräfte vorangetrieben wird. Entscheidende Bedeutung erlangen die natürlichen Bedingungen menschlicher Existenz und damit die Lösung des Ressourcenproblems.

3. Der Mensch ist eine konkret-historisch determinierte Einheit von Produktivkraft und Persönlichkeit. Als Produktivkraft entwickelt er seine Fähigkeiten und Fertigkeiten zur Beherrschung der Natur. Als Persönlichkeit führt er ein sinnvolles Leben durch die humane Gestaltung der Wirklichkeit und durch die Aneignung der mate-

riellen und kulturellen Werte der Gesellschaft. Durch das kapitalistische Eigentum an Produktionsmitteln, durch die Entfremdung des Produzenten von seinen Produkten im Kapitalismus, entsteht die Trennung von Produktivkraft- und Persönlichkeitsentwicklung. Gesellschaftliche Bildung orientiert auf Karrierehilfe im Interesse der Produktivkraftentwicklung des Individuums. Lebenshilfe ist keine Angelegenheit der gesellschaftlichen Bildungseinrichtungen. Sie wird als Seelsorge von religiösen Gemeinschaften betrieben, die damit nicht selten die weltanschauliche Verteidigung der bestehenden Zustände übernehmen. Der Sozialismus muß die Einheit von Produktivkraft- und Persönlichkeitsentwicklung garantieren. Damit löst er auch die ontologische Paradoxie. Erforderlich dazu ist die Lösung auch der anderen Paradoxien. Es geht um den Wert geistiger und körperlicher Arbeit, der Ergebnisse der Facharbeiter- und Wissenschaftlertätigkeit, der Produktion materieller und kultureller Werte.

4. Naturgesetze modifizieren sich im menschlichen Verhalten durch die neue Qualität des Menschen als gesellschaftliches Wesen. Unter gesellschaftlichen Bedingungen werden Möglichkeiten realisiert, die zwar im Möglichkeitsfeld der Naturgesetze enthalten sind, sich jedoch unter natürlichen Bedingungen nur mit sehr geringer Wahrscheinlichkeit verwirklichen können. Gesellschaftliche Gesetze haben natürliche Existenzbedingungen, die von den Naturwissenschaften selbst als Gesetze untersucht werden. Zu ihnen gehören die genetisch-biotische Vorgeschichte des Sozialverhaltens, die natürlichen Bedingungen gesellschaftlicher Existenz, die natürliche Umwelt, Nahrung, Energie, Rohstoffe und die natürlichen Grundlagen des Menschen mit genetisch-biotischen Prädispositionen. Diese verschiedenen Faktoren sind zu analysieren, um zur Synthese zu kommen.

Bei der Genese des Menschen aus der Natur ist schon gezeigt worden, daß es Etappen des Mensch-Natur-Verhältnisses gibt, die sich prinzipiell voneinander unterscheiden und als Prozesse der dialektischen Negation der Negation erfaßt werden können. Die Herauslösung des Menschen aus der Natur durch die Produktion von Werkzeugen, durch die Sprache und bestimmte gesellschaftliche Verhaltensweisen, die der Produktion der eigenen Existenzbedingungen dienten, zeigte den Menschen als Naturwesen mit spezifischen Eigenschaften. In Mythen und philosophischen Überlegungen wurde zum Ausdruck gebracht, daß die Natur den Menschen beherrscht. Naturkräfte wurden als herrschende Götter begriffen. Mit der immer besseren Beherrschung der Natur unter neuen sozialökonomischen Bedingungen löst sich der Mensch von der Natur. Er rechnet mit unbegrenzten Ressourcen, betreibt Raubbau und fühlt sich als Gegner der Natur. Zivilisation ist mit der Vernichtung natürlicher Bedingungen gleichzusetzen. Kultur ist die Gestaltung einer künstlichen Natur. Als Gegentendenzen treten Landschaftsschutz und Tierschutz auf. Naturvölker werden als den Kulturvölkern unterlegen betrachtet. Der Kolonialismus nutzt diese These zur Begründung für seine „zivilisatorische Funktion“, die zur Ausbeutung und Unterdrückung der kolonisierten Völker führte. Die dialektische Negation des Menschen als Naturwesen ist der Mensch als Gegner der Natur. Das hebt seine Abhängigkeit von der Natur nicht auf, charakterisiert aber sein Verhalten zur Natur. Sozialökonomisch ist dieses Verhältnis zur Natur durch die Existenz von Ausbeutergesellschaften charakterisiert. Heute gibt es gesellschaftliche Voraussetzungen durch das gegesellschaftliche Eigentum an Produktionsmitteln, technologische Möglichkeiten durch die wissenschaftlich-technische Revolution für kostengünstige Verfahren zur Entwicklung von Stoffkreisläufen und historische Notwendigkeiten für internationale Absprachen zur Sicherung der natürlichen Bedingungen menschlicher Existenz, die den Menschen zum Gestalter einer menschenfreundlichen Umwelt werden lassen. Unter neuen gesellschaftlichen Bedingungen, auf höherem technologischen Niveau und entsprechend den humanen Bedürfnissen wendet sich der Mensch als humaner Beherrscher der Natur der Erhaltung der Natur zu. Er begreift damit seinen aktiven Platz im ökologischen System. Das ist die dialektische Negation der Negation vom Menschen als Naturwesen über den Menschen als Gegner der Natur bis zum gesellschaftlich determinierten Naturwesen als aktivem Gestalter ökologischer Systeme.

Die Soziobiologie umfaßt neue Forschungsprogramme, die sich mit den biotischen Grundlagen des Sozialverhaltens der Menschen befassen. Sie ist heute mehr heuristisches Forschungsprogramm als schon Theorie. Ihre Thesen sind vor allem Plausibilitätserklärungen und weniger Forschungsresultate. Mit Beispielen wie der Sklaverei, der Homosexualität, der Gleichberechtigung der Geschlechter u. a. wird der Grundgedanke von der in der genetischen Evolution entstandenen natürlichen Prädisposition gesellschaftlichen Verhaltens erläutert. Dabei wird der Gedanke aufgegriffen, der im dialektischen Materialismus eine entscheidende Rolle spielt, daß höhere Bewegungsformen ihre Geschichte haben. Sie sind aus niederen hervorgegangen, besitzen nun aber spezifische Systemgesetze. Typische Verhaltensweisen höherer Bewegungsformen sind nicht durch Summation des Verhaltens niederer Bewegungsformen zu erfassen. Höhere Bewegungsformen sind nicht auf niedere zu reduzieren. Dabei existieren neben den Genesezusammenhängen auch Strukturzusammenhänge zwischen niedrigeren und höheren Bewegungsformen. So drücken Züchtung und Biotechnologien das konstruktive Verhalten des Menschen zur Natur aus. Genetisch-biotische Prädispositionen beeinflussen das Sozialverhalten des Menschen. Soziobiologie befaßt sich weniger mit diesen Strukturzusammenhängen, sie will die Genese des Sozialverhaltens betrachten. Dabei entstehen viele Anregungen zum Nachdenken und zu sinnvollen Forschungsprogrammen über die genetisch-biotischen, psychischen und sozialen Determinanten historisch entstandener Verhaltensgewohnheiten. Aus solchen Forschungen könnten sich wichtige Hinweise für Bildungs- und Erziehungsstrategien ergeben.

Auf zwei sich andeutende Problemreduktionen in bestimmten soziobiologischen Arbeiten soll hingewiesen werden. Einerseits wird der Entwicklungsgedanke zwar für die biotische Evolution fruchtbar gemacht, aber die Unterschätzung gesellschaftlicher Entwicklungsgesetze verhindert, die Entwicklung des Mensch-Natur-Verhältnisses in seinen historischen Etappen und sozialökonomischen Determinanten zu untersuchen. Der Entwicklung der Natur wird der abstrakte Mensch entgegengestellt. Damit wird die Möglichkeit ausgeschlossen, daß in der klassenlosen Gesellschaft mit hochentwickelter materiell-technischer Basis typische natürliche Ungleichheiten menschlicher und kultureller Bedürfnisse weitgehend ausgeglichen werden können. Es geht dabei um die Verwirklichung des Prinzips: Jedem nach seinen Bedürfnissen, jeder nach seinen Fähigkeiten. Dieses Prinzip fordert selbstverständlich weitere Präzisierungen. So zeigen bisherige Untersuchungen über die Bedürfnisentwicklung, daß eine wesentliche Aufgabe nicht nur in der Analyse von Entwicklungstrends besteht, sondern die aktive Gestaltung von Bedürfnissen immer dringender wird. Andererseits darf es über die Berechtigung des sozio-biologischen Grundgedankens, die genetisch-biotischen, physischen und psychischen Grundlagen menschlicher Existenz und die natürliche Evolution des Sozialverhaltens in biotischen Populationen als Vorformen des sozialen Verhaltens der Menschen zu untersuchen, keine Zweifel geben. Die Soziobiologie macht damit auf eine ökologische Nische wissenschaftlicher Forschung aufmerksam, die als Lücke in der Entwicklungstheorie vielen Wissenschaftlern in der zweiten Hälfte unseres Jahrhunderts immer deutlicher bewußt wurde. Das zeigt sich etwa im Aufschwung der Verhaltenswissenschaften. Aber das darf nicht zur Problemreduktion führen, die neue Qualität in der biotischen Evolution durch die Entstehung des gegesellschaftlichen Wesens des Menschen zu vernachlässigen. Zu dieser neuen Qualität gehören die Entwicklung der Produktivkräfte bis zur Rolle des Menschen als schöpferischem Gestalter und Kontrolleur der technologischen Prozesse; die Entwicklung der menschlichen Erkenntnisse über die Determinanten des eigenen Erkennens und Verhaltens; der Freiheitsgewinn des Menschen durch die bewußte Gestaltung und Konstruktion der Umwelt.

3.3.2. Materialistisch-dialektische Positionen zu Leben und Sterben

Leben und Sterben waren schon immer Gegenstand philosophischen Denkens. In Abhängigkeit vom Entwicklungsstand der Produktivkräfte, von sozialökonomischen Determinanten, vom wissenschaftlich-technischen Fortschritt und von traditionell bestimmten und durch die Zugehörigkeit zu bestimmten Gesellschaftsklassen bedingten Wertvorstellungen wurde der Tod in materialistischen Auffassungen als das unbedingte Ende des Lebens in allen seinen Existenzformen betrachtet, während idealistische philosophische Systeme zwar das Ende der körperlichen Existenz und den Verfall des menschlichen Organismus in der Sterbensphase anerkannten, aber zugleich das Weiterleben nach dem Tode in verschiedenen Formen propagierten.

Es gab Diskussionen über sinnvolles Sterben im Krieg, über die Unsterblichkeit der Seele, über die Bewahrungspflicht menschlichen Lebens, über die Euthanasie, über Völkermord und über natürliches und erzwungenes Sterben. Stets ist die Auseinandersetzung um Leben und Sterben mit der Frage nach dem Sinn des Lebens verbunden. Bei ihrer Beantwortung unterscheiden sich Humanismus und Antihumanismus. Der Humanismus fordert die Bewahrung menschlichen Lebens ohne Unterschied von Rasse, sozialer Stellung, körperlicher Konstitution, geistigen Fähigkeiten und Alter, die bewußte Gestaltung eines sinnvollen Lebens und die ständige Erweiterung des Freiheitsspielraums. Er lehnt die Trennung in lebenswertes und lebensunwertes Leben ab. In der antagonistischen Klassengesellschaft war dieser Humanismus entweder illusionär oder einseitig. Die historische Mission der Arbeiterklasse, die klassenlose Gesellschaft zu errichten, ist zugleich die Aufgabe, einen realen allseitigen Humanismus durchzusetzen. An die Stelle eines sinnvollen Todes setzt die marxistisch-leninistische Philosophie mit ihrer materialistischen Dialektik ein sinnerfülltes Leben.

Mit Leben und Sterben werden existentielle Probleme des Menschen thematisiert. Er muß sich mit dem Entstehen und Vergehen seiner individuellen Existenz befassen. Neue Aspekte, die sich aus der gesellschaftlichen Entwicklung, aus der wissenschaftlich-technischen Revolution und aus der notwendigen Überwindung überlebter traditioneller Vorstellungen ergeben, sind zu analysieren. Was wurde dazu bei uns geleistet?

Es gibt in der DDR eine kontinuierliche Beschäftigung mit den philosophischen Problemen der Medizin und moralischen Aspekten ärztlicher Tätigkeit.[38] Interessant ist, daß die Anzahl der Publikationen zu diesen Problemen wächst. Dafür gibt es verschiedene Ursachen. Erstens droht ein globaler Krieg mit Massenvernichtungswaffen durch die Hochrüstung der USA und der NATO. Dadurch ist die Angst vor dem Tod und vor lebenslangem Siechtum zu einem gesellschaftlichen Problem geworden, das nur durch die Sicherung des Friedens und durch Abrüstung zu lösen ist. Zweitens hat die allgemeine Krise des Kapitalismus neue Zuspitzungen erfahren, die sich in einer Wertkrise ausdrücken. Das allgemeine Krisenbewußtsein humaner und demokratischer Philosophen in kapitalistischen Ländern führt zum Nachdenken über den Sinn des Lebens. Drittens spitzt die wissenschaftlich-technische Revolution die Entgegensetzung von Humanismus und Antihumanismus zu. Unter sozialistischen und kommunistischen Verhältnissen führt sie dazu, daß der Mensch immer mehr zum schöpferischen Gestalter und Kontrolleur seiner Arbeits- und Lebensweise wird. Der Imperialismus deformiert diese Entwicklungstendenzen durch Kurzarbeit, verstärkte Ausbeutung, Arbeitslosigkeit und Verkrüppelung der Persönlichkeit. Es scheint dabei so, als ob neue Effektivitätsmittel mit modernen Technologien die Humanität behindern. Viertens hat der wissenschaftlich-technische Fortschritt zu neuen Erscheinungen geführt, wie zur Verlängerung des Lebens, zur Hilfe bei Krankheit, aber auch zur Einsicht in neue Krankheiten, zur Existenz von Risikokindern u. a. Es sind also humane Strategien erforderlich, um die daraus entstehenden sozialen Probleme zu lösen. Fünftens gab es einen Zusammenbruch kurzschlüssiger Wissenschaftsgläubigkeit und eines einseitigen Rationalismus in kapitalistischen Ländern durch die sozialen Erfahrungen mit Krisen, Kriegsvorbereitung und verschärfter Ausbeutung. Tech-

[38] Eine kleine Auswahl an Literatur soll das belegen: F. Jung/G. Klaus/A. Mette/S. M. Rapoport, Arzt und Philosophie, Berlin 1961; R. Löther, Medizin in der Entscheidung, Berlin 1967; Protokoll des Symposiums: Sozialismus, wissenschaftlich-technische Revolution und Medizin, Berlin 1968; K. Zechmeister, Arzt und Weltanschauung, Berlin 1972; H. Hörz, Mensch contra Materie?, Berlin 1976; U. Körner u. a., Grenzsituationen ärztlichen Handelns, Jena 1983[2] (Medizin und Gesellschaft, 13). – Hinzu kommen eine Vielzahl von Artikeln und die Kühlungsborner Kolloquien zu philosophisch-ethischen Problemen der Biowissenschaften.

nokratie und Expertokratie werden kritisiert. Ein neuer Humanismus wird gefordert.

Die Ursachen, die nach einer humanen Lösung globaler Probleme drängen, sind sicher der tiefere Grund dafür, daß existentielle Probleme, Fragen nach dem Sinn des Lebens, Forderungen an die Wissenschaft nach Humanisierung immer mehr in den Mittelpunkt weltanschaulichen Interesses geraten.

Dabei finden sich in der Diskussion um Leben und Sterben wie in einem Brennpunkt viele weltanschauliche Probleme, die den Sinn menschlichen Daseins überhaupt betreffen. Die marxistisch-leninistische Philosophie erweist sich als Erbe der humanistischen Traditionen, und der Sozialismus schafft Voraussetzungen für die praktische Realisierung humaner Forderungen. Es sind Positionen zu den neuen Möglichkeiten der wissenschaftlich-technischen Revolution und ihrer Realisierung unter konkret-historischen gesellschaftlichen Bedingungen zu erarbeiten.

Das Wechselverhältnis von biowissenschaftlichen und gesellschaftlichen Faktoren beschäftigt uns im Sinn der wissenschaftlich zu analysierenden Möglichkeiten, die realisiert werden können. Schon das genetische Programm enthält ein Möglichkeitsfeld, aus dem in der Individualentwicklung, ausgehend von den biotischen Bedingungen, eine Möglichkeit realisiert wird. Dabei entstehen genetisch-biotische Prädispositionen menschlichen Sozialverhaltens, das entscheidend durch die gesellschaftlichen Verhältnisse geprägt ist.

Worin bestehen die Ergebnisse der bisherigen Diskussion? Ich werde versuchen, aus meiner Kenntnis der Literatur und der Diskussion einige Ergebnisse der bisherigen Auseinandersetzung um philosophische Probleme der Medizin und besonders um den Sinn des Lebens im Zusammenhang mit seiner Sterbephase zusammenzufassen. Dabei unterliegt meine Feststellung, daß es sich bereits um Ergebnisse handelt, selbst wieder dem Meinungsstreit.

Erstens: Als humaner Standpunkt wird die *Bewahrungspflicht menschlichen Lebens* begründet, die jede Trennung in „lebenswertes" und „lebensunwertes" Leben ablehnt. Dabei wird berechtigt festgestellt: „Nicht die Erhaltung von Leben allein, sondern auch die Schaffung solcher Existenzbedingungen, die dem Einzelnen einen Sinn seines Lebens wiedergeben oder ihm einen neuen Sinn erschließen helfen, gehört zu ihren wesentlichen inhaltlichen Ansprüchen."[39] Konsequenzen für unser Thema sind in der Position von L. Mecklinger enthalten, in der die Pflicht hervorgehoben wird, „menschliches

[39] Grenzsituationen ärztlichen Handelns, a. a. O., S. 34.

Leben zu erhalten, zu fördern und vor Schaden zu bewahren, einem Kranken zu seiner letzten Lebensstunde Hilfe zu leisten, das Leiden mit jeglichen Mitteln zu mildern und, wenn kein anderer Ausweg bleibt, das Sterben zu erleichtern, ohne jedoch durch irgendwelche Eingriffe die Lebenszeit zu verkürzen."[40]

Zweitens: Gesellschaftliche Werte und ihnen ent- oder widersprechende Normen sind abhängig von den gesellschaftlichen Verhältnissen, denn herrschende Werte und Normen einer bestimmten Gesellschaftsformation entsprechen den Interessen der jeweils herrschenden Klassen und der theoretische Streit um sie ist Ausdruck der ökonomischen, politischen und ideologischen Auseinandersetzungen. Sozialismus und Kommunismus schaffen gesellschaftliche Voraussetzungen dafür, die humanen Ideale zu verwirklichen. Damit kann die historisch entstandene Trennung zwischen theoretischen Forderungen und praktischen Verwirklichungsmöglichkeiten des Humanismus überwunden werden. Die *gesellschaftliche Determination von Werten und Normen* ist in der marxistisch-leninistischen Philosophie umfangreich begründet worden. Dabei ergeben sich neue Aspekte im Verhältnis von Wahrheit und Wert wissenschaftlicher Erkenntnisse.[41] Zu beachten ist jedoch, daß unsere Wertvorstellungen wesentlich durch das Christentum und seine Entwicklung in Europa geprägt sind. Daraus entsteht nicht selten eine Europazentrismus, der Einflüsse anderer Kulturkreise negiert. Die durch moderne Informationstechnologien mögliche Raum-Zeit-Verkürzung von Informationen bringt jedoch solche Einflüsse mit sich. Deshalb sind in den Diskussionen um Werte und Normen zu Leben und Sterben auch die Auffassungen aus nichteuropäischen kulturellen Traditionen zu berücksichtigen.

Drittens: Das menschliche Individuum als Objekt medizinischer Betreuung ist in der Beziehung des Arztes zum Patienten vor allem als *Persönlichkeit in seiner Einheit von Emotionalität und Rationalität in individueller Ausprägung* zu respektieren. H. Kraatz betont: „Die notwendige Objektivierung und Mathematisierung der medizinischen Forschung darf in der Anwendung ihrer Ergebnisse nicht zu einer die menschliche Persönlichkeit übergehenden Versachlichung der Arzt-Patient-Beziehung führen."[42] Mathematisierung und damit verbunden der Einsatz neuer Technologien in der Medizin bringen neue Möglichkeiten mit sich, Wesensmomente menschlichen Verhaltens analytisch zu erfassen, Organe zu ersetzen, Verhaltensweisen zu

40 Zit. nach: ebenda, S. 12.

41 Vgl. H. Hörz, Wahrheit und Wert wissenschaftlicher Erkenntnisse, in: W. Bahner u. a., Wissenschaftlichkeit – Objektivität – Parteilichkeit, a. a. O.

42 Grenzsituationen ärztlichen Handelns, a. a. O., S. 10.

regulieren. Das darf jedoch nicht dazu führen, den Menschen nur zum Objekt medizinischer Forschung zu machen und seine Subjektfunktion, seine Integrität als Persönlichkeit zu vernachlässigen.

Viertens: Die Bewahrungspflicht menschlichen Lebens muß, bezogen auf das embryonale Leben, die *Entscheidungsfreiheit der Persönlichkeit,* die Freiheit der Frau, über ihren Körper entscheiden zu können, berücksichtigen. Es geht also keineswegs um die Bewahrungspflicht menschlichen Lebens an sich, sondern auch um die Beachtung des Menschen als Sozialwesen. Die Frau entscheidet, in Abhängigkeit von gesellschaftlichen Werten, eigenen Wertvorstellungen und rechtlichen Normen, ob werdendes Leben sich weiter so ausbilden kann, daß es sich bis zum personalen Leben entwickelt. Dabei setzt die garantierte Entscheidungsfreiheit entwickeltes Verantwortungsbewußtsein voraus. Es herauszubilden, ist eine Erziehungsaufgabe.

Fünftens: Die wissenschaftlich-technische Revolution erzwingt die *Präzisierung humaner Positionen.* So haben der künstliche Organersatz, die künstliche Erhaltung von Lebensfunktionen längst das Kriterium des Herzstillstandes als Todeskriterium überholt. Die Bewußtseinsfähigkeit wird als entscheidendes soziales Kriterium menschlichen Lebens betrachtet, wodurch der Hirntod als Grenze des Lebens bestimmt wird.[43] Auch sind Beeinträchtigungen von Persönlichkeitsqualitäten durch Lebenserhaltung mit Ergebnissen der wissenschaftlich-technischen Revolution eine Herausforderung an die Gesellschaft.[44] Die Verantwortung der Gesellschaft wächst, wenn sie die natürliche Auslese durch künstliche ersetzt.[45]

Diese kurz charakterisierten Ergebnisse bisheriger Diskussion sind eine gute Grundlage für den weiteren Meinungsstreit um philosophische Positionen zu Leben und Sterben. Es werden grundsätzliche humane Positionen gefordert und damit der Humanismus präzisiert, wobei keine weltanschaulichen Hemmnisse gegen den wissenschaftlich-technischen Fortschritt aufgebaut werden sollten. Dabei ergeben sich eine Reihe von Problemen, die der Lösung bedürfen.

Die Diskussion um Experimente mit und am Menschen hat sich im Zusammenhang mit der Auseinandersetzung um ethisch-moralische Probleme des Einsatzes von Biotechnologien bei Eingriffen in menschliche Keimzellen zugespitzt.[46] Dabei darf der Gebrauch des Wortes

43 Vgl. ebenda, S. 35.
44 Vgl. ebenda, S. 36.
45 Vgl. H. Hörz, Mensch contra Materie?, a. a. O.
46 Vgl. E. Geißler/H. E. Hörz/H. Hörz, Eingriffe in menschliche Keimzellen?, in: Wissenschaft und Fortschritt, 6/1980.

Experiment hier nicht so verstanden werden, als ob mit dem Menschen in der gleichen Weise umgegangen werden könnte, wie mit Stoffen bei physikalischen und chemischen Laborexperimenten. Beim Menschen können nicht beliebig Faktoren konstant gehalten werden, um einen Faktor in seiner Varianzbreite zu untersuchen. Die Forderung nach Integrität der Persönlichkeit verlangt, den Menschen nicht nur als Objekt, sondern auch als Subjekt von Experimenten zu berücksichtigen. Deshalb sind solche Faktoren wie Risikominimierung und Entscheidungsfreiheit wichtig. Es geht jedoch um gezielte Eingriffe in den menschlichen Organismus und in menschliches Verhalten. Dabei hat das Experiment den Charakter eines objektiven Analysators, der hilft, Fragen zu den Wirkungsmechanismen natürlicher und gesellschaftlicher Determinanten menschlichen Verhaltens zu beantworten.

Nun ist die Integrität der Persönlichkeit auch bei Selbstexperimenten zu beachten. Deshalb erscheint mir die Formulierung problematisch: „Es kann unter keinerlei Umständen und Voraussetzungen eine Gefährdung oder Opferung der Gesundheit oder des Lebens einzelner geben für einen möglichen Erkenntnisgewinn, der anderen später in der medizinischen Behandlung zugute kommen könnte.“[47] Der richtige Grundgedanke, Menschen nicht als Objekte zu benutzen, um mögliche medizinische Hilfe für andere zu erreichen, läßt die moralische Bewertung von Selbstexperimenten außer acht. Die Geschichte der Medizin zeigt, daß Erkenntnisgewinn durch Gefährdung oder sogar Opferung der Gesundheit erreicht wurde. Es geht jedoch auch hier darum, die Entscheidungsfreiheit zu garantieren. Sicher ist der Forscher überzeugt, der sein eigenes Leben gefährdet, daß er in der Lage ist, sich selbst zu retten. Damit führt das Selbstexperiment zur Frage nach dem Risiko beim Einsatz neuer, noch nicht getesteter medizinischer Mittel. Dieses Risiko wird immer eingegangen. Trotz umfangreicher theoretischer Überlegungen, von Tierversuchen und Modellexperimenten ist der erste Einsatz von Pharmaka mit einem Risiko verbunden. Es kann also unter solchen Umständen zu einer Gefährdung der Gesundheit kommen. Ist dabei Entscheidungsfreiheit nach Kenntnis des Risikos garantiert, dann können keine moralischen Bedenken dagegen erhoben werden.

Ein weiteres Problem besteht darin, wie prinzipielle humane Standpunkte in die Praxis umgesetzt werden. Offensichtlich ist die theoretische Darlegung humaner Standpunkte zu Leben und Sterben noch nicht mit ihrem Eindringen in das Massenbewußtsein verbunden.

[47] Grenzsituationen ärztlichen Handelns, a. a. O., S. 37.

Hinzu kommt, daß das, was Ärzte und Schwestern leisten, die ihren humanen Verpflichtungen gerecht werden, nicht immer Allgemeingut ist. Erziehung zur Verantwortung ist nicht nur für das medizinische Personal, sondern auch für die Familie und die Umgebung erforderlich. Es wäre deshalb zu überlegen, wie in Bildungs- und Erziehungskonzeptionen diese existentielle Problematik so verankert wird, daß bei praktischer Realisierung erhöhtes Verantwortungsbewußtsein entsteht. Dabei ist theoretisch das Verhältnis von Sollsätzen und spontan entstehenden Normen zum Normengefüge zu berücksichtigen.[48] Die besten humanen Grundsätze und in der Lehre vermittelten Positionen zur Achtung der Persönlichkeit können durch spontan sich herausbildende Normen im Massenbetrieb oft nicht realisiert werden. Es kommt zu Widersprüchen zwischen Theorie und Praxis, die nicht durch Moralisieren zu lösen sind. Zur humanen Vertretbarkeit kommt die ökonomische Machbarkeit. Der Humanismus wird zur Anforderungsstrategie an die Ökonomie, um die Bedingungen für die Achtung sterbender Menschen zu schaffen. In unserer Zeit, die stark durch das Spezialistentum auch in den Wissenschaften geprägt ist, kann es leicht passieren, daß auch das Sterben zu einer Spezialangelegenheit wird. Es ist jedoch für Freunde, Bekannte, Familie, Arbeitskollegen und behandelndes Personal ein allgemeines Erziehungsproblem, das auch so in der Ausbildung behandelt werden sollte.

Die Begrenztheit der Ressourcen, die ungenügende Anzahl medizinischer Spitzengeräte führt zur Frage nach objektiven medizinischen Kriterien für den Einsatz der vorhandenen Geräte.[49] Dieses Problem ist offensichtlich noch nicht lösungsreif diskutiert. Deshalb treten oft individuell erarbeitete Kriterien an die Stelle der gesellschaftlichen Kriterien. Auch gesellschaftliche Kriterien heben die Entscheidungverantwortung des Arztes nicht auf. Sie kann lediglich dadurch erleichtert werden, daß kollektive Beratung in Gremien erfolgt und die Entscheidung nach sachkundiger Auseinandersetzung gefällt wird. Dabei zeigt sich, daß Humanität keine abstrakte Kategorie ist. Sie ist auch an ökonomische Möglichkeiten und an den wissenschaftlich-technischen Fortschritt gebunden.

Wichtig sind Untersuchungen darüber, welche gesellschaftlichen Bedingungen die weltanschauliche Haltung zu Leben, Sterben und Tod beeinflussen. Dazu gehört sicher nicht nur die Beziehung des Arztes zum Patienten. Auch die Atmosphäre im Kollektiv, in dem

[48] Vgl. H. E. Hörz, Blickpunkt Persönlichkeit, Berlin 1976.
[49] Vgl. Grenzsituationen ärztlichen Handelns, a. a. O., S. 27.

sich derjenige befindet, der mit Sterbensfällen zu tun hat, ist wichtig.

Ungenügend untersucht ist bisher das Problem der „gesellschaftlichen Auslese“ und der „Angepaßtheit an gesellschaftliche Bedingungen“. Die psychische Eignung für Funktionen und Positionen wird meist nur dann bestritten, wenn bereits organische Schäden aufgetreten sind. Offensichtlich geht es auch nicht nur darum, psychisch stabile Persönlichkeiten für anspruchsvolle Positionen zu finden, sondern die psychischen Anforderungen in solchen Positionen zu überprüfen, um sie humaner zu gestalten.

Die weltanschauliche Vorbereitung auf das Sterben hat auch einen allgemeinen moralischen Aspekt. Es geht darum, die Achtung vor den Älteren und den Eltern rechtzeitig zu entwickeln. Überhaupt ist zu überprüfen, ob in manchen Wertvorstellungen nicht der Nützlichkeitsaspekt den Sittlichkeitsaspekt verdrängt. Auch die Familienbeziehungen sind auf humane Weise zu entwickeln, um Sterben im Familienkreise zu ermöglichen. Das hat aber wiederum Auswirkungen, die nicht nur das Verhalten der Menschen zueinander, sondern etwa auch Wohnbedingungen u. a. betreffen. Wenn wir statt der Frage, wofür es sich lohne zu sterben, feststellen, es lohnt sich sinnvoll zu leben, dann ist dieser Sinn durch Erziehung und Bildung zu verdeutlichen, durch gesellschaftliche Bedingungen zu gestalten und durch die Persönlichkeit als humanes Ziel eigenen Handelns zu entwickeln. Wenn Sterben eine Lebensphase ist, die mit der Abrechnung des Individuums über den Sinn seines Lebens verbunden wird, dann sollten wir auch in dieser Phase von „Lebenshilfe“ sprechen, wenn es um die Milderung von Leiden und um das Sterbenlassen geht. Es mag gerechtfertigt sein, die Feststellung zu treffen: „So wie nicht jeder Funke biologischen Funktionierens eines menschlichen Organismus unter die Bewahrungspflicht fällt, ist auch nicht unbedingt jeder Funke von Bewußtsein und Bewußtseinsfähigkeit zu erhalten und zu erwecken.“[50] Der Übergang vom Sterben zum Tod kann sich schnell oder langsam vollziehen. Er kann relativ schmerzlos oder mit fast unmenschlichen Leiden verbunden sein. Nicht immer ist es leicht, eine eindeutige Prognose zu geben. Deshalb sollte man vorsichtig mit der Formulierung sein, in der eine Pflicht zum Sterbenlassen enthalten ist. „Das Sterbenlassen und die Linderung des Sterbens werden erst *dann* zur Pflicht – und dann zur *Pflicht!* –, wenn der organismische Verfall nicht mehr wesentlich aufhaltbar ist und der Tod unmittelbar bevorsteht.“[51] Es ist sicher

[50] Ebenda, S. 35 [51] Ebenda, S. 36.

nicht leicht, zu interpretieren, was unter wesentlich aufhaltbar zu verstehen ist. Alles was in dieser Phase zu tun ist, ist Lebenshilfe. Das kann auch die Linderung des Leidens betreffen, selbst wenn dabei der Tod eintritt. Eine entscheidende Rolle spielt dabei das Gewissen des Arztes, d. h. sein Verantwortungsbewußtsein für humanes Handel in solchen komplizierten Phasen.[52]

Sicher ist es wichtig, auch über die „Würde des Todes" weiter zu diskutieren. Sie betrifft m. E. nicht in erster Linie das sterbende Individuum, sondern die Haltung der Umgebung zum sterbenden und verstorbenen Menschen. Man kann das Verhalten eines Sterbenden nicht mit den Normen der Würde eines gesunden Menschen messen. Was zum Wohlbefinden des Sterbenden gehört, ist vom Nichtsterbenden kaum nachzuvollziehen. Wohl aber gehört es zur Würde des Todes, daß dem Sterbenden und Verstorbenen Achtung entgegengebracht wird, daß aber auch die Formalitäten, Rituale usw. unseren humanen Forderungen entsprechen.

Nicht immer entsprechen die Normen den gesellschaftlichen Werten. Einer unserer höchsten Werte ist die Achtung vor der Persönlichkeit. In den spontan entstandenen Normen, die sich für das Verhalten zu den Sterbenden durchgesetzt haben, ist diese Achtung nicht immer zu spüren. Manch einer wünscht sich, daß das Sterben von Angehörigen möglichst im Krankenhaus erfolgt, ohne Beteiligung der Verwandten und Freunde. Andere verdrängen die Probleme des Sterbens. Auch sind die Bedingungen, unter denen die Beerdigung erfolgt, nicht immer dazu angetan, die Würde des Todes zu zeigen.

Die sittliche Reife einer Gesellschaftsordnung ist direkt mit ihrer Hilfe für geschädigte und sterbende Menschen verbunden. Da Humanität nicht abstrakt ist, sondern an ökonomische Möglichkeiten und politische Erfordernisse gebunden ist, geht es stets darum, zu kontrollieren, ob die Gesellschaft ihre Möglichkeiten zur humanen Gestaltung der menschlichen Beziehungen optimal nutzt.

[52] Vgl. H. Hörz, Mensch contra Materie?, a. a. O.

IV. Materialistische Dialektik als Methodologie

Die bisherigen Darlegungen, für die die materialistische Dialektik als Heuristik diente, um die Wissenschaftsentwicklung in ihrer Zyklizität und das Humanpotential der Wissenschaften zu erklären, ermöglichen Reflexionen zu methodologischen Fragen. Materialistische Dialektik ist stets eine Einheit von Theorie, Methode und Methodologie. Mit dem methodischen Instrumentarium, das sich aus den im ersten Kapitel dargelegten theoretischen Grundlagen als Heuristik ergibt, wurde versucht, Grundlagen einer dialektischen Theorie der Wissenschaftsentwicklung aufzubauen, in der die Wissenschaftsentwicklung als dialektischer Prozeß und die aus den humanen Anforderungen an die Wissenschaftsentwicklung sich ergebenden Probleme analysiert wurden. Das half mit, Gegenwartsprobleme in ihren historischen Wurzeln zu erkennen und Lösungen vorzuschlagen. Dabei war die materialistische Dialektik als Methodologie, d. h. als Methodentheorie stets mitzudenken, ohne daß darüber direkt reflektiert wurde. Das ist mit dem bisher vorgetragenen Material nun möglich.

Materialistische Dialektik leistet wesentliche Beiträge zur Erforschung des Methodensystems wissenschaftlicher Tätigkeit. Das soll zuerst verdeutlicht werden. Da die Systemforschung, wie bei der Darlegung gegenwärtiger integrativer Tendenzen schon gezeigt, immer mehr Einfluß auf das Methodensystem erlangt, sollen auch Überlegungen zu dialektischen Prinzipien der Systemforschung angestellt werden. Um die Verallgemeinerung jedoch nicht zu weit zu treiben und die wissenschaftliche Relevanz methodologischer Überlegungen der materialistischen Dialektik zu zeigen, werden am Fallbeispiel Ökologie methodologische Aspekte zur Lösung von Problemen getestet.

1. Zur Erforschung des Methodensystems

Wenn es um die materialistische Dialektik als Methodologie (Methodentheorie) geht, dann sind zwei Gedanken von Lenin entscheidend, nämlich die Rolle der Praxis als Grundlage, Ausgangspunkt und Ziel der Erkenntnis sowie als Kriterium der Wahrheit und die schöpferische Rolle des Bewußtseins. Bei Lenin heißt es dazu: „Von der lebendigen Anschauung zum abstrakten Denken und von diesem zur Praxis – das ist der dialektische Weg der Erkenntnis der Wahrheit, der Erkenntnis der objektiven Realität."[1] Der Hinweis auf die Dialektik der Erkenntnis muß ernst genommen werden, denn die Erkenntnis ist eine Einheit von darstellender Abbildung und schöpferischer Konstruktion, von praktischer und theoretischer Tätigkeit, von Einsichten in das Existierende und Modellierung des Zukünftigen. Lenin betonte: „Das Bewußtsein des Menschen widerspiegelt nicht nur die objektive Welt, sondern schafft sie auch."[2] Erkenntnis ist mehr als systematisierte Anschauung. Sie dringt in das objektive Möglichkeitsfeld ein, erkennt objektive Gesetze und ihre Wirkungsmechanismen und kann so natürliche Vorgänge menschlichen Zwekken nutzbar machen und technische Systeme zur Produktion von Existenzbedingungen des Menschen schaffen. Schöpferische Ideen sind die ideellen Programme der Tätigkeit des Menschen, die auf die Verwirklichung der möglichen neuen Art der Beherrschung von Objekten und Prozessen gerichtet ist. Wissenschaftlich-schöpferische Tätigkeit fordert Wissen über die objektiven Möglichkeiten, über die Probleme und ihre bisherigen Lösungen, Können des Wissenschaftlers, sein bisheriges Wissen so zu kombinieren, daß eine schöpferische Idee entsteht, und die Kenntnis der praktischen Realisierbarkeit dieser Idee.

1.1. Phantasie, schöpferische Ideen und Erfindungen

Es ist interessant, daß Kategorien zur Bezeichnung psychischer Prozesse wie das Unbewußte und das Unterbewußte für die Charakteristik schöpferischer Prozesse wieder Bedeutung erlangen, obwohl sie aus der Psychophysik kognitiver Prozesse als zu unbestimmt und unexakt verbannt werden.[3] Informationsaufnahme, -verarbeitung und -verwertung sind an Begriffe als Zusammenfassungen von Erfahrungen und ihre sprachliche Repräsentanz (Termini) gebunden. F. Klix verweist darauf, daß die klassifizierenden Erkennungssysteme im menschlichen Gedächtnis Begriffe genannt werden, denen Wörter zugeordnet sind. Er zeigt, wie Gesetzmäßigkeiten geistiger

[1] W. I. Lenin, Philosophische Hefte, a. a. O., S. 160.
[2] Ebenda, S. 203.
[3] Vgl. A. Arnold, Unterbewußtes und Unbewußtes im Denken und Handeln, Berlin 1985.

Prozesse sich in den durch Begriffe und Wörter möglichen Klassifizierungsprozessen ausdrücken.[4] Der Klassifizierung liegen logische Regeln zugrunde.

A. Einstein machte mit seinem erkenntnistheoretischen Credo darauf aufmerksam, daß zwischen spekulativ-schöpferischem Denken und der sinnlichen Erfahrung Beziehungen existieren, die nicht rein logischer Natur sind. Begriffe und Sätze erhalten ihren Sinn durch ihre Beziehung zu Sinneserlebnissen. „Die Verbindung der letzteren mit den ersteren ist rein intuitiv, nicht selbst von logischer Natur."[5] Denken ist für Einstein von der Art eines freien Spiels mit Begriffen, das „zum größten Teil ohne Verwendung von Zeichen (Worte) vor sich geht und dazu noch weitgehend unbewußt."[6] Schöpfertum ist für Einstein mit der Fähigkeit zum Wundern verbunden. Wenn man sich über Widersprüche in der Theorie oder zwischen Theorie und Praxis wundert, dann ist man einem Konflikt zwischen Erlebnis- und Begriffswelt auf der Spur, dessen Lösung zu neuen Erkenntnissen führen kann.

Das von Einstein mit den Überlegungen zum Schöpfertum aufgeworfene Problem hat m. E. zwei Aspekte. Einerseits spielen das Unterbewußte und Unbewußte dann eine Rolle, wenn wir vom freien Assoziieren, von der Phantasie zum analytisch-synthetischen Denken übergehen, um Voraussetzungen für die Problemlösung (Intuition) zu schaffen. Der schöpferische Prozeß im Bewußtsein ist eine Einheit dieser Komponenten. Schöpferische Ideen als Bestandteil der Bewußtheit entstehen aus der Einheit von bewußten (analytisch-synthetisches Denken, gelenkte Phantasie) und abewußten (Unterbewußtes, Intuition) Prozessen. Begriffe als Zusammenfassung von Erfahrungen sind sprachlich formuliert. Andererseits ist der Zusammenhang zwischen logischem Denken und Erlebnissen bedeutungsvoll durch das Wundern. Es ist dann Grundlage der Phantasie, wenn aus dem Wundern ein Problem entsteht, dessen mögliche Lösung als Ziel gedacht und zu dessen Lösung mögliche Wege gesucht werden.

Phantasie ist offensichtlich mit Analogiebildung, mit anschaulichem Denken, mit freiem Assoziieren von Begriffen verbunden. Besonders das anschauliche Denken, das für einen anderen nicht leicht nachvollziehbar ist und nicht immer sofort mit Worten ausgedrückt

4 Vgl. F. Klix, Über Gesetzmäßigkeiten in geistigen Prozessen, in: Spectrum, 9/1983, S. 14 f.

5 A. Einstein, Autobiographisches, in: Albert Einstein als Philosoph und Naturforscher, hg. von A. Schilpp, Stuttgart 1955, S. 4.

6 Ebenda, S. 3; H. Hörz, Einstein und die Philosophie, in: DZfPh, 2/1979, S. 149 ff.

werden kann, ist eine wichtige Stufe im schöpferischen Prozeß. Anschaulichkeit ist mit Modellen verbunden. Sie können zur Veranschaulichung von Theorien, aber auch als Heuristik für den Aufbau von Theorien dienen. Mit anschaulichen Vorstellungen erfassen wir das für uns Wesentliche in der sinnlichen Erkenntnis, das mit unseren Erfahrungen gekoppelt ist und auf den Ergebnissen unseres analytisch-synthetischen Denkens beruht. Damit sind sie zugleich unbewußtes und unterbewußtes Reservoir unserer schöpferischen Ideen.

Offensichtlich spielt für das bewußte Suchen nach schöpferischen Ideen das *Unterbewußte* eine große Rolle. Das Unterbewußtsein umfaßt die Gesamtheit der gespeicherten Kenntnisse und Erfahrungen, die durch aktuelle Bewußtseinsprozesse überlagert sind. Die Aktualisierung dieser gespeicherten Erfahrungen ist wichtig für das Auffinden schöpferischer Ideen. Der schöpferische Erkenntnisprozeß ist darauf gerichtet, Erkenntnisse von Beziehungen und Gesetzen der Natur, der Gesellschaft und des Bewußtseins technologisch zu nutzen, um menschliche Zwecke zu erreichen. Dabei wirkt *Unbewußtes* mit. Es umfaßt begrifflich noch nicht bestimmte, schwer formulierbare Ahnungen von Zusammenhängen, denen erst bewußt nachzugehen ist, wobei das Unterbewußtsein aktualisiert wird. Man kennt das Gefühl, einem Widerspruch zwischen existierender Theorie und eigenen Erlebnissen oder Überlegungen auf der Spur zu sein. Das Gefühl hat seinen realen Grund darin, daß die Konsequenzen aus Theorien nicht für alle möglichen Situationen und Randbedingungen gezogen werden. Außerdem zwingen neue Erfahrungen dazu, alte Theorien zu überprüfen.

Kann man das Schöpferische auf das Unbewußte reduzieren? Offensichtlich nicht. Als rational noch nicht zu begründendes Gefühl der Nichtübereinstimmung von Theorie und Wirklichkeit, als intuitive Ahnung eines Problems steht dieses Unbewußte im engen Zusammenhang mit bisherigen Kenntnissen und Erfahrungen, mit der Beherrschung des methodischen Instrumentariums. Solche Gefühle und Ahnungen können Anregung zum weiteren Nachdenken sein und damit vielleicht einen schöpferischen Prozeß auslösen. Schöpfertum erfordert Assoziationen, Analogien, die nur bei genauer Problemkenntnis, umfangreichem Wissen und der Fähigkeit, solche Assoziationen zu suchen, zur Entwicklung schöpferischer Ideen genutzt werden können.

W. Ostwald stellte sich die Frage, welche Arten der geistigen Betätigung beim Erfinden in Frage kommen. Die Antwort lautete: „Zunächst zweifellos die Phantasie. Um zu erfinden, muß man sich etwas vorstellen, was es noch nicht gibt, und die Erfindung besteht in dem Auffinden eines Weges, um ein solches Ideal zu verwirklichen." Phantasie besteht für ihn „in der freien oder willkürlichen Verknüpfung einzelner Elemente der persönlichen Erfahrung (einschließlich der etwa durch Nachricht von anderen oder aus Büchern gewonnenen Kenntnisse), wobei das Neue nur in der bisher nicht ausgeführten Verknüpfung und in neuen maßstäblichen Verhältnissen, nicht aber in der Beschaffenheit der Elemente liegt."[7] Ostwald kritisierte die primitive mystische Auffassung vom Erfinder, die vor allem mit der Plötzlichkeit von schöpferischen Ideen und ihrer scheinbaren Zusammenhanglosigkeit mit den laufenden Inhalten des bewußten Denkens begründet wird. Er verwies auf die Einheit von bewußten und unterbewußten Prozessen und auf die Schritte, die notwendig waren, um zur intuitiven Problemlösung zu kommen.

Ihm ging es um die Möglichkeit organisierten Findens, die durch mystische Auffassungen verneint wird. „Der unentwickelte Mystiker ... verehrt das geheimnisvolle Walten des Weltgeistes oder wie er sonst seine Unwissenheit einkleidet. Der wissenschaftlich Denkende aber besinnt sich ... auf die psychologischen Verhältnisse dieses Vorganges und zieht aus dem Ergebnis Schlüsse darauf, wie man ihn erleichtern und fördern kann. Denn er ist im Gegensatz zum Mystiker der zutreffenden Meinung, daß er die erwünschte Fähigkeit zum Erfinden durch die Mitwirkung des Verstandes nur verbessern, keinesfalls aber schädigen kann."[8] Gelenkte Phantasie ist erforderlich, um Problemlösungen (Intuitionen) zu erreichen.

Was gehört zur gelenkten Phantasie? Erstens ist ein Ziel der Forschung zu entwickeln, das auf der Nutzung bisheriger Erkenntnisse über Beziehungen und Gesetze der Natur, der Gesellschaft und des Bewußtseins beruht und eine neue Prinziplösung ermöglicht, oder das Erfahrungen verallgemeinert, Analogien ausnutzt und mögliche Anforderungen an die Einsparung gegenständlicher und lebendiger Arbeit und an die Erweiterung der Humanität zum Ausdruck bringt. Zweitens muß Kenntnis der Problemsituation existieren. Dazu sind bisherige erfolgreiche und erfolglose Problemlösungen zu analysieren, die Ideen in den fortgeschrittensten Kollektiven der Welt zu studieren und die materiellen und personellen Bedingungen zu berücksichtigen. Drittens ist das Problem in seine Elemente zu zerlegen. Je weiter diese Zerlegung geht, desto mehr Kombinationsmög-

[7] Forschen und Nutzen. Wilhelm Ostwald zur wissenschaftlichen Arbeit. Aus seinen Schriften ausgewählt, bearbeitet und zusammengestellt anläßlich seines 125. Geburtstages von G. Lotz, L. Dunsch und U. Kring, Berlin 1978, S. 33.

[8] Ebenda, S. 34.

lichkeiten für neue Synthesen existieren. Danach kann viertens das Möglichkeitsfeld der Elementkombinationen aufgestellt werden. Dabei entstehen für die gelenkte Phantasie Restriktionen dadurch, daß bestimmt werden muß, ob das, was wissenschaftlich möglich und technisch-technologisch realisierbar ist, auch ökonomisch machbar, gesellschaftlich wünschenswert, durchsetzbar und human vertretbar ist. Fünftens muß dann die Überprüfung einzelner Möglichkeiten erfolgen, um Hinweise für die Problemlösung zu erhalten.

Das Ergebnis der gelenkten Phantasie in der Einheit mit analytisch-synthetischem Denken ist Intuition als Problemlösung. Sie hat ihre Voraussetzungen. Zu ihnen gehören die Beschäftigung mit dem Problem, die Kenntnis des experimentellen und theoretischen Standes der Problemlösungen, die umfangreiche Erfahrung mit möglichen Problemlösungen, wobei die Erfahrungen nicht unbedingt selber gesammelt werden müssen, und die Mobilisierung aller geistigen Aktivitäten, um das Problem zu lösen. Dabei spielen solche Faktoren wie umfangreiche Erfahrungen als Grundlage freien Assoziierens, gute Allgemeinbildung als Voraussetzung für das Aufsuchen von Analogien, keine Scheu vor verrückten Ideen eine große Rolle. Die Intuition als Problemlösung verlangt also einen breiten kulturellen Hintergrund und den Willen zur Konzentration auf das Problem.

Ostwald machte darauf aufmerksam, daß gegen die Verwertung der Wissenschaft zum Erfinden oft der Einwand erhoben werde, daß durch sie der Geist nicht befreit, sondern eingeschränkt werde, weil die einmal erlernte Auffassung das Aufsuchen anderer Möglichkeiten verhindere, während der Laie unvoreingenommen zur Sache komme und dadurch neue Aspekte erkennen könne. Ostwald anerkannte, „daß ein mehrfach verfolgter Gedankengang gemäß dem allgemeinen Erinnerungsgesetz viel leichter wiederholt als ein neuer aufgesucht wird. Wenn also der Erfinder in der primitiven Weise des Anfängers auf den günstigen Einfall warten muß, so sind seine Aussichten auf Erfolg um so schlechter, je mehr eingefahrene Gedankengleise bei ihm vorhanden sind, d. h. wie eingehend er das Vorhandene studiert und sich eingeprägt hat.“[9] Ostwald verwies jedoch darauf, daß gründliche wissenschaftliche Erfahrung hilft, das Möglichkeitsfeld von Lösungen zu entdecken und verschiedene Möglichkeiten zu testen. „Seine Gleise hindern ihn nicht, weil er, ohne durch sie beeinflußt zu werden, rein objektiv alle Möglichkeiten entwickelt.“[10] Es geht also darum, nicht auf den Zufall zu warten,

[9] Ebenda, S. 38.
[10] Ebenda.

sondern ihn zu organisieren. Ein Beispiel dafür, daß ein genialer Gedankenblitz meist das Ergebnis langer Beschäftigung mit damit zusammenhängenden Fragen ist, ist die Konstruktion des Augenspiegels durch Helmholtz. Als Physiologe kannte er die Theorie des Augenleuchtens, als Physiker beschäftigte er sich mit den Gesetzen der Optik, und als Mediziner war er mit den Sorgen der Augenärzte vertraut. Helmholtz verwies darauf, daß Brücke selbst nur um Haaresbreite von der Erfindung des Augenspiegels entfernt war. Er hätte sich die Frage stellen müssen, welchem optischen Bild die aus dem Leuchten des Auges zurückkommenden Strahlen angehören. Helmholtz tat das. Damit hatte er eine Möglichkeit, den Augenärzten zu helfen. „Ich machte mich sogleich daran", stellte er fest, „das Instrument aus Brillengläsern und Deckgläsern für mikroskopische Objekte zusammenzukitten. Zunächst war es noch mühsam zu gebrauchen. Ohne die gesicherte theoretische Überzeugung, daß es gehen müßte, hätte ich vielleicht nicht ausgeharrt."[11]

Es zeigt sich die dialektische Einheit der Problemsicht, des Wissens um die objektiven Gesetze, der schöpferischen Idee und der praktischen Realisierung. Phantasie allein löst sich von der Wirklichkeit und wird nie zur Intuition führen. Gelenkte Phantasie fördert die Intuition. Analytisch-synthetisches Denken ohne Phantasie gleicht dem Begehen gleicher Pfade. Neue Wege werden nicht gesucht, weil Möglichkeiten nicht bestimmt und Zukünftiges nicht vorausgedacht wird. Die Intuition hat nicht nur geistige Wurzeln. Sie wird befördert durch die Breite der Erfahrung, die Grundlage für die Kombination empirisch analysierter Wesensmomente ist.

1.2. Der dialektische Zusammenhang der Methoden

Eine Methode ist der bewußte Einsatz spezifischer Möglichkeiten menschlicher Tätigkeit, meist ausgedrückt in Regeln und Verfahren als Handlungsanweisungen, um ein vorgegebenes Ziel zu erreichen. Dabei reichen die menschlichen Potenzen von der praktisch-gegenständlichen Veränderung objektiv-realer Objekte, über die geistige Aneignung der Wirklichkeit und die theoretische Lösung von Problemen, bis zur Nutzung der Sprache als Einheit von Widerspiegelungs- und Kommunikationsmittel.[12] Das führt zu einer Vielfalt von Methoden, die in der dialektischen Theorie der Wissenschaftsent-

[11] H. v. Helmholtz, Philosophische Vorträge und Aufsätze, Berlin 1971, S. 11 f.
[12] Vgl. H. Hörz, Widerspiegelung, Kommunikation und Sprache, in: DZfPh, 11/1981, S. 1315 ff.

wicklung durch ihre Eckpunkte, eben die mathematisch-logische, die experimentelle und die historische Methode und deren Verflechtungen charakterisiert sind.

Die Einheit von Theorie und Methode zeigt sich darin, daß eine erfolgreiche spezifische Methode eine zielbestimmte Einheit von theoretischen Einsichten in die Struktur des Erkenntnisobjekts, einschließlich der zu überprüfenden Hypothesen, und von allgemeinen Regeln und Verfahren ist. Erst die theoretischen Resultate, d. h. auch die analysierten Daten, zeigen, ob eine Methode geeignet ist, das Objekt zu erforschen und das Erkenntnisziel zu erreichen.

Die materialistische Dialektik kann keine wissenschaftliche Methode ersetzen. Sie untersucht jedoch als philosophische Methodologie die Struktur, Veränderung und Entwicklung des Methodensystems, um zu einer philosophischen Theorie der Methoden zu kommen und methodenkritisch wirksam werden zu können. Das Methodensystem der Wissenschaften hat sich als Ganzes und in seiner Spezifik in den einzelnen Wissenschaften in einem langen historischen Prozeß herausgebildet und entwickelt sich weiter. Ausgehend von der Analyse des wissenschaftlichen Erkenntnisprozesses, der einerseits durch die objektive Analyse von Objekten und Prozessen im Experiment und andererseits durch die subjektive, d. h. durch den Menschen durchgeführte Synthese analysierter Erkenntnisse in der Theorie bestimmt ist, kann man die experimentelle Methode als Bestandteil der praktisch-gegenständlichen Tätigkeit des Menschen zur Erkenntnis der Welt mit Hilfe der objektiven Analyse und praktischen Synthese und die mathematisch-logische Methode als Prototyp theoretisch-schöpferischen Denkens als zwei Eckpunkte dieses Methodensystems betrachten.

Theorie ist ein System von Aussagen über Gesetze und Bedingungen, das wesentliche Verhaltensweisen von Systemen eines bestimmten Objektbereichs erklärt. Experiment ist der gezielte Einsatz der objektiven Analyse von Objekten und Prozessen in der gegenständlichen Auseinandersetzung mit der Wirklichkeit. Die *schöpferisch-theoretische Erkenntnis* leistet in ihrer synthetisierenden Funktion zwei wesentliche Beiträge für die begriffliche Erfassung der objektiven Realität. Einerseits verallgemeinert sie gewonnene Teilerkenntnisse aus der im Experiment durchgeführten objektiven Analyse, wobei sie auch schon verallgemeinerte Erkenntnisse berücksichtigt. Andererseits entwirft sie ideelle Strukturen von Systemen mit ideellen Objekten, konstruiert theoretisch mögliche objektive Sachverhalte. In der Mathematik ist diese Einheit von Synthese und Konstruktion, von Verallgemeinerung und Entwurf verwirklicht.

Die *experimentelle Methode* mit ihren Schritten von der Aufstellung überprüfbarer Hypothesen, über die gedankliche Vorbereitung und die Durchführung des Experiments bis zur Auswertung der erhaltenen Daten, orientiert sich wesentlich auf die Rolle der praktischen Tätigkeit zur Analyse von Objekten und Prozessen. Das wird ergänzt durch die mögliche praktische Synthese nach theoretischen Vorstellungen, die die praktische Realisierung theoretischer Möglichkeiten zeigen muß. Die Bedeutung des Experiments für die praktische Synthese wie auch die Rolle der Theorie für die Analyse weisen auf die Dialektik der Beziehungen zwischen der praktischen objektiven Analyse und der theoretischen Synthese hin.

Die Vernachlässigung dieser Dialektik kann einerseits zum Empirismus und damit verbunden zur Spekulation führen. Den Zusammenhang zwischen beiden hatte Engels besonders in seinen Betrachtungen zur „Naturforschung in der Geisterwelt" im Auge. Ein Beispiel dafür liefert heute m. E. die Parapsychologie, wenn sie beobachtete Phänomene keiner streng wissenschaftlichen Kontrolle unterwirft, sondern ungenügend gesicherte Experimente mit Spekulationen über neue Wesenskräfte des Menschen verbindet. Andererseits wird die synthetische Funktion theoretischen Denkens einseitig in der Verallgemeinerung analysierter Sachverhalte, in der Widerspiegelung objektiver Realität gesehen und die Einheit von schöpferischen Konstruktionen und damit von Denkmöglichkeiten und realen Möglichkeiten nicht beachtet, die in der praktischen Synthese zu überprüfen sind.

Experimentelle und mathematisch-logische Methode als Ausdruck des praktischen und theoretisch-schöpferischen Herangehens an die Erkenntnis der Wirklichkeit müssen durch die *historische Methode* ergänzt werden, die Objekte und Prozesse in deren Veränderung und Entwicklung erfaßt, die zur gegenwärtigen Struktur geführt haben. Dazu ist es erforderlich, das Verhältnis von Logischem und Historischem in der Theorienentwicklung weiter auszuarbeiten, wobei unter Logischem die fertige Theorie als Widerspiegelung der gesetzmäßigen Beziehungen bestimmter Objektbereiche verstanden wird, während mit dem Historischen die Herausbildung dieser Theorie charakterisiert wird. Das gilt auch für Prozeß- und Entwicklungstheorien. Die historische Methode hat damit zwei Aspekte. Einerseits dient sie zur Erkenntnis der in der gegenwärtigen Struktur fixierten Veränderungen und Entwicklungen. Andererseits sind mit ihrer Hilfe die Entwicklung der Theorien über bestimmte Gegenstände aufzudecken, die Begriffsgeschichte zu analysieren und die Determinanten konkret-historischer Erscheinungsformen theoretischer Auffassungen zu bestimmen.

Die Heuristik für die Untersuchung des Methodensystems durch die materialistische Dialektik besteht also darin, alle Methoden als Beziehungen zwischen experimenteller, mathematisch-logischer und historischer Methode zu charakterisieren. So wäre die Beobachtung nur als Vorstufe der experimentellen Analyse zu sehen. Induktion, Deduktion und Reduktion sind Aspekte des theoretischen Herangehens an die Wirklichkeit, die wesentlich durch Mathematik und Logik erfaßt werden. Die Vielschichtigkeit der Modellmethode, die z. B. das Aufsuchen von Analogien in materiellen und ideellen Systemen fordert und mit ihren Gegenständen arbeitet, als seien es die untersuchten Objekte oder die entsprechenden Theorien, deckt heute die ganze Breite von der objektiven Analyse bis zur theoretischen Synthese ab. Mit der experimentellen, der mathematisch-logischen und der historischen Methode sind also die Eckpunkte des Methodengefüges charakterisiert. Da die Erkenntnismethode immer eine bestimmte Art und Weise ist, um ein Erkenntnisziel zu erreichen, müssen diese drei Methoden, wenn sie die entsprechenden Eckpunkte sein sollen, die wesentlichen Arten und Weisen für alle Objekte charakterisieren, die möglich sind, um Erkenntnisziele zu erreichen. Das ist tatsächlich der Fall. Jedes Erkenntnisobjekt aus Natur, Gesellschaft und Bewußtsein, das untersucht werden soll, wird der objektiven Analyse und der praktischen Synthese, der theoretischen Analyse und der subjektiven Synthese unterworfen, wobei zu beachten ist, daß es eine Geschichte hat und auch die Wissenschaft und ihre Theorien sich entwickeln.

Durch den Platz des Modells im wissenschaftlichen Erkenntnisprozeß bedingt, nutzt die Modellmethode die verschiedensten wissenschaftlichen Methoden zur Auswahl oder zur Konstruktion von Modellen. Da Modelle Als-ob-Theorien und Als-ob-Objekte[13] sind, dienen die mathematisch-logische, experimentelle und historische Methode zur Untersuchung der Modelle, um entsprechende Ergebnisse

[13] Diese Charakteristik hat nichts mit der Auffassung von H. Vaihinger zu tun, der in seiner Philosophie des Als-ob zu zeigen versucht, daß Wissenschaft stets mit Fiktionen arbeitet. Diese sind seiner Auffassung nach nicht wahr. In den Überlegungen zu den Modellen spielt jedoch ein anderer erkenntnistheoretischer Zusammenhang eine Rolle. Mit den Modellen wird gearbeitet, als ob es die entsprechenden Theorien oder Objekte seien. Das zwingt dazu, die Analogie (Homologie) zwischen Objekt und Modell und die Adäquatheit zwischen Modellvorstellung und der Beziehung zwischen Modell und Objekt zu bearbeiten. Vgl. dazu: H. Hörz, Modelle in der wissenschaftlichen Erkenntnis, a. a. O.; N. Hager, Modelle in der Physik, Berlin 1982.

über das Objekt zu erreichen. In der Methodenkritik darf nicht nur die Grenze einer bestimmten Methode eine Rolle spielen, sondern es müssen auch, ausgehend von den Ergebnissen der materialistischen Dialektik, die Struktur, Veränderung und Entwicklung des Objekts und die Struktur, Veränderung und Entwicklung des Modells berücksichtigt werden. Die Berechtigung der Analogie ist also im Zusammenhang mit den Systemgesetzen für Objekt und Modell nachzuweisen. Das hat dann Bedeutung, wenn z. B. in die Modelle bestimmte Determinationsauffassungen eingegeben werden. Ist das der Fall, dann ist die philosophische Relevanz dieser Auffassungen zu überprüfen, um sie eventuell mit entsprechenden philosophischen Erkenntnissen zu koppeln. Für die Modellmethode ergibt sich, daß sie keine neben anderen stehende Methode ist, sondern integrativen Charakter besitzt und universell anwendbar ist.

Die weitere Ausarbeitung der materialistischen Dialektik hat Bedeutung für die Methodenkritik. So beruht die Analogie als Erkenntnismethode auf der objektiven Existenz allgemeiner Eigenschaften, während die Homologie den strukturellen Zusammenhang zwischen anderen Qualitäten der gleichen Grundqualität und den genetischen Zusammenhang zwischen neuen und höheren Qualitäten ausdrückt. Die Analogie hat ihre Grenzen in den Systemgesetzen. So kann analoges Verhalten zwischen Tiergemeinschaften und menschlichen Gruppen heuristischer Hinweis zur Aufdeckung natürlicher Grundlagen für soziales Verhalten sein, die Erkenntnisse über die Soziogenese bereichern, aber keine Erklärung des gesellschaftlichen Verhaltens selbst geben.

Entscheidend für eine materialistisch-dialektische Methodologie ist die Unterscheidung zwischen wissenschaftlich berechtigten Reduktionen und dem philosophischen Reduktionismus.[14] Wesentliche Reduktionen, die im wissenschaftlichen Erkenntnisprozeß durchgeführt werden, sind die des Besonderen auf das Allgemeine bei der Theorienentwicklung, des Systems auf die Elemente und des Höheren auf das Niedere. Die Reduktion des Besonderen auf das Allgemeine ist vor allem mit der Herausbildung allgemeiner Theorien verbunden, die eine Vielzahl von Experimenten erklären und Regeln, Modelle usw. für Teilaspekte des untersuchten Bereichs zusammenfassen. Wird diese allgemeine Theorie zur alleinigen Erklärung aller besonderen Erscheinungen herangezogen, auch wenn sie nicht von der allgemeinen Theorie in dieser Spezifik erfaßt werden, dann erst liegt

[14] Vgl. H. Hörz/U. Röseberg (Hrsg.), Materialistische Dialektik in der physikalischen und biologischen Erkenntnis, a. a. O., S. 425 f.

philosophischer Reduktionismus vor. Aus der Geschichte der Wissenschaft kennen wir die Bedeutung der Theorie Newtons für die Entwicklung der Physik. Aber sie umfaßte nicht alle physikalischen Erscheinungen und war schon gar nicht der Prototyp jeder wissenschaftlichen Theorie überhaupt, wie es der mechanische Determinismus in seiner philosophischen Interpretation darstellen wollte. Nicht die Reduktion des Besonderen auf das Allgemeine in der Theorie Newtons unterliegt der philosophischen Kritik, sondern die versuchte Erklärung aller natürlichen Prozesse aus den durch die Gesetze der klassischen Physik bestimmten quantitativen Beziehungen qualitativ identischer kleinster Teilchen. Nicht die klassische Physik scheiterte, sondern die mit ihr verbundene philosophisch-reduktionistische Auffassung.

Die Reduktion des Systems auf seine Elemente ist notwendig, um komplizierte und komplexe Systeme über Teilsysteme oder Elemente besser erkennen zu können. Gleiches gilt auch für die Untersuchung höherer Bewegungsformen, deren Erkenntnis durch die Erforschung ihrer Elemente, die niederen Bewegungsformen angehören, gefördert wird, wie die Nutzung physikalischer und chemischer Methoden zur Gewinnung von Einsichten in die natürlichen Vorgänge im lebenden Organismus zeigt. Dabei ist die Struktur der statistischen Gesetze zu beachten, die den Zusammenhang zwischen System und Elementen herstellt. Zum philosophischen Reduktionismus werden auch hier wissenschaftlich berechtigte Reduktionen nur, wenn die mit ihnen gewonnenen Erkenntnisse zur Erklärung des Systems oder der höheren Bewegungsform allein angenommen werden sollen. Jede reduktionistische Hypothese, beruhe sie auf dem Physikalismus oder Biologismus, dem Kybernetismus oder anderen Extrapolationen, muß in der wissenschaftlichen Forschung erst ihre Grenzen offenbaren. Die Analyse einzelner Wesensmomente ist notwendig, ebenso die Arbeit mit vereinfachten Modellen. Wer alle Beziehungen berücksichtigen will, kommt zum totalen Chaos, oder wie Engels zu Helmholtz bemerkte, „ein Auge, das alle Strahlen sähe, sähe eben deshalb gar nichts".[15] Die Erkenntnis vollzieht sich nach Marx als Aufsteigen vom Abstrakten zum Konkreten.[16] Der konkrete Prozeß, das konkrete Objekt werden analysiert und die Erkenntnisse abstrakt fixiert. Die Zusammenfassung dieser Bestimmungen in der Synthese führt zum theoretisch reproduzierten Konkreten als Einheit von mannigfaltigen abstrakten Bestimmungen. Dieser Prozeß der gei-

[15] F. Engels, Dialektik der Natur, a. a. O., S. 506.

[16] Vgl. K. Marx, Einleitung zur Kritik der Politischen Ökonomie, in: MEW, Bd. 13, S. 631 ff.

stigen Aneignung des Konkreten verlangt Reduktionen, die wissenschaftlich dann berechtigt sind, wenn sie der Untersuchung komplexer und komplizierter Systeme und der Erkenntnis ihrer Element- und Systemgesetze dienen. Philosophischer Reduktionismus ist die Erklärung des Systems durch Teilerkenntnisse aus reduzierten Erscheinungen. Er hat keine wissenschaftliche Berechtigung, weil er die geistige Reproduktion des Konkreten verhindert.

2. Dialektische Prinzipien der Systemforschung

Über die Notwendigkeit, Systemforschung zu betreiben, wird heute kaum noch gestritten. Gründe dafür sind die Komplexität von Faktoren der zu untersuchenden Erscheinungen, die Verflechtung von Elementen in einem System, die Wechselwirkung von Systemen, die Hierarchie von grundlegenden und abgeleiteten, koexistierenden und einander widersprechenden Tendenzen der Veränderung, die Festlegung von Prioritäten für Entscheidungen nach bestimmten Optimalitätskriterien und die Systementwicklung als Tendenz zur Höherentwicklung, die sich durch Stagnation und Regression und die Ausbildung aller Elemente einer Entwicklungsphase durchsetzt. Diese Systemaspekte sind bisher unterschiedlich erforscht. Die Philosophie muß die dialektischen Prinzipien so ausarbeiten, daß sie methodologische und heuristische Bedeutung für die Systemforschung erlangen.

In der Wissenschaftsentwicklung existiert das Gesetz von der zunehmenden Integration des Wissens und der notwendigen Lösung komplexer Aufgaben mit gesellschaftlicher Bedeutung. Der Wirkungsmechanismus dieses Gesetzes ist nur mit Systemforschung zu erkennen und zu beherrschen. Diskussionen in den 60er Jahren machten in der DDR deutlich, daß Systemforschung, als Organisationstheorie, Operationsforschung, Kybernetik, Modellierung, Simulation betrieben, dann zu philosophischen Problemen führt, wenn der Mensch als Störfaktor für Organisationsprozesse betrachtet wird. Der Mensch als Subjekt der Erkenntnis und des Handelns, in seinen gesellschaftlichen Beziehungen und als Persönlichkeit, ist konstituierender Bestandteil der Theorienentwicklung. Systemforschung hat gerade dort Bedeutung, wo komplexe Fragen zu beantworten sind, die die Wechselwirkung von Natur und Kultur, von Individuum und Gesellschaft, von Wissenschaft und Produktion, von ökonomischen, politischen und ideologischen Beziehungen betreffen. Während die Mathematik mögliche formalisierbare Strukturen komplexer ideeller

Systeme untersucht, leistet die Philosophie für die Systemforschung das, was die Mathematik nicht kann. Sie hilft Zielfunktionen, Bewertungskriterien und Anforderungsstrategien zu bestimmen. Diese haben wiederum für die Systemforschung nur Bedeutung, wenn es gelingt, die Ergebnisse der Mathematik zu einer brauchbaren Methodik für die Systemforschung zu entwickeln. Insofern sind Mathematik und Philosophie Rahmentheorien für die Systemforschung, die ihre Bedeutung erst erlangen, wenn Ergebnisse von Bedingungsanalysen, Trenduntersuchungen, Modellierungen von Teilprozessen, Simulationen von Ereignissen vorliegen. Letztere sind durch Mathematik und Philosophie nicht zu erbringen.

Die geschilderte Problematik führte teilweise zu extremen Haltungen. So wird manchmal die Systemforschung von Theoretikern der angewandten Systemanalyse als mathematische Theorie bezeichnet. Damit wird jedoch die Rolle gesellschaftlicher Werte vernachlässigt und die theoretische Fundierung von Wertvorstellungen für die Systemforschung nicht berücksichtigt. Um die praktische Bedeutung der Systemforschung zu zeigen, meinen einige Praktiker sie als angewandte Systemanalyse allein betreiben zu können. Damit tritt jedoch das Problem ihrer theoretischen Begründung auf. Mathematik und Philosophie als Rahmentheorien der Systemforschung werden unterschätzt. Versuche, die Systemforschung als Philosophie zu betreiben, führen zu weltanschaulichen Kurzschlüssen. Wird die mathematisierte Systemforschung selbst zur Philosophie erklärt, wie das im Kybernetismus teilweise der Fall war, dann kommt es zu Problemreduktionen. Zielfunktionen, Bewertungskriterien und Anforderungsstrategien werden nicht begründet. Werden dagegen philosophische Überlegungen dazu in den Vordergrund gestellt, dann werden entscheidende methodologische Instrumentarien, wie etwa die mathematische Modellierung, nicht benutzt. Es besteht also die Gefahr der Pseudophilosophie und der Pseudomathematik, wenn Einseitigkeiten in der Systemforschung nicht vermieden werden.

Der Ausweg ist, Systemforschung als einen Ausdruck der Dialektisierung der Wissenschaften zu begreifen, die auch die Einheit von Mathematisierung und Humanisierung der Wissenschaften umfaßt. Mathematik und Philosophie sind dazu als Grundlagen- und Rahmentheorien der Systemforschung weiter auszuarbeiten.

Das führt für den Philosophen zur Frage nach der Rolle dialektischer Prinzipien für die Systemforschung. Es geht dabei sowohl um inhaltliche, als auch um methodische Prinzipien. Das methodologische Problem ist mit der heuristischen Funktion der Philosophie verbunden. Sie dient dazu, die Suche nach neuen Wirkprinzipien, nach neuen Methoden, nach neuen Erkenntnissen über Beziehungen und Gesetze der Natur, der Gesellschaft und des Bewußtseins zu begründen und zu fördern. Die Systemforschung kann neue Methoden benutzen, die mit Hilfe der Informationstechnologien entwickelt werden. Dazu gehören Datenspeicherung und Datenverarbeitung, Programmierung, Mensch-Maschine-Dialog u. a. Das hebt die Rolle dialektischer Prinzipien nicht auf, führt jedoch zu philosophischen Problemen der Systemforschung.

Inhaltliche Prinzipien betreffen die Erkenntnisse des dialektisch-materialistischen Monismus in Grundprinzipien, die in ihrer Bedeutung für die Systemanalyse so zu präzisieren sind, daß weltanschauliche, erkenntnistheoretische und methodologische Probleme gelöst werden können.

Das Prinzip der Unerschöpflichkeit der Materie fordert von der Systemforschung, Veränderung und Entwicklung in ihrer Zyklizität in die Betrachtung, soweit notwendig, einzubeziehen.

Das Prinzip der Strukturiertheit (des Systemcharakters) der Materie ist eine Begründung dafür, daß nach Theorien der Selbstorganisation der Materie gesucht wird. Die Theorie dissipativer Strukturen, die Überlegungen zur Synergetik zeigen das Bestreben, über eine physikalische Rahmentheorie biotischer Evolution hinaus, Probleme der Selbstorganisation, der Strukturbildung und der Selbstbewegung der Materie zu lösen. Die theoretische Entwicklung auf diesem Gebiet ist sorgfältig philosophisch zu analysieren.

Mit dem Prinzip der dialektischen Determiniertheit der Prozesse hat die Systemforschung eine differenzierte Erklärung von Zusammenhängen, so von Gesetz und Kausalität, Grund und Ursache. Bisher ist die theoretisch offensichtliche Beziehung zwischen statistischer Gesetzeskonzeption der materialistischen Dialektik und Systemforschung kaum hergestellt worden. Die Dialektik von Möglichkeit und Wirklichkeit, Gesetz und Zufall, Ursache und Bedingungen drängt sich jedoch der Systemforschung direkt auf. Überlegungen zur Dialektik der Systemforschung dürfen diese dialektischen Beziehungen nicht aus ihrem Zusammenhang reißen. Das wäre undialektisches Herangehen an die Dialektik. Deshalb ist es wichtig, die innere Struktur von Gesetzen (Gesetzessystemen) zu untersuchen. Die heuristische Forderung, die sich daraus ergibt, ist: Die existierenden objektiven Gesetze in den Bereichen, in denen Systemforschung zu Ergebnissen kommen will, sind in den Gesetzesformulierungen nach ihrem dynamischen, stochastischen und probabilistischen Aspekt zu erfassen. Das bedeutet, nicht nur die Haupttendenz der Systementwicklung zu kennen, sondern auch abgeleitete und Gegentendenzen. Es ist das Möglichkeitsfeld für die Verhaltensweise des Systems zu bestimmen. Mit Bedingungsanalysen gilt es, die Wahrscheinlichkeit für das zufällige Verwirklichen einer Möglichkeit zu erkennen. Aus den Systemgesetzen können so Hinweise auf typisches Verhalten der Elemente abgeleitet werden.

Das Entwicklungsprinzip verlangt, in der Systemforschung das Entwicklungsdenken durchzusetzen. Dazu muß die Unterscheidung zwischen Veränderung und Entwicklung, zwischen neuen und höheren Qualitäten berücksichtig werden. Es geht darum, Entwicklungszyklen von der Ausgangs- bis zur höheren Endqualität zu erforschen. Für die Systemforschung ist es weiter wichtig, in Entwicklungsprozessen sowohl die Gesetze ihrem Wesen nach zu erkennen, als auch die Änderungen im Wirkungsmechanismus der Gesetze zu berücksichtigen.

Es konnten nur einige Hinweise dafür gegeben werden, wie inhaltliche Prinzipien der materialistischen Dialektik zu Konsequenzen für die Systemforschung führen können. Die Gesamtheit der theoretischen Aussagen der materialistischen Dialektik hat methodische Bedeutung. Als Methode ist die materialistische Dialektik die der Wissenschaftsentwicklung angemessene Denkweise zur Erklärung der Formen des Zusammenhangs, der Veränderung und Entwicklung. Die Grundprinzipien sind methodische Hinweise für die Forschung, für die gesamte theoretische und praktische Aneignung der Wirklichkeit. Die materialistische Dialektik ist damit keine spezifische Methode neben anderen. Sie orientiert auf die Suche nach den Determinanten des natürlichen und gesellschaftlichen Geschehens, auf die Qualitätsänderungen durch die Entfaltung und Lösung objektiver dialektischer Widersprüche und auf die Tendenz zur Höherentwicklung.

Methodische Prinzipien tragen den angeführten Gründen für die Notwendigkeit der Systemforschung Rechnung. Wenn man die Einheit von Philosophie und Mathematik berücksichtigt, dann spielen für die Lösung von Problemen der Systemforschung folgende Prinzipien eine Rolle: Historismus, Globalismus, Futurismus, Operativität, Evolutionismus und Optimismus.

Der *Historismus* erfordert die Einordnung aller durch die Systemforschung zu untersuchenden Phänomene in konkret historische Situationen. Jedes System hat seine Geschichte und seine Entwicklungstendenzen.

Der *Globalismus* verlangt die Einordnung lokaler Probleme in globale Entwicklungstendenzen. Der Systemcharakter unterschiedlicher, einander widersprechender Entwicklungstendenzen ist zu berücksichtigen. Es geht um die Untersuchung des Systems objektiver dialektischer Widersprüche in der Einheit von grundlegenden und abgeleiteten, hauptsächlichen und nebensächlichen, allgemeinen und besonderen Widersprüchen in einer bestimmten Etappe. Dabei ist stets das Verhältnis von System und Element zu beachten. Systemgesetze sind Rahmengesetze für das Verhalten der Elemente. Elementarverhalten kann wesentlich die Verhaltensweise des Systems beeinflussen. Unabhängig davon, ob die Systemforschung vom Globalen zum Lokalen oder vom Lokalen zum Globalen fortschreitet, ist diese Dialektik zu berücksichtigen. Mit der globalen Modellierung hat sich der Globalismus wesentliche methodische Instrumentarien erschlossen.

Der *Futurismus* verlangt die Berücksichtigung objektiver Möglichkeitsfelder für zukünftige Entwicklungstendenzen, um relative Ziele der Entwicklung bestimmen zu können. Dabei sind Strategien für mögliche Tendenzwenden aufzubauen. Mit dem Futurismus wird ein präzises Zukunftsbild gefordert, das als Zielvorstellung gegenwärtigen Handelns in die Bestimmung von Bewertungskriterien eingeht. Zukunftsbilder unterliegen jedoch der Dialektik von Wesen und Erscheinung, von Gesetz und Zufall, von Plan und Resultat. Das Risiko, also die Differenz zwischen der Wahrscheinlichkeit für das Eintreten eines Ereignisses und der Gewißheit, ist für Handlungen zu berücksichtigen.

Die *Operativität* wendet sich gegen die abstrakte Erörterung illusionärer Lösungen von Problemen. Dabei geht es nicht nur darum, wie vom Futurismus gefordert, Prognosen rechtzeitig fertigzustellen und die Auswirkungen von gegenwärtigen Maßnahmen auf die Zukunft zu beachten, weil gegenwärtige Generationen die Bedingungen für die Existenz zukünftiger Generationen schaffen, sondern auch um die Organisation der gesellschaftlichen Kräfte, deren Interessen die Lösung der untersuchten Probleme entspricht. Das Prinzip verlangt, mathematische Modellierung bis zu Handlungsanweisungen zu führen.

Mit dem *Evolutionismus* wird das Entwicklungsprinzip als methodisches Prinzip genutzt. Entwicklung ist keineswegs automatische Höherentwicklung, aber auch nicht einfach das Spiel freier Kräfte. In der Wechselwirkung entgegengesetzter Prozesse und in der Wechselbeziehung verschiedener Faktoren entsteht ein relatives Ziel, das Resultante des Kräfteparallelogramms sein kann. Systemforschung ist zugleich Erforschung der Systemveränderung, der Auflösung und Neustrukturierung von Systemen, der Strukturbildung und Strukturauflösung, des Entstehens neuer und der Entwicklung höherer Qualitäten.

Aus der charakterisierten Bedeutung von Philosophie und Mathematik für die Systemforschung unter philosophischem Aspekt ergeben sich eine Reihe von philosophischen Problemen, die für die Systemforschung von Bedeutung sind. Auf einige davon soll kurz verwiesen werden.

Systemforschung verlangt die Bestimmung gesellschaftlicher Ziele durch Werte. Diese gesellschaftlichen Werte geben nämlich Zustandscharakteristika für den erreichten Stand des materiellen und kulturellen Lebensniveaus und daraus abgeleitet Ziele weiteren gesellschaftlichen Wirkens. Damit kommen wir zum philosophisch umstrittenen Problem der Wahrheit von Wertvorstellungen. Selbst wenn wir die Streubreite von Nützlichkeit, Sittlichkeit und Schönheit in konkreten gesellschaftlichen Entwicklungsetappen für gesellschaftliche Gruppen unterscheiden, so ist doch zu überprüfen, ob Wertvorstellungen gesellschaftlicher Gruppen mit den gesellschaftlichen Werten, die sich aus den objektiven Gesetzen, dem bisher erreichten Stand des materiellen und kulturellen Lebensniveaus und den möglichen Mitteln, um neue Bedürfnisse zu befriedigen, ergeben, übereinstimmen. Der Zusammenhang von Wertvorstellungen und gesellschaftlichen Werten betrifft das Verhältnis von Spontaneität und Bewußtheit. Es entsteht das Problem, so schwierig es theoretisch und praktisch zu lösen ist, der bewußten Gestaltung menschlicher Bedürfnisse. Das kann über Leitbilder, über Modeentwicklung, also über psychische Beeinflussung des Individuums unter Nutzung der Informationstechnologie geschehen. Wertvorstellungen und gesellschaftliche Werte sind mit dem realen Humanismus als Zielvorstellung, Anforderungsstrategie und Bewertungskriterium verbunden.

Wichtig ist es, qualitative Aussagen quantitativ bestimmen zu können. Die Entwicklung der Informationstechnologien gibt die Möglichkeit, umfangreiche Daten zu sammeln. Systemforschung bedarf dieser Daten. Es ist jedoch ebenso wichtig zu wissen, wie diese Daten theoretisch erklärt und verarbeitet werden. Deshalb geht es auch um das Problem der Datenreduktion. Man muß wissen, was gemessen wird und welche Bedeutung dieses Maß als Einheit von Quantität und Qualität hat. Zahlen sind nur dann aussagekräftig, wenn das Maß richtig bestimmt ist. Deshalb unterliegen Modellerkenntnisse stets der wissenschaftlichen Modellkritik. Der Mensch muß also nicht nur Entscheidungen treffen, das kann ihm kein Modell abnehmen, er muß auch seine Modelle daraufhin kritisch überprüfen, ob die eingegebenen theoretischen Grundlagen, die Bedingungsanalyse, die Wertvorstellungen und die Zielfunktion richtig verarbeitet sind. Mit der Systemforschung untrennbar verbunden ist die Entwicklung der Informationstechnologien. Die weltanschauliche Haltung dazu hat zu beachten: Die Informationsverarbeitung ersetzt keine Entscheidungen. Die Informationsfülle verlangt die Unterscheidung zwischen wesentlichen und unwesentlichen Informationen. Denk- und Verhaltensweisen der Menschen müssen auf zukünftige Entwicklungen eingestellt werden. Die rationelle Organisation des Informationsflusses und die Zugriffsmöglichkeiten sind zu garantieren. Hemmnisse zur Anwendung von Informationstechnologien und von Systemforschung in allen Bereichen gesellschaftlicher Tätigkeit sind abzubauen. Die philosophischen Probleme der Systemforschung reichen also von weltanschaulichen Haltungen über erkenntnistheoretische Fragen bis zu methodologischen Problemen.

Systemforschung ist in allen Aspekten zu entwickeln, in ihrer theoretischen Fundierung, ihrer inhaltlichen Bereicherung, in der methodischen Nutzung neuer Technologien und in ihrer praktischen Verwertbarkeit. Dabei muß die Philosophie die Bedeutung der Systemforschung begründen, den Zusammenhang zwischen materialistischer Dialektik und Systemforschung weiter ausarbeiten und weltanschauliche Hemmnisse bei der Nutzung neuer theoretischer und praktischer Möglichkeiten zurückweisen. Ihre Auseinandersetzung gilt dabei dem Pragmatismus, der letzten Endes theorie- und philosophiefeindlich ist. Die dialektischen Prinzipien sind weiter zu präzisieren, damit inhaltliche und methodische Hilfe für die Systemforschung gegeben werden kann.

3. Fallbeispiel: Ökologie

Da die ökologischen Probleme in der philosophischen Theorie ausführlich dargestellt wurden, ist es möglich, mit diesem Fallbeispiel auf einige methodologische Konsequenzen von allgemeiner Bedeutung aufmerksam zu machen, die die Präzisierung dialektischer Aussagen in ihrer methodologischen Relevanz betreffen. Das betrifft Probleme des Reduktionismus, des 2+1-Prinzips bei der Untersuchung komplexer Phänomene, die Zeithorizonte u. a. Es sollen damit Anregungen gegeben werden, Dialektik als Methodologie weiter auszuarbeiten.

Berechtigt wird die Frage nach der Stellung des Menschen zum oder im Ökosystem gestellt. „Der Mensch nimmt dabei im Laufe seiner phylogenetischen Entwicklung immer deutlicher als bewußter Gestalter von Ökosystemen eine von allen anderen Organismen abweichende Funktion ein. Er stellt schließlich eine neue Organisationshöhe der lebenden Materie mit seinen Wechselwirkungen zum Ökosystem dar."[17] Wenn man die qualitativ neue Stellung des Menschen in der wissenschaftlich-technischen Revolution berücksichtigt, die er unter bestimmten gesellschaftlichen Verhältnissen einnehmen kann, dann ist ökologische Forschung für den Übergang vom Reich der Notwendigkeit in das Reich der Freiheit vor allem dadurch charakterisiert, daß ökologische Schäden nicht nur konstatiert und soweit wie möglich korrigiert werden, sondern daß die ökologische Diagnose durch die ökologische Prognose und Therapie ergänzt wird, die von dieser qualitativ neuen Stellung des Menschen zur Natur ausgeht.

Wissenschaftliche Forschung arbeitet stets mit wissenschaftlich berechtigten Reduktionen. So kann ökologische Forschung bei der Untersuchung bestimmter Lebensräume, wie Luft, Erde, Meer, bei der Erforschung bestimmter Beziehungen von Einzelorganismen und Umwelt oder von Lebensgemeinschaften und Umwelt von der aktiven Rolle des Menschen, soweit möglich, absehen. Es ist für die Analyse wichtig, die Gegensätze des ökologischen Grundwiderspruchs auch so zu untersuchen, als ob ihre Wechselwirkung nicht existierte. Die Darstellung bestimmter Prozesse in „Reinheit" ermöglicht es, Auswirkungen von Eingriffen besser von den Grundmechanismen zu unterscheiden. Mit wissenschaftlich berechtigten Reduktionen werden Voraussetzungen zur Synthese ökologischen Wissens geschaffen, das wissenschaftlich begründete Verhaltensorientierungen für den Menschen gibt. Es wäre jedoch philosophischer Reduktionismus, wenn aus der Berechtigung von analytischen Untersuchungen die Rolle der Synthese bestritten würde. Ökologische Erfordernisse können nur bestimmt werden, wenn die aktive Wirkung des Menschen auf die Ökosysteme berücksichtigt wird.

Den Menschen als biopsychosoziale Einheit zu begreifen ist ein komplexes Forschungsprogramm, das die natürlichen Bedingungen menschlicher Existenz berücksichtigen muß. Es ist deshalb der „Mensch – Biogeocoenose – Komplex" zu berücksichtigen.[18] Der Mensch unterscheidet sich vom Tier gerade dadurch, daß er die Gesetze seines eigenen Erkennens und Handelns aufdeckt, die Beziehungen zu seiner Umwelt immer besser begreift, sachkundige Entscheidungen trifft und so auf schöpferische Weise und auf humane Art, unter bestimmten gesellschaftlichen Verhältnissen, langfristige Ziele anstrebt. Die gesellschaftlichen Determinanten des Mensch-

[17] Lehrbuch der Ökologie, a. a. O., S. 20.
[18] Ebenda.

Natur-Verhältnisses sind so Bestandteil ökologischer Forschung, soweit sie das Aushalten, die Entfaltung, Lösung und Neusetzung des ökologischen Grundwiderspruchs unter konkret-historischen Bedingungen betreffen. Damit tritt das methodologische Problem auf, wie komplexe Forschungsgegenstände in ihren dialektischen Beziehungen zu erfassen sind.

Die Ökologie erforscht Beziehungen und Gesetze in den Wechselwirkungen von Organismen und Umwelt. Dabei ist ein Komplex von Faktoren zu berücksichtigen. Die Einschränkung der Komplexität kann zur Reduktion der Ökologie auf Physik, Chemie, Biowissenschaften u. a. führen. Es sind jedoch Stufen der Komplexität zu beachten. So heben globale ökologische Probleme die Tatsache nicht auf, daß auch die Komplexität von ökologischen Faktoren in Regionen zu berücksichtigen sind. Das führt zum Problem der Integrationsebenen in der wissenschaftlichen Forschung, was auch Bedeutung für die Modellierung ökologischer Prozesse hat.

Erfahrungen bei Forschungen zu komplexen Systemen zeigen, daß seriöse wissenschaftliche Arbeiten nur möglich sind, wenn das Forschungsobjekt, als System betrachtet, danach untersucht wird, welche Strukturen, Prozeßmechanismen und Entwicklungstendenzen das Verhalten des Systems charakterisieren. Dazu sind die Elemente in die Betrachtung des Systems einzubeziehen und als wissenschaftlicher Hintergrund der Forschungen muß eine Theorie existieren, in die das Systemverhalten eingeordnet ist. Jede integrative Erforschung komplexer Systeme muß also das 2+1-Prinzip berücksichtigen, daß nämlich System-Element-Beziehungen (2 Integrationsebenen) existieren, die durch eine umfassende Theorie (+ 1 Rahmentheorie) erklärt werden. – Es kann sich bei den 2 Ebenen auch um System-Umwelt-Beziehungen handeln. – Der Versuch, mehr Integrationsebenen in die Forschung einzuführen, löst das eigentliche Forschungsobjekt auf. Wird einseitig auf die Erforschung der Elemente eines Systems orientiert, dann werden diese Elemente selbst als Forschungsobjekt betrachtet, was die Erforschung des zuerst als Forschungsobjekt bestimmten Systems zurückdrängt und die Synthese der Erkenntnisse erschwert. Auch die Hervorhebung der Hintergrundtheorie zur Einordnung des Systems in umfassendere Systeme kann dazu führen, die Besonderheiten des Forschungsobjektes im Allgemeinen aufzulösen.

Um dieses methodologische Problem der Integrationsebenen zu veranschaulichen, sei auf folgende mögliche Forschungsorientierungen in der Ökologie verwiesen. Wird als Ökosystem ein See untersucht, dann können die genannten methodologischen Gefahren folgender Art sein. Die Faktoren des Sees, wie Wasserqualität, Fischbestand, anorganische Bestandteile, weitere Lebewesen usw., die zu- und abgeführten Stoffe u. a. können jeder für sich Forschungsthema sein. Die Ökologie des Sees verlangt jedoch, die Wechselbeziehungen zwischen diesen Faktoren in ihren Beziehungen und Gesetzen zu bestimmen. Wird die Analyse nicht bis zur Synthese fortgesetzt, dann überwuchert die Untersuchung der Elemente die Einsicht in die Systemgesetze. Da der Mensch entscheidend die untersuchten Faktoren verändern kann, ist es auch möglich, das Hauptaugenmerk auf die Ursachen für bestimmtes menschliches Verhalten zu lenken. Das wird in der für die Ökologie als Rahmentheorie existierenden Gesellschaftstheorie geleistet. Auch dabei kann man den See als das eigentliche Forschungsobjekt aus den Augen verlieren und sich den theoretischen Problemen gesellschaftlichen Verhaltens widmen. Es ist deshalb wichtig, die methodologische Problematik der möglichen Integrationsebenen für wissenschaftliche Systemforschung zu berücksichtigen. Philosophische Grundlage solcher Forschungen ist die statistische Gesetzeskonzeption, die die Beziehungen von System und Element berücksichtigt, unabhängig davon, ob es sich um natürliche oder gesellschaftliche Faktoren handelt. Ökologische Gesetze sind Systemgesetze mit natürlichen und gesellschaftlichen Elementen in der Systemstruktur. Die Ökologie gehört zu den Wissenschaften, die Komplexe von Bewegungsformen untersucht.

Systeme sind dabei relativ geschlossene Gebilde, die sich durch die Wechselwirkung der Elemente und die sich in ihr herausbildende Struktur auszeichnen. Die wesentliche Struktur dieser Systeme ist durch die Gesetze als allgemein-notwendige und wesentliche Zusammenhänge zwischen den Elementen charakterisiert. Solche Systemgesetze haben dynamische, stochastische und probabilistische Aspekte. Eine wichtige methodologische Forderung für Forschungen zu komplexen Problemen besteht deshalb darin, das Forschungsobjekt genau zu bestimmen, seinen Systemcharakter zu zeigen, die Systemgesetze aufzudecken und die stochastischen Verteilungen für das Verhalten der Elemente zu bestimmen. Der charakterisierte methodologische Fehler besteht darin, das Elementverhalten selbst zum Gegenstand der Forschung zu machen, in dem es als Forschungsobjekt und damit als System bestimmt wird. Dann ist es aber nicht mehr möglich, die Systemgesetze für das eigentliche Forschungsobjekt zu entdecken.

Auch die Überlegungen zur Zyklizität haben methodologische Bedeutung. Die Natur selbst entwickelt sich in ökologischen Zyklen. Dabei gibt es Großzyklen, wie etwa die Entstehung fossiler Brennstoffe oder die Entstehung des Lebens und der Gesellschaft, aber auch Kleinzyklen innerhalb der Großzyklen, wie die Reproduktion von Arten, die Wiederherstellung von Luft- und Wasserqualitäten usw. Solche Zyklen werden durch den wissenschaftlich-technischen Fortschritt beeinflußt. Es kann zur Förderung oder Hemmung von Zyklen, zur Auflösung und Gestaltung neuer Zyklen kommen. Die Zyklizität des Geschehens ist ein wesentliches Merkmal der Entwicklung. Sie muß deshalb in den ökologischen Forschungen berücksichtigt werden. Dabei verflechten sich die Zyklen untereinander zu einem Hyperzyklus, der die Mensch-Natur-Beziehungen in historischer Dimension umfaßt.

Auch die Analyse des ökologischen Grundwiderspruchs zeigt, wie wichtig es ist, in einer dialektischen Theorie Entwicklungsdenken und Systemanalyse miteinander zu verbinden. Wesentliche Zufälle, also im Gesetz enthaltene Möglichkeiten, die sich unter bestimmten Bedingungen mit großer oder kleiner Wahrscheinlichkeit verwirklichen, sind für das Systemverhalten zu berücksichtigen. Dabei können verschiedene wesentliche Anfangsursachen entscheidend für beobachtete Endwirkungen in einem Entwicklungszyklus sein. „Veränderungen von Vegetation und Fauna im Rahmen einer Biogeozönose sind entweder Änderungen im Artenbestand oder im Mengenverhältnis der vorhandenen Arten oder aber in deren Entwicklungsphasen. Sie können durch unmittelbare menschliche Eingriffe verursacht sein oder durch natürliche oder anthropogene Umweltveränderungen, ferner durch das Eindringen neuer Arten – sie können aber auch auf inneren Ursachen beruhen, z. B. dem unterschiedlichen Lebensrhythmus der beteiligten Organismen. Aber auch alle durch äußere Einwirkungen bedingten Veränderungen führen zu veränderten Wechselbeziehungen zwischen den Gliedern der Lebensgemeinschaft.“[19] Es wird dabei zwischen verschiedenen Gruppen von Veränderungen unterschieden: Periodische Veränderungen in Vegetation und Tierwelt, die jahreszeitlich oder tageszeitlich bedingt sind; der Wachstumsverlauf langlebiger Pflanzen; Beziehungen zwischen Wirt und Parasiten, Räubern und Beutetieren; Vegetationsveränderungen durch abiotische Glieder; direkte Eingriffe in die Vegetation. Diese Differenzierung macht darauf aufmerksam, daß ökologische Kreisläufe Bestandteile ökologischer Zyklen sind, die sich zu einem Hyperzyklus der Mensch-Natur-Gestaltung verflechten. Sinnvolle ökologische Maßnahmen sind deshalb nur aus der, wenn auch un-

[19] E. Ehwald/K. Dörter/R. Junghans, Probleme der Landeskultur und der Lärmbekämpfung, Berlin 1982, S. 7 (Sitzungsberichte der AdW der DDR, 6 N/1982).

vollständigen, Analyse der Hyperzyklen abzuleiten. Auch dabei sind die Ergebnisse dialektischer Analyse der Zyklizität zu beachten, wie der Unterschied zwischen Ideal- und Realzyklus, die Dialektik von Reversibilität und Irreversibilität, die mögliche Periodizitätsverkürzung der Zyklen und die Hierarchie der Zyklen und ihre Überlappung im Hyperzyklus.

Deshalb ist es methodologisch wichtig, unterschiedliche Zeithorizonte der verschiedenen Zyklen im ökologischen Hyperzyklus zu beachten. Zeit ist nach dem Verständnis der marxistisch-leninistischen Philosophie Existenzform der Materie. Sie verweist auf die Irreversibilität des Geschehens, gibt eine Ordnung für die Aufeinanderfolge von Zuständen und macht gerichtete Veränderungen mit einer Metrik meßbar. Die objektive Zeit existiert also nicht an sich. Sie ist in ihrer Richtung, Ordnung und Metrik durch die Gesetze des Geschehens bestimmt, dessen Zeit sie ist. Das führt zum Problem der Zeithorizonte. „Der Aufklärung von Stabilitätsverhalten von Ökosystemen kommt in Zukunft eine direkte volkswirtschaftliche Dimension zu. Vor allem hinreichend lange Zeiträume sind bei der Prognostik zu berücksichtigen. Globale Trends bzw. Phänomene in anderen Regionen der Erde sind oft (nicht zwangsläufig immer!) Indikatoren für 'Umweltüberraschungen' auch bei uns. (Nitratprobleme im Grundwasser, gegenwärtiges mitteleuropäisches Baumsterben, allgemeine Fragen der Strukturerosion von Ökosystemen sind bekannte Beispiele!)[20] Es ist der Hinweis darauf, daß Gesellschafts- und Naturentwicklung eine unterschiedliche Zeitmetrik besitzen. Wenn es jedoch um die gesellschaftliche Verwertung von Naturprodukten geht, wenn das Mensch-Natur-Verhältnis untersucht wird, dann sind die unterschiedlichen Zeitdimensionen aufeinander zu beziehen. Deshalb ist es wichtig, die globalen Auswirkungen auf regionale Systeme in ihrem Zeitregime ebenso zu erfassen, wie die Lang- und Kurzzeitwirkungen menschlicher Veränderungen der ökologischen Zyklen. Werden gesellschaftliche Erfordernisse ohne die Berücksichtigung von natürlichen Zyklen durchgesetzt, dann kann es zu schweren Schäden kommen. Das zeigen Verwüstungen, absinkende Wasserqualität, Luftverunreinigung und geringere Bodenfruchtbarkeit.

Aussagen über Zeithorizonte können nur gewonnen werden, wenn die Systemgesetze und die Entwicklungszyklen der Systeme erkannt sind, über deren zeitliche Ordnung, Richtung und Metrik etwas

[20] H. Schieferdecker, Auffassungen zur gegenwärtigen Ökologiediskussion – unter besonderer Berücksichtigung geologischer Aspekte. In: Nachrichten. Mensch – Umwelt, 2/1983, S. 38.

ausgesagt werden soll. Dabei ist es wichtig, die Wirkungsmechanismen der Gesetze zu kennen. Sie bestimmen den gesetzmäßigen Verlauf des Geschehens unter konkreten Wirkungsbedingungen. Die kurzzeitigen gesellschaftlichen Erfordernisse müssen dabei in die Wirkungsmechanismen langfristiger natürlicher Entwicklungszyklen eingefaßt werden, um die Varianten zu finden, die das Verhältnis von Nützlichkeit, Sittlichkeit und Schönheit optimieren und die Effektivitätssteigerung zur Humanisierungserweiterung nutzen lassen, ohne wesentliche Seiten ökologischer Zyklen zu zerstören.

Erst aus der Analyse objektiver Zeitbeziehungen zwischen gesellschaftlichen Erfordernissen und natürlichen Entwicklungszyklen ist es möglich, gesellschaftliche Zeithorizonte für das Mensch-Natur-Verhältnis zu erhalten. Sie betreffen Strategien, d. h. gesellschaftliche Ziele, die unser Zukunftbewußtsein bestimmen. Solche Strategien sind programmatisch festgeschrieben und umfassen als lösbare Aufgaben meist Zeiträume von 15–20 Jahren. Strategische Orientierungen, die über Programme hinausgehen, und Programme sind die Grundlage für mittel- und kurzfristige Pläne. Daraus ergeben sich Aktionsanforderungen und persönliche Aktivitäten. Die schöpferischen Leistungen des Individuums können also nur richtig orientiert werden, wenn der Zusammenhang von Strategien, Programmen und Eigeninitiative beachtet wird.

Die Ökologie ist als Synthese von Erkenntnissen über das Verhältnis des Menschen zur Natur und zur Technik zu erfassen, um wissenschaftlich begründete Handlungsanweisungen zu erhalten, wie das strategische Ziel zu erreichen ist, den Stoffwechsel des Menschen mit der Natur rationell zu regeln und auf humane Weise zu gestalten. Dabei gilt selbstverständlich, daß eine Synthese ohne sorgfältig durchgeführte Analyse von Mechanismen des Systemverhaltens, vom Zusammenwirken der Elemente in ökologischen Systemen, von Entwicklungstendenzen und gesellschaftlichen Anforderungen nicht möglich ist. Die Stufen der Komplexität von der Globalität über Regionen bis zu Territorien sind zu beachten. Es geht um sachkundige Entscheidungen, die die Gestaltung einer menschenfreundlichen natürlichen Umwelt ermöglichen, wobei der Naturschutz eingeordnet ist.

Das Fallbeispiel Ökologie, wie auch die dialektische Analyse des Methodensystems und der Systemforschung, zeigen die methodologischen Potenzen der materialistischen Dialektik, die es noch besser auszuschöpfen gilt.

Nachwort: Setzt Freiheit der Wissenschaft Grenzen?

Die dialektische Analyse der Wissenschaftsentwicklung und die Forderung nach einem neuen Humanismus läßt nun auch die oft gestellte Frage nach den Grenzen der Wissenschaft beantworten. Sie soll, entsprechend den bisherigen Erkenntnissen vom Humanpotential der Wissenschaften als Grundlage des Freiheitsgewinns der Persönlichkeit, schärfer formuliert werden; nämlich: Setzt Freiheit der Wissenschaft Grenzen?

Das Verständnis von Wissenschaft und Freiheit hat sich in der Geschichte gewandelt. Wissenschaft erweist sich als dialektischer Prozeß, der Freiheitsgewinn ermöglicht. Gegenwärtig ist die Wissenschafts- und Freiheitsauffassung vor allem durch das Entstehen und Reifen des neuen Wissenschaftstyps der wissenschaftlich-technischen Revolution und durch die Auseinandersetzung zwischen Gesellschaftssystemen mit unterschiedlicher Gesellschaftsordnung bestimmt. Für die weitere Existenz der Menschheit und die Erhöhung des materiellen und kulturellen Lebensniveaus der Völker ist die humane Lösung globaler Probleme unabdingbar. Auch der Wissenschaftsbegriff hat sich erweitert. Wissenschaft ist Erkenntnis der Beziehungen und Gesetze in Natur, Gesellschaft und Bewußtsein und Umsetzung von Entdeckungen in Erfindungen durch die Entwicklung von Technologien als Herrschaftsmittel des Menschen. Sie ist Einheit von Wahrheitssuche und gesellschaftlicher Be- und Verwertung wissenschaftlicher Erkenntnisse.

Freiheit ist stets abhängig vom erreichten Erkenntnisstand, von der Entwicklung der Produktivkräfte und vom Grad der Vergesellschaftung der Produktionsmittel. Nach F. Engels müssen die Menschen zu Herren ihrer eigenen Vergesellschaftung werden, um Entfremdung zu überwinden und Freiheit zu erreichen. „Erst von da an werden die Menschen ihre Geschichte mit vollem Bewußtsein selbst machen, erst von da an werden die von ihnen in Bewegung gesetzten gesellschaftlichen Ursachen vorwiegend und in stets steigendem Maß auch die von ihnen gewollten Wirkungen haben. Es ist der Sprung der Menschheit aus dem Reich der Notwendigkeit in das Reich der Freiheit."[1] Freiheit ist als die humane theoretische und praktische Beherrschung der natürlichen und gesellschaftlichen Umwelt und des eigenen Verhaltens durch die auf Gesetzeserkenntnis und Bedingungsanalyse basierenden sachkundigen Entscheidungen der Menschen und ihr entsprechendes Handeln in die Dialektik von Effektivität und Humanität eingeordnet. Wissenschaft liefert für theoretisches und gesellschaftliches Handeln praktische Voraussetzungen, um Freiheitsgewinn der Persönlichkeit durch gesellschaftlichen Fortschritt im Frieden zu erreichen.

Ob Wissenschaft und gesellschaftliches Handeln dazu dienen, hängt nicht in erster Linie von den Formen der politischen Organisation, von demokratischen Mechanismen ab, sondern vom Inhalt der Demokratie. F. Engels bemerkte zum Demokratiebegriff: „Dieser Begriff wechselt mit dem jedesmaligen Demos, und hilft uns daher keinen Schritt weiter. Was zu sagen war, ist nach meiner Ansicht dies: Auch das Proletariat braucht zur Besitzergreifung der politischen Gewalt demokratische Formen und Mittel."[2] Jede Staatsform wird durch ihren Inhalt bestimmt. Das gilt auch für die Demokratie.

Der Inhalt sozialistischer Demokratie wird durch folgende wesentliche Merkmale bestimmt: Konstituierung des Volkes als politische Macht im sozialistischen Staat der Arbeiter und Bauern, der die Interessen des ganzen Volkes vertritt; Nutzung der schöpferischen Potenzen des ganzen Volkes zur Erhöhung des materiellen und kulturellen Lebensniveaus durch umfassende Bildung, Förderung der Neuererbewegung, Teilnahme aller Werktätigen an der Plandiskussion und am Wettbewerb, Einbeziehung in die Leitung und die Verbindung von Wissenschaft und Produktion; Freiheitsgewinn der Persönlichkeit durch Aufhebung der Trennung des Individuums in Produktivkraft und Persönlichkeit; Entfaltung der Funktionen der Wissenschaft als Produktivkraft zur effektiven Produktion materieller Güter, als Kulturkraft zum Erkenntnisgewinn und als Sozial-/Humankraft zur humanen Gestaltung des wissenschaftlich-technischen Fortschritts und der Beziehungen der Menschen untereinander. Die Ausgestaltung dieses Inhalts sozialistischer Demokratie ist gemeint, wenn vom Übergang aus dem Reich der Notwendigkeit (Entfremdung) zum Reich der Freiheit gesprochen wird. Es geht keineswegs darum, daß nun geplante Ziele und erreichte Resultate voll mitein-

[1] F. Engels, Die Entwicklung des Sozialismus von der Utopie zur Wissenschaft, in: MEW, Bd. 19, Berlin 1976, S. 226.

[2] F. Engels, Brief an E. Bernstein vom 24. 3. 1884, in: MEW, Bd. 36, S. 128.

ander übereinstimmen. Aber die gesellschaftliche Organisation ist darauf gerichtet, ein Gesamtziel nach einem Gesamtplan mit dem organisierten Gesamtwillen zu erreichen. Dabei gibt es Probleme und Schwierigkeiten. Das ist bei der Lösung komplizierter Aufgaben von welthistorischer Bedeutung normal. Wer jedoch Mängel bei Problemlösungen und Fehler im Detail dem strategischen Ziel anlastet, ist wissenschaftlich nicht seriös. „Wichtig für uns ist die Heranziehung aller Werktätigen ohne Ausnahme zur Verwaltung des Staates. Das ist eine gigantische schwierige Aufgabe. ... Den Sozialismus aber kann nicht eine Minderheit, die Partei, einführen. Einführen können ihn Dutzende von Millionen, wenn sie es lernen, das selbst zu tun ... Vielleicht machen wir schlecht, was gemacht werden muß, aber wir führen die Massen an das heran, was sie machen müssen."[3]

Der Inhalt sozialistischer Demokratie hat Konsequenzen für die Wissenschaftsentwicklung. Es gibt keine Erkenntnisschranken aus sozialökonomischen Gründen. So betonte F. Engels: „Und nur bei der Arbeiterklasse besteht der deutsche theoretische Sinn unverkümmert fort. Hier ist er nicht auszurotten; hier finden keine Rücksichten statt auf Karriere, auf Profitmacherei, auf gnädige Protektion von oben; im Gegenteil, je rücksichtsloser und unbefangener die Wissenschaft vorgeht, desto mehr befindet sie sich im Einklang mit den Interessen und Strebungen der Arbeiter."[4] Das ist eine strategische Orientierung, die zugleich deutlich macht, daß es keine prinzipiellen politischen Grenzen der Wissenschaftsentwicklung gibt. Es würde jedoch dem dialektischen Verständnis der Wirklichkeit widersprechen, wenn dabei der Kampf von Gegensätzen, der sich in Interessenkonflikten ausdrückt, vernachlässigt würde. Die prinzipielle Orientierung hebt Ressortdenken, Monopolisierung der Meinungsbildung in wissenschaftlichen Schulen und entsprechenden Entscheidungsgremien, Kampf um neue Ideen und notwendige Korrektive gegen Bürokratismus, Karrierismus nicht auf. Prinzipiell ist zu beachten, was W. I. Lenin zur Entwicklung der Wissenschaft im Sozialismus sagte: „Früher war das ganze menschliche Denken, der menschliche Genius nur darauf gerichtet, den einen alle Güter der Technik und Kultur zu geben und den anderen das Notwendigste vorzuenthalten – Bildung und Entwicklung. Jetzt dagegen werden alle Wunder der Technik, alle Errungenschaften der Kultur zum

[3] W. I. Lenin, Referat über die Revision des Parteiprogramms und die Änderung des Namens der Partei, in: LW, Bd. 27, Berlin 1960, S. 122 f.

[4] F. Engels, Ludwig Feuerbach und der Ausgang der klassischen deutschen Philosophie, in: MEW, Bd. 21, Berlin 1981, S. 307.

Gemeingut des Volkes, und von jetzt an wird das menschliche Denken, der menschliche Genius niemals mehr ein Mittel der Gewalt, ein Mittel der Ausbeutung sein. Und lohnt es etwa nicht, für diese gewaltige geschichtliche Aufgabe zu arbeiten, dafür alle Kräfte einzusetzen? Die Werktätigen werden dieses titanische geschichtliche Werk vollbringen, denn in ihnen schlummern die großen Kräfte der Revolution, der Wiedergeburt und der Erneuerung."[5] Damit erhält die Wissenschaft auch neue Aufgaben. Im Einklang mit staatlicher Friedens- und Sozialpolitik liefern wissenschaftliche Einrichtungen durch Leitungs- und Forschungsinformationen, die in der Planung der Wissenschaftsentwicklung einen wesentlichen Raum einnehmen, wissenschaftliche Grundlagen für politische Entscheidungen.

Die Hervorhebung von Vorzügen des Sozialismus hebt nicht auf, daß auch Nachteile sich herausbilden können. Soziale Sicherheit, verstanden als Sicherung eines bestimmten Arbeitsplatzes, kann die für die Beschleunigung des wissenschaftlich-technischen Fortschritts notwendige Mobilität behindern. Allgemeine Volksbildung verlangt, der Entwicklung typischer Individualitäten große Aufmerksamkeit zu schenken. Die wissenschaftliche Analyse möglicher Nachteile sozialistischer Vorzüge muß zu Strategien führen, die die Überwindung der Nachteile garantieren.[6] Die Wissenschaftler an den Akademien und Hochschulen der DDR sind gefordert, die strategische Orientierung nach Freiheitsgewinn der Persönlichkeit durch gesellschaftlichen Fortschritt im Frieden wissenschaftlich zu fundieren, um begründete Handlungsanweisungen für die Abarbeitung von Stufenprogrammen im Hinblick auf das strategische Ziel zu erreichen. Trotz vieler dafür notwendiger interner Diskussionen widerspricht die Entwicklung einer Expertokratie dem Grundsatz, Verantwortung und Bewußtheit des Volkes zu erhöhen und seine schöpferischen Leistungen zu fördern. Wenn mit der demokratischen Kontrolle der Wissenschaften ernst gemacht werden soll, dann bedeutet das, die Bildung des Volkes zu erhöhen. Dabei kann es keineswegs um die Vermittlung von Spezialkenntnissen gehen, obwohl das Bedeutung für das Individuum als Produktivkraft hat. Freiheitgewinn der Persönlichkeit ist mit Entscheidungskompetenz für Wissenschaftsentwicklung verbunden. Das verlangt Einsichten in den Sinn wissenschaftlicher Erkenntnisse für den Menschen, den Wert des wissenschaftlich-technischen Fortschritts für die Gesellschaft. Wissenschaftler

[5] W. I. Lenin, Schlußwort auf dem 3. Gesamtrussischen Sowjetkongreß, in: LW, Bd. 26, Berlin 1960, S. 480 f.

[6] Vgl. H. Hörz/D. Seidel, Humanität und Effektivität. Zwei Seiten der wissenschaftlich-technischen Revolution?, Berlin 1984.

tragen Verantwortung dafür, Wissenschaftsentwicklung für Kontrolle durchsichtig zu machen, die Komplexität wissenschaftlicher Theorien auf das Wesentliche zu reduzieren, gesellschaftliche Bedürfniskomplexe, wie Energie, Rohstoffe, Umwelt, Gesundheit, Ernährung und Persönlichkeitsentwicklung in ihrer gesellschaftlichen Bedeutung zu erfassen und durch die Vermittlung solcher Erkenntnisse an das Volk die notwendige Kompetenz herauszubilden.

Bisher wurde betont, daß Freiheitsgewinn unbedingten Erkenntnisfortschritt fordert. Zugleich wird jedoch immer deutlicher, daß der wissenschaftlich-technische Fortschritt Gefahren für die Menschheit mit sich bringt. Ein globaler Krieg mit Massenvernichtungswaffen ist möglich. Ökologische Zyklen werden zerstört, was negative Auswirkungen auf die natürlichen Bedingungen menschlicher Existenz hat. Neue Technologien können als Destruktivkräfte wirken. Die Mathematisierung der Wissenschaften kann ihrer Humanisierung entgegenstehen. Die Tendenz der wissenschaftlich-technischen Revolution, den Menschen immer mehr zum schöpferischen Gestalter und Kontrolleur seiner Arbeits- und Lebensweise zu machen, hat wesentliche Gegentendenzen. Es ist eine wichtige wissenschaftliche Aufgabe, Ursachen und Bedingungen der Haupt- und Gegentendenzen zu analysieren, um unter konkret-historischen gesellschaftlichen Verhältnissen Lebens- und Entscheidungshilfe zu geben. Daraus ergeben sich Grenzen der Wissenschaftsentwicklung, die ökonomische, politische und weltanschauliche Aspekte besitzen. Zu ihnen gehören: Humanität; Spontaneität; Individualität und Emotionalität.

Die Erweiterung der *Humanität* setzt dem wissenschaftlich-technischen Fortschritt dadurch Grenzen, daß die Beseitigung antihumaner Zustände gefordert wird. Das betrifft sowohl historisch entstandene Formen, wie Ausbeutung und Unterdrückung, als auch die Verhinderung möglicher zukünftiger Deformationen der Persönlichkeit. Die durch die wissenschaftlich-technische Revolution mögliche Effektivitätssteigerung muß zur Erweiterung der Humanität so genutzt werden, daß globale Probleme, wie Hunger, Krankheitsepidemien, drohende globale militärische Auseinandersetzungen, Rückfall in faschistische Herrschaftsmethoden u. a. auf humane Weise gelöst werden. Technologien können dabei als humane oder antihumane Herrschaftsmittel eingesetzt werden. Es geht deshalb um die konkrete Bestimmung des Humanismus für die Gestaltung von Technologien.

Bei Experimenten mit und am Menschen, jede medizinische Behandlung ist wegen der Individualität ein solches Experiment, gelten humane Prinzipien, die die Integrität der Persönlichkeit gewährleisten: Persönlicher und gesellschaftlicher Nutzen, Risikominimierung, garantierte Entscheidungsfreiheit der Betroffenen und erhöhtes Verantwortungsbewußtsein der Beteiligten. Für die Informationstechnologien verlangt der Humanismus Antwort auf die Frage: Wie kann der Mensch schöpferisch und verantwortungsbewußt handeln, ohne unter die Herrschaft der Computer zu geraten? Die Antwort darauf ist deshalb nicht leicht, weil durch die raum-zeitliche Verkürzung der Informationsübertragung die Trennung von Information und Ereignis sich erweitert und der Mensch in einer Informationswelt leben kann, die nur an wenigen Punkten mit der Ereigniswelt zusammentrifft. Durch die Manipulation von Informationen können das Lebensgefühl der Menschen verändert, seine Entscheidungen beeinflußt und seine Unterordnung unter die Computer gefördert werden. Humanität als Grenze der Wissenschaftsentwicklung ist also keine wissenschaftsimmanente, sondern eine aus dem Freiheitsgewinn der Persönlichkeit sich ergebende Grenze, die freies Handeln gesellschaftlich organisierter Kräfte zur Unterbindung von Antihumanismus verlangt.

Spontaneität ist wesentlicher Bestandteil gesellschaftlicher Bewegungen und der persönlichen Tat. Es geht um Handlungen ohne strategische Ziele unter dem Druck der Verhältnisse. Sie können wissenschaftlich analysiert und vielleicht, mit großen Schwierigkeiten, prognostiziert werden. Dabei ist Spontaneität mit Eigeninitiative verbunden. Sie kann die Humanität befördern, ihr aber auch entgegenwirken. In einseitigen philosophischen Positionen wird Spontaneität als eigentliche Freiheit bezeichnet. Das hat weltanschauliche Konsequenzen. So negieren Angriffe auf die Friedensbewegungen in den sozialistischen Ländern den Friedenswillen ihrer Teilnehmer, der sie mit der staatlichen Friedenspolitik verbindet. Als Argument dient die Entgegensetzung von Freiheit und Organisiertheit, von Spontaneität und Bewußtheit. Ohne die fördernde und hemmende Rolle der Spontaneität gesellschaftlicher Bewegungen zu leugnen, ist Wissenschaft darauf gerichtet, Ursachen der Spontaneität aufzudecken, Eigeninitiative zu fördern und programmatisch durch strategische Ziele wirksam zu werden. Spontaneität als Selbstzweck steht der Freiheit entgegen. Sie kann jedoch auch Vorform der Freiheit sein. Das gilt dann, wenn sie, bewußt genutzt, zum humanen Ziel beiträgt, Freiheitsgewinn der Persönlichkeit durch gesellschaftlichen Fortschritt im Frieden zu erreichen. Wissenschaft ist damit stets Überwindung der Spontaneität, weil wissenschaftliche Analyse Grundlage sachkundiger, d. h. strategisch orientierter, programmatischer Entscheidungen ist. Da die dialektische Einheit von Spontaneität und Bewußtheit durch die Erweiterung von Erkenntnishorizonten, durch Technologieentwicklung, durch praktisches Handeln zwar zum Überschreiten der Grenzen der Spontaneität zwingt, sie aber auf jeder neuen Ebene der wissenschaftlichen und gesellschaftlichen Entwicklung neu entsteht, ist stets Grenzüberschreitung erforderlich. Nur kann Wissenschaft ihre Grenze, die in der Spontaneität begründet ist, nie endgültig beseitigen.

Individualität ist deshalb eine Grenze der Wissenschaft, weil jeder Versuch, wissenschaftliche Schemata für individuelles Verhalten zu entwickeln, an der Entscheidungsfreiheit des Individuums scheitert. Die Wissenschaft liefert mit ihrer Erkenntnis von objektiven Gesetzen und ihren Wirkungsmechanismen Hinweise für typische Verhaltensweisen. Individuelles Verhalten ist stets durch ein System von Gesetzen bestimmt, die unterschiedlicher Ordnung sind und ein objektives Möglichkeitsfeld für individuelle Entscheidungen ergeben. Dieser Entscheidungsspielraum existiert in Abhängigkeit von den Bedingungen, und er kann genutzt werden. Obwohl Wissenschaft in der Individualität ihre Grenze hat, ist Wissenschaft stets Grundlage individueller Freiheit. „Freiheit des Willens heißt daher nichts andres als die Fähigkeit, mit Sachkenntnis entscheiden zu können. Je *freier* also das Urteil eines Menschen in Beziehung auf einen bestimmten Fragepunkt ist, mit desto größerer *Notwendigkeit* wird der Inhalt dieses Urteils bestimmt sein; während die auf Unkenntnis beruhende Unsicherheit, die zwischen vielen verschiedenen und widersprechenden Entscheidungsmöglichkeiten scheinbar willkürlich wählt, eben dadurch ihre Unfreiheit beweist, ihr Beherrschtsein von dem Gegenstande, den sie grade beherrschen sollte."[7]

Wissenschaft hat ihre Grenzen in der *Emotionalität des Menschen*. Der Mensch ist seinem Wesen nach Ensemble konkret-historischer gesellschaftlicher Verhältnisse in der Einheit von natürlichen und gesellschaftlichen, materiellen und ideellen, emotionalen und rationalen Faktoren in individueller Ausprägung. Der Zusammenhang dieser Faktoren bietet Raum für viele zukünftige Forschungsprogramme.[8] Aber Metatheorien über Freude, Leid, Liebe, Selbstmord, Verantwortung ersetzen nicht die Emotionen. Entscheidungen verlangen Mut zum Risiko, Leidenschaft, Selbstbewußtsein. Neue

[7] F. Engels, Herrn Eugen Dührings Umwälzung der Wissenschaft, a. a. O., S. 106.

[8] Vgl. J. Erpenbeck, Psychologie und Erkenntnistheorie, Berlin 1980; H. E. Hörz, Blickpunkt Persönlichkeit, a. a. O.; K.-F. Wessel, Pädagogik in Philosophie und Praxis, Berlin 1975; J. Erpenbeck, Motivation. Ihre Psychologie und Philosophie, Berlin 1984.

wissenschaftliche Erkenntnisse können nur gewonnen werden, wenn mit Überzeugung von der Lösbarkeit der Aufgabe gearbeitet wird. Während die endgültige wissenschaftliche Erkenntnis entsubjektiviert existiert, ist der Erkenntniprozeß selbst voll von Emotionen.[9] Auch die Durchsetzung neuer Erkenntnisse verlangt Kampf gegen Konservatismus, gegen wissenschaftliche Freunde und Feinde, die das Ergebnis nicht anerkennen wollen. Aber wissenschaftliche Theorien, so gut sie auch sein mögen, ersetzen keine Erfolgserlebnisse und beseitigen keine Depressionen. Deshalb kann die Erziehung der Gefühle zwar wissenschaftlich orientiert sein, ist aber letzten Endes kein wissenschaftliches, sondern ein praktisches Problem. Zwar zieht sich die Wissenschaft aus ihrem einseitigen Rationalismus, der das Verständnis von Emotionen dem Irrationalismus zuschob, zurück aber die theoretische Behandlung von Emotionalität hebt die praktische Grenze der Wissenschaft in der Emotionalität nicht auf.

Das Fazit unserer Überlegungen ist: Freiheitsgewinn der Persönlichkeit ist nur durch wissenschaftlich-technischen Fortschritt möglich. Dabei hat die Wissenschaft keine theoretischen, wohl aber praktische Grenzen in der Freiheitsbewältigung durch Gesellschaft und Individuum. Die Wissenschaft hat historisch bedingte Erkenntnisschranken, die sie überwinden kann. Sie stößt an menschliche Interessen, die durch einen höheren Vergesellschaftungsgrad ihrer Vielfalt eingeschränkt werden. Wissenschaft liefert die Sachkunde für notwendige Entscheidungen zum Freiheitsgewinn, aber die Entscheidung trifft das Individuum in Abhängigkeit von gesellschaftlichen Bedingungen und sozialen Erfahrungen.

[9] Vgl. A. Arnold, Emotionen und bewußtes Handeln, Berlin 1983 (AdW der DDR, ZI für Philosophie, Manuskriptdruck).

Personenregister

Agricola, G. 189
d'Alembert, J. B. le Rond 191, 264
Ambarzumjan, W. A. 31
Ananjew, B. G. 268
Archimedes 167, 256
Aristoteles 35, 111, 124, 148, 258
Arnold, A. 287, 318

Bahner, W. 60, 67, 280
Balla, B. 184
Banse, G. 222, 224
Bauer, I. A. 45
Bayerl, G. 189
Beckmann, J. 222
Bergson, H. 148
Bernal, J. D. 43, 44, 59, 60, 138, 139
Bieling, G. 26
Böhler, D. 184
Böhme, G. 19, 86, 102, 104, 149
Bohr, N. 143
Born, M. 143
Bourbaki, N. 156, 250, 259
Buffon, G. L. L. 116
Buhr, M. 10, 18, 45, 139

Capra, F. 209
Carnap, R. 155
Carnot, N.-L.-S. 151
Carson, R. 205
Castro, F. 126
Courant, R. 246

Darlington, C. D. 206
Darwin, Ch. 105, 109, 116
Davy, H. 151
Demokrit 123, 124
Descartes, R. 124
Diderot, D. 261
Dobrov, G. M. 142
Dörter, K. 308
Dubinin, N. P. 48
Du Bois-Reymond, E. 125
Dühring, E. 30
Dunsch, L. 290

Ebeling, W. 34, 134
Ehwald, E. 308
Eichler, Wd. 205
Eigen, M. 48, 49, 104
Einstein, A. 143, 152, 288
Engelhardt, W. von 44, 102, 184
Engels, F. 25, 26, 27, 30, 34, 44, 47, 52, 74, 116, 120, 121, 125, 128, 203, 243, 265, 294, 297, 312, 313, 317
Erpenbeck, J. 9, 14, 317
Euklid 257

Feistel, R. 34, 134
Fermi, E. 152
Fetscher, I. 46
Feyerabend, P. 70, 87, 140
Fjodorow, E. K. 213
Fock, W. 44
Freye, H.-A. 199, 202
Frolov, I. T. 102, 104
Fuchs-Kittowski, K. 35, 48
Fucks, W. 205, 206

Galilei, G. 169
Gauß, K. F. 31

Geißler, E. 232, 281
Gnedenko, B. 265
Göldner, H. 224
Gößler, K. 153
Goethe, J. W. von 257, 262
Goldsmith, O. 189, 192, 207
Griebe, W. 36
Grimm, M. 190
Gründer, K. 198, 239
Guntau, M. 116
Guttmann, E. 224
Gvišiani, D. M. 132

Habermas, J. 67
Haeckel, E. 198
Hager, N. 130, 295
Hahn, O. 152
Hegel, G. W. F. 148, 263
Heidegger, M. 250
Heisenberg, W. 45, 46, 152
Heitler, W. 267
Hellpach, W. 199
Helmholtz, H. v. 31, 151, 223, 292
Heraklit 112
Hertz, H. 143, 171
Hilbert, D. 247
Hörz, H. 18, 19, 27, 29–31, 33, 35, 36, 42, 45, 46, 48, 65, 67, 69, 70, 82, 87, 116, 122, 125, 134, 148, 158, 205, 206, 209, 223, 232, 248, 252, 256, 278, 280, 281, 285, 288, 292, 295, 296, 314
Hörz, H. E. 232, 281, 283, 317
Hohlfeld, R. 233
Holton, G. 86, 141
D'Hondt, J. 45
Hooke, R. 115
Hubig, Ch. 185
Humboldt, A. v. 111
Humboldt, W. v. 111

Janich, G. 105
Jantsch, E. 49, 50
Joffe, A. 44
Joliot-Curie, F. 44, 152
Jürß, F. 95, 123
Jung, F. 278

Kant, I. 31, 115, 128, 250, 260, 263
Kedrow, B. M. 141
Kepler, J. 169
Kirchhoff, R. 116
Kirchner, F. 112
Klaus, G. 278
Klein, F. 247
Klemm, F. 222–224
Klenner, H. 45
Klimaszewsky, G. 45
Klix, F. 287, 288
Körner, U. 278
Kolmogorov, A. 260
Kopernikus, N. 169
Kosel, G. 71
Kraatz, H. 280
Kring, U. 290
Kröber, G. 16, 60, 102, 139
Kuczynski, J. 167
Kuhn, Th. S. 60, 86, 140
Kurashowskaja, I. A. 112

Laaß, A. 223
Laitko, H. 16, 60, 102, 139
Lakatos, I. 85, 86, 141
Langevin, P. 44
Legay, J.-M. 103
Leibniz, G. W. 111, 250, 261, 262
Lenin, W. I. 28, 39, 47, 52, 125, 246, 287, 313
Ley, H. 11, 48
Lewin, K. 199
Lobatschewski, N. J. 31
Löther, R. 48, 80, 112, 195, 199, 206, 278
Lomonossov 151
Lotz, G. 290
Lutzke, A. 36
Lyssenko, T. 47

Markl, H. 187, 192, 197, 207
Marx, K. 25, 26, 38, 40, 53, 60 bis 62, 66, 69, 71, 74, 91, 101,

109, 117, 125, 148, 167, 201, 202, 225, 240, 243, 297
Mauthner, F. 38, 112, 258, 260
Maxwell, J. C. 150
Mayer, R. 151
Meadows, D. 206
Mecklinger, L. 279
Mette, A. 278
Michaelis, C. 112
Mikulinskij, S. R. 90
Mittelstraß, J. 67, 184
Mocek, R. 60, 73
Möbius, K. 198
Moiseev, N. N. 104
Monod, J. 46, 47

Naan, D. I. 31
Neef, E. 205
Neumann, J. v. 265
Newton, I. 169, 250
Nordhoff, H.-B. 233
Nowik, I. B. 132

Oisermann, T. I. 45, 116
Oparin, A. 44
Ostwald, W. 290
Otte, M. 246

Paucke, H. 205
Pfetsch, F. R. 239
Platon 123, 250, 257, 264
Poincaré, H. 247
Popper, K. R. 46, 49, 60, 85, 140, 148, 264
Portele, G. 102
Prigogine, I. 49, 105, 148
Pythagoras 257

Rapoport, M. 48, 278
Rapp, F. 67, 105, 184, 186
Ravetz, J. R. 58, 102
Ray, J. 114
Redtenbacher, F. 224
Renyi, A. 256
Riemann, B. 31
Ritter, J. 198, 239
Rösеberg, U. 18, 31, 35, 43, 69, 296
Rompe, R. 260
Rosenthal, H. 48
Rosenthal, S. 48
Rousseau, J.-J. 190, 192
Rumford 151

Sagladin, W. W. 131
Scheel, H. 234
Scheler, W. 232
Schieferdecker, H. 309
Schilpp, A. 288
Schingnitz, W. 59
Schopenhauer, A. 257, 263
Schröter, C. 198
Schubert, R. 199
Schuster, P. 49
Schwemmer, O. 105
Seidel, D. 42, 314
Selmanov, A. A. 31
Siebker, M. 206
Siemens, W. v. 223
Simon-Schäfer, R. 46
Sneed, J. D. 142, 148, 156
Sombart, W. 240
Speck, J. 143
Spinoza, B. 125
Stalin, J. W. 28
Stegmüller, W. 148, 155, 156
Stengers, I. 105, 148
Stenson, N. 115
Stent, G. 52
Sydow, A. 134

Thießen, P. A. 205
Thom, R. 259
Topitsch, E. 46
Tschernyschewski, N. G. 31
Treder, H.-J. 31, 260
Tredgold, F. 224
Treue, W. 224

Vaihinger, H. 295
Vester, F. 194
Voltaire, F. M. 116, 190

Wagner, K. 153

Walch, J.-G. 38
Wawilow, N. 44
Wegener, A. 143, 158
Wendorff, R. 112, 116
Wenig, K. 116
Wernadski, W. 199
Wessel, K.-F. 19, 27, 29, 45, 82, 134, 317
Winkler, R. 48, 104
Wittich, D. 153
Wollgast, S. 31, 222
Wundt, W. 143

Young, R. 151

Zechmeister, K. 278

Sachregister

Analogie und Homologie 296
Antinomien im Denken 128
Arbeits- und Lebensweise 219
Arzt-Patient-Beziehung 280
Automatisierung 102, 219
Axiome 30

Basistechnologien 219, 227
Bedürfnisbefriedigung 238
Bewußtsein, schöpferische Rolle 287
Bildungsstrategien 241
Bildung und Weiterbildung 76
Biotechnologien 103

Determinanten der Wissenschaftsentwicklung 16, 24, 54, 102, 137
Determinantensystem 57, 137, 144
Dialektik
- als Heuristik 25
- als Methodologie 15
- als Schema 25
- als Wissenschaft 27
- der Erkenntnis 121, 287
- der Geschichte 25
- der Natur 25
- des Erkenntnisprozesses 29
- des Lebens 42
- objektive und subjektive 29
- Positionen 25
- von Notwendigkeit und Zufall 114
- von Symmetrie und Asymmetrie 44
- von Wiederholung und Irreversibilität 118
- Zwang zur ~ 18, 43
Dialektikforschung 53
dialektischer Determinismus 35
- und Entwicklungstheorie 57
- Kausalprinzip 35
dialektische Theorie der Wissenschaftsentwicklung 57
dialektisch-materialistischer Monismus 29
Disziplinarität 130

Effektivität 75, 107, 238
- und Humanität 75
Einheit
- der Physik 129
- der Welt 33, 123, 127
- des Wissens 123
- der Wissenschaften 120–129
Einheitstheorien 110
Emotionalität 317
Empirie und Theorie 82, 147
Empirismus 155
Energiekrisen 22
Entdeckungen und Erfindungen 236
Entscheidungsfreiheit 281
Entwicklung 119
- Irreversibilität 119
- Zyklizität 119
Entwicklungsdenken 38, 105, 115
Entwicklungsgesetze 39, 162
Entwicklungskonzept 38
Entwicklungsmechanismen 49
Entwicklungsprinzip 42
- heuristische Verwertung 148
Entwicklungsprozesse, Analyse 104
Entwicklungstheorie 38, 82, 128

Entwicklungszyklen 17, 39, 51, 137
Erkennen und Handeln 55, 83
Erkenntnis, Determiniertheit 153
Erkenntnisgewinn 70, 110
Erkenntnis und Bildung 63
Erkenntnisprozesse, Zyklizität 24
Erkenntnis und Anwendung 83
Evolution
– des Kosmos 38
– biotische 38
Evolutionsbiologie 44
Evolutionstheorien 148
Existenz der Menschheit, Bedrohung 79
Experiment 174, 293

Finalisierung der Wissenschaften 19, 24, 149
Forschung
– erkenntnisorientierte 145
– praxisorientierte 145, 236
– Prioritäten 145
– und Gesellschaft 17
forschungsorientierte Praxis 237
Freiheit 51, 217, 311
Freiheitsgewinn der Persönlichkeit 76, 132, 311
– durch wiss.-techn. Fortschritt 318
Friedenskampf und gesellschaftlicher Fortschritt 80
Friedenspolitik 79
Friedenssicherung 237
Friedliche Koexistenz 78

geistige Tätigkeit 109, 126
Geist und Materie 124
Genmanipulation 67
Gesellschaft
– effektivere und humanere Gestaltung 17
– Struktur 127
Gesellschaftsmodelle 76
Gesetz 35
– dynamisches 40
– Historizität 49
– Möglichkeitsfeld 39
– statistisches 40
– Wirkungsmechanismen 117
Gesetze der Wissenschaftsentwicklung 17, 104, 137, 166, 169, 172, 175
– statistischer Charakter 178
– Wirkungsmechanismen 144, 178
Gesetz und Widerspruch 39
globale Probleme der Menschheitsentwicklung 79, 127
– wissenschaftliche Analyse 131
– humane Lösung 273
globaler Krieg 79, 127
Globalismus 131
Grundlagenforschung 236

Heuristik 15/16, 25, 43, 84, 110, 134, 137, 178, 269, 286, 295
Hochrüstung 22
Hochtechnologien 227
Humanismus 77
– als Bewertungskriterien und Zielfunktion 78, 243
Humanismus und Mathematisierung 23, 111, 133, 241, 245
Humanität 244, 315
Hypothesen 90, 178

Ideen 178
Individualität 317
Individuum als Produktivkraft und Persönlichkeit 17
industrielle Revolution
– Einheitstheorie 125
– Kultur- und Bildungsfunktion 106
– Philosophie 109
Informationen, ihr Wahrheitskriterium 234
Informationsfluß 304
Informationstechnologien 107, 219, 234
Innovationsdenken 241
Interdisziplinarität 130
Irrationalismus 51

Kausalität 35–37
Kommunikation, zwischenstaatliche 78

Komplementarität 128
Konfliktlösungen 78
Kontinuität und Diskontinuität 110
Korrespondenz 128
Kosmos als Entwicklungsprozeß 44
Kosmosforschung 79
Kreislauftheorien 38
Künstliche Intelligenz 219
Kultur 64, 68, 275
Kulturkritik 189–192
Kunst und Wissenschaft 82
Kybernetik 219

Landschaftsschutz 275
Leben und Sterben 277

Materie 126
– und Bewegung 126
– und Geist 126
– und Strukturiertheit 34
materialistische Dialektik
– als Methodologie 286, 293, 310
– Bedeutung für die Wissenschaftsentwicklung 52
– Erkenntniskritik 26
– Grundprinzipien 43
– heuristische, ideologische und weltanschauliche Funktion 122
– Positionen 43
Mathematik 255
– Synthese und Konstruktion 293
– Verallgemeinerung und Entwurf 293
– heuristische Funktion 150
– in Geschichte und Gegenwart 255
– und Kybernetik 130
– Erfassung von Seinsstrukturen 256
mathematische Modellierung 243
Mathematisierung der Wissenschaften 22, 111, 243
– als heuristisches Mittel 245
– Modellierung, Technologisierung, Dialektisierung 254
– zur Effektivitätssteigerung 244
Mathematisierung und Humanisierung 23, 111, 133, 241
– philosophisches Problem 245
Medizin
– Mathematisierung 280
– Einsatz neuer Technologien 280
– philosophische Probleme 279
Mensch
– als biopsychosoziale Einheit 268
– als Gestalter seiner Lebensbedingungen 219
– als Konstrukteur biotischer Systeme 268
– als Kontrolleur der Produktionsprozesse 127
– als Naturwesen 274
– Produktionskraft und Persönlichkeit 273
Mensch-Biogecoenose-Komlex 305
Menschheitsentwicklung, globale Probleme 79
Mensch-Maschine-Dialog 22, 235
Mensch-Natur-Gestaltung 308
Mensch-Natur-Verhältnis 11, 19, 24, 68, 92, 209, 310
– Determinanten 306
– in der Ökologiedebatte 83
– wissenschaftliches Verständnis 180
Mensch-Technik-Verhältnis 11, 24, 180
Methode 129, 292
– philosophische Theorie der ~ 293
– experimentelle, historische, mathematisch-logische 293
Methodenkritik 296
Methodensystem der Wissenschaften 293
– einheitliches 130
Methodensystem wissenschaftlicher Tätigkeit 286
militärische Forschung 79
militärische Tests 22
Modell 16, 65, 135, 254
Modellierung zukünftiger Prozesse 65
moralische Verantwortung 24
Mythos 95, 123

Natur 198
- Ausbeutung 22, 73, 84
- Umgestaltung 17, 67
- und Kultur 66
- und Mensch 269
Naturbegriff 182, 197
Naturerkenntnis und Naturgestaltung 214
Naturgesetze 69, 107, 274, 300
Naturphilosophie und empirische Naturerkenntnis 82
Natur und Technikwissenschaften 227
Naturverständnis und -beherrschung 181
Naturwissenschaft
- Grundlage für Massenvernichtungswaffen 73
- Grundlage für Umweltprobleme 73
- Kulturfunktion 67
- Produktivkraft 69
- und Gesellschaftswissenschaft 268
Notwendigkeit 37
- und Zufall 105

objektive Realität 126, 293
Objekt
- Bedingtheit und Bestimmtheit 35
- und Modell 295
Occasionalismus 114
Ökologie 180, 193
- Erfordernisse 202
- Forschung 305
- Probleme 304
- und neues Wissenschaftsverständnis 214
ökologisches Denken 209
ökologische Systeme, Komplexität 194
ökologische Zyklen 308

Paradoxien 270
Persönlichkeit 17, 76, 242
Persönlichkeitsentwicklung 51, 255
- philosophische Analyse 269
- und Produktivkraftentwicklung 77
Phantasie 288
Philosophie 96
Philosophie und Mathematik 245
- und Spezialwissenschaften 82
philosophischer Reduktionismus 296
Politik der friedlichen Koexistenz 79
Praxis 286
Produktion, humane Zielsetzung 76
Produktivkräfte
- Internationalisierung 78
- Revolutionierung 77
Produktivkraftentwicklung 19, 137
- und Persönlichkeitsentwicklung 76
Profitproduktion 80
Prozeßdenken 144
Prozeßsteuerung 102

Qualitätsumschlag 25, 33

Revolution der Denkzeuge 103
Risiko 238
Roboterisierung 22
Rohstoffprobleme 22, 67
Rüstungstechnik 67
Rhythmus 112

Schlüsseltechnologien 227
schöpferische Arbeit 126, 287
Schöpfertum 66, 109, 288
Scientismus 133
Sinn des Lebens 23, 279
Sozialismus, Vorzüge 314
Sozialstrukturen, Analyse 76
Sozialverhalten, objektive Gesetze 77
Soziobiologie 275
Soziologismus 155
Spontaneität 316
Sprachanalyse, logische 133
Sterben, weltanschauliche Vorbereitung 284
Stoffwechsel mit der Natur 238
Struktur
- der Gesellschaft 34, 127
- und Entwicklung 118
- von Theorien 34

Strukturalismus 155
Strukturbildung und Selbstorganisation 111
Systemanalyse 134
System-Element-Beziehung 306
Systemforschung 110, 286
Systemgesetze 307
Systemstruktur 307

Technikentwicklung 11, 222
Technikwissenschaften 228
technisch-wissenschaftliche Theorien 227
Technokratie 243
Technologien 63
- als Herrschaftsmittel des Menschen 105, 235
- als Wissenschaft 221
- Zwang zu ~ 17, 132
- humane Gestaltung 241
Technologieentwicklung, kontrollierte 202
Technologisierung der Wissenschaften und Methodologien 144
Theorie 90, 293
- der Selbstorganisation 134
- und Methode 293
- des Menschen 268
- und Praxis 149
Theorien
- Axiomatisierung 243
- Durchsetzung von ~ 178
- gesellschaftliche Be- und Verwertung 178
- konkurrierende 13
- zur Strukturbildung 110
Theorienbildung
- naturwissenschaftliche 33
Theoriendefizit 170
Theorienhierarchie 158
Theorienentwicklung, allgemeine Prinzipien 89, 128
- in der Physik 129
- und Wissenschaftsentwicklung 143
Theoriendynamik 142
Thermodynamik 44, 150
Typenwandel der Wissenschaften 84, 136

Umwelt
- schöpferische Gestaltung 64, 77
- humanisierte 22, 68, 193
Umweltbelastung 67
Umweltbewußtsein 183
Umweltdebatten 197
Umweltpolitik 195
Umweltproblematik 183, 205
Umweltsyndrom 127
- philosophische Analyse 193
- dialektische Widersprüche 200

Verantwortung 24, 77
Vernichtung von Naturressourcen 127
Verständnis von Wissenschaft 56
Vulgärsoziologismus 51
Vergesellschaftung der Wissenschaft 144

Weltraumforschung 221
Welttheorien 33
Wissen 123
Wissenschaft 62
- als dialektischer Entwicklungsprozeß 81
- als Gesamtprozeß 58
- als Gesetzeserkenntnis 89
- als Humankraft 63, 76, 81
- als Kulturkraft 63, 66, 81
- als Produktivkraft 63, 76, 81
- als Sozialkraft 63, 76, 81
- als Orientierungshilfe 81
- Be- und Verwertung 23
- Bildungsfunktion 66
- Demokratisierung 87
- Determinanten 16, 54, 136
- Entstehung 95
- Entwicklungslinien 94
- Entwicklungsmechanismen 164
- Finalisierung 19, 24
- Funktionen 16, 24
- gesellschaftliche Zielfunktion 76

– Gesetze 58, 69
– Grenzen der ~ 311
– in der Gegenwart 102
– Mathematisierung der ~ 22
– Technologisierung 147
– Politisierung und Ideologisierung 145
– und Freiheit 311
– und Gesellschaft 20, 83, 145
– und Humanismus 22
– und objektive Dialektik 121
– und Politik 100
– und Praxis 17
– und Produktion 237
– und Technik 11, 236
wissenschaftliche Erkenntnisse
– gesellschaftliche Verwertung 78
– heuristische Funktion 28
– ideologische Funktion 28
– philosophische Deutung 25
– technologische Verwertung 22
wissenschaftliche Forschung 306
wissenschaftliche Modellierung 254
– Reduktion 135
– Revolutionen 17, 109, 170
wissenschaftlicher Fortschritt
– Determinanten 21
– Kriterien 163
– Positionen 86
– Ursachen 86
wissenschaftliche Verantwortung 127
wissenschaftlich-technischer Fortschritt 11
– Analyse der Auswirkungen 76
– bewußte humanere Gestaltung 8, 145
– Erkenntnisintegration 110
– sozialökonomische Wirksamkeit 77
– Triebkräfte 238
wissenschaftlich-technische Revolution
– Beschleunigung 216
– Entwicklungstendenzen 215
– neue Etappen 219
– Sinn und Wesen 215
Wissenschaftsentwicklung 19, 97
– als Qualitätswandel 59
– als Typenwandel 17, 55, 82
– Bedingungen 87, 137, 144
– Determinanten 17, 54, 136
– Determiniertheit 144
– dialektische Theorie 12, 19, 53
– Gesetze 17, 41, 136, 298
– Hauptprozesse 159
– Möglichkeitsfelder 91
– Positionen zur ~ 91
– Rolle der Persönlichkeit 90, 145
– Rolle des Zufalls 20
– Stagnation und Regression 58
– Tendenzen 133, 141
– Typisierung 91
Wissenschaftsfeindlichkeit 23/24
Wissenschaftsphilosophie 138
Wissenschaftspolitik 138
Wissenschaftsprogramme 24
Wissenschaftspsychologie 138
Wissenschaftssprache 129
Wissenschaftstheorie, Positionen 139
Wissenschaftstypen 16–19, 55, 81, 88, 101, 121
– Definition 92
Wissenschaftszyklen 17

Zeit 113
Zeitdenken 115
Zeitgewinn 238
Zeit und Kausalität 115
Ziel – Mittel – Dialektik 244
Zyklizität 17, 54, 112, 136
– Bedeutung für Ökologie 308
– der Erkenntnisprozesse 24
– der Wissenschaftsentwicklung 57, 120
– der wissenschaftlichen Erkenntnis 43
– raumzeitliches Ordnungsprinzip 113
– von Entwicklungsprozessen 113
Zufall, seine objektive Existenz 35, 125
– als konstituierendes Element 35

Kolibri 360 GmbH
Ferdinand-Jühlke-Straße 7
99095 Erfurt, Deutschland
produktsicherheit@kolibri360.de